微软院校认证课程系列教材

目录服务的实现和管理

——Windows 2000 Directory Services 的实现和管理

微软公司　著

高等教育出版社

图书在版编目（CIP）数据

目录服务的实现和管理 / 微软公司著. —北京：高等教育出版社，2004.1
ISBN 7-04-014107-8

Ⅰ.目... Ⅱ.微... Ⅲ.窗口软件，Windows—目录
Ⅳ.TP316.7

中国版本图书馆 CIP 数据核字（2004）第 004105 号

策划编辑 尹 洪 **责任编辑** 李 刚 **封面设计** 张 楠 **责任绘图** 朱 静
版式设计 张 岚 **责任校对** 王 雨 **责任印制** 宋克学

出　　版 高等教育出版社
社　　址 北京市西城区德外大街 4 号
邮政编码 100011
总　　机 010-82028899
购书热线 010-64054588
免费咨询 800-810-0598
网　　址 http://www.hep.edu.cn
http://www.hep.com.cn

印　　刷 北京中科印刷有限公司

开　　本 787×1092 1/16
印　　张 26.75
字　　数 650 000
版　　次 2004 年 1 月第 1 版
印　　次 2004 年 1 月第 1 次印刷
定　　价 93.00 元(含光盘)

Microsoft Official Curriculum 最终用户许可协议

重要须知——请认真阅读——您一旦打开“许可使用内容”包装的密封或以其他方式使用此处的“许可使用内容”，即表示您同意接受本《协议》各项条款的约束：本 Microsoft Official Curriculum 可能包含 Microsoft 或其供应商提供的软件或其他材料（总称“许可使用内容”），其使用应遵守以下各项 Microsoft 提示条款。每个软件程序都受一份最终用户许可协议（《协议》）的约束，而该《协议》是您（个人或单一实体）（“最终用户”）和 Microsoft Corporation（“Microsoft”）之间就允许使用软件及相关介质或印刷材料、“联机”或电子文档和基于 Internet 的服务达成的一份法律协议。本《协议》的修正条款或补充条款可能随软件一起提供。您一旦安装、复制或以其他方式使用“许可使用内容”，即表示您同意接受本《协议》各项条款的约束。如果您不同意，请（a）不要打开“许可使用内容”包装的密封；（b）不要使用软件、文档或其他材料，并且（c）退还“许可使用内容”。

“许可使用内容”随带软件的特别提示

许可证的授予。为与本“许可使用内容”一起使用而提供的任何软件(“软件”)都是 Microsoft Corporation 和（或）其供应商享有著作权的作品。“软件”只授予使用许可，而非出售。任何特定“软件”的使用都应遵守以下各《许可协议》中的一份《许可协议》：

（1）一般使用许可。Microsoft 授予最终用户一份有限的、非独家拥有的、免版权费的许可证，许可其在一台由一位单一用户随时使用或访问的单一计算机上安装和使用“软件”的一份副本，并且最终用户：（a）不得修改“软件”，但下文有明确规定时例外；（b）不得发行“软件”或其任何组成部分；（c）不得出借、出租、租赁、出售、分许可、转让“软件”或将“软件”随附的任何印刷材料用于提供商业运营服务；（d）不得在收费的公立或私立课程中使用“软件”；（e）不得对“软件”进行反向工程、反编译或反汇编；尽管有此项限制，但如果适用法律明确允许上述活动并且仅在适用法律明示允许上述活动的范围内，则例外；并且（f）不得转让“软件”的各项权利，除非本《协议》明确规定。

Microsoft 保留一切其他权利。Microsoft 及其供应商保留“软件”的一切产权和所有权，并且不转让或许可使用“软件”或其任何组成部分的任何权利，除非本《协议》具体说明。

（2）替代使用许可。上述规定的一般使用许可将被任何具体“软件”随附或包括的《许可协议》（如果有）的各项条款取代或替代。除非最终用户首先同意《许可协议》的各项条款，否则将无法安装附带或包括该《许可协议》的“软件”。Microsoft 保留一切其他权利。Microsoft 及其供应商保留“软件”的一切产权和所有权，并且不转让或许可使用“软件”或其任何组成部分的任何权利，除非本《协议》明确说明。

（3）样本代码使用许可。如果将特定代码或一个样本应用程序作为“许可使用内容”中包括的实验室练习的部分提供（“样本代码”），则这类“样本代码”以“现有状况”被提供，并且没有任何类型的保证。Microsoft 授予您一份有限的、非独家拥有的、免版权费的许可证，许可您为了个人使用的目的而安装、使用、修改和复制“样本代码”，条件是您不得：（a）发行“样本代码”或其任何组成部分；（b）出借、出租、租赁、出售、分许可或转让“样本代码”；（c）在收费的公立或私立课程中使用“样本代码”；并且（或者）（d）转让“样本代码”的任何权利。如果您修改“样本代码”，您应该根据 Microsoft 的请求，自付费用为因您或代表您对“样本代码”做出的任何修改而使 Microsoft 和 Microsoft 的分公司、关联公司、董事、高级主管、员工、代理商和独立供应商面临的任何索赔或诉讼提供辩护，并且您须赔偿 Microsoft 因这类索赔而招致的任何费用、损害赔偿和手续费方面的合理开支（其中包括但不限于律师费和其他专业人士收取的费用），并使其免受任何损害。Microsoft 应：（a）以书面形式就任何这类索赔或诉讼向您提供合理的及时提示，并且允许您通过 Microsoft 和您双方都接受的律师对这类索赔或诉讼进行答辩和辩护；（b）在您支付费用的情况下向您提供信息、协助和授权，以帮助您为这类索赔或诉讼进行辩护。您不对 Microsoft 在未经您书面允许的情况下做出的任何和解负责，但您不得以不合理的方式拒绝给予这样的允许。

其他许可限制。安装“软件”仅供最终用户根据适用的《许可协议》使用，并且除非以其他方式在另外一份协议中达成一致意见，否则得不到 Microsoft 或其供应商提供的技术或其他支持服务。法律明确规定：禁止在违反《许可协议》的情况下对“软件”进行任何复制或再发行。明确禁止为进一步复制或再发行软件而将“软件”复制到任何服务器或地点。

美国政府许可使用权利。根据 1995 年 12 月 1 日当天或之后签发的请求而提供给美国政府的所有软件，均根据本协议其他部分规定的商业许可使用权利和限制予以提供。根据 1995 年 12 月 1 日之前签发的请求而提供给美国政府的所有软件，视情况根据 FAR，48 CFR 52.227-14（1987 年 6 月）或 DFAR，48CFR252.227-7013（1988 年 10 月）中规定的“限制权利”予以提供。

免责条款。“软件”仅根据《许可协议》的各项条款对“软件”提供保证（如果提供保证的话）。除非在《许可协议》中提供保证，否则 Microsoft Corporation 和（或）其供应商就“软件”不提供任何的保证和条件，包括适销性、适用性、所有权和不侵权的所有默示保证和条件。

“许可使用内容”随带文档和（或）其他材料的具体说明

允许从“许可使用内容”（“文档”）中打印文档（如实验室说明等），条件是：（a）将这类文档用于您的个人培训，并且不得再出版或在任何网络计算机上张贴或以任何介质形式广播这类文档，并且（b）不得对任何文档做出任何修改。

明确禁止对任何介质上包含的作为“许可使用内容”组成部分的录像、录音、图形和（或）任何其他材料（“其它材料”）进行任何复制或再发行。

“许可使用内容”的各组成部分均受商业包装法律和其他法律的保护，并且不得全部或部分予以复制或模仿。除非 Microsoft 明示允许，否则不得复制或转发“许可使用内容”中的任何徽标、图形、声音或图像。

无保证。Microsoft 和（或）其供应商不对“许可使用内容”中不论为任何目的而可能包含的文档或其他材料中的信息、音像或任何其他内容是否合适提供任何保证，无论该类文档、信息、音像或任何其他内容是为何目的。所有这类文档和其他材料均以“现有状况”提供，没有任何类型的保证。Microsoft 和（或）其供应商特此就文档和其他材料不提供任何的保证和条件，包括适销性、适用性、所有权和不侵权的所有默示保证和条件。

有关第三方站点链接的说明

至第三方站点的链接。您可以使用“许可使用内容”链接至第三方站点。第三方站点不由 Microsoft 控制，并且 Microsoft 不对任何第三方站点的内容、第三方站点包含的任何链接或第三方站点的任何更改或更新负责。Microsoft 不对从任何第三方站点收到的网站广播或任何其他形式的传输负责。Microsoft 仅为了您的方便向您提供这些至第三方站点的链接，并且包括任何链接并不暗示 Microsoft 认可相应的第三方站点。

有关全部“许可使用内容”的说明

“许可使用内容”中包括的“软件”、文档和其他材料可能包含不准确的技术内容或印刷错误。可能定期对内容进行修订。Microsoft 可随时在不提供通知的情况下对“许可使用内容”中规定的产品和（或）程序进行改进和（或）更改。

免责条款。除非另行说明，否则本《协议》提及的公司、产品、人物、特性和（或）数据均属虚构，并且无意以任何方式代表任何真实的个人、公司、产品或活动。

保留权利和所有权。Microsoft 保留未在本《协议》中明示授予您的一切权利。“许可使用内容”受著作权和其他知识产权法律及条约的保护。Microsoft 或其供应商拥有“许可使用内容”和其中组件的所有权、著作权和其他知识产权。

同意使用数据。您同意：Microsoft 及其关联公司可以收集和使用作为提供给您的产品支持服务的一部分而收集的与“许可使用内容”相关的技术信息（如果有）。Microsoft 可以将此信息仅用于改进我们的产品或为您提供订制的服务或技术，并且不会以能识别您身份的方式披露此信息。

额外软件/服务。除非我们随下列更新、增补、补充组件或基于 Internet 的服务组件一起提供其他应适用的条款，否则本《协议》适用于 Microsoft 在您获得“许可使用内容”的初始副本之日后可能提供给您的或为您准备的“许可使用内容”的更新、增补、补充组件或基于 Internet 的服务组件。就通过使用“许可使用内容”而提供给您的或为您准备的任何基于 Internet 的服务而言，Microsoft 保留停止这类服务的权利。

出口限制。您承认“软件”受美国出口法律管辖。您同意遵守所有适用于“软件”的国际法和国内法，其中包括美国出口管理条例以及由美国和其他国家（地区）政府颁发的最终用户、最终使用和目的地方面的限制。要了解详情，请访问 http://www.microsoft.com/exporting/网站。

许可使用内容的转让。“许可使用内容”的原始最终用户可以将本《协议》和“许可使用内容”永久性地一次直接转让给另外一位最终用户，条件是该原始用户不得保留“许可使用内容”的任何副本，并且必须转让“许可使用内容”的所有部分（包括全部组件、介质及印刷材料、任何升级版本、各《许可协议》和（如果适用）正版标签）。这种转让不得为非直接转让，如以寄售方式转让。在转让之前，接收“许可使用内容”的最终用户必须同意遵守《协议》的各项条款。如果“许可使用内容”是一个升级版本，任何转让都必须包括“许可使用内容”的所有先前版本。

终止。如果您未遵守本《协议》的各项条款和条件，在不损害其他权利的情况下，Microsoft 可终止本《协议》。如此类情况发生，您必须销毁“许可使用内容”的所有副本及其全部组成部分。

适用法律。本《协议》受中华人民共和国法律管辖。

责任限制。在适用法律所允许的最大范围内，无论损害赔偿是否在履行合约、出现疏忽或发生其他侵权行为时发生，Microsoft 和（或）其供应商绝不就因“许可使用内容”的任何组成部分或所有组成部分的使用或性能、因提供或未能提供服务、或因可从“许可使用内容”得到的信息而引起的或有关的任何特殊的、间接的、或特定的损害赔偿或任何损害赔偿（包括但不限于因营业中断，因使用、数据或利润的丧失，或因任何其他金钱上的损失而造成的损害赔偿）承担赔偿责任。在任何情况下，Microsoft 的全部责任以及您获得的惟一赔偿将限于为“许可使用内容”实际支付的款额或五美元（U.S.$5.00）以两者中的较高款额为准；但是，如果您已经签订了一份 Microsoft 服务协议，Microsoft 对这类服务的全部责任将遵守该协议各项条款的规定。由于某些国家和地区不允许排除或限制责任，上述限制条款可能不适用于您。

全部协议；规定可分割性。本《协议》（包括随“许可使用内容”提供的本《协议》的任何补充条款或修正条款）是您与 Microsoft 之间就“许可使用内容”和支持服务（如果有）达成的全部协议，并且取代“许可使用内容”或本《协议》中所包含的任何其他标的之所有先前或同时存在的口头或书面的通信、建议和声明。如果任何 Microsoft 支持服务的政策或计划的条款与本《协议》的条款有冲突，以本《协议》的条款为准。如果本《协议》的任何条款被认定为作废、无效、不能执行或非法，其他条款应继续完全有效。

如果您对本《协议》有任何疑问，或者如果您由于某种原因希望与 Microsoft 联系，请使用“许可使用内容”中附带的地址信息与微软（中国）有限公司联系，或在http://www.microsoft.com 网站访问 Microsoft。

准则和定义

“许可使用内容”是一种专门设计的培训工具，供 Microsoft Certified Technical Education Center（Microsoft CTEC）、Microsoft Certified Partner（MCP）、Microsoft 认证培训讲师（MCT）、IT Academy 计划成员和 Microsoft 可能随时以书面形式指定的其他机构使用。“许可使用内容”旨在使 Microsoft 的技术培训渠道能够向计算机专业人士提供系统、支持和开发培训课程。为了取得最佳成果，“许可使用内容”应该由 Microsoft 认证培训讲师（MCT）在课堂环境或在线学习环境中讲授。

Microsoft Official Curriculum（MOC）：由 Microsoft 开发的系列课程材料，用于提供 Microsoft 产品和技术的培训和解决方案。

Microsoft 认证培训讲师（MCT）：具备必要的教学和技术能力并且由 Microsoft 认证为能够通过 Microsoft CTEC 讲授 Microsoft Official Curriculum 的个人。

Microsoft Certified Technical Education Center（Microsoft CTEC）：已经符合 Microsoft 对

指定其为下列场所的资格要求：（a）一处 Microsoft Certified Partner（MCP）营业点、和（b）一处提供 Microsoft CTEC 服务的任何场所。这些培训中心使用 MCT 向学生提供 MOC 课程培训。

Microsoft Certified Partner：已经符合被指定为 Microsoft Certified Partner 的资格要求的任何场所。

IT Academy 计划成员：已经符合被指定为 IT Academy 计划成员的资格要求的任何院校。

目　　录

第1章 Windows 2000 Active Directory介绍

在Microsoft Windows 2000网络中，Active Directory的目录服务提供了用于组织、管理和控制网络资源的结构和功能。为了应用和管理Windows 2000网络，必须理解Active Directory的结构和功能。

Active Directory还具有集中管理Windows 2000网络的能力。这种能力意味着可以集中存储一些关于企业的信息，并且管理员可以在单个位置管理整个网络。Active Directory支持把管理控制权委派给Active Directory对象。这种委派使管理员可以为对象指派特定的管理权限，例如：将用户或计算机账户指派给其他的用户和管理员。完成本章学习后，将能够：

- 了解Active Directory的功能
- 了解Active Directory的逻辑结构
- 了解Active Directory的物理结构
- 掌握管理Windows 2000网络的方法

1.1 Active Directory介绍

Active Directory存储着整个网络上的资源（用户、组、共享目录等）信息，并且可以很方便地让用户查找、管理和使用这些资源。Active Directory是由多个组件组成的。应该理解这些组件，并学会使用它们管理Active Directory。

1.1.1 Active Directory的概念

Active Directory是Windows 2000网络中的目录服务。目录服务（directory service）是一种网络服务，它存储有关网络资源的信息，并使资源能够被用户和应用程序访问。目录服务提供一致的方式来命名、描述、查找、访问、管理和保护这些资源。

重点 Active Directory提供目录服务功能，包括一种集中组织、管理和控制对网络资源访问的方法。当使用一致的管理界面时，Active Directory使管理员能够在某一中心位置管理分散的桌面、网络服务和应用程序。

（1）目录服务功能

Active Directory提供目录服务功能，包括一种集中组织、管理和控制对网络资源访问的方法。Active Directory使物理网络拓扑和协议透明化，这样网络上的用户可以访问任何资源，而不需要知道资源在什么地方或者网络的物理连接是如何实现的。打印机就是这种类型资源的一个代表。

Active Directory 被组织成多分区的形式，以存储大量的对象。从而使得 Active Directory 可以随着公司的成长而扩展，这样一个公司的规模就可以由只有一台服务器和几百个对象，成长为拥有上千台服务器和几百万个对象。

（2）集中式管理

运行 Windows 2000 的服务器使用 Active Directory 存储系统配置、用户配置文件和应用程序信息。Active Directory 与组策略相结合并且使用一致的管理界面时，它可以使管理员能够在某一中心位置管理分散的桌面、网络服务和应用程序。

Active Directory 允许用户仅登录一次就可以访问整个 Active Directory 的资源，因此 Active Directory 能够集中控制对网络资源的访问。

1.1.2 Active Directory 对象

图 1-1 所示的为 Active Directory 对象。

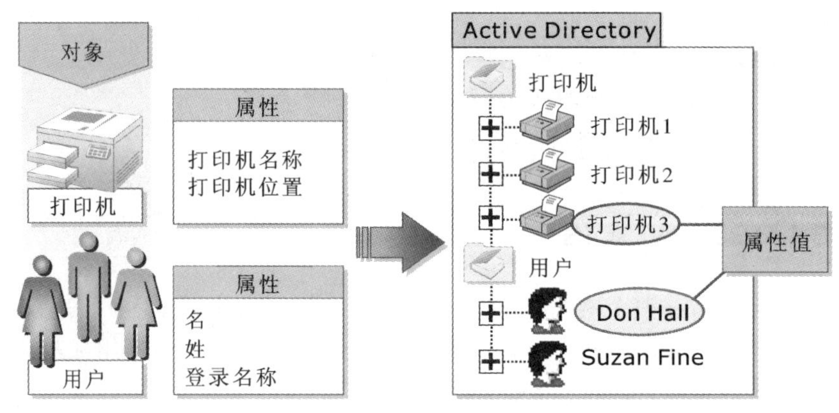

图 1-1 Active Directory 对象

Active Directory 存储着网络对象的信息。Active Directory 对象（Objects）代表着网络资源，例如：用户、组、计算机和打印机。而且，网络中所有的服务器、域和站点都被表示为对象。因为 Active Directory 将所有的网络资源作为对象，存放在一个分布式的数据库中，从而单个管理员就可以集中地管理这些资源。

当创建对象时，对象的属性或特性（Attributes）存储着用来描述对象的信息。用户可以在整个 Active Directory 中通过搜索特定的属性来定位对象。例如：用户可以通过查找打印机的位置属性来确定打印机的确切位置。

1.1.3 Active Directory 架构

图 1-2 所示的为 Active Directory 架构。

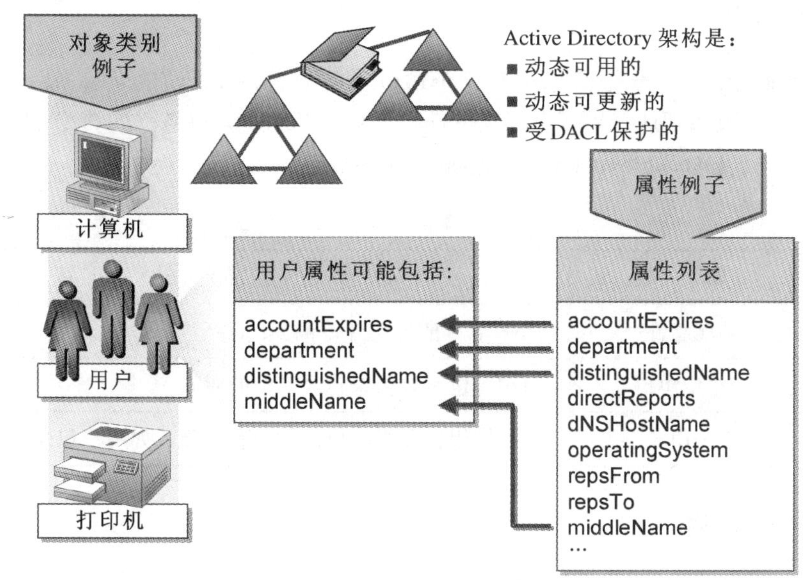

图 1-2 Active Directory 架构

Active Directory 架构（Schema）包括了所有对象的定义，例如：存储在 Active Directory 中的计算机、用户和打印机。在 Windows 2000 网络中，整个树林只存在一个架构，这样在 Active Directory 中创建的所有对象都遵守同一规则。

对象类别和属性是架构中的两个定义。对象类别（Object Classes）描述了可能被创建的目录对象。每个对象类别都是一组属性的集合。属性独立于对象类别进行定义。每个属性只定义一次，但可以在多个对象类别中使用。例如：可以在很多对象类别中使用 Description 属性，而它在架构中只定义了一次，从而保证了一致性。

架构存储在 Active Directory 数据库中。把架构存储在数据库中意味着架构：

- 对于用户应用程序来说是动态可用的。这意味着用户应用程序可以通过读取架构来发现哪些对象和属性是可用的
- 是动态更新的，这使应用程序能够用新的属性和对象类别来扩展架构，然后立即使用这些扩展过的架构

可以使用自由访问控制列表（DACL ,Discretionary Access Control Lists ）来保护所有的对象类别和属性。DACL 的作用就在于只允许那些得到授权的用户修改架构。

1.1.4 轻量级目录访问协议（LDAP）

轻量级目录访问协议（LDAP,Lightweight Directory Access Protocol）是用于查询和更新 Active Directory 的目录服务协议。LDAP 协议规范表明，Active Directory 对象可以由一系列域组件、组织单位（OU,Organizational Unit）和公用名来代表，它们在 Active Directory 里创建了 LDAP 命名路径。LDAP 命名路径被用于访问 Active Directory 对象，并包括下面两类：

- 可分辨的名称
- 相对可分辨的名称

（1）可分辨的名称

在 Active Directory 中每一个对象都有一个可分辨的名称。可分辨的名称（distinguished name）用于标识对象所在的域和到达该对象的完整路径。下面是可分辨的名称的典型例子（表 1-1）：

CN=Suzan Fine、OU=Sales、DC=contoso、DC=msft

表　1-1

关　键　字	属　　性	描　　述
DC	域组件	DNS 名称的域组件，例如：com
OU	组织单位	组织单位可以用来包含其他的对象
CN	公用名	除了域组件和组织单位的所有对象，如用户和计算机对象

（2）相对可分辨名称

LDAP 相对可分辨名称（Relative Distinguished Name）是 LDAP 可分辨的名称的一部分，它用来惟一地标识容器中的对象。它的组成随客户建立的现有的搜索上下文范围而变化。搜索上下文可以从域组件级别变化到公用名级别。在前面的例子中，Suzan Fine 用户对象的可分辨的名称是 Suzan Fine。

表 1-2 给出了可分辨的名称、客户建立的搜索上下文和相对可分辨名称的例子。

表　1-2

可分辨的名称	相对可分辨名称
OU=Sales,DC=contoso,DC=msft	OU=Sales
CN=Suzan Fine,OU=Sales,DC=contoso, DC=msft	CN=Suzan Fine
CN=Judy Lew,OU=Shipping, DC=europe,DC=contoso,DC=msft	CN=Judy Lew

1.2　Active Directory 的逻辑结构

Active Directory 的逻辑结构具有伸缩性，并且提供了一种在 Active Directory 中设计层次结构的方法，该方法对于用户和管理员来说是易于理解的。Active Directory 结构的逻辑组件包括：

- 域
- 组织单位
- 树与树林
- 全局编录

只有理解 Active Directory 结构的逻辑组件的作用和功能，才能够完成多种任务，包括 Active Directory 的安装、配置、管理和疑难解答。图 1-3 说明了 Active Directory 组件之间的关系：

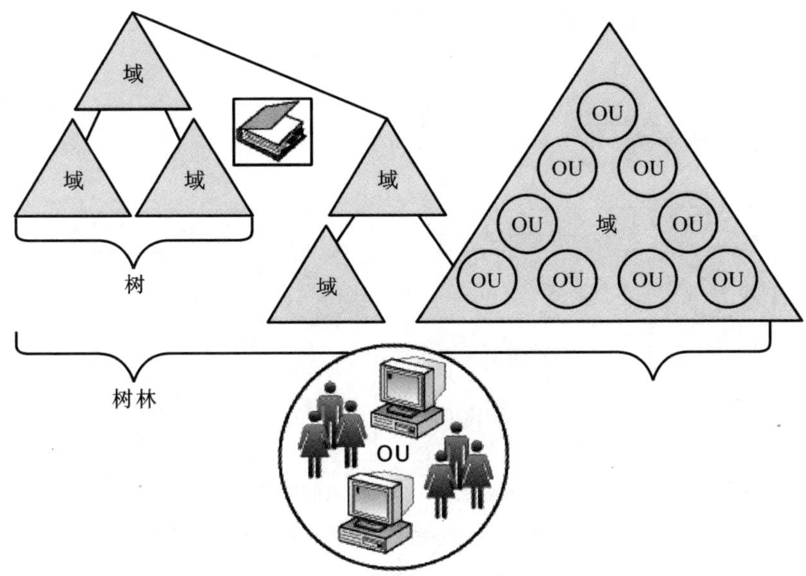

图 1-3 Active Directory 的逻辑结构

在 Active Directory 中，可以用逻辑结构来组织资源，该逻辑结构反映了相应公司的逻辑结构。通过对资源进行逻辑分组，使得用户可以通过名称而不是地理位置来查找资源。由于资源是在逻辑上进行分组的，所以 Active Directory 使网络的物理结构对用户来说是透明的。

1.2.1 域

域是 Active Directory 中逻辑结构的核心单位。域（Domain）是由管理员定义的计算机集合，它共享一个公用的目录数据库。域有惟一的名称，并提供对由域管理员集中维护的用户账户和组账户的访问。

（1）安全边界

在 Windows 2000 网络中，域用作安全边界（Security Boundary）。安全边界的作用就是确保域管理员在没有得到其他域明确授权的情况下，只能在其所在的域内具有执行管理所必需的权限和权力。每个域都有自己的安全策略和与其他域之间的信任关系。

访问控制列表（ACL,Access Control Lists）控制域中资源的访问权。ACL 包含与对象相关的权限，该权限用来控制哪些用户能够获得对该对象的访问以及用户所允许的访问类型。在 Windows 2000 中，对象包含文件、文件夹、共享、打印机和 Active Directory 对象，例如：用户账户。所有的安全策略和设置，例如：管理权力、安全策略和 ACL，都不能跨域。域管理员只在所在域内拥有绝对的设置策略权力。

（2）复制单位

域同时也是一个复制单位。在域中，称为域控制器（domain controllers）的计算机包含着 Active Directory 的一个副本。在特定域中的所有域控制器都能够得到 Active Directory 中的变化信息，并把这些变化复制给域中的其他域控制器。

1.2.2 组织单位

图 1-4 所示的为组织单位。

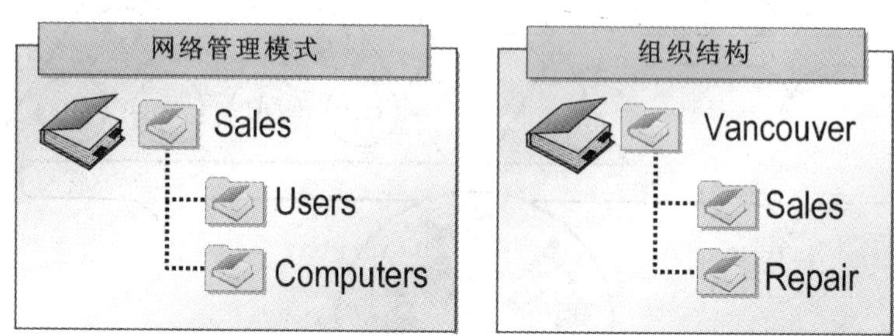

使用 OU 把对象分组成最适应组织需求的逻辑层次结构

通过给用户和组指派特殊权限来委派管理控制给 OU 内的对象

图 1-4 组织单位

OU 是一个容器对象，该容器对象用来在一个域中组织对象。OU 可以包含的对象包括用户账户、组、计算机、打印机和其他 OU。

（1）OU 层次结构

可以使用 OU 把对象分组成一个最适应公司需求的逻辑层次结构。例如：可以建立一个 OU 层次结构来代表下列公司：

- 基于管理责任的网络管理模型。例如：一个公司可以由一个管理员来负责所有的用户账户，由另一个管理员负责所有的计算机。在这个例子中，可以分别创建一个用户的 OU 和一个计算机的 OU
- 基于部门或地理范围的组织结构

一个域内的 OU 层次结构与其他域的 OU 层次结构是各自独立的——每个域可以实现各自的 OU 层次结构。

（2）OU 管理控制

可以把管理控制权委派给 OU 内的对象。要委派 OU 的管理控制权，必须把 OU 及 OU 包含的对象的特殊权限指派给一个或多个用户和组。

对 OU 来说，既可以给它指派全部管理控制权，例如：OU 中所有对象的完全控制，也可以给它指派有限的管理控制权，例如：修改 OU 中用户对象的 E-mail 信息的能力。

在图 1-5 中，假设有一个称为 domain.msft 的域，它包含三个 OU：US、ORDERS 和 DISP。进一步假设在夏季随着运送定单的增加导致在管理上要求为 ORDERS 部门增加一个临时管理员。该临时管理员必须只具有创建用户账户并提供用户访问 ORDERS 部门的文件和共享打印机的权力。这种要求可以通过在 ORDERS OU 内给临时管理员分配合适的权限来实现，而不需要创建其他域。

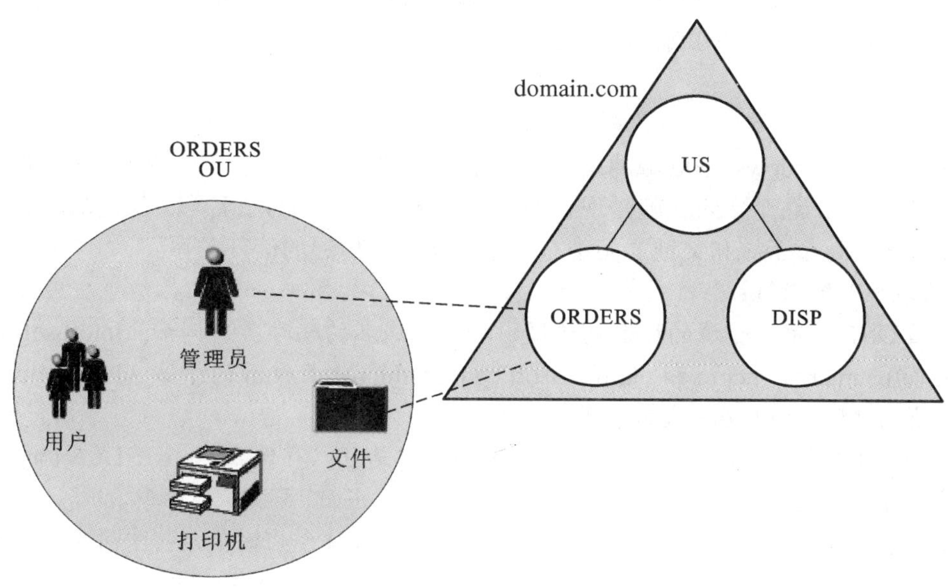

图 1-5 OU 管理控制

如果以后临时管理员需要在 US、ORDERS 和 DISP OU 创建用户，那么可以分别在每个 OU 内授予合适的权限。但是，更为有效的一种办法是只在 US OU 上分配权限并允许它们继承到 ORDERS 和 DISP OU。默认情况下，Active Directory 中的所有子对象（ORDERS 和 DISP）都将继承父对象（US）的权限。在更高层授予权限同时使用继承能力可以减少管理任务。

1.2.3 树和树林

图 1-6 所示的为树林和树。

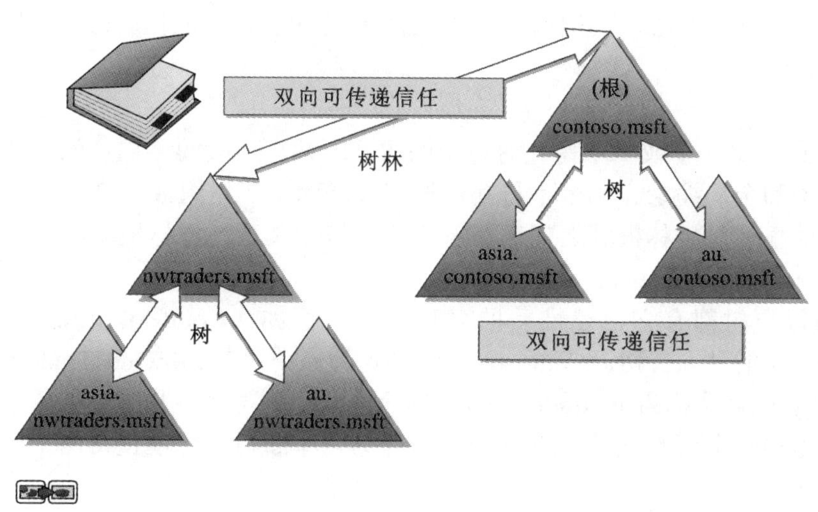

图 1-6 树林和树

第一个创建的 Windows 2000 域称作树林根域（forest root domain）。根据域名的要求，把额外的域加到根域中形成树结构或树林结构。

（1）树

树（tree）是 Windows 2000 域的层次结构排列，这些域共享连续的名称空间。把一个域添加到现存的树中时，这个新的域就是现存的父域的子域。子域的域名与父域的域名相结合形成它的 DNS 域名。每个子域和父域之间都有一个双向、可传递的信任关系。

树具有以下共同特征：

- 遵循 DNS 标准，子域的域名是子域附加其父域名的相对名。例如：microsoft.com 是父域,而 us.microsoft.com 和 uk.microsoft.com 是 microsoft.com 的子域。sls.uk.Microsoft.com 域是 uk.Microsoft.com 域的子域
- 在一个树中所有的域共享一个公用的架构，它是可以存储在 Active Directory 配置中的对象类型的正式定义
- 在一个树中的所有的域共享一个公用的全局编录，该全局编录是树中对象的中心信息库

（2）双向、可传递信任

双向、可传递信任（Two-way, transitive trust）关系是 Windows 2000 域之间的默认信任关系。双向、可传递信任是可传递信任和双向信任的结合。

可传递信任是指扩展到一个域的信任关系也会自动扩展到信任该域的所有其他域。例如：au.contoso.msft 域直接信任 contoso.msft 域。asia.contoso.msft 域也直接信任 contoso.msft 域。因为两个信任都是可传递的，所以 au.contoso.msft 间接信任 asia.contoso.msft。

双向信任是指在两个域之间存在着两条方向相反的信任路径。例如：au.contoso.msft 域从一个方向上信任 contoso.msft 域，而 contoso.msft 域从相反的方向信任 au.contoso.msft 域。

在 Windows 2000 的域中，双向、可传递信任的优点是在 Active Directory 域层次结构的所有域之间存在着完全信任关系。这样，由这种信任关系链接起来的树就形成了树林。

（3）树林

树林（forest）是一个或多个树。树林中的树并不共享连续的名称空间。然而，树林中的树共享公共架构和全局编录。一个不与其他树相关联的单一树组成一个只有一个树的树林。这样，每个树的根域与树林根域之间存在着可传递信任关系。树林根域的名称用于表示给定的树林。

树林中的每个树都有它自己惟一的名称空间。例如：Contoso，Ltd 创建一个名称为 Northwind Traders 的独立公司。Contoso，Ltd 决定为该公司 Northwind Traders 建立一个新的 Active Directory 域名，称为 nwtrader.msft。尽管这两个公司并不共享公用的名称空间，但在现存的树林中添加一个新的 Active Directory 域作为一个新树，这就使得两个公司可以共享资源和管理功能。

树林具有下列特征：

- 树林中的所有树共享一个公共的架构

- 根据树林中树所在的域不同，树有不同的命名结构
- 树林中的所有域共享一个全局编录
- 虽然树林中的域是独立操作的，然而树林却能使通信遍布整个公司
- 在域和域树之间存在隐含的双向、可传递信任

1.2.4 全局编录

图 1-7 所示的为全局编录。

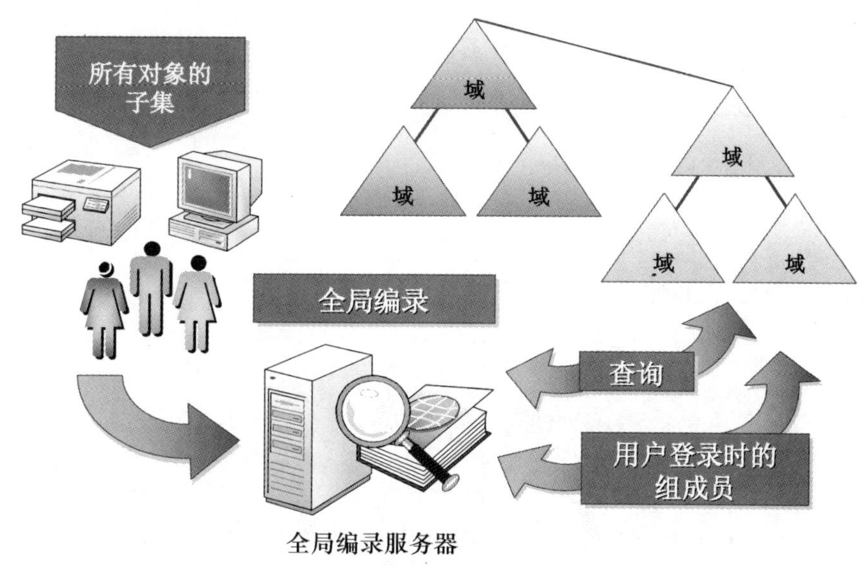

图 1-7 全局编录

全局编录（global catalog）是一个信息库，它包含 Active Directory 中所有对象属性的子集。默认情况下，存储在全局编录中的属性是那些在查询中经常用到的内容，例如：用户的姓、名和登录名。全局编录包含对于在目录中查找任何对象所必需的信息。

全局编录使用户能够执行下列两种重要的功能：

- 无论数据在什么位置，都可以通过整个树林中的 Active Directory 信息进行查找
- 使用通用组成员身份登录网络

全局编录服务器（global catalog server）是一个域控制器，可以存储查询的副本并将其整理到全局编录中。在 Active Directory 中建立的第一个域控制器会自动成为全局编录服务器。用户可以通过配置额外的全局编录服务器平衡来自于登录身份验证和查询的通信量。

对于正在 Active Directory 中搜索某个对象的用户来说，全局编录使树林内的目录结构变得透明。例如：如果用户要搜索树林中所有的打印机，全局编录服务器在全局编录中处理查询，随后返回结果。如果没有全局编录服务器，这种查询将要搜索树林中的所有的域。

全局编录还包含存储在全局编录中每个对象和属性的访问权限。如果用户正在搜索一个对象，但没有浏览对象的合适权限，那么在搜索结果中将不出现该搜索对象。这就确保用户只能找到被授权访问的对象。

1.3 Active Directory 的物理结构

在 Active Directory 中，逻辑结构与物理结构不同，并且是相互独立的。逻辑结构一般用来组织网络资源，而物理结构一般用来配置和管理网络通信。域控制器和站点构成了 Active Directory 的物理结构。

Active Directory 的物理结构定义了复制和登录发生的时间和地点。理解 Active Directory 的物理组件对于优化网络通信和登录处理是很重要的。同时，知道物理结构将有助于复制和登录问题的疑难解答。

1.3.1 域控制器（DC）

图 1-8 所示的为域控制器。

域控制器：

- 参加活动目录复制
- 在域中执行单主机操作角色

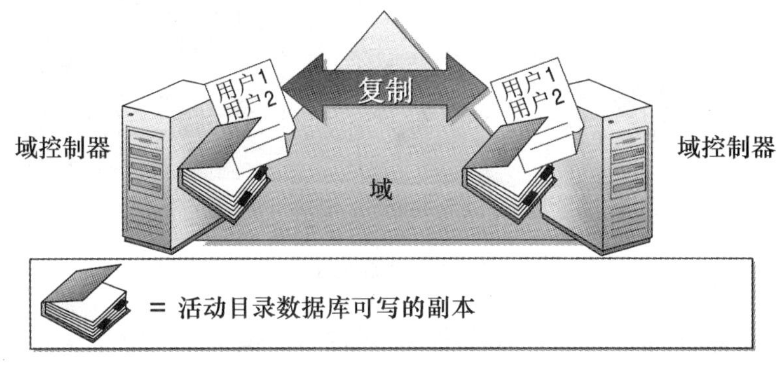

图 1-8 域控制器

域控制器（domain controller）是一台运行 Windows 2000 Server 的计算机，用来存储目录的副本。同时，域控制器管理目录信息的变化，并把这些变化复制给该域上的其他域控制器。域控制器负责存储目录数据，管理用户登录、验证和目录搜索。

一个域可以有一个或多个域控制器。使用单个局域网（LAN）的小公司只需要一个有两个域控制器的域来提供合适的有效性和容错性，而一个跨越许多地理位置的大公司在每个区域都需要一个或多个域控制器来提供合适的有效性和容错性。

（1）Active Directory 复制

域或树林中的域控制器能够把 Active Directory 数据库的变化自动复制给对方。复制确保了 Active Directory 中的所有信息对于整个网络上所有的域控制器和客户端计算机都是可用的。Active Directory 的物理结构决定了复制发生的时间和复制是如何发生的。

Active Directory 使用的是多主机复制模型。在多主机复制模型中，每个 Windows 2000 域都有一个或多个域控制器。每个域控制器为该域存储着 Active Directory 数据库的可写副本，并管理目录副本的变化和更新。当用户或管理员执行了引起域控制器目录更新的操作时，这种更新将被复制到该域中所有的域控制器上。然而，在所有的域控制器把它们的变化都同步到 Active Directory 中以前，域控制器在短时间内可能有不同的信息。

（2）单主机操作

由于某些操作上可能存在潜在的冲突，一些 Active Directory 的变化对于执行多主机方式复制来说是不可行的，因此出现了单主机操作，单主机操作（single master operations）就是只指派给特定的域控制器。在 Active Directory 的域或树林中，已经被指派为一个或多个单主机操作角色的域控制器就是操作主机。被分派了这些角色的域控制器所执行的操作，不允许在网络中的其他域控制器上同时执行，例如：在树林中添加或删除一个域。

1.3.2 站点（site）

图 1-9 所示的为站点。

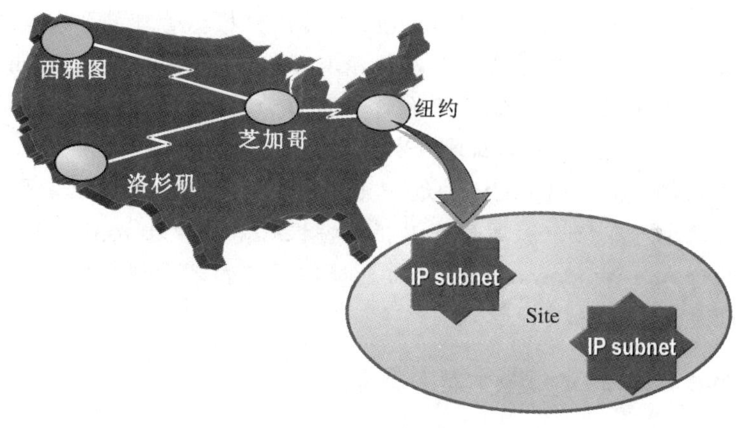

站点：

- 优化复制通信
- 通过使用可靠的高速链接使用户能够登录到域控制器

图 1-9 站点

站点由一个或多个通过高速链接的 IP 子网组成。通过定义站点，可以为 Active Directory 配置访问和复制拓扑。这样，Windows 2000 就可以为复制和登录通信使用最有效的链接和日程安排。

创建站点的两个主要原因：

- 优化复制通信
- 通过使用可靠的高速链接使用户能够连接到域控制器

站点映射网络的物理结构，而域映射公司的逻辑结构。Active Directory 的逻辑结构和物理结构是彼此独立的，主要有下列特点：

- 在网络的物理结构和它的域结构之间没有必然的相互联系
- Active Directory 允许在一个站点中有多个域，同时允许在一个域中有多个站点
- 在站点和域名称空间之间没有必然的联系

注意 有关 Active Directory 的逻辑结构和物理结构的详细信息，可以参阅学员资料光盘网页上“补充阅读”下的“Active Directory 体系结构”。

1.4 管理 Windows 2000 网络的方法

重点 管理员可以利用 Active Directory 和组策略集中管理大量的用户、计算机和网络资源。高级管理员可以把管理任务委派给其他管理员。管理员可以为指定的管理任务定制管理工具，并把管理工具分配给其他管理员。

Windows 2000 和 Active Directory 给管理员提供了一些方法和实用程序，使它们可以集中管理一个公司中所有的计算机，并且分散这些管理任务。管理员可以执行下列管理任务：

- 集中管理。管理员可以在某一中心位置利用 Active Directory 集中管理大量的用户、计算机、打印机和网络资源。Active Directory 允许用户根据管理的要求集中地组织网络资源
- 管理用户环境。组策略使管理员可以指派具体设置，并对 Active Directory 中的 OU 应用组策略设置的管理。此外，组策略允许管理员为其他用户或者计算机定义一次组策略，然后使用 Windows 2000 来不断地修补
- 委派管理控制权。Active Directory 允许具有相应权限的管理员把需要的管理特权委派给公司内适当的个人或组。管理员可以指派特权给需要管理 Active Directory 中不同的容器和对象的个人。Windows 2000 同时也提供了与管理责任相匹配的管理工具，也可以把网络管理责任委派给其他管理员

1.4.1 使用 Active Directory 进行集中管理

图 1-10 所示的为使 Active Directory 进行集中管理。

Active Directory 使管理员能够集中管理网络资源，集中管理的优点是：

- 利用 Active Directory，一个管理员可以集中管理网络资源。Active Directory 包含了关于所有对象及其属性的信息。属性保存着用于描述目录对象所标识的资源的数据
- 利用 Active Directory，管理员可以很容易查找对象的信息，通过搜索选中的属性，可以找到 Active Directory 树中任何位置的对象
- 利用 Active Directory，可以把具有相似管理和安全要求的对象分组到 OU 中。OU 在应用组策略设置和委派管理控制权方面提供了多层次的授权管理。委派管理权简化了管理对象的任务，使管理员可以根据其需要建立 Active Directory
- 利用 Active Directory 中的组策略，管理员可以给站点、域或 OU 指定组策略设置。然后，Active Directory 将这些组策略设置应用到容器内所有的用户和计算机上

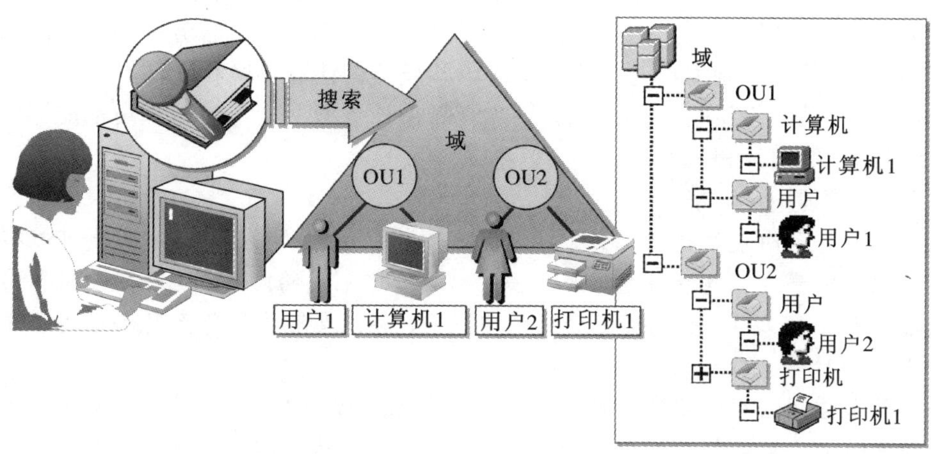

Active Directory：

- 使单个管理员能集中地管理资源
- 允许管理员很容易地查找信息
- 允许管理员将对象分组到 OU 中
- 使用组策略来指定基于策略的设置

图 1-10 使用 Active Directory 实现集中管理

1.4.2 管理用户环境

图 1-11 所示的为管理用户环境。

利用组策略：

- 控制和锁定用户的操作
- 集中地管理软件的安装、修复、更新和删除
- 配置用户数据来跟踪用户是否在线

图 1-11 管理用户环境

在 Windows 2000 中的组策略实现了基于策略的集中的网络管理。通过在对象上应用组策略，然后依靠 Windows 2000 在整个网络上不断地推行该组策略，使得基于策略的管理把非常复杂的网络管理工作变得容易了。

组策略把 Active Directory 容器（站点、域和 OU）作为管理单位。设置在容器上的组策略可以影响容器内所有的用户和计算机。在计算机启动或用户登录的时候，Windows 2000 把组策略设置应用到用户和计算机上。组策略提供的设置用于控制计算机服务和用户桌面的环境与性能。利用组策略，可以控制用户的数据、个人电脑设置、计算环境和软件。

利用与用户相关的组策略设置，无论用户在哪个计算机上工作，管理员都能够使用户可以随时访问所有用户的信息和软件。

利用组策略管理用户环境，可以：

- 控制用户登录时能执行的操作，锁定用户不可以访问的资源。这种控制可以确保用户能访问他们需要的工具和信息，但无法访问与工作无关的内容。同时还能限制用户可使用的应用程序和工具。限制用户的可使用范围，避免在解决操作系统和应用程序配置的问题上浪费时间、
- 集中管理应用程序的安装、服务包、操作系统更新和软件的修复、更新和删除。如果使用组策略来安装软件，就可以确保用户在他所登录的任何计算机上都可以得到相同的应用程序。同时，还可以确保在应用程序启动的时候可以自动修复丢失的文件和设置
- 配置跟踪（follow）用户数据。无论用户是联机、连接到网络上还是暂时脱机，也就是说即使用户数据存储在网络中某个特定的地方，在用户看来都和本机的一样。脱机的文件把网络数据缓存在本机上，因此，当用户与网络断开时，仍然可以得到数据

1.4.3 委派管理控制

图 1-12 所示的为委派管理控制。

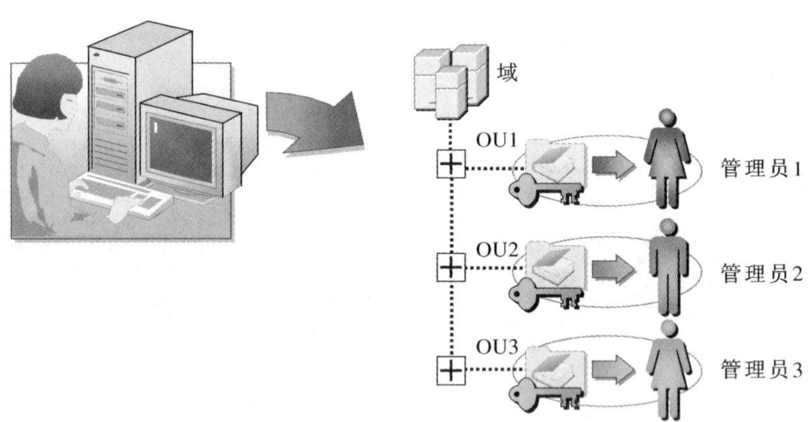

指派权限：

- 为特定的 OU 指定其他的管理员
- 修改单个 OU 中对象的特定属性
- 在所有的 OU 中执行同一任务

自定义管理工具：

- 映射给委派的管理任务
- 简化界面设计

图 1-12 委派管理控制

Windows 2000 使用户可以把特定对象的管理特权委派给公司内适当的组。这可能是由于 Active Directory 的结构允许用非常特别的方式来指派权限以及给用户授权的原因。

用户可以委派下列类型的管理控制：

- 指派权限，例如：完全控制，对于特定的 OU 指派权限给不同的域本地组。这样，三个 OU 可以有三个不同的域本地组
- 指派单个 OU 中某个对象的特定属性的修改权限。例如：指派名称、地址和电话号码的修改权限和重新设定用户账户对象的密码的权限
- 指派执行同一任务的权限，例如：在域的所有 OU 中重新设置密码

Windows 2000 还具有定制管理工具的能力，定制的管理工具可以与委派给其他管理员的管理任务相匹配。通过创建定制的管理工具可以：

- 使指派给用户的管理任务与权限相适应
- 为有限管理特权的用户简化界面设计

当然，用户也可以将管理功能需要的所有工具结合到一个控制台中。

习题

1．在 Active Directory 中每一个对象都有一个可分辨的名称。可分辨的名称确定了对象所在的域和对象的完整路径。一个典型的可分辨的名称包括（多选题）：

A．域组件

B．树

C．组织单位

D．全局编录

E．公共名

2．下列对域的描述中，哪个是错误的（单选题）：

A．域是 Active Directory 里逻辑结构的核心单元

B．域是计算机的集合，它由管理员定义，共享一个公用的目录数据库

C．域提供安全边界服务，域有自己的安全策略以及与其他域的安全关联

D．域是一个复制单位

E．父域的域名是父域附加其子域的相对名

3．下面对 Active Directory 中逻辑结构与物理结构的描述中，哪个是错误的（单选题）：

A．逻辑结构一般用来组织网络资源

B．物理结构一般用来配置和管理网络流量

C．物理结构和它的域结构之间没有必然的相互关系

D．Active Directory 允许在一个站点有多个域，但不允许在一个域里有多个站点

E．在站点和域名称空间之间没有必然的联系

4．利用 Active Directory 实现集中式管理的优点有哪些（多选题）：

A．通过 Active Directory，一个管理员可以集中管理网络资源

B．通过 Active Directory，管理员可以很容易地选中对象并得到相应的信息

C．通过 Active Directory，可以用相似的管理和安全要求把对象分组到 OU 中

D．通过 Active Directory 中的组策略，管理员可以给站点、域或 OU 指派组策略设置

5．某集团公司拥有 4 个子公司，每个子公司都有自己的 IT 组，而且都有必须对其他 2 个子公司保密的专有信息。总公司管理办公室的管理员不能管理子公司，而且子公司的管理员也不能管理总公司管理办公室或其他子公司，应如何设计这个 Active Directory 结构：

A．设计 1 个带有 5 个 OU 的单域，供总公司和各子公司办公室之用

B．为总公司管理办公室设计 1 个根域，该根域带有 4 个子域，各子公司分别是 1 个子域

C．设计 1 个专用根域，该根域带有 5 个子域，总公司管理办公室和各子公司都是 1 个子域

D．设计 5 个独立树林，供总公司管理办公室和各子公司之用

6．Windows 2000 Active Directory 的作用？

7．什么是站点和域，如何区别它们之间的不同？

8．比较 Active Directory 的物理结构和逻辑结构的功能和组件。

9．什么是树和树林，如何区别它们之间的不同？它们有什么共同点？

10．如果要求 Orders OU 享有对 School OU 的管理控制权，而 School OU 却没有对 Orders OU 的管理控制权，该如何安排这两个 OU？

11．利用组策略管理用户环境，可以实现哪些功能？

12．什么是全局编录服务？

第 2 章　实现 DNS 以支持 Active Directory

域名系统(DNS,Domain Name System)与 Active Directory 目录服务的集成是 Windows 2000 的一个重要特性。DNS 与 Active Directory 使用相同的分层命名结构，这样域和计算机既可以用 Active Directory 的对象表示也可以用 DNS 域和资源记录表示。集成使 Windows 2000 网络中的计算机能够使用 DNS 来定位那些提供了特定 Active Directory 相关服务的计算机。例如：当用户从客户端计算机上登录或者需要搜索 Active Directory 来查找打印机或共享文件夹时，客户端计算机可以查询 DNS 服务器来定位域控制器。Windows 2000 也支持 Active Directory 中 DNS 区域的集成，这样 DNS 主要区域可以存储在 Active Directory 中，从而增强了安全性并可将其复制到其他域控制器。

当安装 Active Directory 时，Windows 2000 要求 DNS 的基础结构必须就绪或者已经安装。在创建 Windows 2000 域之前，应该理解 DNS 与 Active Directory 是如何集成在一起的，客户端计算机是如何使用 DNS 来定位域控制器的以及如何安装和配置 DNS，从而为安装 Active Directory 做好准备。

完成本章学习后，将能够：

- 了解在 Active Directory 网络中 DNS 的角色
- 了解 DNS 名称空间与 Active Directory 名称空间的相同点和不同点
- 了解客户端计算机如何定位 Windows 2000 中的域控制器
- 安装和配置 DNS 来支持 Active Directory 的安装
- 应用最佳操作设置 DNS 来支持 Active Directory 安装

2.1　DNS 服务在 Active Directory 中扮演的角色

名称解析是将 DNS 名称解析成 Internet 协议（IP,Internet Protocol）地址的过程。名称解析与在电话本中查找名称相似，电话本中名字与电话号码相关联。例如：当连接到 Microsoft 网站时，就会使用名称 www.microsoft.com。DNS 将 www.microsoft.com 解析成相对应的 IP 地址：207.46.130.149。DNS 名称到 IP 地址的映射被存储在 DNS 的分布式数据库中。

Active Directory 的定位服务主要由 DNS 来提供。在 Windows 2000 网络中的许多其他组件也依靠 DNS 来提供定位服务。所以 DNS 可以被认为是 Windows 2000 和 Active Directory 的基础服务。

在以前版本的 Windows 中提供名称解析的主要标准是 Windows Internet 命名服务（WINS，Windows Internet Naming Service）。虽然 WINS 还没有被完全取代，但是它没有 DNS 好，并只是为了给那些没有配置使用 DNS 的 Windows 客户端提供兼容性而被包含在 Windows 2000 中。

在部署完 Windows 2000 和 Active Directory 服务后，DNS 自动变成默认的定位服务。

在 Active Directory 网络中，DNS 提供了以下主要功能：

- 名称解析（Name Resolution）。DNS 通过将计算机名称解释成相对应的 IP 地址来提供名称解析，这样计算机就能互相定位。Windows 2000 网络上的计算机发送一个包含它想定位的计算机名称的 DNS 查询给 DNS 服务器。DNS 服务器通过查找其本地数据库或者将此查询转发给另一个 DNS 服务器来解析这个查询。DNS 也可通过将 IP 地址解释成相对应的计算机名称来执行反向名称解析
- Windows 2000 域的命名约定（Naming Convention ）：Active Directory 使用 DNS 的命名约定来命名 Windows 2000 域。在 Windows 2000 的网络中，DNS 域和 Active Directory 域的名称共享一个公用的分层命名结构。例如：asia.contoso.msft 是有效的 DNS 域名，同时也可以是 Windows 2000 域的域名
- 定位 Active Directory 的物理组件。DNS 根据域控制器提供的特定服务来标识这些域控制器，例如：验证登录请求或者执行 Active Directory 搜索。客户端计算机使用特定服务信息来查询 DNS，定位提供该服务的域控制器。例如：为了登录到网络上或者搜索 Active Directory 中已发布的打印机或文件夹，那么运行 Windows 2000 的计算机必须首先定位域控制器或全局编录服务器来处理登录身份验证或查询。DNS 数据库存储有关哪些计算机执行这些角色的信息

2.2 DNS 和 Active Directory

DNS 与 Active Directory 的集成是 Windows 2000 服务器的一个核心特征。对于不同的名称空间，DNS 域与 Active Directory 域使用相同的域名。使用相同的域名使得 Windows 2000 网络中的计算机能够使用 DNS 来定位域控制器和其他提供 Active Directory 相关服务的计算机。

2.2.1 DNS 和 Active Directory 的名称空间

图 2-1 所示的为 DNS 和 Active Directory 名称空间。

名称空间是一个上下关联的层次结构，在该层次结构中所有对象的名称必须是可明确解析的。换句话说，名称空间是每个对象都必须有惟一名称的区域。例如：Internet 是单一的 DNS 名称空间——其中所有具有 DNS 名称的网络设备都能被解析成一个特定的地址，例如：www.microsoft.com 可解析成 207.46.131.13。

名称空间可以是单层的，也可以是分层的。单层名称空间不包含从属的名称空间，而分层名称空间则包含从属的名称空间。单层名称空间不具有很好的伸缩性，因为在所有惟一的名称被使用之前它们只能一味地增长，并且当一个名称在一个名称空间里被重复使用时，这个名称空间就违反了“可明确解析”的要求。例如：在直系家庭中不可能有两个姓名，都叫 Darry1 的兄弟。如果姓是 Smith，那么要确定正在寻找哪个 Darry1 Smith 也是非常困难的。然而，如果有一个来自 Jones 家名叫 Darry1 的表弟，那就不会有困难，因为 Jones 这个姓表示一个不同的名称空间——这样会有 Darry1 Smith 和 Darry1 Jones。

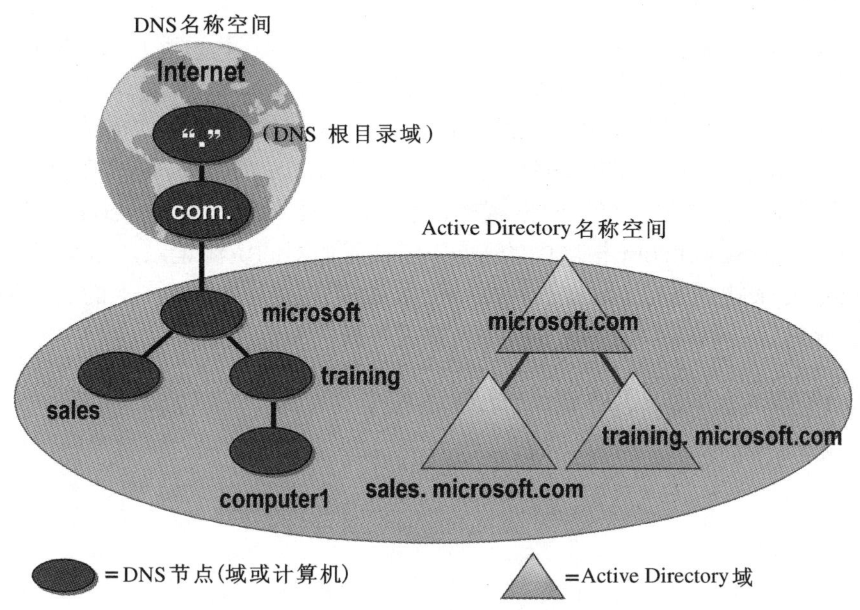

图 2-1 DNS 和 Active Directory 名称空间

相反，分层名称空间被分成不同层次的、有组织的区域，如果将这些区域看做子名称空间（subnamespaces），这可能会更容易理解。每个区域都是整个名称空间内它自己的子名称空间。所以，为了在名称空间层次结构中有一个可明确解析的名称，每个对象都必须在其子名称空间中有惟一的名称。分层名称空间可以伸缩以适应特别大的网络——当把更多的对象添加到了整个名称空间中时，必须在它们所属的子名称空间中为它们找到惟一的名称。

在 DNS 的分层名称空间中，一个区域存储了一个或者多个 DNS 域的名称信息。DNS 区域(DNS zone）就是一组与 DNS 分层名称空间某部分相对应的文件或记录（更精确地说，是一个由资源记录项组成的数据库）。DNS 区域用于描述哪个 DNS 服务器负责（授权）解析 DNS 层次结构给定部分的名称解析查询。在以下的方式中，DNS 区域不同于域结构：区域可由一个或多个 DNS 域组成。在 gadgets.widgets.microsoft.msft 域树中的区域可能是 gadgets 和 widgets 域的授权。换句话说，并没有要求 DNS 区域与 DNS 域必须有一对一的关系。

区域为该区域中的域和计算机存储资源记录（Resource Records）。资源记录表示计算机，它包含了 DNS 服务器解析 DNS 查询所必要的信息。注意 DNS 区域可以存储连接到不同 Active Directory 域中的计算机的信息。

在 Active Directory 名称空间中，Active Directory 对象表示在 DNS 名称空间中以节点形式存在的同一域和计算机。所以 DNS 域和 Active Directory 域共享同一名称。

换句话说，DNS 和 Active Directory 的名称空间使用相同的命名结构，使得域和计算机既可以表示成 DNS 节点也可以表示成 Active Directory 对象。例如：一个名为 training.microsoft.com 的 Windows 2000 域也有一个名为 training.microsoft.com 的 DNS 域名。DNS 和 Active Directory 的名称空间集成起来的优点是能用 DNS 来定位在 Active Directory 域中扮演特定角色的计算机。

- Active Directory 和 Internet

DNS 与 Active Directory 的集成也使得 Active Directory 域结构能够在 Internet 名称空间的范围内存在。这是可以实现的，因为全局 DNS 名称空间提供了 Internet 的分层命名结构。如果组织需要连在 Internet 上，就必须注册一个可以在 Active Directory 域结构中用作根域名称的 DNS 名称。

当 Active Directory 域结构的根域拥有一个已注册的 DNS 域名时，那么在全局 Internet 名称空间中相应顶级域中的资源记录将指向根域授权的 DNS 服务器。例如，.com DNS 数据库授权的名称服务器包含 microsoft.com 根域中的 DNS 名称服务器的资源记录。这些资源记录能够让外部域利用 Internet 来找到 microsoft.com 域。同样，如果想定位 Internet 上的其他域，那么所在网络中的 DNS 名称服务器应包含 Internet 的名称服务器的资源记录。

2.2.2 DNS 和 Windows 2000 的计算机名称

图 2-2 所示的为 DNS 主机名称和 Windows 2000 计算机名称。

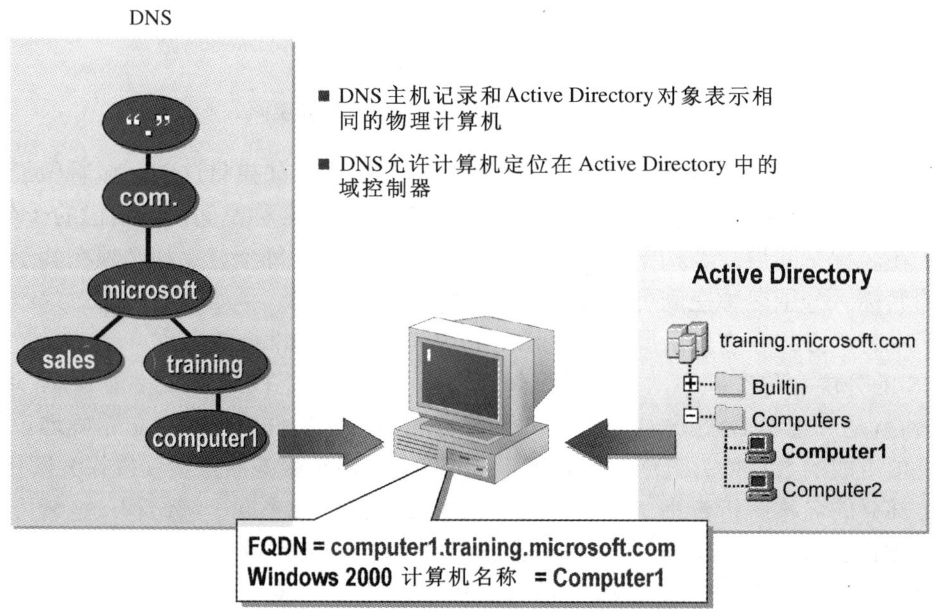

图 2-2 DNS 主机名称和 Windows 2000 计算机名称

由于 Windows 2000 集成了 DNS 和 Active Directory，因此域和计算机可以由 DNS 的名称空间里的资源记录和在 Active Directory 名称空间的 Active Directory 对象来表示。所以，计算机的 DNS 的主机名和存储在 Active Directory 中的计算机账户名是一样的。注意：Windows 2000 计算机名称是 Active Directory 对象的相对可分辨名称。DNS 域名，称为主 DNS 后缀（primary DNS suffix），也和该计算机加入的 Active Directory 域的名称相同。

换句话说，计算机在 DNS 的名称空间和在 Active Directory 的名称空间里用同样的名称表示。例如：连接到名为 training.microsoft.com 的 Active Directory 域的名为 Computer1 的计算机具有如下的完全合格的域名（FQDN，Fully Qualified Domain Name）：

computer1.training.microsoft.com

图 2-3 说明了如何标识 FQDN 的计算机名称部分（或主机名、相对可分辨名称）。

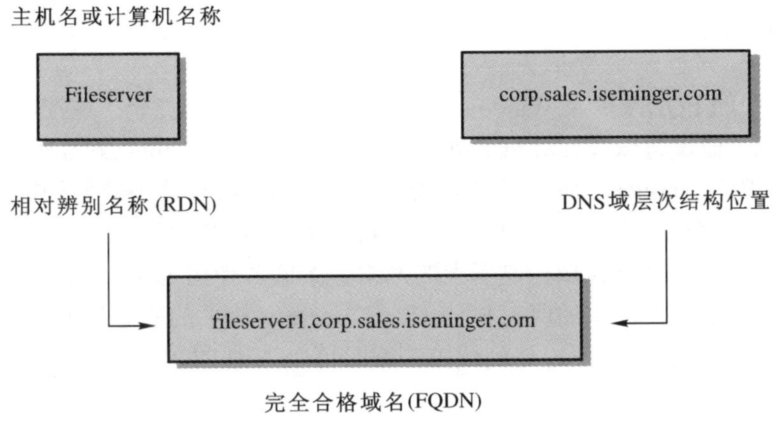

图 2-3 标识 FQDN 的计算机名称部分

因为 Active Directory 的功能跟 DNS 很相似，所以理解了 DNS 能帮助理解 Active Directory 是如何提供信息仓库服务的。

DNS 和 Active Directory 的集成是必须的，因为在 Windows 2000 网络中的客户端计算机必须能够定位域控制器，以便使用由 Active Directory 提供的服务。要查找域控制器，计算机可使用 DNS 来查找在 Active Directory 里提供所需服务的计算机的 IP 地址。

注意 在 Windows 2000 中，某个计算机的 FQDN 也称为完整的计算机名称(full computer name)。

2.3 在 Active Directory 中 DNS 名字解析

（1）IP 寻址

在 Windows 2000 网络中，IP 地址标识了每个使用传输控制协议/Internet 协议(TCP/IP,Transmission Control Protocol/Internet Protocol）通信的主机。每个 32 位的 IP 地址在内部被划分成两部分——网络 ID 和主机 ID。

- 网络 ID，也称为网络地址，标识在较大的 TCP/IP 网际网络（多个网络中的一个网络）中的单个网段。连接并共享访问同一网络的所有系统在其完整的 IP 地址中都有一个公用的网络 ID。这个 ID 也用于惟一地标识较大的网际网络内部的每一个网络
- 主机 ID，也叫主机地址，标识每一网络中的 TCP/IP 节点（工作站、服务器、路由器或者其他 TCP/IP 设备）。每种设备的主机 ID 可惟一地识别其自身网络中的单个系统

下面是一个 32 位 IP 地址的范例：

10000011 01101011 00010000 11001000

为了简化 IP 寻址，将 IP 地址用带句点的十进制符号表示。该 32 位 IP 地址被划分成 4 个八位字节。八位字节数转换成十进制数（基于十进制的编号系统），用英文句号分隔。因此，上

面的 IP 地址被转换成以句点分隔的十进制数就是 131.107.16.200。范例中的 IP 地址（131.107.16.200），其中网络 ID 部分（131.107）是由 IP 地址的前两个数表示的，而主机 ID 部分（160.200）则是由 IP 地址的后两个数表示的。

（2）SRV 记录

除了被 DNS 中的 FQDN 以及 Windows 2000 计算机全名标识之外，域控制器也可用其所提供的特定服务标识。通过将域或计算机名称解析成 IP 地址，Windows 2000 使用 DNS 来定位域控制器。这是由 SRV（service）资源记录完成的，它能够将特定服务映射到提供该服务的域控制器上。SRV 记录的格式包含这些信息，还包含特定的 TCP/IP 信息。

当域控制器启动时，运行在域控制器上的网络登录服务使用 DNS 动态更新功能，在 DNS 数据库中注册由该域控制器提供的所有与 Active Directory 相关的服务的 SRV 记录。所以，当运行 Windows 2000 的计算机需要连接到域控制器时可以查询 DNS 服务器。

（3）搜索查询

DNS 名称服务器解析正向与反向搜索查询。正向搜索查询（forward lookup query）是将名称解析成 IP 地址。反向搜索查询（reverse lookup query）是将 IP 地址解析成名称。名称服务器只能够解析授权区域的搜索查询。如果名称服务器不能解析某个查询，它就将这个查询转发给其他能够解析该查询的名称服务器。然后，名称服务器把从其他名称服务器接收到的查询结果缓存起来，以减少网络上的 DNS 通信量。

（4）正向搜索查询

DNS 服务使用客户/服务器（C/S，Client/Server）模型来进行名称解析。要解析正向搜索查询，客户端计算机需要将查询传递给本地的名称服务器。这台本地名称服务器或者解析这个查询，或者查询其他名称服务器来解析此查询。

在图 2-4 中，来自于 microsoft.com 区域以外的一个客户端计算机正在向名称服务器查询 www.microsoft.com 的 IP 地址。

图 2-4 中的数字描述了如下步骤：

1）客户端计算机向本地名称服务器提交一个关于 www.microsoft.com 的正向搜索查询。

2）本地名称服务器检查它所在区域的数据库文件来确定是否包含该客户端计算机所查询的名称到 IP 地址的映射。因为本地名称服务器没有 microsoft.com 域的授权，所以它把这个查询转发给 DNS 根服务器中的一个服务器，请求解析主机名称。根名称服务器回送一个 com 名称服务器的参考信息。

3）本地名称服务器发送一个请求给 com 名称服务器，com 名称服务器用一个 Microsoft 名称服务器的参考信息响应该请求。

4）本地名称服务器向 Microsoft 名称服务器发送一个请求。Microsoft 名称服务器接收此请求。因为 Microsoft 名称服务器具有这部分域名称空间的授权，所以它把 www.microsoft.com 的 IP 地址传回给本地名称服务器。

5）本地名称服务器发送 www.microsoft.com 的 IP 地址给客户端计算机。

6）名称解析完成，客户端计算机就可以访问 www.microsoft.com 了。

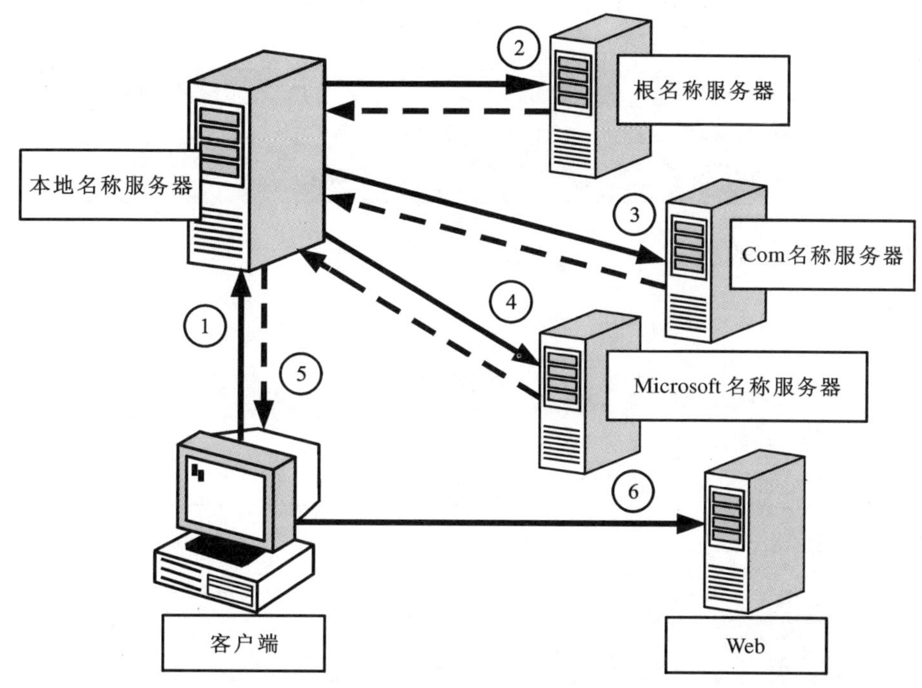

图 2-4 正向搜索查询过程

注意 有关 Active Directory 中 DNS 名称解析的详细信息，可以参阅“Microsoft Windows 2000 服务器资源工具包”中的《分布式系统指南》中的第 3 章“Active Directory 中的名称解析”。

2.3.1 S 服务资源记录（SRV）

为了让 Active Directory 能够正常工作，DNS 服务器必须提供对 SRV（service）资源记录的支持。SRV 记录（SRV records）允许客户端计算机定位提供特定服务（例如：身份验证登录请求和在 Active Directory 中搜索信息）的服务器。Windows 2000 使用 SRV 记录标识某台计算机是否为域控制器。SRV 记录将服务名称和提供该服务的域控制器的 DNS 名称链接起来。

SRV 记录还包含一些信息，该信息使 DNS 客户端计算机能定位如下的内容：

- 位于特定 Windows 2000 域或树林中的域控制器
- 位于客户端计算机相同站点中的域控制器
- 配置成全局编录服务器的域控制器
- 运行 Kerberos 密钥发行中心（KDC,Key Distribution Center）服务的计算机

- SRV 记录和资源记录

当一个域控制器启动时，它会注册 SRV 记录，该记录包含此域控制器所提供服务的信息以及它的 DNS 计算机名和 IP 地址的地址（A）资源记录。A 记录是最普通的，它简单地把一台主机名映射成 IP 地址，就像下面的示例所示：

filesrv1 IN A 150.151.152.17

第一个字段是记录的所有者（宿主）。接下来的字段是类、记录类型及该记录的授权服务器。DNS 服务器使用这些组合信息来解析 DNS 查询并返回域控制器的 IP 地址，使得客户端计算机能够定位域控制器。

注意 在 Windows 2000 中，域控制器也称为轻量级目录访问协议（LDAP，Lightweight Directory Access Protocol）服务器，因为它们运行 LDAP 服务，此服务对在 Active Directory 中搜索或修改对象的请求做出响应。

2.3.2 服务资源记录的格式

图 2-5 所示的为 SRV 记录格式。

字符域	说明
Service	指定服务名称
Protocol	表明传输协议类型
Name	参考资源记录来指定域名
Ttl	指定标准 DNS 资源记录寿命期
Class	指定标准 DNS 资源记录类值
Priority	指定主机优先权
Weight	指定负载平衡机制
Port	表明此主机上的服务端口
Target	为支持此服务的主机指定 FQDN

_ldap._tcp.contoso.msft 600 IN SRV 0 100 389 london.contoso.msft.

图 2-5 SRV 记录格式

服务（SRV）资源记录（RR）使管理员能够指定服务器应该提供什么服务以及应该为哪个域服务。SRV RR 有自己特定的语法，如同下面的例子所示：

http.tcp.iseminger.com.600 IN SRV 0 100 80 web1.iseminger.com

第一个字段（ http.tcp.iseminger.com）遵循特定的点分界的格式约定，其可以被定义为：【服务】.【协议】.【名称】.

- 在上面的示例中：服务（http）、协议（tcp）以及名称（iseminger.com）是用点分界的，结尾也有一个点
- 第二个字段（600）指定了存活期（TTL, Time-to-Live ）
- 第三个和第四个字段（In 和 SRV）分别指定类和类型
- 第五个字段（0）指定了主机优先权。正如邮件交换器（MX ,Mail Exchanger）RR 优先选择字段一样，客户端计算机将这个优先权赋予在 SRV RR 优先权字段中值最小的主机
- 第六个字段（100）指定了负荷量，当几个 SRV RR 记录的优先权字段的值相同时，可以用作负载平衡。客户端计算机应该把优先权授予那些 weight 字段值较高的主机
- 第七个字段（80）指定了端口号，服务器在该端口上监听与指定服务有关的请求

- 最后一个字段（web1.iseminger.com）是与 SRV RR 相关联的主机的完全合格域名（FQDN）

2.3.3 DC 注册的服务资源记录

图 2-6 所示的为由域控制器注册的 SRV 记录。

SRV记录	查询标准
ldap._tcp.*DnsDomainName.*	允许计算机在域查找LDAP服务器
_ldap._tcp.*SiteName.*_sites.dc._msdcs.*DnsDomainName.*	允许计算机在相同站点查找域控制器
_gc._tcp.*DnsForestName.*	允许计算机查找全局编录服务器
_gc._tcp.*SiteName.*_sites.*DnsForestName.*	允许计算机在相同站点查找全局编录服务器
_kerberos._tcp.*DnsDomainName.*	允许计算机在域中定位KDC服务器
_kerberos._tcp.*SiteName.*_sites.*DnsDomainName.*	允许计算机在相同站点定位KDC服务器

- 在 _msdcs子域中运行Windows 2000 注册额外的SRV记录的域控制器的格式是:

  *_Service._Protocol.DcType.*_msdcs.*DnsDomainName*

图 2-6 由域控制器注册的 SRV 记录

当域控制器启动时，在域控制器上运行的网络登录服务使用动态更新来在 DNS 的数据库中注册 SRV 资源记录。这些 SRV 记录将由域控制器提供的服务名称映射到该域控制器的 DNS 计算机名称。表 2-1 列出了一些由域控制器注册的 SRV 记录并定义了每个记录支持的搜索标准。

表 2-1

SRV 记录	搜 索 标 准
_ldap._tcp.DnsDomainName.	允许计算机在名为 DnsDomainName 的域中查找 LDAP 服务器 所有的域控制器都要注册这个记录
_ldap._tcp.SiteName._sites.dc._msdcs.DnsDomainName.	允许计算机在名为 DnsDomainName 域和名为 SiteName 的站点中查找域控制器。注意 SiteName 是存储在 Active Directory 中的站点对象的相对可分辨名称 所有的域控制器都要注册这个记录
_gc._tcp.DnsForestName.	允许计算机在名为 DnsForestName 的树林中查找全局编录服务器。注意 DnsForestName 是树林根域的域名 只有配置成全局编录服务器的域控制器注册这个记录

续表

SRV 记录	搜 索 标 准
_gc._tcp.SiteName._sites.DnsForestName	允许计算机在名为 DnsForestName 的树林和名为 SiteName 站点中查找全局编录服务器 只有配置成全局编录服务器的域控制器注册这个记录
_kerberos._tcp.Dns DomainName.	允许计算机在名为 DnsDomainName 的域中定位 KDC 服务器 所有运行 Keberos5.0 版本服务的域控制器注册这个记录
_kerberos._tcp.SiteName._sites.DnsDomainName	允许计算机在名为 DnsDomainName 的域和名为 SiteName 的站点中定位 KDC 服务器 所有运行 Keberos5.0 版本服务的域控制器都注册这个记录

注意 除了 Windows 2000 域控制器外，网络可以包含配置为 LDAP 服务器和不运行 Windows 2000 的全局编录服务的计算机。所以，任何一个提供适当服务的计算机都要注册表 2-1 所列出的 SRV 记录。

- 只由 Windows 2000 域控制器注册的 SRV 记录

为了能使计算机定位运行 Windows 2000 的域控制器，网络登录服务注册 SRV 记录，这些记录用来标识在域或树林中提供 Windows 2000 特定服务的域控制器。所以，除了上面列出的 SRV 记录外，运行 Windows 2000 的域控制器也注册如下格式的 SRV 记录：

_Service.Protocol.DcType.msdcs.DnsDomainName or DnsForesName

这些 SRV 记录中的_msdcs 部分代表 Microsoft 特定 DNS 名称空间中的子域，从而允许计算机定位在 Windows 2000 中特定的域或树林中提供服务的域控制器。

作为_msdcs 子域前缀，*DCType* 部分的取值指定了如下的服务器角色类型：

- dc 表示域控制器
- gc 表示全局编录服务器

_msdcs 子域的存在意味着运行 Windows 2000 的域控制器也注册以下的 SRV 记录：

_ldap._tcp.dc._msdcs.*DnsDomainName*.

_ldap._tcp.*SiteName*._sites.dc._msdcs.*DnsDomainName*.

_ldap._tcp.gc._msdcs.*DnsForestName*.

_ldap._tcp.*SiteName*._sites.gc._msdcs.*DnsForestName*.

_kerberos._tcp.dc._msdcs.*DnsDomainName*.

_kerberos._tcp.*SiteName*._sites.dc._msdcs.*DnsDomainName*.

2.3.4 客户计算机使用 DNS 查找域控制器

图 2-7 所示的为计算机使用 DNS 来定位域控制器的方法。

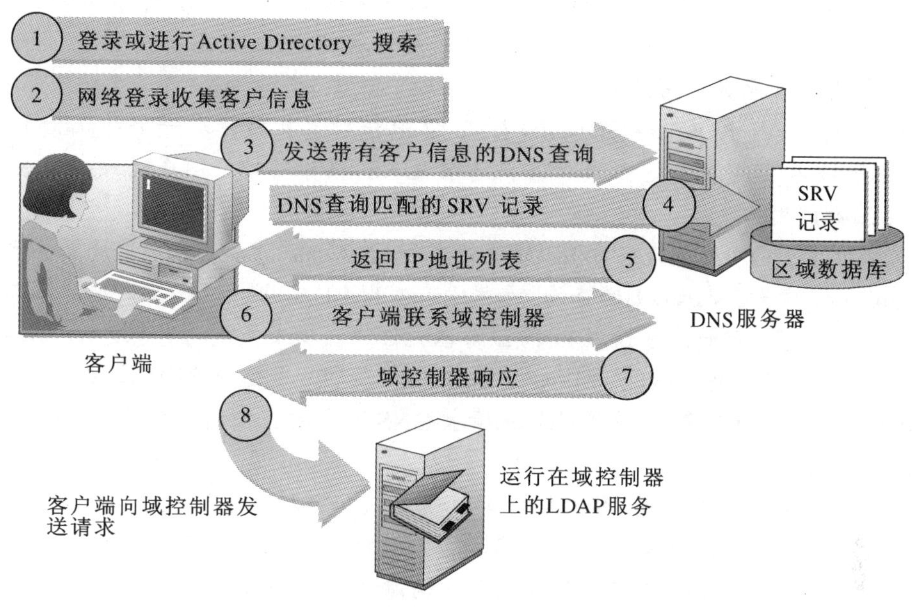

图 2-7 计算机怎样使用 DNS 来定位域控制器

为了登录到 Windows 2000 域或者搜索 Active Directory，客户端计算机必须连接到域控制器。所有的域控制器都要注册 A 资源记录（A resource records）和 SRV 记录（SRV records）。A 资源记录包含了域控制器的 FQDN 和 IP 地址。SRV 记录包含域控制器的 FQDN 和域控制器的服务名称。所以，客户端计算机可以查询 DNS 来定位域控制器。

下面描述了计算机如何定位域控制器的过程：

1）登录到域的用户，首先开始查找 Active Directory，或者执行其他需要域控制器提供服务的任务。客户端计算机（正在定位域控制器的计算机）上的网络登录服务开启 DsGetDcName 应用程序编程接口（API,Application Programming Interface）。DsGetDcName()函数使定位器能够在查询某个 DNS 服务器的过程中指定它正在查询的服务或资源的类型。根据以下的 DsGetDcName()函数的参数查询 DNS 服务器：

- 如果指定了 DS_PDC_REQUIRED 标志，客户端计算机就请求一个_ldap_tcp.pdc_msdcs.[域名]的查询。客户端计算机请求 DNS 服务器把任何成功或者失败的消息返回给此函数调用方
- 如果指定了 DS_GC_SERVER_REQUIRED 标志和 *SiteName* 参数，客户端计算机请求一个_ldap.tcp.[站点].sites.gc._msdcs.[树林根域名]的查询。如果没有找到任何域控制器，客户端计算机就转到下一步。否则，客户端计算机请求 DNS 服务器把任何成功或失败的消息返回给函数调用方
- 如果指定 DS_GC_SERVER_REQUIRED 标志，客户端计算机就请求一个_ldap._tcp.gc.__msdcs.[树林根域名]的查询。客户端计算机请求 DNS 服务器把任何成功或者失败的消息返回给此函数调用方
- 如果指定了 DS_KDC_REQUIRED 标志和 *SiteName* 参数，客户端计算机就请求对下列

域的查询：_kdc._tcp[站点]._site.dc._msdcs.[树林根域名]。如果没有找到任何域控制器，客户端计算机就转到下一步。否则，客户端计算机请求 DNS 服务器把任何成功或失败的消息返回给函数调用方

- 如果指定了 DS_KDC_REQUIRED 标志，客户端计算机就请求一个对_kdc_tcp.dc_msdcs.[树林根域名]的查询。客户端计算机请求 DNS 服务器把任何成功或者失败的消息返回给此函数调用方
- 如果指定 DS_ONLY_LDAP_NEEDED 标志和 *SiteName* 参数，客户端计算机就请求一个对_ldap._tcp.[站点]._sites.[域]的查询。如果没有发现 LDAP 服务器，客户端计算机就转到下一步。否则，客户端计算机请求 DNS 服务器把任何成功或失败的消息返回给函数调用方
- 如果指定了 DS_ONLY_LDAP_NEEDED 标志，客户端计算机就请求一个对_ldap._tcp.[域]的查询。客户端计算机请求 DNS 服务器把任何成功或者失败的消息返回给此函数调用方
- 如果指定 *SiteName* 参数，客户端计算机就请求一个对_ldap._tcp.[站点]._sites.dc._msdcs.[域]的查询。如果没有发现域控制器，客户端计算机就转到下一步。否则，客户端计算机请求 DNS 服务器把任何成功或失败的消息返回给函数调用方
- 客户计算机请求一个对_ldap._tcp.dc.msdcs.[域]的查询。如果没有任何域控制器有那个名称（不同于“如果没有发现域控制器”），客户端计算机就转到下一步。否则，客户端计算机请求 DNS 服务器把任何成功或者失败的消息返回给函数调用方
- 如果指定 *DomainGuid* 参数，客户端计算机就请求一个对_ldap._tcp.[域 GUID].domains.msdcs.[树林根域名]的查找。客户端计算机请求 DNS 服务器把任何成功或者失败的消息返回给此函数调用方

2）网络登录服务收集有关客户端计算机和所需要的特定服务的信息，这些信息将包含在 DNS 查询中。这个信息由下面的 DsGetDcName 参数指定：

- *ComputerName*。客户端计算机的名称
- *DomainName*。将被查询的 DNS 域的名称
- *SiteName*。要被定位的域控制器所在站点的名称。如果没有指定站点，要被定位的域控制器是在最靠近客户端计算机所在的站点中

3）客户端还指定域控制器应该是一个 DomainName 域中的 LDAP 服务器，或者是 DomainName 所在树林的一个全局编录服务器或 KDC 服务器。网络登录服务给 DNS 服务器发送一个 DNS 查询。这个 DNS 查询包含从客户端计算机上收集来的信息和指定的所需的服务。

4）DNS 服务器查询 DNS 区域数据库以获取 SRV 记录，这些记录与 DomainName 域里的客户端计算机所要求的服务相匹配。

5）DNS 服务器返回一个域控制器的 IP 地址的列表，这些域控制器提供在客户端计算机所指定的域中被请求的服务。

6）网络登录服务将一个数据包（一个 LDAP UDP 消息）发送给一个或多个查找到的域控制器，以确定它们是否正在运行以及是否支持所指定的域。

7）每个可用的域控制器对该数据报做出响应以表明自己正在运行，然后把信息返回给

DsGetDcName。网络登录服务将该信息从第一个做出响应的域控制器处返回给客户端计算机。

8）客户端计算机选择第一个做出响应并且符合标准的域控制器，然后向该域控制器发出请求。

网络登录服务缓存了域控制器的信息使得客户端计算机不需要为以后的请求重复以上过程。缓存这些信息也有利于同一域控制器的协调使用。

2.4 Active Directory 的集成区域

图 2-8 所示为 Active Directory 的集成区域。

- Active Directory 中的主要存储区域
- 在 Active Directory 复制期间复制 DNS 区域信息
- 提供了额外的好处：
  —消除了主 DNS 服务器的单点故障
  —能够进行安全的动态更新
  —执行到其他 DNS 服务器的标准区域传送

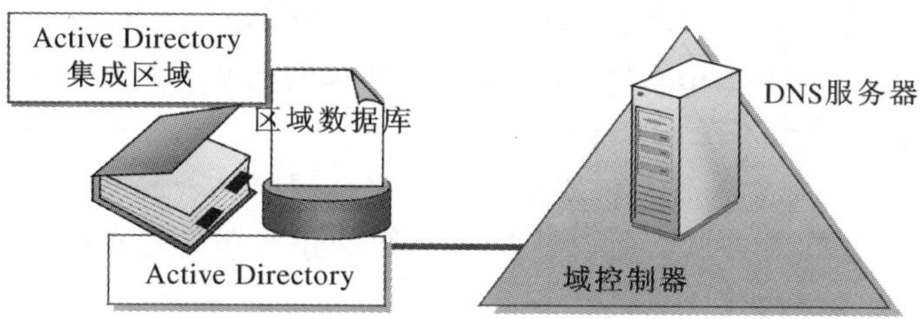

图 2-8 Active Directory 的集成区域

DNS 服务提供将名称空间划分为一个或多个区域的选项，这些区域可以被存储、分发以及复制到其他的 DNS 服务器。DNS 名称空间表现了网络资源的逻辑结构，DNS 区域为资源记录提供了物理存储。

当分别存储和复制名称空间（例如：一个名称空间为 DNS 存储和复制而另一个则为 Active Directory 存储和复制）时，这就产生了额外的管理复杂性。通过在 Active Directory 中集成 DNS 名称空间的存储，简化了 DNS 和 Active Directory 的计划和管理。集成 DNS 存储允许把 DNS 和 Active Directory 信息的存储和复制统一管理，使 DNS 和 Active Directory 信息组成单个管理实体。复制统一成一个单一的管理实体。

将 DNS 与 Active Directory 集成起来的优点之一就是能够将 DNS 区域内的数据集成到 Active Directory 数据库里。Active Directory 集成区域（Active Directory integrated zones ）是以对象形式存储在 Active Directory 数据库中的主要 DNS 区域。区域是域名称空间的一部分，名称空间是由存储在区域数据库文件中的资源记录定义的。区域数据库文件存储用于把主机名解析成 IP 地址以及把 IP 地址解析成主机名的信息。所以，当配置 Active Directory 集成区域时，区域数据库文件是在 Active Directory 复制期间而不是在 DNS 区域传送期间被复制的。

- 优点

Active Directory 集成区域有以下的优点：

- 消除了主 DNS 服务器的单点故障。在集成 Active Directory 的 DNS 环境中，所有的域控制器同时也是 DNS 主服务器。这个优点是可以在任何的 Active Directory/DNS 域控制器上做更改（而不是在给定的 DNS 区域的单一的主服务器上，就像在其他 DNS 服务器软件的实现中所要求的那样）。这使得管理员有权在任何域控制器上修改 DNS 资源记录，并使得用户能在最近的可用的 DNS 服务器上动态地更新资源记录
- 能够确保动态更新的安全。因为 DNS 区域是在 Active Directory 集成区域中的 Active Directory 对象，所以可以在 DNS 区域范围内给记录设置权限来控制哪些计算机能够更新它们的记录。所以，使用动态更新协议的更新只能来自于已被授权的计算机。使用动态主机配置协议（DHCP,Dynamic Host Configuration Protocol）部署网络的管理员能够配置 DHCP 和 DNS 服务来进行通信，这样主机能够被动态地添加到 DNS 数据库中
- 对没有被配置为域控制器的 DNS 服务器及在其他域中的 DNS 服务器执行标准区域传送，必须使用标准的区域传送把区域复制到其他域中的DNS服务器上。当 Microsoft DNS 服务器与 Active Directory 集成在一起时，DNS 区域文件以及 DNS 特定的区域更新策略或机制都不是必要的。DNS 资源记录变成了 Active Directory 信息仓库的一部分，并通过包含在 Active Directory 内的标准的复制机制被复制到每个域控制器上（默认情况下，每个域控制器都在运行 DNS）
- 由于 DNS 覆盖范围要求通常相似于（根据整个网络拓扑的布置）Active Directory 分区和域控制器覆盖范围要求，所以可以把部署服务器和确定在整个网络中哪个位置放置 DNS 服务器的工作简化
- 在部署过程中，可以部署不是 Windows 2000 域控制器的额外的 DNS 服务器；然而，这些非域控制器的 DNS 服务器不能加载 Active Directory 集成区域的信息。非域控制器 DNS 服务器没有 Active Directory 信息库，不能保存由 Active Directory 收集的 DNS 数据库信息。在 Windows 2000 部署过程中，不是必需使用 Active Directory 集成的 DNS。但是，必须使用支持动态更新的 DNS 服务器软件

重点 在配置 Active Directory 集成区域之前，必须首先安装 Active Directory。

2.5 安装设置 DNS 服务以支持 Active Directory

实现 Active Directory 的基础结构要求 DNS 的基础结构已就绪或已在 Active Directory 安装过程中安装了。为了支持 Active Directory，DNS 必须支持 SRV 记录。

要实现 DNS，需要安装 DNS 并配置正向和反向搜索区域。因为 DNS 的域名与 Active Directory 的域名相符合，所以也可以配置正向和反向搜索区域以便它们能与 Active Directory 域相符合。然而，DNS 区域还可以包含一个或多个在 Active Directory 域中的计算机的相关数据，因此区域也可以包含多个 Active Directory 域。

2.5.1 支持 Active Directory 的 DNS 要求

由于 Active Directory 使用 DNS 作为它的定位服务，因此如果在网络中没有安装 DNS，就无法安装 Active Directory。为了让 DNS 成为 Active Directory 的定位服务，必须有一台支持 SRV 资源记录的 DNS 服务器。

运行在 Windows 2000 上的 DNS 提供了支持安装 Active Directory 的必要条件。如果选择不使用 Windows 2000 的 DNS，就必须确定 DNS 服务器是否提供以下的支持：

- SRV 记录（RFC2052）：SRV 记录就是映射到提供特定服务的服务器名称的 DNS 记录。如果现有的 DNS 服务器不支持 SRV 记录，就必须转到支持 SRV 记录的 DNS 服务器上，或者将 Active Directory 使用的域委派给支持 SRV 记录的 DNS 服务器
- 动态更新协议（RFC 2136）。虽然动态更新协议是可选的，但强烈建议使用该协议，因为它能使所在环境的服务器和客户端自动向 DNS 数据库中添加记录，这将减少管理成本。如果正在使用一个支持 SRV 资源记录但不支持动态更新协议的 DNS 服务器，那么就必须手动输入 SRV 资源记录。当在计算机上安装 Active Directory 时，作为安装过程的一部分，包含所需 SRV 资源记录的文件将被创建。这个文件名为 Netlogon.dns，它位于名为 systemroot\System32\config 的文件夹里
- 增量区域传送（RFC 1995）(Incremental zone transfers)。增量区域传送是可选的，并且只允许新增的或者修改过的资源记录在 DNS 服务器之间复制，而不是整个区域数据库文件

注意 要得到 REC 2052、REC 2136 和 REC 1995 的副本，可以查看“Internet Engineering Task Force Web”网页，网址为 http://www.itef.org。

2.5.2 安装、配置 DNS

在安装 Active Directory 之前，为了实现 DNS 基础结构，必须在运行 Windows 2000 Server 的计算机上安装和配置 DNS 服务器服务。

- 安装和配置 DNS 的步骤如下：

  1）分配一个静态的 IP 地址。在安装 DNS 服务器服务之前，必须使用一个静态 IP 地址配置计算机。

  2）配置 DNS 的主后缀。如果要在单位中创建第一台 DNS 服务器，那么 DNS 主后缀应该和 Active Directory 树林的树林根目录所用的名称相同。

  3）安装 DNS 服务器服务。使用 DNS 安装向导来安装 DNS 服务器服务。

  4）创建一个标准的、主要的正向搜索区域。通过正向搜索区域进行正向搜索查询。在名称服务器上，为了让 DNS 服务工作必须至少配置一个正向搜索区域。当使用 Active Directory 安装向导来安装 Active Directory 并允许该向导安装和配置 DNS 服务器时，这个向导就会根据为服务器指定的 DNS 名称自动地创建一个正向搜索区域。要创建一个新的正向搜索区域，可以按照以下步骤进行操作：

a. 单击“开始”，指向“程序”，指向“管理工具”，然后单击“DNS”。

b. 展开 DNS 服务器。

c. 右击“正向搜索区域”文件夹，然后单击“新建区域”。这个新建区域向导指导完成设置正向搜索区域的过程。这个向导提供了以下的配置选项：区域类型、区域名、区域文件以及主 DNS 服务器。

- 这个区域必须对于即将创建的第一个 Active Directory 域的名称是权威的。
- 配置正向搜索区域来启用动态更新。

5）创建标准的、主要的反向搜索区域（可选）。反向搜索区域可以进行反向搜索查询。反向搜索区域是不作要求的，除非正在运行如 NSLOOKUP 一类的疑难解答工具和在 Internet 信息服务（IIS，Internet Information Services）日志文件中记录名称而不是记录 IP 地址。如果创建了一个反向搜索区域，应该配置并启用动态更新。要创建一个新的反向搜索区域：

a. 单击“开始”，指向“程序”，指向“管理工具”，然后单击“DNS”。

b. 展开 DNS 服务器。

c. 右击“反向搜索区域”文件夹，然后单击“新建区域”。这个新建区域向导指导完成设置反向搜索区域的过程。这个向导提供了以下的配置选项：区域类型、反向搜索区域、区域文件以及主 DNS 服务器。

- 验证 DNS 服务器的权威性

在安装和配置完 DNS 服务器之后，可以使用下面的命令来验证这个 DNS 服务器对于将要命名第一个 Active Directory 域的 DNS 域名是权威的：

nslookup-type=ns *DnsDomainName*

这条命令的结果列出了 DNS 服务器的 FQDN，该 FQDN 对于名为 *DnsDomainName* 的 DNS 域来说是权威的。

2.5.3 在 Active Directory 的安装过程中安装 DNS

第一个被创建的域会成为在 Windows 2000 树林中树林的根域，如果此时还没有一个就绪的 DNS，Active Directory 安装向导能够在正在安装 Active Directory 的计算机上安装和配置 DNS 服务器服务。

下面描述了 Active Directory 安装向导是如何安装和配置 DNS 的：

1）如果 Active Directory 安装向导不能找到对于新建的 Active Directory 域的名称来说是权威的 DNS 服务器，或者所找到的 DNS 服务器不支持动态更新或没有配置成接受动态更新，该向导将询问是否让向导自动安装和配置本地的 DNS 服务器。

2）如果回答是，Active Directory 安装向导将执行下面的任务来安装和配置 DNS：

a. 安装 DNS 服务器服务。

b. 创建一个和正在创建的 Active Directory 域同名的正向搜索区域。

c. 配置正向搜索区域使之成为 Active Directory 集成区域。

d. 启用正向搜索区域上的安全动态更新。

注意　Active Directory 安装向导不创建反向搜索区域。如果想要创建反向搜索区域，就需要在完成 Active Directory 安装后才能创建它。

实验　安装设置 DNS 以支持 Active Directory

- 目标

  完成本实验后，可以掌握以下内容：
  - 安装 DNS 服务器服务
  - 创建正向和反向搜索区域
  - 启用动态更新
  - 使用 nslookup 命令测试 DNS

- 准备工作

  在进行本实验之前，必须熟悉 DNS 的概念和操作。

- 实验设置

  为完成本实验，需要具备以下条件：
  - 一台配置为独立服务器的运行 Microsoft Windows 2000 Advanced Server 的计算机
  - 一个静态 IP 地址和相应的子网掩码
  - 一个 DNS 域名、一个正向搜索区域名和一个反向搜索区域名。相关信息请参考表 2-2

重点　本实验不能反映现实环境。建议总是为管理员账户使用复杂密码，并且不要创建没有密码的账户。

重点　在教室以外的环境，强烈建议使用必要的、最新的软件更新。由于这是教室环境，可以使用不包括最近更新的软件。

- 正向和反向搜索区域信息

在本实验中，要求输入一个主 DNS 后缀名、一个正向搜索区域名以及反向搜索区域的网络 ID。根据正在使用的计算机的情况，使用表 2-2 中的信息来确定这些输入项的值。由指导教师提供数字，用于替换在网络 ID 值中的 *x*。

表　2-2

计算机名	网络 ID	DNS 域名	正向搜索区域名称（DNS 主后缀）
Vancouver	192.168.*x*	vancouverdom	vancouverdom.nwtraders.msft
Denver	192.168.*x*	denverdom	denverdom.nwtraders.msft
Perth	192.168.*x*	perthdom	perthdom.nwtraders.msft
Brisbane	192.168.*x*	brisbanedom	brisbanedom.nwtraders.msft

续表

计算机名	网络 ID	DNS 域名	正向搜索区域名称（DNS 主后缀）
Lisbon	192.168.*x*	lisbondom	lisbondom.nwtraders.msft
Bonn	192.168.*x*	bonndom	bonndom.nwtraders.msft
Lima	192.168.*x*	limadom	limadom.nwtraders.msft
Santiago	192.168.*x*	santiagodom	santiagodom.nwtraders.msft
Bangalore	192.168.*x*	bangaloredom	bangaloredom.nwtraders.msft
Singapore	192.168.*x*	singaporedom	singaporedom.nwtraders.msft
Casablanca	192.168.*x*	casablancadom	casablancadom.nwtraders.msft
Tunis	192.168.*x*	tunisdom	tunisdom.nwtraders.msft
Acapulco	192.168.*x*	acapulcodom	acapulcodom.nwtraders.msft
Miami	192.168.*x*	miamidom	miamidom.nwtraders.msft
Auckland	192.168.*x*	aucklanddom	aucklanddom.nwtraders.msft
Suva	192.168.*x*	suvadom	suvadom.nwtraders.msft
Stockholm	192.168.*x*	stockholmdom	stockholmdom.nwtraders.msft
Moscow	192.168.*x*	moscowdom	moscowdom.nwtraders.msft
Caracas	192.168.*x*	caracasdom	caracasdom.nwtraders.msft
Montevideo	192.168.*x*	montevideodom	montevideodom.nwtraders.msft
Manila	192.168.*x*	maniladom	maniladom.nwtraders.msft
Tokyo	192.168.*x*	tokyodom	tokyodom.nwtraders.msft
Khartoum	192.168.*x*	khartoumdom	khartoumdom.nwtraders.msft
Nairobi	192.168.*x*	nairobidom	nairobidom.nwtraders.msft

- 实验预估时间：30 分钟

练习 1 安装 DNS 服务器服务

- 实验方案

已经确定要成功部署 Active Directory，首先需要部署一个 DNS 基础结构来支持 Active Directory。

- 目标

在本练习中，将配置计算机的 DNS 域名和安装 DNS。

任　　务	具 体 步 骤
1．为计算机配置 DNS 后缀。当提示时，重启计算机 • 域后缀：*domain*.nwtraders.msft（这里的 *domain* 就是分配的域名）	a．以管理员的身份用密码 password 登录 b．打开“我的电脑”的“属性”对话框 c．在“系统特性”对话框中，在“网络标识”选项卡上，单击“属性” d．在“标识更改”的对话框中，单击“其他（M）” e．在“DNS 后缀和 NetBIOS 计算机名”的对话框中，在“此计算机的主 DNS 后缀（P）”框中键入“*domain*.nwtraders.msft”（这里的 *domain* 就是分配的域名），然后单击“确定” f．单击“确定”关闭“标识更改”对话框，然后单击“确定”关闭“网络标识”消息框 g．单击“确定”并关闭“系统特性”对话框，然后单击“系统设置更改”的信息框中的“确定”按钮来重启计算机
2．启动“Windows 组件向导”来安装“网络服务”的“域名服务系统（DNS）”子组件。从“Windows 2000 Advanced Server”光盘上复制所需的文件	a．以管理员的身份用密码 password 登录 b．在“控制面板”里，双击“添加或删除程序”，然后单击“添加/删除 Windows 组件” c．在“Windows 组件”的页面上，在“组件”面板里面单击“网络服务”，然后单击“详细信息” d．在“网络服务”里面，验证是否所有的复选框都被清空，选中“域名系统（DNS）”复选框，然后单击“确定” e．在“Windows 组件向导”中单击“下一步” f．如果有提示，就插入“Windows 2000 Advanced Server”光盘，然后单击“确定”。执行步骤 g，如果没有提示，则执行步骤 h g．在复制完所需的文件后，单击“完成”，然后关闭所有窗口 h．在“完成‘Windows 组件向导’”对话框中单击“完成”

练习 2　创建正向和反向搜索区域

● 实验方案

在安装完 DNS 后，必须配置一个正向搜索区域和一个反向搜索区域，正向搜索区域用来将主机名解析成 IP 地址，反向搜索区域则将 IP 地址解析成主机名。

● 目标

在本练习中，将为读者所在的域配置一个正向搜索区域，并为网络 ID 配置一个反向搜索区域。

任　　务	具 体 步 骤
1. 为 *domain*.nwtrader.msft 添加一个标准主要正向搜索区域	a．单击“开始”，指向“程序”，指向“管理工具”，然后单击“DNS” b．在控制台树中，右击 *computer*（这里的 *computer* 是指用户的计算机名），然后单击“配置服务器” c．在“欢迎使用配置 DNS 服务器向导”页面上，单击“下一步” d．在“配置 DNS 服务器向导”页面上，选择“这是网络中的第一台 DNS 服务器”，然后单击“下一步” e．在“正向搜索区域”的页面上，确保“是的，创建一个正向搜索区域”被选中，然后单击“下一步” f．在“区域类型”的页面上，确认“标准主要区域”被选中，然后单击“下一步” g．在“区域名”的页面上，在“名字”框中，键入“*domain*.nwtraders.msft”（这里的 *domain* 是分配的域名），然后单击“下一步” h．在“区域文件”的页面里，确认“创建新文件，文件名为”被选中，然后单击“下一步”
2. 为网络 ID 添加一个标准的主要反向搜索区域	a．在“反向搜索区域”的页面里，确认“是的，创建一个反向搜索区域”被选中，然后单击“下一步” b．在“区域类型”的页面里，单击“标准主要区域”，然后单击“下一步” c．在“反向搜索区域”页面里，验证“网络 ID”被选中。对于网络 ID，键入计算机的 IP 地址的前三个 8 位组，然后单击“下一步”（例如，对于 192.168.1.1 的 IP 地址，键入 192.168.1） d．在“区域文件”的页面里，确认“创建新文件，文件名为”，然后单击“下一步” e．在“正在完成配置 DNS 服务器向导”页面里，单击“完成” f．保持 DNS 打开
3．配置“本地连接”的“Internet 协议（TCP/IP）”属性来把计算机用作 DNS	a．右击“网上邻居”，然后单击“属性” b．右击“本地连接”，然后单击“属性” c．单击“Internet 协议（TCP/IP）”，然后单击“属性” d．在“首选 DNS 服务器（P）”的框中，键入分配的 IP 地址，然后单击“确定” e．单击“确定”来关闭“本地连接属性”框，然后关闭“网络和拨号连接”窗口

练习 3　配置 DNS 以支持动态更新

● 实验方案

在安装 DNS 并创建正向和反向搜索区域后，必须在部署 Active Directory 之前配置 DNS 来支持动态更新。

● 目标

在本练习中，将介绍配置正向和反向搜索区域以支持动态更新。

任　务	具 体 步 骤
1. 为 *domain*.nwtraders.msft 配置正向搜索区域以支持动态更新	a. 在 DNS 的控制台树中，展开 *computer*（这里的 *computer* 是指分配的计算机名） b. 在控制台树中，展开“正向搜索区域”，然后单击“*domain*.nwtraders.msft” c. 右击“*domain*.nwtraders.msft”，然后单击“属性” d. 在“*domain*.nwtraders.msft 属性”对话框里，在“允许动态更新”的列表里，单击“是”，然后单击“确定”
2. 为子网配置反向搜索区域以支持动态更新	a. 在控制台树中，展开“反向搜索区域”，然后单击“192.168.*y*.*x* Subnet”（这里 y 是分配的教室号） b. 右击“192.168.*y*.*x* Subnet”,然后选择“属性” c. 在“192.168.*y*.*x* Subnet 属性”框中，在“允许动态更新”的列表里，单击“是”，然后单击“确定” d. 保持 DNS 打开
3. 使用“ipconfig”命令来重新注册计算机的 DNS 记录	a. 打开一个命令提示符窗口 b. 在命令提示符下，键入“ipconfig/registerdns”，然后按 Enter 键 c. 关闭命令提示符窗口
4. 刷新 DNS 来显示反向搜索区域中的指针资源记录	a. 切换到 DNS 窗口 b. 在“操作”菜单中，单击“刷新” 注意：一个新指针资源记录将会出现在“192.168.*y*.*x* Subnet”的反向搜索区域中。 c. 关闭所有打开的窗口

练习 4　使用 NSLOOKUP 来测试 DNS

● 实验方案

在安装了 DNS、创建了正向和反向搜索区域以及配置了这些区域以允许动态更新之后，在安装 Active Directory 之前应该测试 DNS 以确保它能正常工作。

● 目标

在本练习中，将使用 nslookup 命令来确认 DNS 被正确安装和配置。

任 务	具 体 步 骤
1．确认 DNS 能够将主机名解析成 IP 地址	a．打开一个命令提示符窗口 b．在命令提示符下，键入“nslookup *computer.domain*.nwtraders.msft”（这里的 *computer* 是分配的计算机名，*domain* 是分配的域名），然后按 Enter 键 DNS 服务器用它的名称和 IP 地址来作为应答，后面跟着由命令行提供的计算机名的名称和 IP 地址。 c．保持此命令提示符窗口打开
2．确认 DNS 能够将 IP 地址解析成主机名	a．在命令提示符下，键入“nslookup *ip_address*”（这里的 *ip_address* 是分配的 IP 地址），然后按 Enter 键 DNS 服务器用它的名称和 IP 地址来作为回答，后面跟着由命令行提供的计算机的名称和 IP 地址。 b．关闭所有打开的窗口，然后注销

2.6 最佳实践

考虑下面用于实现 DNS 以支持 Active Directory 的最佳操作：

- 在计划和实现 DNS 基础结构时，可以使用标准 DNS 规则和首选操作
- 确保每个区域至少有两个 DNS 服务器主机。它们可以主控此区域的主要副本和辅助副本，或者每个区域的两个目录集成副本。这就提供了容错以免某个 DNS 服务器不可用
- 实现 Active Directory 集成区域。Active Directory 集成区域确保每个 Active Directory 域的域控制器采用直接一对一映射的方式响应 DNS 服务器。当诊断 DNS 和 Active Directory 复制问题时，在两个拓扑中使用相同的服务器计算机，这就简化了规划、部署和疑难解答

如果不使用 Active Directory 集成区域，就需要确定正确配置了客户端计算机并理解标准主要区域成为动态更新和区域复制的单点故障

- 配置客户端计算机，使用它附近的域控制器作为首选和备用 DNS 服务器。当为每个客户计算机配置一个首选和备用的 DNS 服务器列表时，可以指定一些服务器，这些服务器对靠近每个客户端计算机的域控制器做出响应

注意 有关规划 DNS 基础结构以支持 Active Directory 的详细信息，可以参阅《设计微软 Windows 2000 目录服务结构》的教程——1561B 中的第 2 章“设计 Active Directory 命名策略”。

习题

1．假设正在为某组织定义域，试问定义多个域有哪些潜在的好处？（多选题）

A．满足安全性要求

B．满足管理要求

C．优化复制通信量

D．保留 Windows NT 域

2．假设正在为某公司设计 Active Directory 名称空间，下面哪个步骤不需要在设计名称空间之前完成？（单选题）

A．定义树林根域

B．定义域层次结构

C．规划 DNS 服务器的配置

D．定义树林的域

3．回忆并阐述 DNS 命名架构中的域命名原则。

4．在 Active Directory 网络中，DNS 提供了什么功能？

5．DNS 名称空间和 Active Diretory 名称空间的区别是什么？

6．在 Active Directory 域中，SRV 资源记录是作什么用的？

7．Active Diretory 集成区域可以提供的哪些潜在的好处？

8．假设设计组正在判定组织目前采用的是哪些 DNS 服务。哪些 DNS 服务满足 DNS 服务器有关支持 Active Directory 的要求？哪些 DNS 服务允许使用 Active Directory 集成区域？

第 3 章　创建 Windows 2000 域

在安装完 Microsoft Windows 2000 系列产品之后，可以把一台运行 Windows 2000 Advanced Server 的计算机配置为 Windows 2000 域的域控制器。通过在 Windows 2000 Active Directory 目录服务上实现域结构，可以创建网络的管理结构。要实现域结构，就需要创建域，创建域中的组织单位（OU ,Organizational Units）以及用户、组和 OU 内的资源对象。

在创建域的时候，必须确定新域的 DNS 名称和安装过程中创建的文件的位置。Windows 2000 使用 Active Directory 安装向导来创建新的域控制器。

完成本章学习后，将能够：

- 明确创建 Windows 2000 域的目的
- 通过安装 Active Directory 创建 Windows 2000 域
- 了解安装 Active Directory 的过程
- 检验 Active Directory 的默认结构
- 执行 Active Directory 安装后的任务
- 解决在安装 Active Directory 过程中可能出现的问题
- 使用 Active Directory 安装向导删除 Active Directory
- 应用最佳操作创建 Windows 2000 域

3.1　创建 Windows 2000 域

域是 Windows 2000 网络中的核心管理单元。在 Windows 2000 中，域用来定义如何组织及存储信息和资源。图 3-1 所示的 Windows 2000 域的介绍。

在 Active Directory 中创建的第一个域是整个树林的根域。这个域也称为树林根目录（forest root）。当在 Windows 2000 网络上第一次安装 Active Directory 时，需要在新树林中创建第一个域控制器，从而建立了根域。经过管理员配置后，某些域控制器还要维护全局编录的一个副本。

Active Directory 安装向导在 Active Directory 安装过程中来引导建立域控制器和创建 Windows 2000 域。任何独立服务器或成员服务器都可以升级为域控制器。在将服务器升级为域控制器的时候，可以创建：

- 新树林，包括根域（树林中的第一个域）和第一个域控制器
- 现有 Windows 2000 域上的额外域控制器

- 域是核心管理单位
- 创建的第一个域是整个树林的根域或树林根目录
- 使用 Active Directory 安装向导，可以创建域和域控制器

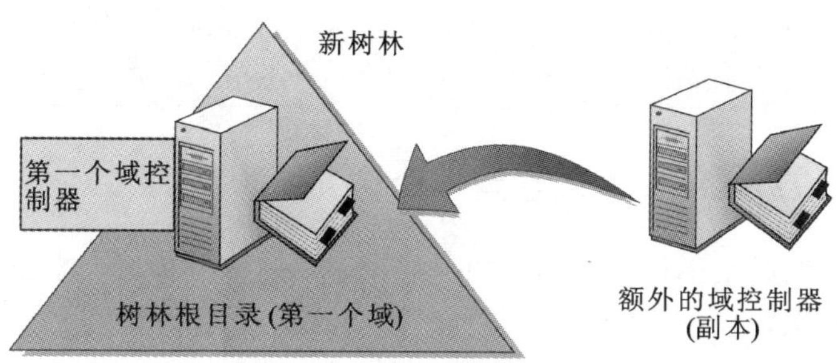

图 3-1 Windows 2000 域的介绍

注意 使用 Active Directory 安装向导，还可以在现有的树上创建新的子域以及在现有树林中创建一个新的树。有关在现有的树林上创建子域和新树的详细信息，可以参阅课程 2154《目录服务的实现与管理——Windows 2000 Directory Services 的实现与管理》中的第 10 章。

3.2 安装 Active Directory

在使用 Active Directory 安装向导安装 Active Directory 时，首先要确保满足安装 Active Directory 所需要的所有必要条件。在为一个新域创建第一个域控制器的同时，也就创建了一个新的域。然后在 Active Directory 结构内指定域控制器的放置位置。在安装 Active Directory 的时候，还要指定一些其他的详细信息，例如域名和安装过程中创建的文件所放置的位置。

另外，还可以使用应答文件来运行 Active Directory 安装向导的无人参与安装。故障恢复和在得不到技术支持的分部办公室里安装 Active Directory 的时候，Active Directory 无人参与安装是很有帮助的。

3.2.1 安装 Active Directory 的准备工作

在安装 Active Directory 之前，确保要配置为域控制器的计算机满足确定的要求。下面列出了安装 Active Directory 的必要条件：

- 计算机上运行的是 Windows 2000 Server、Windows 2000 Advanced Server 或 Windows 2000 Datacenter Server
- 至少需要 200 MB 的磁盘空间用于 Active Directory 数据库，另外还需要额外 50 MB 空间用于 Active Directory 数据库的事务处理日志文件。Active Directory 数据库文件和日志文件的大小需求依赖于域中对象的数目和类型。如果域控制器同时也作为全局编录服

务器，还需要额外的磁盘空间

- SYSVOL 文件夹必需放在用 NTFS 文件系统格式化的一个分区或卷上
- 安装并配置可以使用域名系统（DNS ,Domain Name System）的传输控制协议/Internet 协议（TCP/IP, Transmission Control Protocol/Internet Protocol）
- 如果在现有的 Windows 2000 网络上创建域，那么需要有创建域所需的管理权限

注意 在安装 Active Directory 的时候，Active Directory 安装向导提供了安装 DNS 服务器服务的选项。DNS 服务器支持 SRV（服务）资源记录和 DNS 动态更新协议。

3.2.2 安装 Active Directory 并创建第一个域

在网络上第一次安装 Active Directory 的时候，创建树林的根域。Active Directory 安装向导会引导输入新域控制器需要的信息。在安装 Active Directory 的时候需要提供的信息将根据你选择的选项来改变。

可以按照下列步骤来创建根域：

1）在“运行”栏里键入 dcpromo.exe，然后按 Enter 键。

2）在 Active Directory 安装向导中，使用表 3-1 提供的信息完成安装。

表 3-1

安装向导页面	需要完成的操作
域控制器类型	单击“新域的域控制器”
创建树或子域	单击“创建一个新的域树”
创建或加入树林	单击“创建新的域树林”
新的域名	为新域指定 DNS 名。如果网络需要连到 Internet 上，验证已注册的 Internet 域名，然后使用此域名作为树林根目录
NetBIOS 域名	把 NetBIOS 指定为新域名或使它与新域名相一致。NetBIOS 名是用来区分域和那些运行 Windows 或 Microsoft Windows NT 早期版本的客户端计算机的
数据库和日志文件位置	为 Active Directory 数据库和日志文件指定具体的位置。数据库用来存储新域的目录，日志文件用来临时存储数据库的更改。数据库和日志文件默认的位置是 *systemroot*\Ntds。最佳操作是把数据库和日志文件放置在不同的硬盘上。把数据库和日志文件安装在不同的硬盘上可以确保在读、写数据库和日志文件时不会发生对输入资源和输出资源的竞争
共享系统卷	指定共享系统卷的位置，共享系统卷是所有 Windows 2000 域控制器都有的文件夹结构。共享的系统卷存储的文件有登录、注销、启动与关闭脚本、组策略信息等，这些文件在域控制器间复制。注意必需指定一个用 NTFS 文件系统格式化的分区或卷

续表

安装向导页面	需要完成的操作
权限	指定是为那些与运行 Windows 和 Windows NT 早期版本的服务器兼容的用户和组对象分配默认权限，还是为仅与运行 Windows 2000 的服务器兼容的用户和组对象分配默认权限。指定运行 Windows 和 Windows NT 早期版本的服务器权限，添加 Everyone 组到 Windows 2000 以前版本的兼容访问组，此组对于存在于 Windows NT 4.0 的用户和组对象的属性只能进行只读访问
目录服务恢复模式的管理员密码	指定以目录服务恢复模式启动计算机时所需要的密码。Windows 2000 域控制器包含一个小版本的 Windows NT 4.0 账户数据库。此数据库里惟一的账户是管理员的账户。由于 Active Directory 目录服务不是在目录服务恢复模式下启动，所以要在目录服务模式下启动计算机就需要验证这个账户

在完成指定安装信息以后，Active Directory 安装向导将完成 Active Directory 的安装，并把计算机转换成域控制器。

3.2.3 安装 Active Directory 并向已有域中添加额外的域控制器

要使域控制器在意外脱机的情况下具有容错能力，就需要在一个单域中至少有两个域控制器。因为域中的所有域控制器会将本域内指定的数据复制到另一个域控制器上，所以在一个域内安装多个域控制器就会在 Active Directory 中存储数据时自动启用容错能力。如果一个域控制器失效，其他的域控制器将提供验证服务并访问 Active Directory 中的对象，使得域操作和往常一样。图 3-2 所示为添加副本域控制器。

- 在单个域中容错需要至少两个域控制器
- 在域中有多个域控制器不至于使单个域控制器超载
- 运行 Dcpromo 向现有域添加域控制器
- Active Directory 安装向导：
  - 将计算机转换成域控制器
  - 从现有域控制器上复制 Active Directory

图 3-2 添加副本域控制器

在域上添加一个新的域控制器时，通过复制来保证 Active Directory 中的一致性。另外，一个域具有一个以上的域控制器，有助于保证在服务登录请求、全局编录查询和其他由域控制器提供的服务时单一的域控制器不会超载。

执行下列步骤向现有的域添加一个域控制器：

1）在“运行”栏里输入 dcpromo.exe，然后按 Enter 键。

2）通过使用表 3-2 的信息在 Active Directory 安装向导中完成安装。

表 3-2

安装向导页面	需要完成的操作
域控制器类型	单击“现有域的额外域控制器”
网络凭据	指定在 Active Directory 中拥有创建域控制器权限的用户账户的用户名、密码和域名
额外域控制器	为将要成为额外域控制器的计算机指定现有域的 DNS 名称

在 Active Directory 安装向导中其余的选项与创建第一个域所用的选项完全相同。在完成指定的安装信息后，Active Directory 安装向导把计算机转换成域控制器，并从现有的域控制器上复制 Active Directory。

3.2.4 使用无人参与安装脚本安装 Active Directory

可以使用应答文件来安装 Active Directory。管理员用应答文件来指定安装 Active Directory 的所有参数。这些参数包括域类型和创建的域的配置。如果不知道如何安装 Active Directory，可以使用应答文件来安装 Active Directory。用户使用应答文件还需要有必要的管理权限才能成功完成安装。

应答文件：
包含 Active Directory 无人参与
安装所需的所有参数
仅包含无人参与安装参数文件的
[DCInstall]会话
在 Windows 2000 Server 安装完成并且用户
登录计算机后可以运行
dcpromo/answer:<*answer file*>

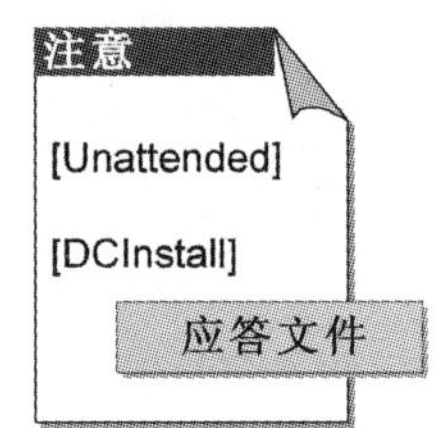

图 3-3 无人参与安装

Active Directory 安装向导的应答文件只包含一个[DCInstall]部分。向导中的每一个操作都需要使用无人参与安装文件中[DCInstall]里面的具体参数。如果没有指定具体的参数值，将使用默认的参数值。表 3-3 中所列的项将自动把 Active Directory 安装到新的树林的第一个域控制器上。

表 3-3

[DCInstall]关键字	值	说　明
RebootOnSuccess	Yes	说明计算机完成安装后是否需要重新启动
DatabasePath	C:\Winnt\Ntds	把完全合格的非通用命名约定（UNC，Non-Universal Naming Convention）路径指定到包含域数据库的本地计算机硬盘的文件夹中。该文件夹必需是空的。如果此文件夹不存在，则新建一个文件夹

续表

[DCInstall]关键字	值	说　明
LogPath	C:\Winnt\Ntds	为包含域日志文件的本地计算机硬盘上的文件夹指定完全合格的非 UNC 路径。该文件夹必须是空的。如果文件夹不存在，则新建一个文件夹
SYSVOLPath	C:\Winnt\Sysvol	为本地计算机硬盘上的文件夹指定一个完全合格的非 UNC 路径。该文件夹必须是空的。如果文件夹不存在，则新建一个文件夹。SYSVOL 文件夹必须安装在 NTFS 分区上
SiteName	Default-First-Site-Name	指定放置新域控制器的现有站点名。如果不指定就选择适当的站点。这个选项只有在域的新树林中创建新域树时才应用
ReplicaOrNewDomain	Domain	在一个新的目录服务域中指定一个新的域控制器作为第一个域控制器。如果该值设为 Domain，还需要指定“TreeOrChild”参数的有效值
TreeOrChild	Tree	指定新创建的域是新树的根目录。如果该值设为“Tree”，还需要为“CreatOrJoin”参数指定有效值
CreateOrJoin	Create	指定域新树林的创建
DomainNetbiosName	contoso	为新域指定一个 NetBIOS 名。这是一个必要值，并且指定的名称在域里必须惟一
NewDomainDNSName	contoso.msft	在创建新域树林时，要指定所需的名称
DNSOnNetwork	No	指定一个准备安装的新的域树林并且此计算机上没有配置 DNS 客户端。把值设为“No”，略过 DNS 客户端配置，并为新域自动配置 DNS 服务器
AutoConfigDNS	Yes	指定向导为新域配置 DNS，如果它被删除那么动态 DNS 更新将不可用

在 Windows 2000 Advanced Server 安装完成后，并且用户已经登录到计算机以后，才可以运行应答文件。要开始 Active Directory 的无人参与安装，只要打开命令提示符窗口，输入以下命令即可：

Dcpromo.exe /answer:answer file

这里的 answer file 是应答文件的名称。

注意 有关无人参与安装的详细信息，可以参阅 Deploy.cab 文件中 *unattend.doc*，它位于 Windows 2000 Advanced Serve 光盘中的\Support\Tools 里面。

实验 A 创建 Windows 2000 域

- 目标

  完成本实验后，将能够使用 Active Directory 安装向导完成 Active Directory 的安装。

- 准备工作

  要完成本实验，必须具备以下条件：

  - 理解 Active Directory 的逻辑组件的概念，包括域、树和树林
  - 理解域控制器的作用和功能

- 实验设置

  进行本实验之前，必须进行如下准备：

  - 将运行 Windows 2000 Advanced Server 的计算机配置成独立服务器
  - 用 NTFS 格式格式化驱动器 C
  - 静态 IP 地址
  - 为域配置 DNS 服务器
  - 域名。域名为 *domain*.nwtraders.msft，这里 *domain* 是加上 dom 的计算机名称。例如，计算机名是 Vancouver，那么 *domain* 就是 Vancouverdom，域的全名就是 vancouverdom.nwtraders.msft
  - 一个与域名相匹配的正向搜索区域。正向搜索区域在课程 2154《目录服务的实现与管理——Windows 2000 Directory Services 的实现与管理》中的第 2 章的实验 A 中创建

重点 实验并不能完全反映真实的环境。通常推荐所有的管理员账户都使用复杂的密码，并且没有密码将不能创建账户。

重点 在实际环境下，强烈建议使用最新的软件更新。因为是在教室环境中，所以可以使用不是最新的软件。

- 实验预估时间：30 分钟

练习 安装 Active Directory

- 实验方案

Northwind Traders 决定安装 Windows 2000 并使用 Active Directory 提供的所有功能和好处。现在分配的任务是在网络上安装第一个域控制器。在 DNS 中已经创建了正向搜索区域。正向搜索区域的名称与将创建的 Active Directory 域名相同。

- 目标

  在本练习中，将要通过安装 Active Directory 来创建一个 Windows 2000 域。

任　务	具 体 步 骤
1. 启动 Active Directory 安装向导来创建： • 新域的一个新域控制器 • 新域树 • 域树的新树林	a．以管理员身份和密码 password 登录 b．单击“开始”，再单击“运行” c．在“运行”框里输入 dcpromo，然后按“确定” d．在“欢迎使用 Active Directory 安装向导”页面上单击“下一步” e．在“域控制器类型”页面上选择“新域的域控制器”然后单击“下一步” f．在“创建树或子域”页面上单击“创建一个新的域树”，然后单击“下一步” g．在“创建或加入树林”页面上单击“创建新的域树林”，然后单击“下一步”
2．按下列信息完成 Active Directory 安装过程： • DNS 全名：*domain*.nwtraders.msft（其中 *domain* 是已指定的域名） • NetBIOS 域名：*domain*（其中 *domain* 是已指定的域名） • 数据库、日志文件和共享系统卷的默认位置 • 仅与 Windows 2000 服务器相兼容的权限 • 密码 password 作为目录服务恢复模式的管理员密码	a．在“新的域名”页面上，在“新域的 DNS 全名”框中输入 *domain*.nwtraders.msft（其中 *domain* 是已指定的域名），然后单击“下一步” b．在“NetBIOS 域名”页面上，确保 *domain*（*domain* 是指定的域名）出现以后，单击“下一步” c．在“数据库和日志文件位置”页面上，单击“下一步”，接受默认的位置 d．在“共享的系统卷”页面上，单击“下一步”，接受默认的位置 e．在“权限”页面上，选择“只与 Windows 2000 服务器相兼容的权限”，然后单击“下一步” f．在“目录服务恢复模式的管理员密码”页面上，在“密码”和“确认密码”的对话框里输入 password，然后单击“下一步” g．在“摘要”页面上，回顾一下刚才的选项，然后单击“下一步” Active Directory 安装过程将开始。 h．当“完成 Active Directory 安装向导”的安装页面出现的时候，单击“完成”，然后重启计算机

3.3 Active Directory 安装过程

在安装 Active Directory 的过程中，Active Directory 安装向导将确保配置和安全参数能满足要求。在安装过程中，Active Directory 使指定的参数生效。执行的有效类型依赖于正在安装的域控制器是树林的第一个域控制器，还是副本的第一个域。这个验证的目的是使在 Active Directory 安装过程中指定的参数生效。

3.3.1 验证 Active Directory 安装过程中的配置参数

在实际的 Active Directory 安装之前，Active Directory 安装向导执行几个验证。验证将保证安装过程的完整性。

（1）用户界面验证

在用户界面显示前，Active Directory 安装向导将验证下列内容：

- 当前登录用户是本地 Administrators 组的成员
- 计算机运行的是 Windows 2000 Server 或 Advanced Server
- 不存在先前安装或删除过的 Active Directory（可能因为没有重新启动而未生效）
- 当前的系统进程中不存在其他的 Active Directory 安装或删除进程

如果以上四步中有一步失败，就会出现错误信息，并退出安装向导。只有这些验证都成功，Active Directory 安装向导才有可能执行剩余的验证。

（2）命名验证

每一个域控制器在站点容器中都有一个服务器对象。向现有域添加一个新域控制器时，需要经过验证来确保服务器的名称不在将要添加域控制器的站点或服务器容器里面。如果服务器容器里面已有该服务器名称，安装向导将删除该对象，并假定将会安装一个新的对象。

（3）TCP/IP 配置验证

DNS 是一个用于搜索 IP 网络上计算机的工业标准协议（和服务）。如果没有安装 TCP/IP，或者虽然安装了，但却配置成动态主机配置协议（DHCP,Dynamic Host Configuration）服务，并且 DHCP 指定的地址不可用，那么安装将中断，并提示改正问题。

安装向导还将验证服务器的 DNS 解析配置。Active Directory 使用 DNS 来搜索服务器和服务，所以恰当配置的 DNS 解析是成功安装 Active Directory 的关键。

- 在新域上安装第一个域控制器的时候，Active Directory 安装向导将试图搜索一个支持动态更新协议的 DNS 服务器和一个 DNS 域内授权的 DNS 服务器。只要两个验证有一个失败，就会提示用户在 Active Directory 安装过程中利用向导来安装和配置本地 DNS，或者在 Active Directory 安装完成后再手动安装和配置 DNS
- 在现有的域上添加域控制器的时候，假定存在一个适当的 DNS 服务器，则不用去验证 DNS 服务器

（4）DNS 和 NetBIOS 域名的验证

在创建域的时候，必须为域提供一个 DNS 名。安装向导将验证提供的新域名在树林中是否惟一。如果不惟一则提示更改信息。

需要提供一个 NetBIOS 域名。NetBIOS 域名是从 DNS 域名中产生的。NetBIOS 名称通过取 DNS 域名最左边标识符的前 15 个字母组成。安装向导将验证 NetBIOS 域名是否惟一，如果不是，则提示用户修改名称。

（5）用户凭据验证

因为创建新域控制器是一个安全敏感的任务，所以安装向导会验证试图安装 Active

Directory 的用户是否有恰当的安全权限。如果当前登录用户的凭据不满足这些要求，将提示用户使用有足够权限的账户。下面描述了可以执行的安装类型和每种安装类型所需的安全权限：

- 如果正在创建新树林，则不执行验证，不要求特殊的凭据
- 如果向现有域中添加副本域控制器，提供的凭据必须能使计算机加入到现有域。在默认情况下，分配给将要安装域控制器的域里的 Domain Admins 组成员和 Enterprise Admins 组成员必要的权限来创建新域

注意 Active Directory 安装向导中要求的用户凭据形式为用户名、密码和域。因此，不会接受键入类似 *userName@domainName* 形式的用户主要名称。

（6）文件位置验证

在 Active Directory 安装过程中会指定 Active Directory 数据库文件、日志文件和 SYSVOL 文件夹的位置。SYSVOL 中的内容将被复制到域中的所有域控制器上。创建 SYSVOL 需要用 NTFS 格式的卷。如果没找到 NTFS 格式的卷或者没有足够的磁盘空间，那么安装将不能进行下去。

注意 有关站点服务器容器的详细信息，可以参阅课程 2154《目录服务的实现与管理——Windows 2000 Directory Services 的实现与管理》的第 11 章“管理 Active Directory 复制”。

3.3.2 确定 Active Directory 的站点设置

Active Directory 安装向导将查询 Active Directory 的站点数据。如果要升级为域控制器的服务器的 Internet 协议（IP,Internet Protocol）地址是在 Active Directory 中给定的子网范围内定义的，向导会将该域控制器配置成与该子网关联的站点中的成员。图 3-4 为站点配置的示意。

将与 Subnet 相关联的域控制器添加到站点

如果没找到 Subnet 对象 Server 将放到 Default-First-Site-Name Site 中

Active Directory 安装向导创建 Server 对象

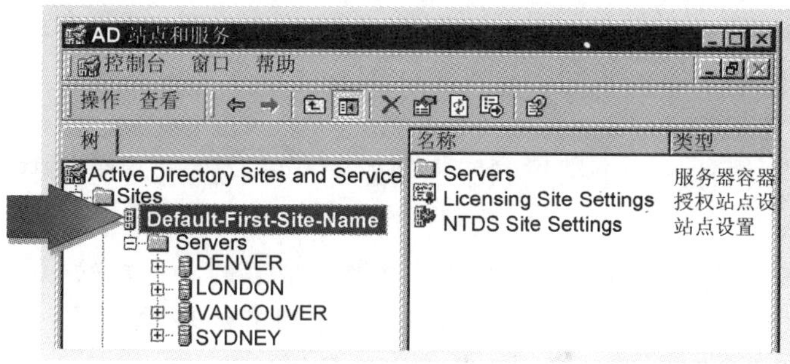

图 3-4 站点配置

如果站点中没有定义的子网对象或服务器的 IP 地址不在 Active Directory 的子网对象范围中，那么服务器将被放置在 Default-First-Site-Name 站点上。Default-First-Site-Name 是在树林中创建第一个域控制器时自动建立的站点。

Active Directory 安装向导将在合适的位置上为域控制器创建服务器对象。服务器对象包括必要的复制信息。它还包括了域控制器 OU 内的计算机对象。

注意 如果域控制器的服务器对象已经存在，它将被删除，并重新创建，这是因为安装向导假定执行重新安装 Active Directory。有关子网对象和服务器对象的详细信息，可以参阅课程 2154《目录服务的实现与管理——Windows 2000 Directory Services 的实现与管理》的第 11 章“管理 Active Directory 复制”。

3.3.3 设置 Active Directory 服务

在 Active Directory 安装向导完成所有必要验证以后，将出现确认页面，列出在向导中指定的选项。在接受这些设置后，向导开始实际的 Active Directory 安装过程。

（1）各种安装类型的公共 Active Directory 操作

Active Directory 安装向导对各种类型的域控制器安装都执行下面的操作：

- 创建必要的注册项
- 为 Active Directory 设置性能计数器
- 配置服务器自动从处理请求的第一证书颁发机构登记 X.509 域控制器证书。此证书对基于简单邮件传输协议（SMTP,Simple Mail Transfer Protocol）的复制是必要的
- 启动 Kerbero V5 验证协议
- 设置本地安全权限（LSA,Local Security Authority）策略，表明此服务器是域控制器
- 向管理工具中安装 Active Directory 的快捷方式

（2）目录分区配置

目录数据库模板文件 Ntds.dit 是在运行 Active Directory 安装向导时从 *systemroot*\System32 文件夹中复制到用户所指定位置上的。安装向导把本地服务器配置成主管目录服务的服务器。这一配置过程包括创建目录分区和默认的域安全原则，例如 Domain Admins 组。

在 Active Directory 中，目录分区是目录名称空间的一部分。每一个目录分区都包含一个树中目录对象的层次结构或子树。相同的目录分区的复制或副本可以保存到多个域控制器上，并通过目录复制来更新复制。

下列目录分区是在树林第一个域控制器上创建的，并且通过在树林中每一个后创建的域控制器上的复制来更新：

- 架构目录分区。包含架构容器，用来储存所有现有的和可能的 Active Directory 对象的类和属性定义。架构目录分区被复制到树林中所有的域控制器上
- 配置目录分区。包含配置容器，用来存储整个树林所有配置对象。配置对象存储有关站点、服务和目录分区信息。配置目录分区将复制到树林中所有的域控制器上

- 域目录分区。包括域容器，例如 contoso.msft 容器，它用来为指定的 Windows 2000 域存储用户、计算机、组和其他对象。域目录分区将复制到单个域的所有域控制器上

3.3.4 设置 Active Directory 服务启动方式和安全性

Active Directory 安装期间，将服务配置成自动启动，并在目录服务上启用安全策略。

（1）设置自动启动服务

下列服务将配置成自动启动：

- 远程过程调用（RPC,Remote Procedure Call）定位器。该服务允许分布式应用程序使用 RPC 名称服务。RPC 定位器服务管理 RPC 名称服务数据库
- 网络登录（Net Logon）。该服务运行域控制器定位服务。网络登录服务负责登录期间在客户端和域控制器之间创建安全通道，并且负责在 DNS 上注册 SRV 资源记录
- KDC（Key Distribution Center，密钥发行中心）。该服务在它的领域里为所有的安全原则维护了一个带有账户信息的数据库，它是与 Windows 2000 域等价的 Kerberos V5 验证协议
- 站间消息传递（ISM,Intersite Messaging ）。该服务用于站点间基于邮件的复制
- 分布式链接跟踪服务器。该服务有助于解决通向名称、路径或两者都改变的 NTFS 常驻文件的快捷方式和 OLE 链接
- Windows 时间。该服务用来同步运行 Windows 2000 的客户端计算机和服务器之间的时钟

（2）设置安全策略

在 Active Directory 安装期间，安全策略在目录服务和文件复制文件夹上起作用，用来控制对 Active Directory 对象的访问。

- Active Directory 对象上默认的 DACL

默认的自由访问控制列表（DACL,Discretionary Access Control Lists）配置在 Active Directory 对象上。DACL 是一个选项列表，它标识出可以访问谁或不可以访问谁以及对象允许访问的级别或对象不允许访问的级别。DACL 还配置下列文件系统对象和注册表键值：

  - SYSVOL
  - Program Files
  - *Windir*
  - HKEY_LOCAL_MACHINE\SOFTWARE
  - HKEY_LOCAL_MACHINE\SYSTEM
  - HKEY_USERS\DEFAULT

- 域控制器的默认组策略设置

对于域中的第一个域控制器，默认组策略通过 *systemroot*\inf 文件夹上的安全模板 DCFirst.inf、DefltDC.inf 和 DCUp.inf 来配置。在域上添加额外域控制器的时候，组策略将从域中第一个域控制器复制到所有额外域控制器上。

3.3.5 与 Active Directory 有关的其他设置操作

无论创建什么类型的域，Active Directory 安装向导都会在 Active Directory 安装中执行下面的额外操作。

- 设置计算机 DNS 根域名作为新域的名称
- 确定服务器计算机是否为域的成员。如果是域的成员，安装向导将为成员服务器从域中删除计算机账户，并在域控制器 OU 中重新创建一个计算机账户。如果计算机在另一个域中被升级为域控制器，用户将被通知此成员服务器的计算机账户必须从原始域中删除
- 在新域的域控制器 OU 中创建计算机账户。该计算机账户也要加入到 Users 容器的域控制器全局组中。计算机账户允许计算机在执行复制等操作时验证其他域控制器的身份
- 为管理员账户申请用户提供的密码，此账户用来以目录服务恢复模式启动域控制器
- 在配置容器中创建交叉引用对象。LDAP 使用此对象来搜索其他域中的资源
- 向组策略安全设置中添加两个新快捷方式。这些快捷方式是域安全策略和域控制器安全策略
- 创建 SYSVOL 文件夹，它包括:
  - SYSVOL 共享文件夹。此共享文件夹包含组策略信息
  - 网络登录共享文件夹。该共享文件夹包含不运行 Windows 2000 的计算机的登录脚本
- 在创建树林根域的时候执行了下列操作:
  - 创建架构和配置容器
  - Active Directory 安装向导为域控制器分配主域控制器（PDC,Primary Domain Controller）仿真器、相对标识符（RID,Relative Identifier）操作主机、域命名主机、架构主机和结构主机角色

注意 有关 PDC 仿真器，RID 操作主机、域命名主机、架构主机和结构主机角色的详细信息，可以参阅课程 2154《目录服务的实现与管理——Windows 2000 Directory Services 的实现与管理》的第 12 章“管理操作主机”。

3.3.6 Active Directory 的默认结构

Active Directory 安装期间会在新域的第一个域控制器上创建几个默认对象。对象包括容器、用户、计算机、组和组织单位。通过使用“Active Directory 用户和计算机”管理工具查看和管理这些默认对象。图 3-5 所示的为 Active Directory 的默认结构。

这些默认项的用途如下：

- Builtin（容器）。该对象用来存放默认的内置安全组
- Computers（容器）。该对象是计算机账户的默认位置
- Domain Controllers（组织单位）。该对象是域控制器计算机账户的默认位置
- ForeignSecurityPrincipals（容器）。该对象用来保存外部受信任域的安全标识符（SID,Security Identifier）
- Users（容器）。该对象是用户和组账户的默认位置

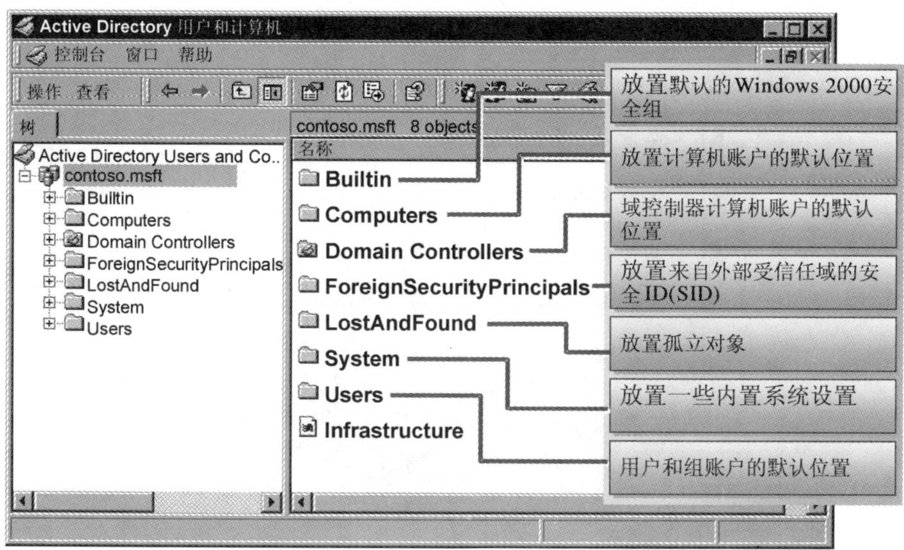

图 3-5　Active Directory 的默认结构

如果要在“Active Directory 用户和计算机”中查看额外的对象，可以在“查看”菜单中单击“高级功能”。

下面是额外对象的用途：

- LostAndFound.该对象用于保存孤立的对象。此对象用来保存父容器被删除时留下的对象或孤立的对象。对于在 LostandFound 中存在的对象，必须在域中存在两个域控制器，一个添加对象，另一个删除 OU 或容器
- System.该对象拥有特定的内置系统设置

注意　可以对 OU 应用组策略，但不能对容器应用组策略。

3.4　Active Directory 安装后的工作

Active Directory 安装完以后，验证必要的目录数据库文件、SYSVOL 文件和 DNS SRV 资源记录是否已经创建是很重要的，这样 Active Directory 才能正常工作。

Active Directory 安装完以后，还应配置 Active Directory 集成的 DNS 区域，这样 DNS 才能使用 Active Directory 的功能，例如复制、区域传送和安全动态更新。

如果 Windows 2000 网络中的域控制器都运行 Windows 2000，应该把域的模式从混合模式改换为本机模式。只有在本机模式中，才可以在现有组中添加新组和通用安全组。

域创建后，可以利用实现 OU 结构来提高管理控制及应用组策略。可以在域或另一个 OU 内创建一个 OU。OU 创建以后，就可以在 OU 里面添加对象了。

3.4.1　验证 Active Directory 的安装

图 3-6 所示的为验证 Active Directory 安装示意。

- 验证 SRV 资源记录
- 验证 SYSVOL
- 验证数据库和日志文件路径
- 通过查看事件日志验证安装结果

图 3-6 验证 Active Directory 安装

在安装向导完成 Active Directory 安装后，可以通过以下操作来验证安装是否成功：

- 验证 DNS 数据库，确保必要的 SRV 资源记录已经创建
- 确保 SYSVOL 已经正确创建并可以共享
- 验证 Active Directory 数据库和日志文件已经创建
- 查看事件日志文件，验证安装过程中有无错误产生

（1）验证 SRV 资源记录

Active Directory 安装完成后，新域控制器在它重启的时候把它的 SRV 资源记录注册到 DNS 数据库中。

可以利用“管理工具”菜单中的“DNS”管理单元或使用“nslookup”命令来验证这些记录的创建。

- 使用 DNS 管理单元

要通过使用 DNS 管理单元验证 SRV 资源记录是否被正确注册，可以执行下列步骤：

1）从“管理工具”菜单中打开“DNS”。

2）双击 *Sever*（这里 *Sever* 是 DNS 服务器的名称），双击“正向搜索区域”，然后双击 *Domain*（这里 *Domain* 是域的名称）。

如果 SRV 资源已经成功注册，下列文件夹将出现在 *domain* 文件夹中：

- _msdcs
- _sites
- _tcp
- _udp

- 使用 Nslookup 命令

按以下步骤使用 nslookup 命令验证 SRV 资源记录是否已经成功注册：

1）打开命令提示符窗口。

2）在命令提示符下，输入 nslookup，然后按 Enter 键。

3）输入 ls –t SRV *domain*（这里 *domain* 是域名），然后按 Enter 键。

如果 SRV 资源记录成功创建，这些记录将显示出来。要把这些结果保存到文件中，只要输入 ls –t SRV domain > *filename*（这里 *filename* 是任何指定的文件名称）。

注意 如果没有配置反向搜索区域，在首次运行“nslookup”的时候会报告超时。因为“nslookup”产生一个反向搜索来确定基于 IP 地址的 DNS 服务器的主机名。

（2）验证 SYSVOL

验证 SYSVOL 分两步进行。首先，验证文件夹结构已经创建，然后，验证必要的共享文件夹已经创建。如果 SYSVOL 文件夹创建的不正确，存储在 SYSVOL 文件夹中的数据，例如组策略和脚本，将不能在域控制器间复制。

按下列步骤验证文件夹结构是否已经创建：

- 单击“开始”，单击“运行”，在“打开”对话框中输入“*%systemroot%*\sysvol”，然后单击“确定”
- Windows 资源管理器将打开并显示 SYSVOL 文件夹中的内容，它应包括下列子文件：
    - Domain
    - Staging
    - Staging areas
    - Sysvol

按下列步骤验证必要的共享文件夹是否已经创建：

1）打开命令提示符窗口。

2）在命令提示符下输入 net share，然后按 Enter 键。

在计算机共享文件列表中，会有表 3-4 所示的内容。

表 3-4

共享名	资源	注释
NETLOGON	*systemroot*\SYSVOL\sysvol*domain*\SCRIPTS	Logon server share
SYSVOL	*systemroot*\SYSVOL\sysvol	Logon server share

（3）验证目录数据库和日志文件

按下列步骤验证目录数据库和日志文件是否正确安装：

单击“开始”，单击“运行”，在“打开”对话框中输入*%systemroot%*\sysvol，然后单击“确定”。

Windows 资源管理器将打开并显示 Ntds 文件夹中的内容，它应包括下列子文件：

- Ntds.dit 是目录数据库文件
- Edb.*是事务处理日志和检验点文件

- Res*.log 是保留日志文件

注意 如果安装期间改变了目录数据库和日志文件的位置，用正确的位置替换“%systemroot%”。

（4）通过查看事件日志来验证安装结果

在 Active Directory 安装完成以后，应该查看事件日志文件，看安装过程中是否有错误产生。下面的日志包含所有在安装时产生的错误信息：

- 系统日志
- Directory Service
- DNS Server
- 文件复制服务

3.4.2 实现 Active Directory 集成区域

图 3-7 所示的为实现 Active Directory 集成区域。

使用 DNS 集成带有 Active Directory 的

DNS 区域

实现正向搜索区域

实现反向搜索区域

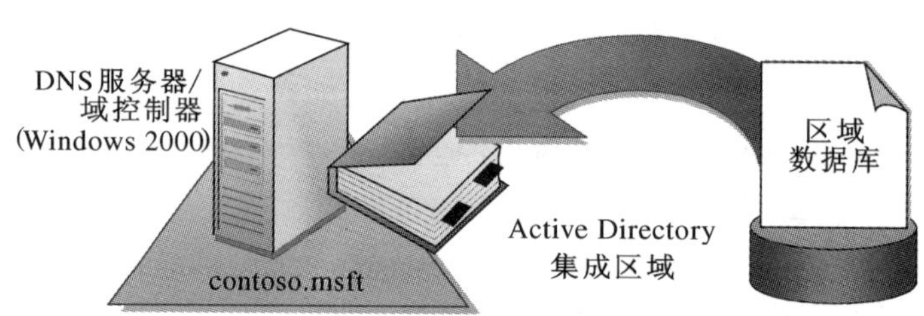

图 3-7 实现 Active Directory 集成区域

Active Directory 安装完成后，可以用 Active Directory 集成一个 DNS 区域，这样 DNS 就可以利用 Active Directory 存储并复制 DNS 区域数据库。实现 Active Directory 集成正向和反向搜索区域，可以使客户端能够进行正向和反向搜索。

要实现 Active Directory 集成的正向和反向搜索区域，需执行下列操作：

1）在“管理工具”菜单中打开“DNS”，然后双击 *Server*（这里 *Server* 是 DNS 服务器）。

2）搜索根据所实现的是正向还是反向搜索区域，执行下列操作中的一个操作：

- 搜索如果实现的是 Active Directory 集成的正向搜索区域，双击“正向搜索区域”，单击 *domain*（这里 *domain* 是域名），右击 *domain*，然后单击“属性”
- 搜索如果实现的是 Active Directory 集成的反向搜索区域，双击“反向搜索区域”，单击“*AAA.BBB.CCC.x Subnet*”（这里 *AAA.BBB.CCC.x* 是反向搜索区域），右击“*AAA.BBB.CCC.x*”，然后单击“属性”

3）在“常规”选项卡上单击“更改”。

4）在“更改区域类型”对话框中单击“Active Directory 集成的区域”，然后单击“确定”。

5）在 DNS 对话框中单击“确定”，然后再单击“确定”关闭 *domain*“属性”对话框或 *AAA.BBB.CCC.x Subnet* 的“属性”对话框。

注意 Active Directory 集成的选项只有在安装了 Active Directory 以后,在“更改区域类型”对话框中才可用。

3.4.3 Active Directory 集成区域的安全更新

图 3-8 所示的为集成区域的安全更新。

使用 DNS 安全更新 Active Directory 集成区域

保证 Active Directory 集成区域使用户能控制对区域和资源记录的访问

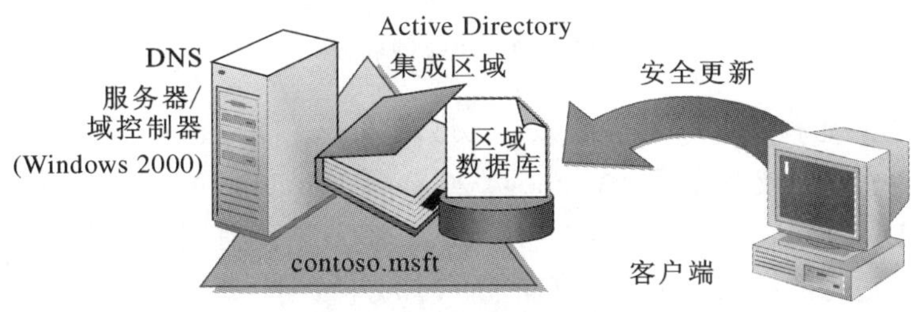

图 3-8 集成区域的安全更新

在实现 Active Directory 集成的区域以后，还可以把区域配置成安全动态更新。DNS 支持 DNS 动态更新协议。DNS 动态更新协议允许基于 Windows 2000 的计算机自动更新 DNS 服务器，这样，资源记录就可以在没有管理员参与的情况下完成更新。

在设置 Active Directory 集成的 DNS 区域属性时仅允许安全更新，通过为区域或资源记录编辑 DACL 来控制对区域和资源记录的访问。

如果仅允许对正向搜索区域或反向搜索区域的安全更新，可以执行下列操作：

1）在“管理工具”菜单中打开“DNS”，然后双击 *Server*（这里 *Server* 是 DNS 服务器）。

2）根据对正向搜索安全更新或反向搜索区域安全更新，执行下列操作中的一个操作：

- 如果允许正向搜索区域仅安全更新，双击“正向搜索区域”，单击 *domain*（这里 *domain* 是域名），右击 *domain*，然后单击“属性”
- 如果允许反向搜索区域仅安全更新，单击“*AAA.BBB.CCC.x Subnet*”（这里 *AAA.BBB.CCC.x* 是反向搜索区域），右击“*AAA.BBB.CCC.x Subnet*”，然后单击“属性”

3）在“常规”选项卡的“允许动态更新”列表中，单击“仅安全更新”,然后单击“确定”关闭 *domain*“属性”对话框或 *AAA.BBB.CCC.x Subnet* 的“属性”对话框。

3.4.4 更改域模式

图 3-9 所示的为改变域模式。

以混合模式安装 Active Directory 来向现
有域控制器提供支持
组嵌套和通用安全组需要一个在本机模
式下的域

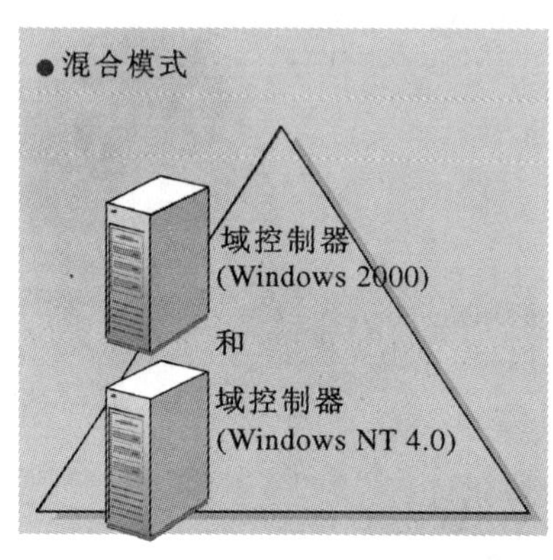

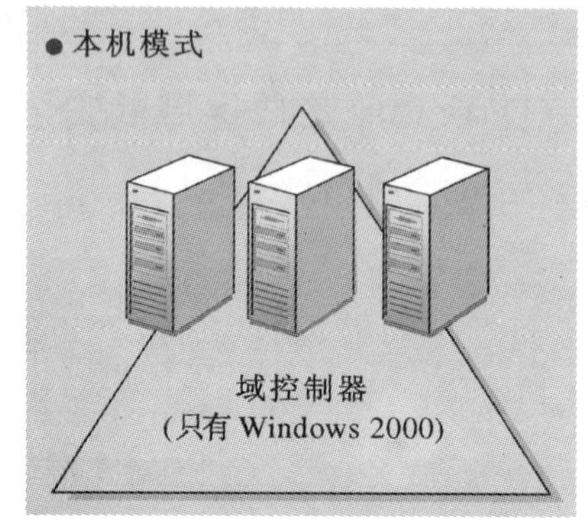

图 3-9 改变域模式

在安装 Active Directory 和创建域完成以后，域和 Active Directory 都在混合模式下运行，这是域的默认模式。混合模式的域支持运行 Windows 2000 或 Windows NT 4.0 版本的域控制器。以混合模式安装的 Active Directory，对没有升级到 Windows 2000 的现有域控制器提供支持。在混合模式下可以根据需要对域进行随意的操作，允许在任何时间升级运行 Windows NT 4.0 的域控制器。

如果网络上没有任何运行 Windows NT 4.0 的域控制器，或者所有域控制器都已升级为 Windows 2000，就可以把混合模式转换为本机模式。在本机模式的域中，所有的域控制器都运行 Windows 2000。然而，在把域转换为本机模式之前，成员服务器和客户计算机不需要升级到 Windows 2000。在 Active Directory 的一些功能，例如组嵌套和通用安全组，需要域处于本机模式下才能实现。尽管不能再把运行 Windows NT 4.0 的域控制器加到本机模式的域中，但本机模式的域中仍然可以有运行其他操作系统的成员服务器和客户端。

按下列步骤把混合模式的域转换为本机模式的域：

1）在“管理工具”菜单中打开“Active Directory 用户和计算机”或“Active Directory 域和信任关系”。

2）打开域的“属性”对话框。

3）在“常规”选项卡上，单击“更改模式”。

4）单击“是”，然后单击“确定”。

注意 把混合模式转换为本机模式是单向过程，不能把本机模式转换回混合模式。

3.4.5 实现组织单位的结构

图 3-10 所示的为实现组织单位的结构。

使用 OU 可以完成的工作包括选择组织的管理需求和集中应用组策略。创建的 OU 应该有意义，不应该经常更改。应该在域内实现一个 OU 结构来加强管理控制或控制组策略。

如果需要实现一个 OU 结构：

提高管理控制

✓委托管理控制网络资源

✓在一个 OU 下组合相似的网络资源

✓简化对象管理，并控制可见的网络资源

✓使资源管理更有效

控制组策略应用程序

通过使用 Active Directory 用户和计算机

在域或另一个 OU 中创建一个 OU

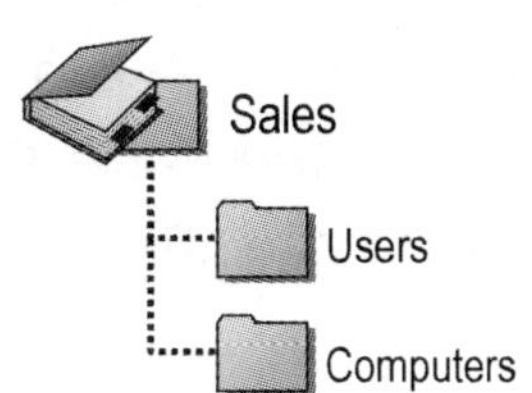

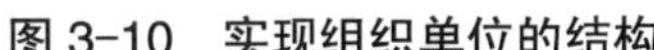

图 3-10　实现组织单位的结构

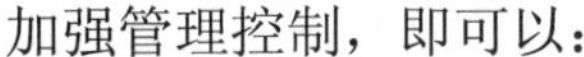

加强管理控制，即可以：

- 委派管理控制，例如添加、删除及更新 OU 中的对象，并决定谁有访问 OU 的权力。在保持管理资源能力的同时，用户也被委派管理控制整个网络资源。还可以给用户或相同 OU 级别上的用户组指定管理权限 OU
- 把具有相同安全要求的网络资源分到一个 OU 里面，来简化这些资源的管理任务。例如，可以把临时职员的用户账户分组到一个 OU 里面
- 简化对象管理，控制网络资源的可视度，例如打印机、用户和计算机。通过对资源可视度的控制，让用户只能看到他有权访问的资源
- 通过指定权限使资源管理更有效，一般都是多个共享资源一次分配给一个 OU，而不是每个共用资源多次分配

控制组策略意味着可以为一个特殊的用户组创建独立的组策略设置，例如长期职员或临时职员。

要创建 OU 必须要有足够的权限，此外，拥有这些权限也会受到创建 OU 位置的限制。默认情况下，域管理员组和企业管理员组的成员具有创建 OU 的权限。不属于这些组的成员需要明确分配创建 OU 的权限。

用户被赋予的读取（Read）、列出内容（List Content）和创建子对象[Create Child（OU）] 权限，可以在父 OU 上创建子 OU。虽然在创建父 OU 过程中不需要列出内容权限，但是如果没有这个权限，在创建完子 OU 以后你将不能看见它。

可以按下列步骤来创建 OU：

1）在“Active Directory 用户和计算机”中，右击需要创建 OU 的域或 OU。

2）指向“新建”，然后单击“组织单位”。

3）输入 OU 的名称，然后单击“确定”。

实验 B　Active Directory 安装后的工作

- 目标

完成本实验后，将能够：

- 验证 Active Directory 是否正确安装
- 把标准的 DNS 主区域转换成 Active Directory 集成的区域
- 把混合模式的域转换成本机模式的域
- 规划一个组织单位（OU, Organizational Unit）结构
- 创建组织单位

● 准备工作

在进行本实验前，必须具备以下条件：

- 理解 Active Directory 是如何使用 DNS 服务的
- 理解什么是组织单位

● 实验设置

要完成该实验，需要一台配置成域控制器的运行 Windows 2000 Advanced Server 的计算机。

● 实验预估时间：为 30 分钟

练习 1　验证 Active Directory 安装

● 实验方案

Active Directory 安装已经完成，下一步工作就是验证安装是否成功。

● 目标

在本次实验中，需要验证 Active Directory 是否安装成功。通过使用 DNS 来验证必要的 SRV 资源记录是否已经创建，再验证共享系统卷是否正确创建并共享，还要验证数据库文件和相关的日志文件是否已经创建。

任　　务	具 体 步 骤
1．验证必要的 SRV 资源记录是否已经注册到 DNS 中	a．用管理员身份和密码 password 登录 b．从“管理工具”菜单中打开 DNS c．在控制台树中，展开 *computer*（这里 *computer* 是指定的计算机名），展开“正向搜索区域”，再展开“*domain*.nwtraders.msft”（这里 *domain* 是指定的域名） 在域名的下面将出现下列文件夹： _msdcs、_sites、_tcp 和_udp d．关闭 DNS

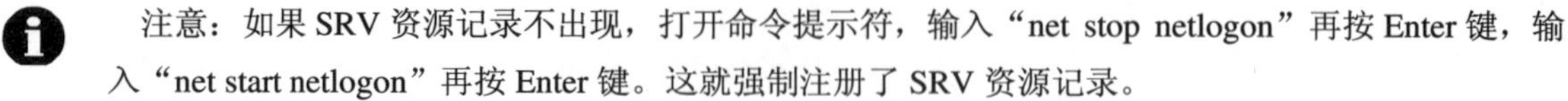

注意：如果 SRV 资源记录不出现，打开命令提示符，输入“net stop netlogon”再按 Enter 键，输入“net start netlogon”再按 Enter 键。这就强制注册了 SRV 资源记录。

续表

任　务	具 体 步 骤
2. 验证共享系统卷（SYSVOL）是否已经创建并共享	a. 在“运行”对话框中，输入“*%systemroot%*\sysvol”然后单击“确定” . 将会出现显示 SYSVOL 文件夹内容的窗口。可以看到下列子文件夹： Domain、Staging、Staging Areas 和 Sysvol b. 关闭 SYSVOL 窗口 c. 打开命令提示符窗口 d. 在命令提示符下输入“net share”，然后按 Enter 健 在 net share 命令的输出结果中，可以看到 SYSVOL 项，表明它已经被共享。 e. 关闭命令提示符窗口
3. 验证 Active Directory 数据库和相关的日志文件已经创建	a. 在“运行”对话框中输入“*%systemroot%*\ntds”，然后按 Enter 键 将会出现显示 Ntds 文件夹的窗口。可以看到下列文件和子文件夹： Drop、Edb、Edb、Ntds.dit、Res1、Res2 和 Temp.edb b. 关闭 NTDS 窗口

练习 2　把标准的 DNS 主区域转换成 Active Directory 集成的区域

- 实验方案

作为部署 Active Directory 计划的一部分来部署 Active Directory，已经决定使用 Active Directory 集成区域中 Active Directory 提供的便利来存储和复制 DNS 资源记录。

- 目标

在本练习中，需要把标准主域的正向和反向搜索区域转换成 Active Directory 集成区域。

任　务	具 体 步 骤
1. 把域中正向搜索区域的标准主区域转换成 Active Directory 集成的区域	a. 从“管理工具”菜单中打开“DNS” b. 在控制台树中，展开 *computer*（这里 *computer* 是指定的计算机名），展开“正向搜索区域”再单击“*domain*.nwtraders.msft”（这里 *domain* 是指定的域名） c. 右击“*domain*.nwtraders.msft”，再单击“属性” d. 在“*domain*.nwtraders.msft 属性”对话框中，在“常规”选项卡上单击“更改”

续表

任　　务	具 体 步 骤
1．（续）	e．在“更改区域类型”对话框中，单击“Active Directory 集成的区域”，然后单击“确定” f．在“DNS”对话框中单击“确定”确认更改，然后单击“确定”，关闭“*domain*.nwtraders.msft 属性”对话框
2．把子网中反向搜索区域的标准主区域转换成 Active Directory 集成的区域	a．在控制台树下，展开“反向搜索区域”，然后单击“192.168.*y.x Subnet*”（这里 *y* 是指定的教室编号） b．右击“192.168.*y.x Subnet*”，然后单击“属性” c．在“192.168.*y.x.Subnet* 属性”对话框中，在“常规”选项卡上单击“更改” d．在“更改区域类型”对话框中，单击“Active Directory 集成的区域”，然后单击“确定” e．在“DNS”对话框中，单击“确定”确认更改，然后单击“确定”，关闭“192.168.*y.x .Subnet* 属性”对话框 f．关闭 DNS

练习 3　将域从混合模式转换成本机模式

- 实验方案

因为在域中将不再使用 Windows NT 4.0 域控制器，而想充分利用 Active Directory 提供的便利，所以决定把域从混合模式转换成本机模式。

- 目标

在本练习中，将把域从混合模式转换成本机模式。

任　　务	具 体 步 骤
把域从混合模式转换成本机模式	a．从“管理工具”菜单中打开“Active Directory 用户和计算机” b．在控制台树中，右击“*domain*.nwtraders.msft”，再单击“属性” c．在“*domain*.nwtraders.msft 属性”对话框中，单击“更改模式” d．在“Active Directory”对话框中，单击“是”，确认需要进行模式转换 e．单击“确定”，关闭“*domain*.nwtraders.msft 属性”对话框，然后单击“确定”关闭“Active Directory”对话框 f．关闭所有窗口，注销

练习 4　规划一个组织单位结构

- 实验方案

Northwind Traders 的总部决定部署 Windows 2000。在总部的所有计算机和用户归属同一个域。Northwind Traders 目前在共有 1000 个用户，工作在销售、管理和生产部门。管理层预计在今后五年内职工数量有适度增长，但职工总数增长不会超过一倍。

全职网络管理员将集中执行 Northwind Traders 大部分的 Windows 2000 管理工作。然而，三个部门中每个部门都有一个管理员处理用户和组的日常管理事务。这些管理员负责的管理任务包括添加、删除用户账户并偶尔更改用户密码。

Northwind Traders 大多数计算机配置相似，并都安装了相同的商务应用程序。然而，数据库服务器安装了不同的应用程序。只有两个高级网络管理员才有这些服务器完整的管理控制权。最后，Northwind Traders 总共有四个域控制器。

必须在默认 Active Directory 结构上添加哪些 OU？在这些 OU 中放置哪些对象？关键在于达到所有管理目标的同时，要求结构尽可能简单。

练习 5　组建 Windows 2000 域

- 实验方案

要达到练习 1 中规定的管理目标，应该创建组织单位结构，准备实现练习 4 中讨论的结构。

- 目标

在本练习中，将创建 Northwind Traders 域的一部分组织单位结构。

任　务	具 体 步 骤
在域 *domain*.nwtraders.msft 内创建下列名称的 OU： • Sales • Administration • Production • Servers	a．用管理员身份和密码 password 登录到域中 b．从“管理工具”菜单中打开“Active Directory 用户和计算机” c．在控制台树下，如果需要就展开“*domain*.nwtraders.msft”（这里 *domain* 是指定的域名），再单击“*domain*.nwtraders.msft”

域里默认的组织单位和容器有哪些？

续表

任 务	具 体 步 骤
1. （续）	d. 右击“*domain*.nwtraders.msft”，指向“新建”，再单击“组织单位” “新建对象—组织单位”对话框出现。注意只有新 OU 的名称是惟一必要的信息。对话框显示了要创建的对象在域中的位置。 e. 在“名称”框中，输入 Sales，然后单击“确定” f. 重复 d 和 e 步骤，分别创建 Administration、Production 和 Servers 三个 OU g. 关闭所有窗口，注销

3.5 Active Directory 安装的错误诊断

在 Active Directory 安装过程中可能会遇到一些问题。下面是一些常见的问题和针对它们的解决方案：

- 在创建或添加域控制器的时候访问被拒绝。下面是不同情况下出现的访问拒绝错误信息的解决方案：
  - 如果在一个新树林上创建第一个域控制器的时候出现该信息，那是因为没有使用本地管理员组的账户登录服务器。在这种情况下，先注销，然后用本地管理员组的账户登录。如果是向现有域上添加域控制器的时候出现该信息，应该提供一个域管理员组或企业管理员组成员的用户账户的凭据
  - DNS 或 NetBIOS 域名不惟一。在创建域的时候，DNS 域名和 NetBIOS 域名必须是惟一的。如果得到表明这两个域名不惟一的错误信息，应该改成相同的域名
- 不能与域取得连接。是在现有域上加入副本域控制器的时候，可能得到的错误信息，表明不能与域取得连接或该域不是 Active Directory 域。下面是该问题的解决办法：
  - 检查 DNS 确保要连接的域中存在必要的 SRV 资源记录
  - 如果 SRV 资源记录不存在，可以通过在现有域上停止 Net Logon 服务然后再启动 Net Logon 服务，来强行注册 SRV 资源记录
  - 如果 SRV 资源记录出现在 DNS 中，用“nslookup”来确保可以从准备要安装 Active Directory 的计算机上解析 DNS 名称

磁盘空间不足。安装 Active Directory 所需的最小磁盘空间是 250 MB，其中 200 MB 用于数据库，50 MB 用于事务处理日志。如果得到磁盘空间不足的错误信息，可以考虑使用另外的卷或分区来存储这些文件。

3.6 删除 Active Directory

图 3-11 所示的为删除 Active Directory。

通过以下步骤删除 Active Directory：

使用 the Active Directory 安装向导

提供适当的管理凭据

Active Directory 安装向导根据域控制器的类型执行特定的删除操作

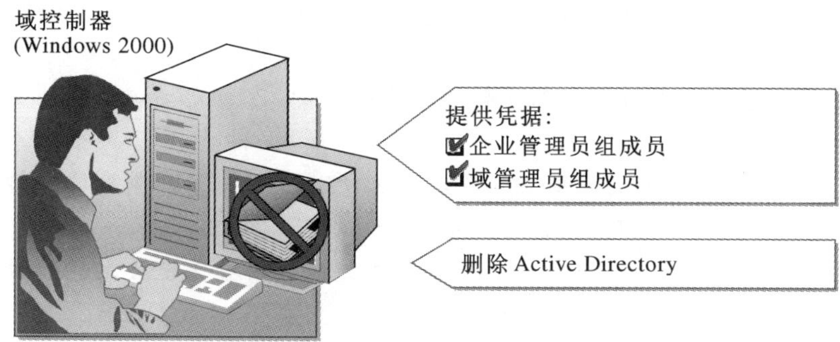

图 3-11 删除 Active Directory

使用 Active Directory 安装向导删除 Active Directory。在域控制器上启动安装向导的时候，域控制器被标识为包含 Active Directory 的服务器，安装向导将提示删除 Active Directory 的必要信息。

要删除 Active Directory，必须提供下列管理凭据：

- 要从树林最后一个域控制器中删除 Active Directory，必须以域管理员组成员或企业管理员组成员的身份登录
- 如果要删除 Active Directory 的域控制器不是域中的最后一个域控制器，就不需要提供凭据。但必须以域管理员组或企业管理员组成员的身份登录

无论是从最后一个域控制器中还是从额外域控制器中删除 Active Directory，有一些操作过程是相同的。如果有任何操作失败，Active Directory 的删除将不能进行下去。

下面是删除 Active Directory 的通用操作：

- 把快捷方式移到组策略安全设置中，并把它存储在“管理工具”菜单中，为成员服务器或独立服务器提供本地安全设置的访问
- 把所有的更改都复制到配置和架构目录分区中。对于额外域控制器，也复制到域目录分区中
- 把域控制器持有的所有单主机角色传送给另一个域控制器
- 从目录数据库和文件复制服务数据库中删除系统卷对象，并删除 SYSVOL 文件夹层次结构。文件复制服务要求 Net Logon 从系统卷中删除共享内容
- 删除 NTDS 设置对象和交叉引用对象
- 更新 DNS 并删除域控制器定位器服务记录
- 按初次安装的方式创建本地安全账户管理器（SAM,Security Accounts Manager）,包括创建管理员账户和设置密码
- 修改 LSA 成员资格策略来辨别计算机是独立服务器还是成员服务器

- 停止 NetLogon 服务和其他在 Active Directory 安装过程中启动的服务。把只与目录服务相关的服务配置为非自动启动

下列操作是删除额外域控制器的具体操作：

- 在额外域控制器账户存在的域内搜索并连接到源域控制器，然后把所有的更改信息复制到该源域控制器中
- 设置计算机账户类型为成员服务器，把额外服务器的计算机账户从域控制器 OU 中移到计算机容器中

下面是删除域中最后一个域控制器的具体操作：

- 验证没有子域存在
- 搜索并连接到在父域中的源域控制器，并把所有更改信息复制到源域控制器中
- 从指定为该域的树林中删除 Active Directory 对象
- 删除父服务器中的信任关系对象。删除系统文件夹中有信任关系的域对象
- 把服务器放置在称为 Workgroup 的工作组中

3.7　最佳实践

下面是创建 Windows 2000 域的最佳操作：

- 考虑在每个域中实现多个域控制器。多个域控制器提供了容错和负载平衡的能力
- 通过把对象和相同的安全要求分组到一个 OU 中来减少管理开销，可以很容易给整个 OU 和 OU 中的所有对象分配访问权限
- 考虑实现由单个域组成的 Active Directory 结构，这会减少硬件和管理的费用，更有效地适应公司组织。只有在一个 OU 结构不能满足需要的时候才添加额外域控制器
- 在创建第一个域之前确保 DNS 基本配置结构处于正确位置并运行良好。Active Directory 要依靠 DNS 才能正常运行
- 在安装 Active Directory 的时候，把目录数据库和日志文件放置在不同的硬盘驱动器上，这样可以有助于提高性能。验证存放目录数据库和日志文件的卷有足够的磁盘空间以保证 Active Directory 结构的增长
- 确保存放 SYSVOL 文件夹结构的卷有足够的磁盘空间满足将来的增长。虽然可以通过“ntdsutil”工具移动 Active Directory 数据库和日志文件，但除非删除或重新安装 Active Directory，才可以移动 SYSVOL 文件夹结构

习题

1．在安装 Active Directory 之前，用以配置成域控制器的计算机应满足以下哪些条件？（多选题）

A．计算机上运行的是 Windows 2000 Server、Windows 2000 Advanced Server 或 Windows 2000 Datacenter Server

B．至少剩余 250 MB 空间，其中用于 Active Directory 数据库的最小磁盘空间为 200 MB，

另外还需要额外 50 MB 空间用于 Active Directory 数据库的事务处理日志文件。如果域控制器同时也作为全局编录服务器，还需要额外的磁盘空间

C. 用 NTFS 文件系统格式化好的一个分区或卷

D. 安装传输控制协议/Internet 协议（Transmission Control Protocol/Internet Protocol, TCP/IP）并使用域名系统（Domain Name System, DNS）配置它

E. 如果是现有的 Windows 2000 网络上创建域，那么需要有创建域所需的管理权限

2. 下列中的哪一项必须放置在 NTFS 文件系统的卷上？（单选题）

A. 目录数据库

B. 日志文件

C. SYSVOL 文件夹结构

D. 以上均需要

3. 在 Windows 2000 网络上第一次安装 Active Directory 时，创建的域是什么类型的？

4. 如果需要运行无人参与的 Active Directory 安装向导。应答文件名称是 Promote.txt，那么在命令提示符下输入什么命令来运行应答文件？

5. 在现有域上安装复制域控制器的时候，Active Directory 安装向导是否需要验证存在可用的 DNS 服务器？为什么？

6. 列举 Active Directory 结构中的默认对象及其功能。

7. 在现有域上添加复制域控制器的时候，在哪个容器上创建新域控制器的计算机对象？

8. 在需要安装复制域控制器的时候，消息提示不能与要加入复制域控制器的 Active Directory 域取得连接。在验证 DNS 数据库的时候，发现必要的 SRV 记录还没有创建，怎样强行注册 SRV 记录？

9. 在创建或添加域控制器的时候如果出现访问被拒绝，应该如何解决？

第 4 章　设置和管理用户和组

Active Directory 目录服务用于存储和维护网络资源必要数据。用户账户是存储在 Active Directory 中的对象，Active Directory 使用户账户能够进行单一登录（single sign-on）。单一登录是指用户只需在工作站登录时输入一次他们的登录名和相应的密码就可以获得对所有网络资源的访问权限。域用户账户可以登录到域来访问网络资源，或是登录到个人计算机上访问本机资源。

组通常是用户账户的集合。可以使用组来高效管理对域资源的访问，这有助于简化网络的维护和管理。可以单独地使用组，或者将一个组放到另一个组中以进一步简化管理。

完成本章学习后，将能够：

- 明确在 Microsoft Windows 2000 中使用用户账户和组的作用
- 明确用户登录名的不同类型，并创建一个用户主要名称后缀
- 通过将用户信息导入到 Active Directory 中创建大量的用户账户
- 管理用户账户
- 使用组来管理对域资源的访问
- 实现使用安全组的策略来管理对域资源的访问
- 解决管理用户账户和组时遇到的常见问题
- 应用管理用户账户和组的最佳操作

4.1　介绍用户和组

图 4-1 所示的为介绍用户和组。

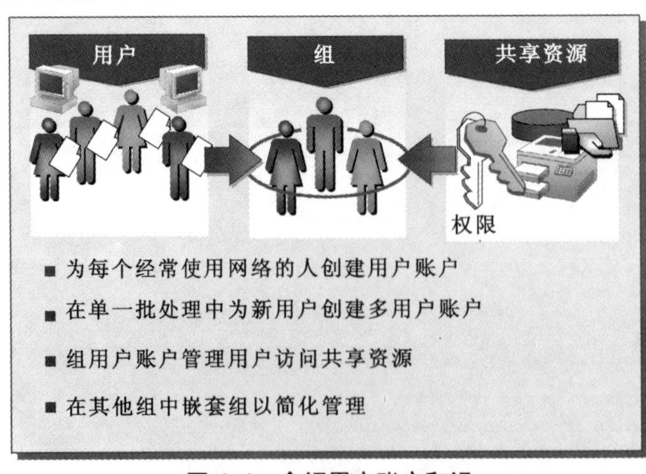

图 4-1　介绍用户账户和组

管理员必须完成指定的管理任务以确保用户可以登录到网络上并获得对域中资源的访问。

其中的一些管理任务是：

- 为每个用户账户创建一个单一登录。在 Active Directory 中，单一登录是指用户只需输入一次他们的登录名和相应的密码就可以获得对所有网络资源的授权访问。管理员可以创建三种类型的用户账户，每种都有特定的功能：
  - 本地用户账户。使用户能够登录到特定的计算机上从而获得对该计算机上资源的访问
  - 域用户账户。使用户能够登录到域从而获得对网络资源的访问
  - 内置用户账户。使用户能够执行管理任务或获得对网络资源的临时访问
- 用批处理操作为新用户在 Active Directory 中创建大量的用户账户。例如：管理员可以通过从包含用户数据的文件大批导入数据到 Active Directory 中来创建用户账户
- 将用户账户分组以便实现对访问网络共享文件夹、文件、目录和打印机等域资源的高效管理。通过使用组，管理员只需把共享资源的权限一次指派给组而不是多次指派给用户。用计算机和其他组的成员也可以构成一个组
- 当为一个分层结构创建一个模型时，将组嵌入别的组中以减少管理任务

4.2 用户登录名

在 Active Directory 中，每个用户账户都有一个用户登录名和一个 Windows 2000 以前版本（pre-Windows 2000）的用户登录名[安全账户管理器（SAM）的账户名]。用户账户信息用来身份验证和授权树林中的任何用户，从而实现单一登录。创建用户账户时，只需输入用户登录名前缀并选择用户主要名称后缀。

创建用户账户时，还需确保用户账户遵循惟一性规则。

4.2.1 用户登录名介绍

图 4-2 所示的为介绍用户登录名。

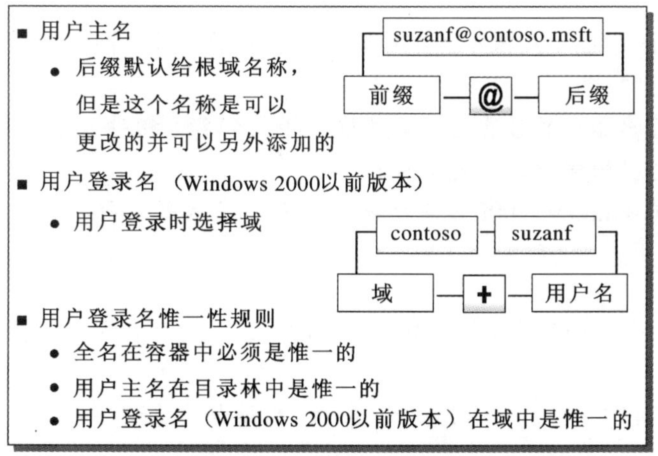

图 4-2 介绍用户登录名

在 Windows 2000 网络中，用户可以用一个用户主要名称或一个用户登录名（Windows 2000 以前版本）来登录。域控制器可以用这些登录名中的任何一个来验证登录请求。

（1）用户主要名称

用户主要名称是指用于登录到 Windows 2000 网络的登录名，也称为用户登录名。

一个用户主要名称有两部分构成，它们用@符号分隔开来（例如：suzanf@contoso.msft），一个用户登录名有以下两个组成部分：

- 用户主要名称前缀，在 suzanf@contoso.msft 中是 suzanf
- 用户主要名称后缀，在 suzanf@contoso.msft 中是 contoso.msft。缺省情况下，后缀是网络中根域的名称。可以使用网络中的其他域来为用户配置额外的后缀。要配置一个后缀的例子是要创建一个和用户的 E-mail 地址相匹配的用户登录名

使用用户主名的优点如下：

- 当将一个用户账户移动到不同的域中时用户主要名称不变，因为这个名字在 Active Directory 中是惟一的
- 用户主要名称可以和用户的 E-mail 地址名相同，因为它具有和标准的 E-mail 地址一样的格式

（2）用户登录名（Windows 2000 以前版本）

如果用户从运行 Windows 2000 以前版本的 Windows 客户机上登录到网络上，那么用户必须使用用户登录名（Windows 2000 以前版本）登录。

用户登录名（Windows 2000 以前版本）是用户账户名，例如 suzanf@contoso.msft 中的 suzanf。当用户使用用户登录名（Windows 2000 以前版本）登录时，用户也必须提供用户账户所在的域，以便验证域控制器可以查询该用户账户。

如果用户使用和他们已登录的用户账户不同的用户账户连接到某一网络资源上时，那么用户必须提供域和用户登录名（Windows 2000 以前版本）来验证，例如：contoso\suzanf。

（3）用户登录名惟一性规则

在 Active Directory 中域用户账户的用户登录名必须遵循惟一性规则。当创建用户登录名时，要考虑到如下的惟一性规则：

- 全名在创建用户账户的容器内必需是惟一的。全名是相对可分辨名称。
- 用户主要名称在树林中必须是惟一的。
- 用户登录名（Windows 2000 以前版本）在其所在域中必须是惟一的。

（4）命名约定

命名约定建立了用户如何在域中被识别的规则。统一的命名约定能够帮助记住用户登录名并在列表中查找它们。

表 4-1 是为组织确定一个命名约定时需要考虑的要点的总结。

表 4-1

考虑要点	说明
本地用户账户	本地用户账户名在创建该账户的计算机上必须是惟一的

续表

考 虑 要 点	说 明
域用户账户	用户登录名（可分辨的名称）在目录中必须是惟一的 用户全名（也称为显示名或账户名）（相对辨别名）在创建域用户账户的 OU 中必须是惟一的
最多 20 个字符	用户登录名能够包含最多 20 个小写或大写字符。尽管该域可以输入多于 20 个字符，但是 Windows 2000 只能识别前 20 个
无效的字符	以下的字符是无效的：“/\[]:;|=,+*?<>
用户登录名不区分大小写	可以使用特殊字符、文字和数字字符相结合的字符来帮助惟一标识用户账户。用户登录名是不区分大小写的，但是 Windows 2000 区分大小写
适应同名的职工	如果两个用户都称为 John Doe，那么可以用他们的名以及姓的首字母再加上姓的其他字母组成的用户账户登录名来区分同名的两个用户 在本例中，一个用户账户登录名可以称为 Johnd，而另一个称为 Johndo。另一个可行方法是给每一个用户登录名编号，例如：Johnd1 和 Johnd2
识别用户类型	在一些组织里，通过用户账户来识别临时的用户是有用的。为识别临时的用户，可以在用户的登录名前面加上 T 和破折号，例如，T-Johnd。或者在名字中使用圆括号，例如：John Doe（Temp）。
E-mail 兼容性	一些 E-mail 系统不兼容某些字符，例如：空格和括号。

4.2.2 创建用户主要名称后缀

图 4-3 所示的为创建用户主要名称后缀。

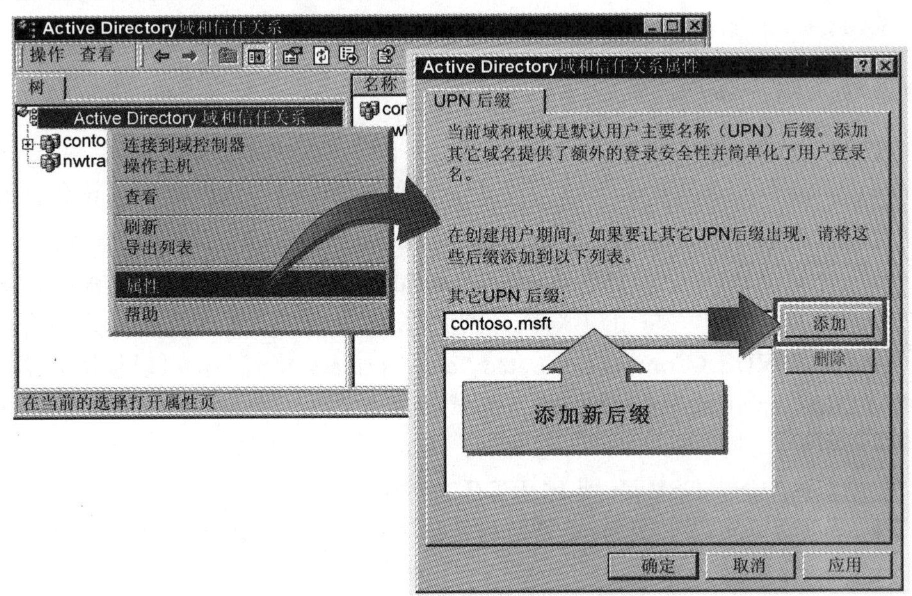

图 4-3 创建用户主要名称后缀

当在Active Directory用户和计算机中创建一个用户账户时，要选择一个用户主要名称后缀。如果Active Directory用户和计算机中不存在需要的后缀，可以添加它。通过给所有的用户提供单一的用户主要名称后缀，可以简化管理和用户登录过程。只有企业管理员预定组的成员才可以在“Active Directory 域和信任关系”中添加后缀。

要添加一个新的后缀，执行如下操作：

1）在“Active Directory 域和信任关系”控制台树中，右击“Active Directory 域和信任关系”，然后单击“属性”。

2）在“UPN 后缀”标签上，为域键入一可供选择的 UPN 后缀，然后单击“添加”。

注意 如果使用和“Active Directory 用户和计算机”不同的程序创建了一个用户账户，则可不受存储在 Active Directory 中的用户主要名称后缀的限制。可以在创建账号时定义一个后缀。

4.3 创建多个用户账户

可以从一个文本文件导入数据来导入用户账户的属性，通过这种方式，可以在 Windows 2000 的 Active Directory 中创建大量用户账户。这个过程被称为大批导入（bulk import）。大批导入是向 Active Directory 数据库中导入大量数据库记录。大批导入的优点在于不必单独地创建每个用户账户，从而可以导入一个现有的包含创建所有用户账户所需用户信息的文件。

为了用批处理操作方式创建用户账户，Windows 2000 提供了相应的管理工具，例如：CSVDE（Comma Separated Value Directory Exchange）和 LDIFDE（Lightweight Directory Access Protocol Data Interchange Format Directory Exchange）。这些工具使操作者可以在一次操作中管理大量的用户账户和其他 Active Directory 对象，例如：组、计算机和打印机。这些工具会被自动地安装在所有运行 Windows 2000 Server 的计算机上。

4.3.1 批量导入用户账户

大批导入过程使操作者能够在 Active Directory 中自动创建大量用户账户。此过程需要一个包含所要创建用户账户信息的文本文件。该文本文件可以由包含用户账户信息的数据库产生，而文本文件也可以由像 Microsoft Excel 或 Microsoft Word 等其他应用程序生成。

根据文本文件的格式，可以使用 csvde 或 ldifde 命令从文件导入用户账户数据，从而在 Active Directory 中同时创建大量用户账户。使用 csvde 命令来导入一个逗号分隔格式的文本文件，该格式也称为 CSVDE（Comma-Separated Value Format）格式。也可以使用 ldifde 命令来导入一个 LDIF（Line-Separated Value Format）格式的文本文件。大多数数据库应用程序可以创建以其中一种格式被导入的文本文件。

创建大量用户账户时，CSVDE 或 LDIFDE 文件中信息：

- 必须包含指向 Active Directory 中的用户账户、用户账户本身的对象类型以及用户登录名（Windows 2000 以前版本）的路径
- 应该包含用户主要名称，因为这是推荐给那些从运行 Windows 2000 的计算机上登录的

用户使用的登录名。还应该包含用户账户是启用还是禁用的信息。如果不指定一个值，账号是禁用的

- 可以包括个人信息，例如：电话号码或家庭地址。文件要包含创建用户账户属性（attributes）所必需的信息。特性，又称为属性，是 Active Directory 对象信息的种类。这些属性的值详细说明了对象的特征。 应该包含尽可能多的用户账户信息来提供更多的进行 Active Directory 搜索时用户可以搜索的项目
- 不能包含密码。大批导入为用户账户保留空密码。缺省情况下，用户第一次登录时必须修改密码。如果用户立即登录没有什么问题，但是如果用户一段时间内不登录就会有问题。因为空密码使得一个只知道用户登录名而未经授权的人可以访问网络，所以在用户开始登录前要禁用用户账户

4.3.2 使用 CSVDE 创建多个用户账户

图 4-4 所示的为使用 CSVDE 创建多个用户账户。

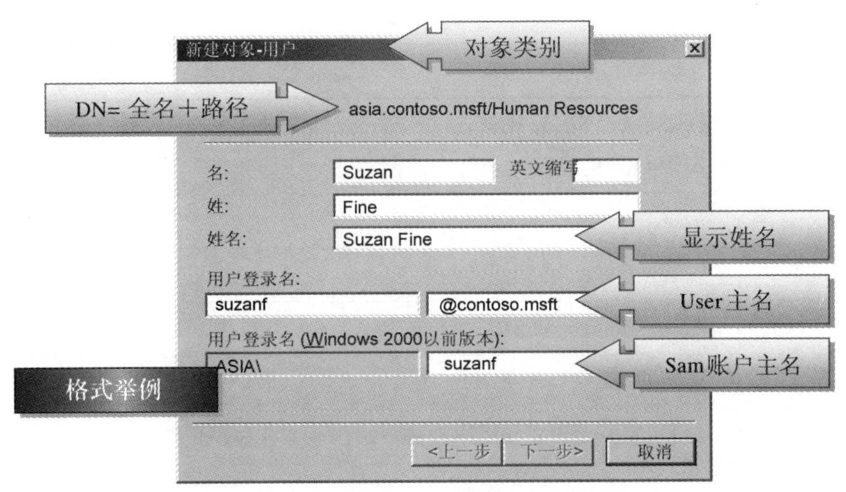

图 4-4 使用 CSVDE 创建大量用户账户

CSVDE 格式只能用来向 Active Directory 中添加用户对象和其他类型对象。不能用 CSVDE 格式来删除和修改 Active Directory 中的对象。在导入一个 CSVDE 文件前，必须确认要导入的文件格式是正确的，以便使导入成功。下面是最典型的一个例子，可以用诸如 Excel 或 Word 等具有良好编辑功能的应用程序来编辑和格式化一个文本文件。然后将其保存为逗号分隔格式的文本文件。可以从 Active Directory 将数据导出为 Excel 电子数据表，或者从一个电子数据表中向 Active Directory 导入数据。

（1）为导入准备一个 CSVDE 文件

格式化文件使它包含以下信息：

- 属性行，这是文件的第一行。它指明了要为用户账户定义的每个属性的名称。要注意可以按任何顺序放置属性，但必须用逗号分隔属性。下面是属性行的一个例子：

```
DN,objectClass,sAMAccountName,userPrincipalName,
displayName,userAccountControl
```

- 用户账户行。对于要创建的每一个用户账户，导入文件都包含一行来指定在属性行中每个属性的值。将下列规则应用于用户账户行中的值：
  - 属性值的顺序必须按照在属性行指定的顺序
  - 如果一个属性的值是空的，保持空白，但要包含所有的逗号
  - 如果一个值包含逗号，将其包含在引号中

下面是用户账户行的一个例子：

```
"cn=Suzan Fine,ou=Human Resources,dc=asia,dc=contoso,
dc=msft",user,suzanf,suzanf@contoso.msft,Suzan Fine,512
```

表 4-2 列出了上述例子中出现的属性和属性值。

表 4-2

属 性	属 性 值
DN（可分辨的名称）	cn=Suzan Fine,ou=Human Resources, dc=asia,dc=contoso,dc=msft（这代表到包含用户账户 OU 的路径）
objectClass	user
sAMAccountName	suzanf
userPrincipalName	suzanf@contoso.msft
displayName	Suzan Fine
userAccountControl	512（值 512 代表启用用户账户，值 514 代表禁用用户账户）

有关可分辨的名称的更多信息，可以参看学员材料 CD 上的附录 C“LDAP 名称”。

注意 要获得公共属性及其显示名，可以参看学员材料 CD 上的附录 D“公共用户账户属性”。

（2）使用 csvde 命令

在将文件正确格式化后，可以使用 csvde 命令导入文件以在 Active Directory 中创建大量用户账户。

为导入文件，打开命令提示符窗口，键入如下命令：

csvde -i -f filename

在前面的语法中，-i 表示要将一个文件导入到 Active Directory 中去，-f 表示下一参数是要导入的文件名。

csvde 命令提供了有关导入过程成功或失败的状态信息，还提供了用于察看详细错误信息文件的文件名。即便状态信息表明过程是成功的，也要用“Active Directory 用户和计算机”验

证一些被创建的用户账户，以确保它们具有提供的所有信息。

4.3.3 使用 LDIFDE 创建多个用户账户

图 4-5 所示的为使用 LDIFDE 创建多个用户账户。

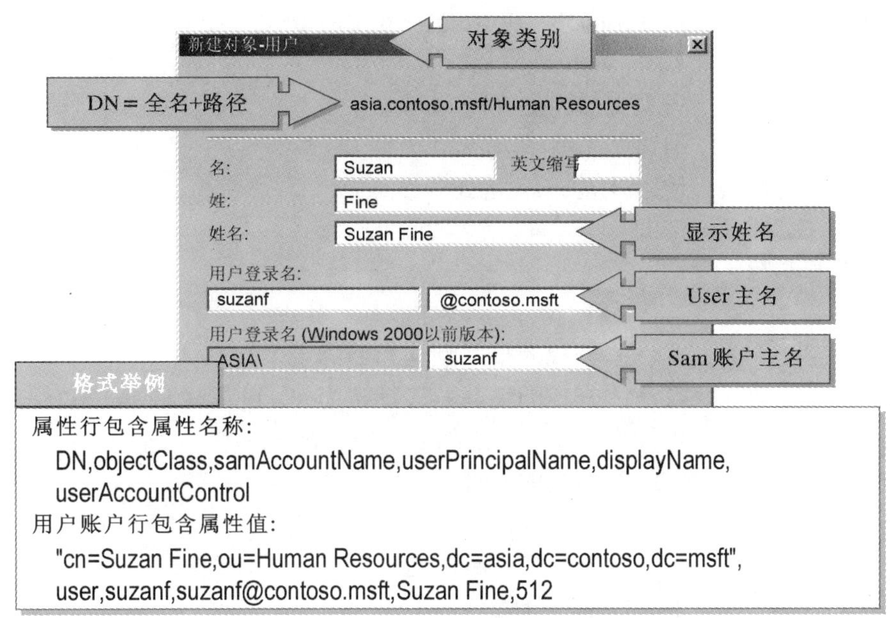

图 4-5 使用 LDIFDE 创建多个用户账户

轻量级目录访问协议互换格式（LDIF）是另一种文件格式，该文件格式用于在符合 LDAP 标准的目录上执行大量导入。这种文件格式是用在与 LDAP 兼容的目录上执行批处理操作的。

LDIF 文件格式具有称作 ldifde 的命令行程序所支持的格式，从而允许在 Active Directory 中创建、修改和删除对象。ldifde 可以创建、读取 LDIF 文件。一个 LDIF 文件由一系列用空行隔开的记录组成。该文件中的一个记录描述了单个目录对象或者对一个已存在对象的属性的一组修改，并由一行或多行组成。LDIF 文件既包含从目录中提取的数据也包含用于更新 LDAP 兼容目录信息的指令。使用 ldifde 操作者能够从一个远程目录导出信息，还可以移动 LDIF 兼容文件到服务器，也可以修改文件内容(只要保持与 LDIF 格式一致)并将文件内容导入到 Active Directory 中去。

在安装 Windows 2000 服务器时 ldifde 工具也会一起被安装到操作系统上，因为它的位置（%WINDIR%\system32）是环境变量路径的一部分所以可以从计算机的任何目录执行 ldifde 命令（或批处理文件）。ldifde 工具包含几个可选参数使操作者能够执行多种类型的批处理操作。下面提供了 ldifde 的帮助画面信息（可以通过命令提示符下键入“ldifde ?”得到同样的信息）：

LDIF 目录交换

```
常规参数
===================
– i                    打开 Import 模式（默认为 Export）
– f filename           输入或输出文件名
– s servername         要绑定到的服务器名称（默认为登录域的 DC）
– c FromDN ToDN        从 FromDN 到 ToDN 发生的取代
– v                    打开 Verbose 模式
– j                    日志文件的位置
– t                    端口号（默认为 389）
– u                    使用 Unicode 格式
– ?                    帮助
Export 特有的参数
================
– d RootDN             LDAP 查找的根（默认为名称上下文）
– r Filter             LDAP 查找的过滤器（默认为 "（objectClass=*）"）
– p SearchScope        查找作用域（Base/OneLevel/Subtree）
– l list               LDAP 查找的属性
                       列表（以逗号分隔）
– o list               输入时要忽略的属性列
                       表（以逗号分隔）
– g                    禁用分页查找
– m                    导出时启用 SAM 逻辑
– n                    不导出二进制值

导入
======
– k                    导入将继续忽略 ‘约束违规’
                       和‘对象已存在’错误
– y                    导入将使用惰性提交以获得更好的性能

凭据确立
===========================
如果没有指定凭据，LDIFDE 将绑定为当前
登录的用户，使用 SSPI
– a UserDN [Password | *]               简单身份验证
– b UserName Domain [Password | *]      SSPI 绑定方法

示例：简单导入当前域
ldifde –i –f INPUT.LDF
```

示例：简单导出当前域

```
ldifde -f OUTPUT.LDF
```

示例：以凭据导出特定域

```
ldifde -m -f OUTPUT.LDF
       -b USERNAME DOMAINNAME *
       -s SERVERNAME
       -d "cn=users,DC=DOMAINNAME,DC=Microsoft,DC=Com"
       -r "（objectClass=user）"
```

（1）为导入准备一个 LDIF 文件

格式化 LDIF 文件使它包含一些记录，这些记录是由一系列描述 Active Directory 中的用户账户条目的行组成或由一系列描述 Active Directory 中的用户账户的一组变化的行组成。用户账户条目是指为新用户账户定义的每个属性的名称。Active Directory 架构定义了属性名字。对于创建的每一个用户账户，文件都包含一行说明在属性行中每个属性的值。下列规则可以应用于每个属性的值：

- 任何以 “#” 开始的一行是注释行，运行 LDIF 文件时将被忽略
- 如果一个属性没有值，必须将其表示为属性描述 “:”FILL SEP

下面是 LDIF 导入文件中的一个条目的一个例子：

```
# Create Suzan Fine
DN: CN=Suzan Fine,OU=Human Resources,DC=asia,DC=contoso,DC=msft
objectClass: user
sAMAccountName: suzanf
userPrincipalName: suzanf@contoso.msft
displayName: Suzan Fine
userAccountControl: 512
```

表 4-3 列出了上述例子中出现的属性和属性值。

表 4-3

属　性	属 性 值
DN（标示名）	CN=Suzan Fine,OU=Human Resources, DC=asia,DC=contoso,DC=msft（这代表到对象的容器的路径。）
objectClass	user
sAMAccountName	suzanf
userPrincipalName	suzanf@contoso.msf
displayName	Suzan Fine
userAccountControl	512（值 512 代表启用用户账户，值 514 代表禁用用户账户）

（2）使用 ldifde 命令

将文件正确格式化后，可以使用 ldifde 命令来导入文件以及在 Active Directory 中创建大量用户账户。

为了导入文件，在命令行键入：

ldifde –i –f filename

在前面的语法中，–i 表示向 Active Directory 导入一个文件。如果此参数不指定，LDIFDE 的缺省模式是 export。–f 参数表示要导入文件的名称。

注意 程序使用“Active Directory 服务接口”（ADSI,Active Directory Service Interfaces）来获得对 Active Directory 的访问。在和 Windows 脚本主机的连接中 ADSI 通过使用 Microsoft Visual Basic、Scripting Edition（VBScript）或 Java 在 Active Directory 中启动了脚本批处理操作。有关创建 ADSI 脚本的更多信息，可以参看学员材料 CD 上的附录 E“使用 Active Directory 服务接口（ADSI）编程使管理任务自动化”。

4.4 管理用户账户

当在 Active Directory 中创建用户账户后，必须继续完成一些管理任务来确保用户享有他们所需的资源、网络安全保持完好。为了应对可能出现的大量用户账户，可以使用查找工具来查询一个特定的用户账户。

4.4.1 执行常规的管理任务

图 4-6 所示的为执行通常的管理任务。

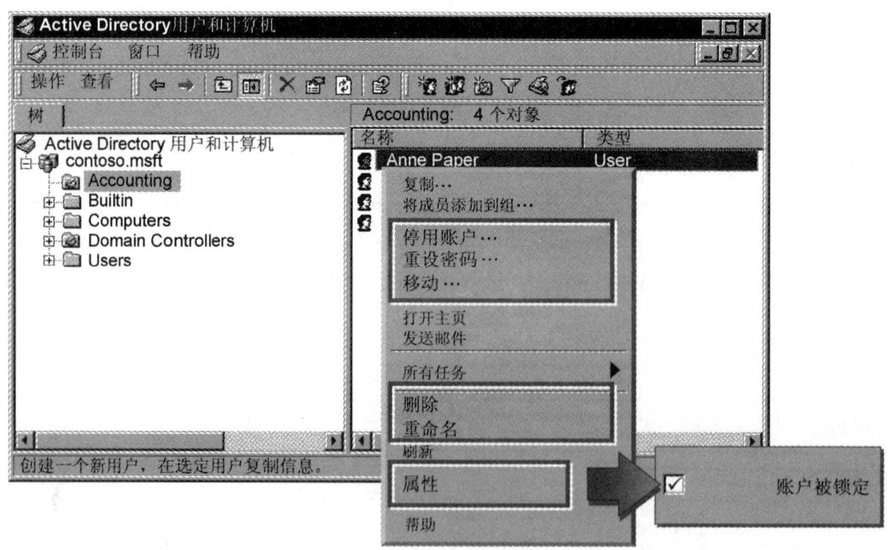

图 4-6 执行通常的管理任务

在创建用户账户以后，必须执行常规管理任务从而来适应公司的发展需要。这些管理任务包括禁用和启用用户账户、重设密码、在域内移动、删除和重命名用户账户以及解除对用户账户的锁定。

（1）禁用和启用用户账户

当用户很长一段时间内不需要他们的账户而过后仍需要使用它们时，可将用户账户禁用。作为安全预防可以禁用某个用户账户，这样可以防范潜在的用户账户滥用情况。例如：如果用户离开了两个月，则当用户离开时将其账户禁用，而在他回来后启用该账户。

要禁用或启用用户账户，执行如下操作：

- 在“Active Directory 用户和计算机”中，右击相应的用户账户，然后根据该账号的当前状态单击“禁用账户”或“启用账户”

（2）重设密码

在用户改变密码前密码就过期了或者用户忘记密码的情况下，需要重设该用户的密码。在重设密码前不需要知道用户的密码。应该要求用户在他们下一次登录时改变他们的密码。

要重设用户账户密码，执行如下操作：

- 在“Active Directory 用户和计算机”中，右击相应的用户账户，然后单击“重设密码”

在用户账户的密码被管理员或该用户重设之后，任何用户包括管理员都看不见密码。防止用户（包括管理员）知道其他用户的密码可以增强安全性。如果该密码是可读的，管理员就可以查看用户的密码，重设密码，然后以该用户身份登录。在管理员通过模拟该用户身份登录后，管理员还可以登录回来并且把密码改回原来的样子。

（3）在一个域内移动用户账户

必要时可以在同一域内的 OU 间移动用户账户。例如：一个职员从一个部门调到另一部门，从而由另一个管理员来管理该职员的用户账户。当在 OU 间移动用户账户时，可以出现下列情形：

- 直接指派给用户账户的对象权限随用户账户一起移动
- 不再拥有先前从父对象继承来的权限。相反，会从新的父对象继承新的权限
- 可以同时移动大量用户账户

要在域内移动一个域用户账户，执行如下操作：

1）在“Active Directory 用户和计算机”中，右击要移动的用户账户，然后单击“移动”。

2）在“移动”对话框中，双击域目录树，单击对象要移入的 OU，然后单击“确定”。

（4）删除用户账户

当一个职员离开单位而该账号又不会再被使用时，就删除该用户账户。删除这样的账号，在 Active Directory 中就不再有无用的账号，如果一个授权的用户能够使用一个作废的账号登录可能给网络安全带来风险。

要删除用户账户，执行如下操作：

- 在“Active Directory 用户和计算机”中，右击相应的用户账户，然后单击“删除”

（5）重命名用户账户

如果想要保留与一个用户账户相关的所有权限、许可和组成员关系，可以重命名该用户账户，然后将它指派给其他用户。例如：如果新来一位公司会计师，可以将姓、名和用户登录名改为新会计师相应的内容来重命名账号。除此之外还需要改变新用户的其他属性，例如重设密码以及改变电话号码和地址等。

要重命名用户账户，执行如下操作：

- 在“Active Directory 用户和计算机”中，右击相应的用户账户，然后单击“重命名”

（6）解除对用户账户的锁定

如果用户违反了设定的组策略定义而被组策略设置锁定了账号，那么就可能需要解除对该用户账户的锁定。例如：如果用户超过了组策略设置所允许的失败登录次数的限制，他将被锁定。当用户账户被锁定时，Windows 2000 将在用户再次尝试登录时显示一个错误信息。

要解除对用户账户的锁定，可以执行如下操作：

- 在“Active Directory 用户和计算机”中，打开用户账户“属性”对话框，在“账户”选项卡上，清除“账户被锁定”复选框

4.4.2 定位用户账户

图 4-7 所示的为查询用户账户。

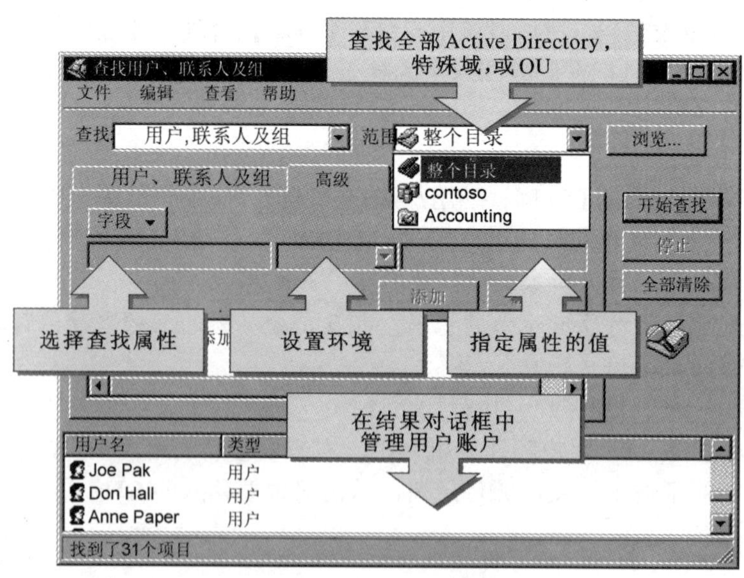

图 4-7 查询用户账户

因为所有的用户账户常驻在 Active Directory 内，管理员可以搜索需要管理的用户账户。在 Active Directory 中搜索用户账户意味着不必在“Active Directory 用户和计算机”中浏览成百上千个用户账户。也可以搜索像计算机、打印机和共享文件夹等其他 Active Directory 对象。在查询这些对象后，可以在搜索结果对话框中管理这些对象。

（1）执行一个基本的搜索操作

要开始一个基本的搜索操作，执行如下操作：

1）在“Active Directory 用户和计算机”中的“操作”菜单上单击“查找”。

2）在“查找用户、联系人及组”对话框中，选择想要搜索的对象的类型。

3）在“查找用户、联系人及组”对话框中的搜索标准框中输入要搜索的文本内容。可用的搜索标准的类型根据选定的对象类型而变化。

表 4-4 描述了“查找用户、联系人及组”对话框中的基本选项。

表 4-4

选 项	描 述
查找	用来选择可以搜索的对象类型的选项。 • 使用“用户，联系人及组”选项通过名称或描述来查询用户、联系人或组 • 使用“计算机”选项通过计算机名、所有者或像工作站、服务器或域控制器等角色来查询计算机 • 使用“打印机”选项通过名称、位置或型号来查找打印机 • 使用“共享文件夹”选项通过命名为或关键字来查询共享文件夹 • 使用“组织单位”选项通过名称来查询 OU • 使用“自定义查找”选项进行自定义查找象计算机、联系人、组、OU 和用户等范围很广的对象类型的搜索，而不是一次只选定一个对象类型。可以指定用来查询这些对象类型的附加属性 • 使用“远程安装客户”选项通过 GUID 或 RIS 服务器来查询远程安装客户计算机
范围	• 用来选择想要进行搜索的位置的选项 • 使用“整个目录”选项通过搜索整个目录来查询对象 • 使用域名选项在一指定的域内查询对象

（2）执行高级搜索操作

“Active Directory 用户和计算机”在“查找用户、联系人及组”对话框中提供了高级搜索选项，使管理员可以自定义搜索并过滤来自 Active Directory 的数据。高级选项允许指定搜索标准，该标准是所要搜索的资源定义的一部分。使用高级搜索选项，可以通过对象类型中任何有效的属性来搜索资源。例如：可以搜索 Active Directory 中指定位置的所有打印机。然后利用这个搜索结果来编辑每个打印机对象的属性。

表 4-5 描述“查找用户、联系人及组”对话框中的高级选项。

表 4-5

选 项	描 述
字段	可以搜索的、有关选定的资源类型的属性列表。不同的资源类型具有不同的可用于搜索操作的属性。例如：一个用户可以具有称作“Home Phone”的属性，而这个属性不能用于计算机

续表

选 项	描 述
条件	可用的、对于某个属性定义搜索条件的方法。 • 使用"起始为"选项来指定选定属性的值以一个给定的字符或串字符开始 • 使用"结束为"选项来指定选定属性的值以一个给定的字符或字符串结束 • 使用"为（完全一致）"选项来说明选定属性的值应和给定的字符或字符串相同 • 使用"不为"选项来说明选定属性的值应和给定的字符或字符组不相同 • 使用"存在"选项说明无论属性值是什么，都已为对象定义了选定的属性 • 使用"不存在"选项说明还没有为对象定义选定的属性
值	在条件中使用的字符或字符串

同样，如果用户想要在 Active Directory 中查找对象，可以单击"开始"，然后单击"搜索"。"Windows 资源管理器"和"网上邻居"中的搜索选项也可用来查询 Active Directory 中的对象。

（3）在结果框中管理用户账户

在搜索成功完成后，搜索结果就会出现在结果框中。接着，可以对列出来的对象进行管理。可用的管理功能会依据所查询到对象的类型而变化。例如：如果搜索了用户账户，就可以重命名用户账户、删除用户账户、禁用用户账户、重设密码、将用户账户移动到另一个 OU 或者修改用户账户的属性。

要管理搜索结果中的一个用户账户，右击该用户账户，然后单击"属性"。

当在结果框中右击对象时，通过"Active Directory 用户和计算机"被调用的同一属性表单就会出现。这样就可以通过选择某一适当的选项来管理对象，该选项与所希望执行的应用于对象上的功能密切相关。可用的管理功能会依据所查询到对象的类型而变化。

实验 A 设置和管理用户账户

- 目标

完成本实验后，可以掌握以下内容：

- 创建和使用一个可供选择的用户主要名称后缀
- 使用大批导入来创建多个域用户账户
- 管理域用户账户

- 实验设置

为完成本次实验，需要运行批处理文件 C:\Moc\Win2154a\Labfiles\Lrights.bat 来为本地用户组设置本地登录的用户权限，以便任一用户具有本地登录到实验者的计算机上的权限。

重点 实验不能反映出真实世界的环境。建议为每个管理员账户使用复杂密码，不要创建不带密码的账户。

重点 在教室以外的环境，强烈建议使用必要的、最新的软件更新。由于这是教室环境，可以使用不包括最近更新的软件。

- 实验预估时间：30 分钟。

练习 1 使用一个可供选择的用户主要名称后缀创建用户账户

- 实验方案

在收购了一个新的公司 Contoso, Ltd.后，母公司 Northwind Traders 决定将所有的 Contoso, Ltd.用户账户添加到 Northwind Traders 域中。为保持 Contoso, Ltd.的标识（用户账户等）并且有别于 Northwind Traders，需要创建一个用户主要名称后缀以用于前 Contoso, Ltd.公司的职员。

- 目标

在本练习中，将创建一个用户主要名称后缀，并用此后缀来创建一个测试用户账户。然后，还需要确认用户能够使用此用户主要名称登录。

任　务	具 体 步 骤
1. 创建如下的用户主要名称后缀： • contoso.msft	a. 以管理员的身份用密码 password 登录 b. 从“管理工具”菜单中打开“Active Directory 域和信任关系” c. 在控制台树中右击“Active Directory 域和信任关系”，然后单击“属性” d. 在“Active Directory 域和信任关系属性”对话框中的“其他 UPN 后缀”框中，键入“contoso.msft”，单击“添加”，然后单击“确定” e. 关闭“Active Directory 域和信任关系”
2. 在 *domain*.nwtraders.msft（这里域是指分配给实验者的域名）中，创建下面的 OU： • Contoso	a. 从“管理工具”菜单中打开“Active Directory 用户和计算机” b. 在控制台树中右击“*domain*.nwtraders.msft”，指向“新建”，然后单击“组织单位” c. 在“新建对象-组织单位”对话框中的“名称”框中，键入“Contoso”，然后单击“确定”
3. 在 Contoso OU 中，创建具有如下属性的用户账户： • 全名：TestUPN • 用户登录名：TestUPN@contoso.msft	a. 在控制台树中展开“*domain*.nwtraders.msft”，然后单击“Contoso” b. 右击“Contoso”，指向“新建”，然后单击“用户” c. 在“新建对象-用户”页的“姓名”和“用户登录名”框中，均键入“TestUPN” d. 单击“用户登录名”旁边的下拉列表来检查用户需要的主名后缀列表，单击“@contoso.msft”，然后单击“下一步” e. 单击“下一步”，然后单击“完成” f. 关闭“Active Directory 用户和计算机”

续表

任务	具体步骤
4．使用用户登录名TestUPN@contoso.msft登录，验证账号可以使用，然后注销	a．注销，按Ctrl+Alt+Delete启动登录程序，单击“选项”来显示“登录到”文本框，然后在“用户名”框中删除已有的名称 注意：“登录到”选项框是可用的。 b．在“用户名”文本框中，键入“TestUPN@contoso.msft” 注意：通常当键入一个用户主名时，“登录到”选项框将被禁用，因为不需要域信息。 c．单击“确定”完成登录过程 d．在用TestUPN成功登录后，注销 e．注意：登录时，本地安全策略应该允许，否则应设置本地安全策略

练习2 使用大批导入创建用户账户

- 实验方案

因为 Northwind Traders 已收购了一个新的单位，它需要增加一个包装处理部门。因此，需要为包装处理部门创建新的用户账户。有关这个部门中职员的信息可以从相关的数据库中导出一个文件，从而以文件的形式提交给公司，因此，最高效的解决方案是使用大批导入的方法来创建用户账户。

- 目标

在本练习中，将使用csvde工具为包装处理部门的职员创建用户账户。

为了加速格式化信息的进程，PackA.txt文件包含已经是CSV格式的用户信息，因此减少了使用csvde大批导入工具所需要的准备工作。

任务	具体步骤
1．在*domain*.nwtraders.msft中创建如下的OU: • Package Handling	a．以管理员的身份用密码password登录 b．从“管理工具”菜单中打开“Active Directory用户和计算机” c．在控制台树中右击“*domain*.nwtraders.msft”，指向“新建”，然后单击“组织单位” d．在“新建对象-组织单位”对话框中的“名称”文本框中，键入“Package Handling”，然后单击“确定”
2．在文件夹C:\Moc\Win2154a\Labfiles中，打开文件PackA.txt，浏览内容确定将被大批导入的属性	在“运行”的文本框中，键入“C:\Moc\Win2154a\Labfiles\PackA.txt”，然后单击“确定”，用记事本打开PackA.txt文件

从PackA.txt中的数据推断，使用的7个被大批导入的属性是什么？有关属性列表，可以参看学员材料CD上的附录D“公共用户账户属性”。

续表

任 务	具 体 步 骤
3. 编辑 PackA.txt 文件中的可分辨的名称和用户主要名称，以便可以使用 csvde 工具将用户账户大批导入到你的域中	在记事本中，使用替换功能将所有的域（*domain*）替换为分配给的域名
4. 在 PackA.txt 文件中增加属性行来匹配用户账户成批导入数据	把用于成批导入域的 7 个属性按正确的顺序添加到文件的第一行，属性间用逗号隔开 提示：文件 C:\Moc\Win2154a\Labfiles\PackAttr.txt 已经包含了必要的属性列表
5. 编辑 PackA.txt 文件来禁用所有没有部门的用户账户。将此文件保存为 Pack.txt	a. 编辑 userAccountControl 栏来禁用所有没有部门的用户账户 提示：当前使用的 userAccountControl 值为 512，表示账户将被激活 b. 将编辑过的文件保存为 C:\Moc\Win2154a\Labfiles\Pack.txt c. 关闭 Pack.txt——记事本窗口
6. 使用 csvde 工具来进行对 Pack.txt 文件内容的大批导入	a. 打开一个命令提示符窗口 b. 在命令提示符后，键入“cd C:\Moc\Win2154a\Labfiles”，然后按 Enter 键 c. 在命令提示符后，键入“csvde /?”，然后按 Enter 键 d. 在使用说明中查看–i 和–f 选项 e. 在命令提示符后，键入“csvde –i –f Pack.txt”，然后按 Enter 键 csvde 的功能显示成功修改 26 个项目。 f. 关闭命令提示符窗口

练习 3 管理用户账户

- 实验方案

Northwind Traders 前台收到了大量对新建的 Package Handling OU 中的用户账户的管理请求。请求包括启用用户账户、禁用用户账户、重设用户账户的密码以及移动用户账户。

- 目标

在本练习中，将使用 Active Directory 用户和计算机来完成管理请求。

任 务	具 体 步 骤
1. 在 Package Handling OU 中，启用下面的用户账户： • Amie Baldwin	a. 在“Active Directory 用户和计算机”的控制树中，展开 *domain*.nwtraders.msft，然后单击“Package Handling” b. 右击“Package Handling”，然后单击“刷新”来显示新的用户账户

续表

任　务	具体步骤
1. （续）	c. 在详细信息窗格中，右击"Amie Baldwin"，单击"启用账户"，然后单击"确定"关闭确认 Amie Baldwin 用户账户已被启用的消息 注意：与用户账户 Amie Baldwin 相邻的图标反映了启用账号的状态。
2. 在 Package Handling OU 内，禁用下面的用户账户： • Matthew Dunn	单击"Package Handling"，右击"Matthew Dunn"，单击"禁用账户"（禁用账号），然后单击"确定"关闭确认 Matthew Dunn 用户账户已被禁用的消息 注意：与用户账户 Matthew Dunn 的图标反映了禁用账号的状态。
3. 将下面的用户账户的密码重设为 Sc1234: • Scott Culp 然后，确保 Scott 在下次登录时改变他的密码	a. 右击"Scott Culp"，然后单击"重设密码" b. 在"重设密码"对话框中的"新密码"和"确认密码"框中，键入"Sc1234" c. 选定"用户下次登录时必须更改密码"复选框，单击"确定"，然后再次单击"确定"关闭确认密码已被改变的消息
4. 将下面的用户账户移动到 Contoso OU 内： • Derek Graham 确定账号已被移动后，注销	a. 右击"Derek Graham"，然后单击"移动" b. 在"移动" 对话框中，单击"Contoso"，然后单击"确定" c. 单击"Contoso"，然后确认账号 Derek Graham 列在了详细信息窗格内 d. 关闭"Active Directory 用户和计算机"，关闭所有打开的窗口，然后注销

4.5　在 Active Directory 中使用组

组可以简化管理。在高效地使用组前，需要理解组的功能以及可以创建的组的类型。Active Directory 为不同类型的组提供了支持，同时还提供了确定组的范围的选项，也就是组如何在多个域中被使用。

4.5.1　介绍 Active Directory 中的组

图 4-8 所示的为 Active Directory 中的组。

在 Active Directory 中有两种组类型，安全组和分布组。这两种组都支持本地、全局或通用三种组作用域中的一种。可以根据域的模式来选择组的类型和作用域。有时为了安全的目的而创建组，例如：指派权限。另外也可以为了并非安全或分布的目的而使用组，例如：发送 E-mail 信息。这两种类型的组都被存储在 Active Directory 的数据库组件中，这样就可在网络中的任何位置使用它。

（1）组

组（group）是用户账户的集合。组通过允许给一组用户指派权限进行简单的管理，而不是必需给每一个用户都单个地指派权限和权利。

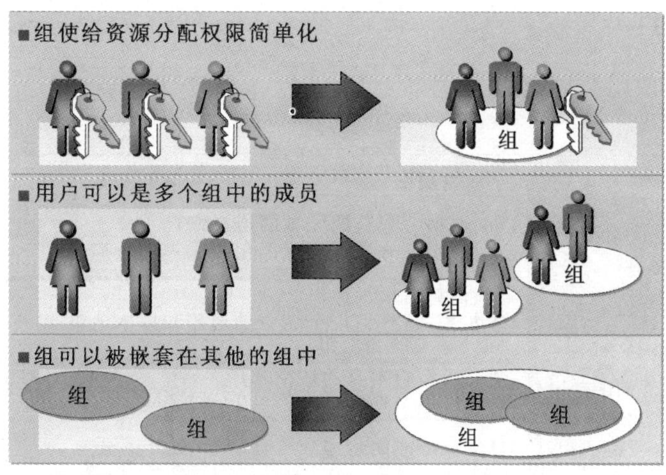

图 4-8 介绍 Active Directory 中的组

权限控制用户对资源能够做什么，例如：文件夹、文件和打印机。当指派权限时，可以给用户能够对某资源访问的能力和定义用户被允许具有的访问的类型。例如：如果几个用户需要读取同一个文件，可以把他们的用户账户添加到一个组中。然后给这个组读取这个文件的权限。

权利允许用户完成系统任务，例如：更改某个计算机上的时间，备份、恢复文件或者在本地登录。

用户可以是多个组的成员。使用安全组为用户和计算机的组指派权限。分布组不能用于安全的目的。安全组和分布组有一个作用域属性。组的范围决定了哪些人可以成为该组的成员以及可以在网络中的什么位置使用该组。

（2）组嵌套

嵌套（nesting）是一种高效地使用组的方法。嵌套意味着可以将一个组添加到另一个组中去。被嵌套的组继承了其所在组的权限，因此在一次指派中就可以简化对几个组的权限指派，也减少由于组成员身份变化的复制而引起的通信量。嵌套几个组来创建一个统一的组，这样能够减少域之间的网络通信量和简化在域树中的管理。例如：可以添加代表每个销售区的经理到相应的区经理组。然后可以在全球经理组中嵌套所有的区经理组。因为所有的区经理组都被嵌套在全球经理组中，所以只需给全球经理组指派权限就可以允许所有的经理获得对资源的访问。

但是在混合域模式下例外；在这种情况同一组中不能有嵌套。

组嵌套的标准包括以下几点：

- 最小嵌套标准。多级嵌套能使对于许可的跟踪和疑难解答变得更加复杂。一层嵌套在使用时是最有效的
- 存档组成员资格明确权限指派。提供组成员资格的记录能够消除用户账户到组的冗余指派以及减少意外组指派的可能性

注意 组最多可以拥有 5 000 个成员。用户的主要组成员资格，例如域用户，不存储在组成员资格列表中。

4.5.2 使用全局组

图4-9所示的为使用全局组。

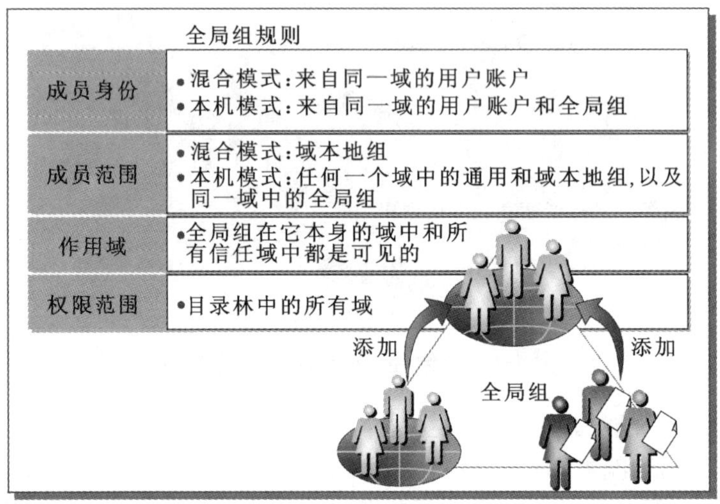

图4-9 使用全局组

可以使用全局组来组织那些从事相同的工作任务并需要类似的网络访问需求的用户。全局组具有以下的特点：

- 有限的成员身份。只能增加创建该全局组所在域的成员到该全局组
- 访问任何域中的资源。可以使用全局组来指派权限从而获得对域树或域树林中的任何域中的资源的访问

● 全局组规则

下面概述了全局组成员资格规则：

- 成员身份（Membership）：在混合模式中可以包含来自同一域的用户账户。在本机模式中可以包含来自同一域的用户账户和全局组
- 成员范围（Can be a member of）：在混合模式中，全局组只能是域本地组的一个成员。在本机模式中，全局组可以是任何一个域中的通用和域本地组以及同一域中的全局组的成员
- 作用域（Scope）：全局组对其所在的域及树林中所有被信任的域都是可见的
- 权限范围（Can be assigned permission for）：树林中的所有域

因为全局组具有树林范围的可见性，不应该特别地为域特定资源的访问而创建它们。对于组织用户或用户的组而言全局组是一种好的选择。另一种组类型对于控制域内资源的访问更适合。

4.5.3 使用域本地组

图4-10所示的为使用域本地组。

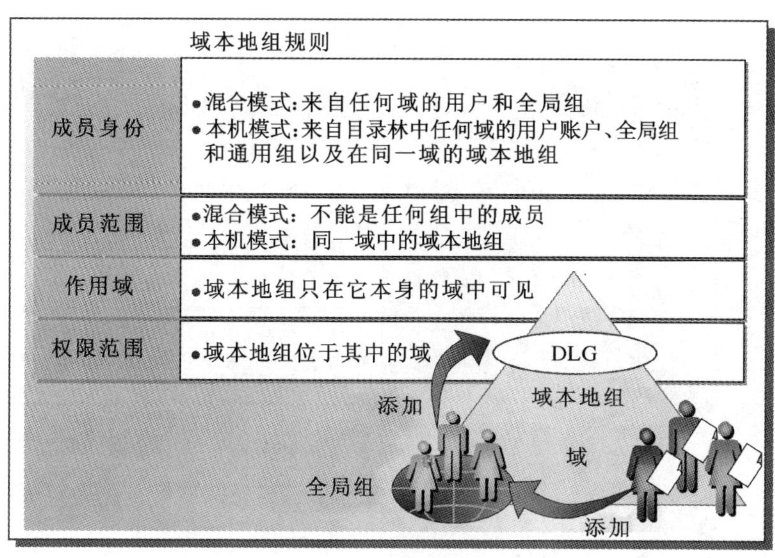

图 4-10 使用域本地组

使用域本地组为位于该域本地组所在域中的资源指派访问权限。域本地组具有以下的特点：

- 公开的成员身份。可以添加任何域中的成员
- 访问特定域的资源。可以使用域本地组来指派权限从而获得对某些资源的访问，而这些资源只能在该域本地组所在的同一个域中

- 域本地组规则

下面概述了域本地组成员资格规则：

- 成员身份（Membership）：在混合模式中可以包含任何域的用户账户和全局组。本机模式可以包含树林中任何域的用户账户、全局组和通用组以及同一域的域本地组
- 成员范围（Can be a member of）：在混合模式中，域本地组不能是任何组的成员。在本机模式中，域本地组可以是同一个域中域本地组中的成员
- 作用域（Scope）：域本地组只在它自己的域中可见
- 权限范围（Can be assigned permission for）：域本地组所在的域

可以将需要共享相同资源的所有全局组添加到适当的域本地组中。

4.5.4 使用通用组

图 4-11 所示的为使用通用组。

使用通用组来嵌套全局组，以便为多个域中的相关资料源指派权限。通用组具有以下的特点：

- 公开的成员身份。添加任何域中的成员
- 访问任何域的资源。可使用通用组来指派权限以及获得对任何域中的资源的访问
- 仅在本机模式下可用。通用安全组在混合模式下不可用。Windows 2000 的全部功能仅在本机模式下可用

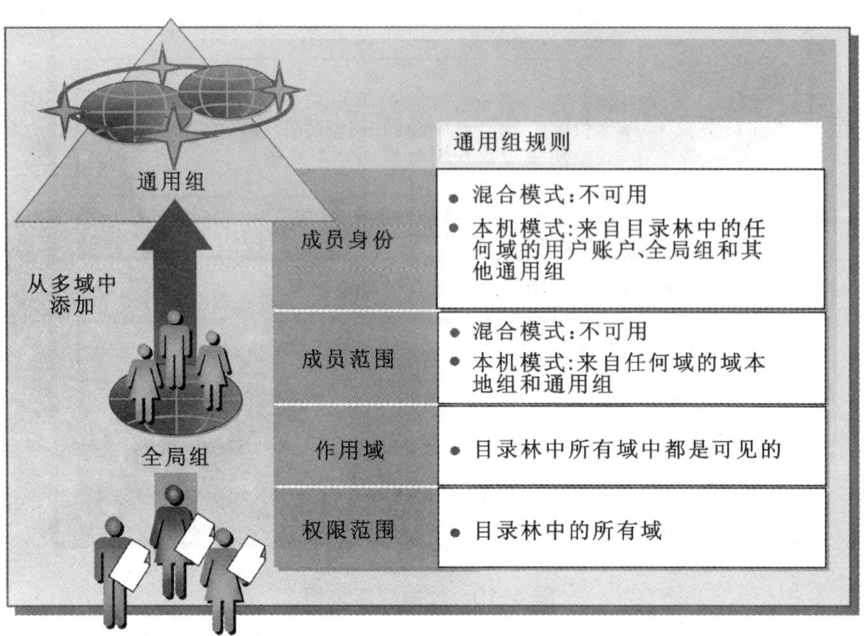

图 4-11 使用通用组

- 通用组规则

  下面概述了通用组成员资格规则：

  - 成员身份（Membership）：在混合模式中不能创建通用组。本机模式可以包含来自树林中的任何域的用户账户、全局组和其他通用组
  - 成员范围（Can be a member of）：通用组在混合模式中不适用。在本机模式中，通用组可以是任何域中的域本地和通用组的成员
  - 作用范围（Scope）：通用组在树林中的所有域中都是可见的
  - 权限范围（Can be assigned permission for）：树林中的所有域

4.6 在域中使用组的策略

为了高效使用组，需要一个应用于不同的组作用域的策略。组作用域确定了在树或树林中该组可被应用的范围。在 Active Directory 中，有三种不同类型的组作用域：通用、全局和域本地。

本主题阐述了在一个单域网络中组的作用域。在一个单域中，全局组和域本地组是两个可用的组作用域。通过对全局和域本地组使用最佳的组策略，使用户可以更加高效地访问一个单域网络中的资源。

4.6.1 使用全局和域本地组

图 4-12 所示的为使用全局和域本地组。

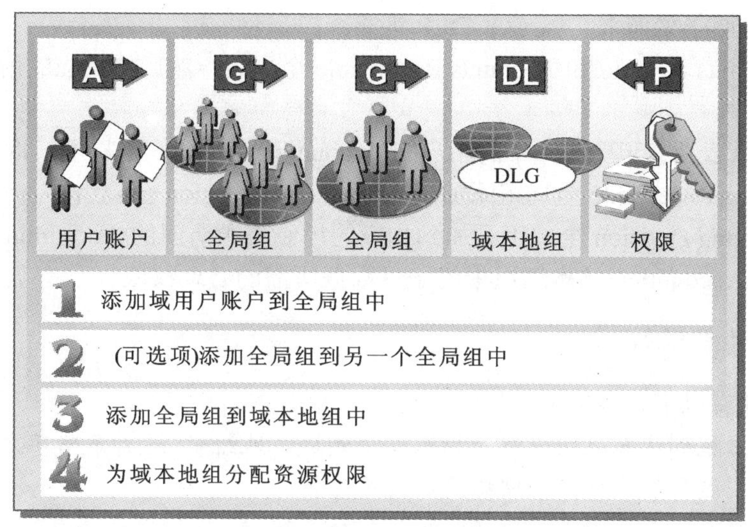

图 4-12 使用全局和域本地组

有关使用全局和域本地组的推荐策略是将域用户账户（A）添加到全局组（G）中，将全局组添加到域本地组（DL）中，然后为域本地组指派资源权限（P）。该策略（AGDLP）提供了最大的灵活性，同时又降低了给网络指派访问权限的复杂性。

（1）使用 AGDLP 策略

作为使用 AGDLP 策略的一个例子，考虑一个公司中有些用户需要获得对账目管理数据库中的账目数据的访问，这些用户又在 Accounts Payable 和 Accounts Receivable OU 中。在 Accounts Payable 和 Accounts Receivable OU 内，将为那些共同承担复查账目管理数据的用户创建一个全局组。这个全局组需要访问账目管理数据库中的账目数据。在创建这个组之后，将该组添加到一个域本地组中，这样有关账目数据的适当的权限也就可以指派给域本地组了。

下面的例子说明了如何实现 AGDLP 策略：

1）根据诸如用户位置和工作任务等管理需要来组织用户，然后创建一个全局组并将用户账户添加到其中去。创建一个称作 Accounts Payable 的全局组并将所有用户账户添加到其中去。

2）创建这样一个域本地组，就可以将所有需要同样的资源访问的全局组添加到其中去。将 Accounts Payable 全局组添加到 Accounting 域本地组中去。

3）给 Accounting 域本地组指派所需的权限。指派使用 Accounting 域本地组中的账目数据所的权限。这样，如果将其他的全局组添加到 Accounting 域本地组中，该全局组中的所有用户都可以获得对账目数据的访问。

（2）使用 AGGDLP 策略

考虑另一种情形，多个部门中的用户需要对多个资源进行相同类型的访问。在此情形中，进行全局组嵌套是一种好方法。例如：在 Accounts Payable 部门和 Accounts Receivable 部门的所有用户需要访问账目数据，可以使用每个部门中已有的全局组。

下面的例子说明了如何来实现 AGGDLP 策略：

1）创建 Accounts Payable 和 Accounts Receivable 全局组，然后将相应的用户账户添加到每个全局组中。

2）创建一个代表所有记账分部中的用户的 Accounting Division 全局组。将 Accounts Payable 和 Accounts Receivable 全局组添加到 Accounting Division 全局组中。

3）将 Accounting Division 全局组添加到相应的控制资源访问的 Accounting 域本地组中。

4）指派使用 Accounting 域本地组中的账目数据所需的必要权限。

（3）其他策略的局限性

其他策略可能有以下几点局限：

- 把用户账户放到域本地组中然后指派权限到域本地组中。这种策略不允许为域外部资源指派权限。这种策略降低了网络发展的灵活性
- 把用户账户放到全局组中然后指派权限到全局组中。当使用多个域时，这种策略能够使管理变得复杂。如果全局组需要多个域中相同的权限，则必须给每一个全局组指派权限

4.6.2 课堂讨论——在单域中使用组

图 4-13 所示的为在一个单域中使用组。

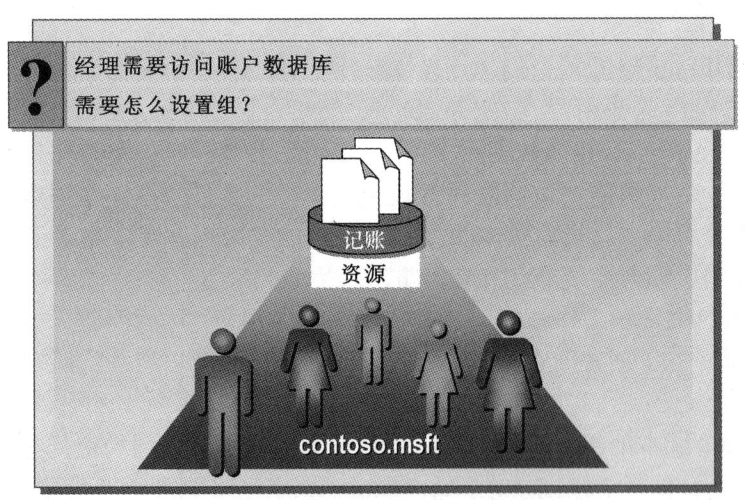

图 4-13 在一个单域中使用组

Contoso, Ltd.总部有一个位于巴黎的单域。有的经理需要访问存货数据库来完成他们的工作。

- 怎样做才可以确定经理能够访问存货数据库

Contoso, Ltd.想要对市场需求反应更为迅速。已经确定账目数据对于全体记账人员都是可用的。Contoso, Ltd. 想要为包括 Accounts Payable 和 Accounts Receivable 部门在内的整个 Accounting Division 创建一个组结构。

- 怎样做才可确保经理有必需的访问权限，同时管理工作量又最小

实验 B　在单域中设置和管理组

- 目标

完成本实验后，会掌握以下内容：

- 创建和嵌套全局组
- 创建域本地组并给资源指派权限
- 实现并测试推荐的组策略

- 准备工作

在进行本实验之前，必须具备以下条件：

- 了解混合模式和本机模式之间的差别
- 理解使用组管理对域资源访问的推荐策略

- 实验设置

为完成本实验，需要运行批处理文件 C:\Moc\Win2154a\Labfiles\Groups.bat 来为人力资源部门创建文件夹和文本文件，以便可以给这些资源指派权限。

- 实验预估时间：30 分钟。

练习 1　创建全局组结构

- 实验方案

Northwind Traders 公司的人力资源部近来不断扩展，包括以下三个部门：福利、工资、培训。人力资源部副总裁做出了一个部级的倡议：建立一个包括所有部门的统一的管理组织。因此，需要为人力资源部创建一个新的全局和域本地组结构。这个结构必须包括在部门级别的组的维护，同时也包括在部级别的所有经理所在的单一当前组的维护。资源访问将授权给相应的需要部门级数据和部级数据的域本地组。

- 目标

在本练习中，将为人力资源部创建 OU 结构，即为三个部门分别创建一个 OU。接着将为每个部门的经理创建全局组，然后为人力资源部的所有经理创建一个全局组。然后将三个部门的全局组嵌套到人力资源部全局组中。

任　　务	具 体 步 骤
❓ 应将域设置为什么域模式以实现预定的目标？为什么？	
1. 在 *domain*.nwtraders.msft（这里 *domain* 是分配的域名），创建下面的 OU 结构： • Human Resources	a．以管理员的身份用密码 password 登录 b．从“管理工具”菜单打开“Active Directory 用户和计算机” c．在控制台树中，右击“*domain*.nwtraders.msft”指向“新建”，然后单击“组织单位”

续表

任　务	具 体 步 骤
• Human Resources \ Benefits • Human Resources \ Payroll • Human Resources \ Training	d. 在“新建对象—组织单位”对话框的“名称”框，键入“Human Resources”，然后单击“确定” e. 展开“*domain*.nwtraders.msft”，然后单击“Human Resources” f. 右击“Human Resources”，指向“新建”，然后单击“组织单位” g. 在“新建对象—组织单位”对话框的“名称”框，键入“Benefits”，然后单击“确定” h. 重复步骤 e 和 f，按要求改变步骤 g,在“Human Resources” OU 下创建 OU“Payroll”和“Training”
2. 在与组名对应的 OU 内，为每个部门创建下面的全局安全组： • “Benefits Managers” • “Payroll Managers” • “Training Managers”	a. 展开“Human Resources”，右击“Benefits”，指向“新建”，然后单击“组” b. 在“新建对象—组”对话框中的“组名”框中，键入“Benefits Managers” c. 确保“组作用域”设置为“全局”，并且“组类型”设置为“安全式”，然后单击“确定” d. 重复步骤 a 到 c，按要求改变 a 和 b,在“Payroll ”OU 下创建“Payroll Managers”组，然后在“Training”OU 下创建“Training Managers”组
3. 在 Human Resources OU 内创建 “HR Managers”全局安全组	a. 右击“Human Resources”，指向“新建”，然后单击“组” b. 在“新建对象—组”对话框中的“组名”框中，键入“HR Managers” c. 确保“组作用域 ”设置为“全局”，“组类型”设置为“安全式”，然后单击“确定”
4. 使每个部门经理组成为 HR 经理组的一个成员	a. 单击“Human Resources”，在详细信息窗格中，右击“HR Managers”全局组，然后单击“属性” b. 在“HR Managers 属性”对话框的“成员”标签上，单击“添加” c. 在“选择用户、联系人、计算机或组”对话框中的“名称”框中，将列表向底部滚动并单击“Benefits Managers”，然后单击“添加” d. 重复步骤 a,添加“Payroll Managers ”和“Training Managers”，然后单击“确定” e. 在“HR Managers 属性”对话框中的“成员”标签上，确保三个部门全局组成为 HR Managers 全局组的成员，然后单击“确定”

? 如果一个用户账户被添加到“Benefits Managers”组中，是否还要更新“HR Managers”组的成员资格？

练习 2　创建域本地组并给资源指派权限

● 实验方案

已经创建了人力资源部的全局组结构。需要创建域本地组来分配人力资源经理对资源的访问权限。权限只授给域本地组。

● 目标

在本练习中，将为每个部门创建域本地组“Benefits Data”、“Payroll Data”和“Training Data”。并给域本地组指派访问该部门资源的权限。通过使每个部门具有独立的域本地组，从而分配对资源的访问权限，这提供了更大的灵活性。

任　务	具体步骤
1. 在与组名相对应的 OU 内，为每个部门创建下列域本地组： • Benefits Data • Payroll Data • Training Data	a. 在“Active Directory 用户和计算机”中，展开“Human Resources”，右击“Benefits”，指向“新建”，然后单击“组” b. 在“新建对象—组”对话框中的“组名”框中，键入“Benefits Data” c. 设置“组作用域”为“本地域”，确保“组类型”设置为“安全式”，然后单击“确定” d. 重复步骤 a 到 c，按要求改变 a 和 b，在“Payroll”OU 下创建“Payroll Data”，在“Training”OU 下创建“Training Data”
2. 在 Human Resources OU 内，创建下面的域本地安全组： • HR Data	a. 右击“Human Resources”，指向“新建”，然后单击“组” b. 在“ 新建对象—组”对话框中的“组名”框中，键入“HR Data” c. 设置“组作用域”为“本地域”，确保“组类型”设置为“安全式”，然后单击“确定”
3. 为每个部门中的域本地组分配对 C:\Hr 下相应文件夹的完全控制权限	a. 在“运行”框中，键入“C:\Hr”，然后单击“确定” b. 在 C:\HR 窗口，右击“Benefits”文件夹，然后单击“属性” c. 在“Benefits 属性”对话框的“安全”选项卡上，单击“添加” d. 在“选择用户、计算机或组”对话框中的“名称”框中，将列表向底部滚动，单击“Benefits Data”，单击“添加”，然后单击“确定” e. 在“Benefits 属性”对话框的“权限”框中，选择完全控制复选框，然后单击“确定” f. 重复步骤 b 到 e，按要求改变 b 到 e，将“Payroll”文件夹的完全控制权限指派给“Payroll Data”，“Training”文件夹的完全控制权限指派给“Training Data”
4. 删除继承的权限，并将 C:\Hr 文件夹的读权限指派给“HR Data”	a. 在 C:\HR 窗口下返回到 C:\ 文件夹 b. 右击 HR 文件夹，然后单击“属性” c. 在“HR 属性”对话框的“安全”选项卡上，单击“添加” d. 在“选择用户、计算机或组”对话框中的“名称”框中，将列表向底部滚动，单击“HR Data”，单击“添加”，然后单击“确定” e. 单击取消“允许来自父类的可继承权限传播给该对象”复选框，单击“删除”关闭询问是否复制或删除继承权限的对话框，然后单击“确定”关闭“HR 属性”对话框 f. 关闭 C:\窗口

练习 3 使用全局和域本地组

● 实验方案

经理需要拥有所在部门内的文件资源的完全控制权。还将拥有对其他部门的资源的只读访问权。用户账户只能直接属于所在部门的全局组。将全局组和域本地组连接起来获得此结果。并进行测试来验证对资源的正当访问。

● 目标

在本练习中，将添加部级全局组到域本地组中来允许对资源的访问。允许经理拥有其部门内的文件资源完全控制权限和其他部门的文件资源的只读访问权限。将创建一个测试用户账户，并验证一个福利部门的经理拥有所有人力资源数据的只读访问权限和所在部门的数据的完全访问权限。

任 务	具 体 步 骤
1. 将每个部门的全局组作为一个成员添加到相应的域本地组中	a. 在“Active Directory 用户和计算机”中，展开“Human Resources” OU b. 单击“Benefits” OU，在详细信息窗格内，右击“Benefits Data”，然后单击“属性” c. 在“Benefits Data 属性”对话框的“成员”选项卡上，单击“添加” d. 在“选择用户、联系人、计算机或组”对话框中的“名称”框中，将列表向底部滚动，单击“Benefits Managers”，单击“添加”，单击“确定”，然后再次单击“确定”关闭“Benefits Data 属性”对话框 e. 重复步骤 b 到 d，按要求改变 b 到 d，添加“Payroll Managers”到“Payroll Data”，“Training Managers ”到“Training Data”
2. 将“HR Managers”全局组作为一个成员添加到“HR Data”域本地组中	a. 在控制台树中，单击“Human Resources” OU，在详细信息窗格中，右击“HR Data”，然后单击“属性” b. 在“HR Data 属性”对话框的“成员”选项卡上，单击“添加” c. 在“选择用户、联系人、计算机或组”对话框中的“名称”框中，将列表向底部滚动，单击“HR Managers”，单击“添加”，单击“确定”，然后再次单击“确定”关闭“HR Data 属性”对话框
3. 为了测试组结构，在“Benefits” OU 内创建一个具有下列属性的用户账户： 姓名：TestBenefits 用户登录名：TestBenefits @*domain*.nwtraders.msft 将此账户添加到”Benefits Managers”全局组中	a. 单击“Benefits” OU，右击“Benefits”，指向“新建”，然后单击“用户” b. 在“新建对象—用户”页的“姓名”和“用户登录名”框中，键入“TestBenefits”，然后单击“下一步” c. 单击“下一步”，然后单击“完成” d. 右击用户“TestBenefits”，然后单击“属性” e. 在“TestBenefits 属性”对话框的“成员属于”选项卡上，单击“添加” f. 在“选择组”对话框中，在“名称”列下，单击“Benefits Managers”，单击“添加”，单击“确定”，然后再次单击“确定”关闭“TestBenefits 属性”对话框 g. 关闭 “Active Directory 用户和计算机”

续表

任　　务	具体步骤
4．注销，然后以TestBenefits身份登录。确认可以获得资源C:\Hr\Benefits\Benefits.txt 的完全控制访问权限以及 C:\Hr\Payroll\Payroll.txt 的只读访问权限	a．注销，然后不输入密码以 TestBenefits 身份登录 b．在“运行”框中，键入“C:\Hr\Benefits\Benefits.txt”，然后单击“确定” c．在 Benefits.txt—记事本窗口中的文本框中，键入“Some Modifications”，然后保存并关闭文档 d．在“运行”框中，键入“C:\Hr\Payroll\Payroll.txt”，然后单击“确定” e．在 Payroll.txt—记事本窗口中的文本框中，键入“Some Modifications”，然后保存并关闭文档 “另存为”对话框将出现，这表明没有权限保存对此文档的修改 f．单击“取消”关闭“另存为”对话框 g．关闭 Payroll.txt—记事本窗口，然后单击“否”关闭，指示修改将不被保存的对话框
 具有对 C:\Hr\Benefits\Benefits.txt 的完全控制访问权和对 C:\Hr\Payroll\Payroll.txt 的只读访问权限吗？	
5．注销	关闭所有打开的窗口，然后注销

4.7 域用户账户和组错误诊断

在 Active Directory 中设置和管理域用户与组时，可能遇到问题。以下描述了一些可能出现的问题以及解决的方案：

- 不能创建用户账户或组。可能的原因是违反了惟一性规则。遵照惟一性规则重新创建用户账户或组
- 不能更新用户账户的属性。可能没有权限更新用户账户。检查指派的权限。如果没有权限，以管理员身份登录，然后指派相应的权限。也可以请 OU 的管理员指派相应的权限
- 用户不能访问资源。可能的原因是用户账户是一个已经被明确拒绝对该资源访问的嵌套组的成员

4.8 最佳实践

下面列出了管理用户账户和组的最佳方案：

- 当从运行 Windows 2000 的计算机上登录时，让用户使用他们的用户主要名称，例如：suzanf@contoso.msft，而不是诸如用户名和域名等下一级登录名。通过使用用户主要名称登录，可以将用户账户从一个域移动到另一个域而对用户没有影响
- 在一个多域环境中为用户账户的用户主要名称后缀使用树林根域名，以使名字更短、更简单。同时考虑使用和用户的 E-mail 地址相匹配的用户主要名称后缀，这可能包括创

建一个可选的用户主要名称后缀

- 当使用大批导入的方法创建大量用户账户时，如果用户不立即使用账号，可以禁用这些账号。因为一个导入的用户账户的密码开始时是空的，任何未被授权但知道用户账户名的人都可以登录，设置一个新的密码，然后获得对网络的访问权
- 创建基于工作职能的全局组。当创建一个基于工作职能的全局组并将该全局组放入一个域本地组时，可以通过改变组成员身份来满足用户的工作职能改变的需求。例如：Cornelia Kunze 是全局组 Accountants 的用户账户，同时 Accountants 又是域本地组 Accountant Files 的成员。域本地组 Accountant 有读取会计师审核共享的权限和修改会计师文档共享的权限。如果一个新用户将要接管 Cornelia Kunze 的工作职责，那么只需从 Account 全局组中删除 Cornedia Kunze 用户账户，并在 Accountant 全局组中添加这个新用户和用户账户就可以了。不必改变任何权限，因为权限已经被指派给一个域本地组了，而这个域本地组又嵌套了用户所在的全局组

习题

1. 在本机模式下通用组可以包括__________，在混合模式下全局组可以包括__________。

A．同一域中的用户账户和全局组

B．任意域中的用户账户、全局组、通用组以及同一域的本地组

C．任意域中的用户账户、其他通用组以及全局组

D．同一域中的用户账户

E．任意域中的用户账户和全局组

2．公司得到了一个小的子公司，想要使用“Active Directory Users and Computers”为新的职员创建域用户账户。由于商业的原因，子公司想要保留以前的对于顾客的身份。怎样为新职员创建符合用户的 E-mail 地址而不改变用户的 E-mail 地址的用户主名呢？

3．创建多用户账户有哪些方法？

4．公司最近雇了许多新职员在新的分办公室工作，办公室将在下个月投入使用。需要为这些职员设置用户账户以便他们可以使用和共享网络资源。已知人力资源部有所有新职员的数据，那么为批导入用户账户，最高效的方法是什么？

5．将一个组添加到另一个组中的目的是什么？

6．当使用与本地和全局组时，将使用什么策略？

7．实施 AGDLP 策略的主要步骤是什么？

8．全局组、域本地组以及通用组的特点是什么？

第 5 章　在 Active Directory 中发布资源

网络管理的主要挑战之一就是如何安全地、具有选择性地向用户发布网络资源。另一个挑战是如何方便职员在网络上查找信息。使用 Microsoft Windows 2000 Active Directory 目录服务可以达到这些要求，包括存储网络对象的信息、提供快速信息检索、提供控制访问 Active Directory 中信息的安全机制。

完成本章学习，将能够：

- 描述在 Active Directory 上发布资源的用途
- 在 Active Directory 中设置和管理发布的打印机
- 设置发布的打印机的位置
- 在 Active Directory 中设置和管理发布的共享文件夹
- 区分 Active Directory 上发布的对象和实际共享资源之间的差别
- 解决在 Active Directory 上发布资源的常见问题
- 应用最佳操作在 Active Directory 上发布资源

5.1　资源发布介绍

图 5-1 所示的为资源发布。

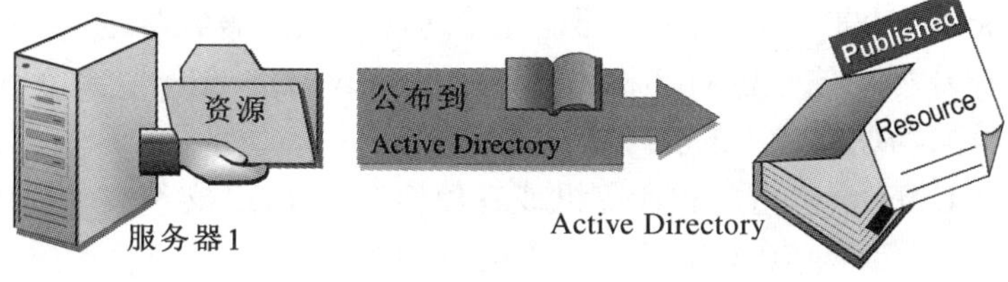

发布资源：

在 Active Directory 中创建对象：

包含需要的信息

提供需要信息的引用

在 Active Directory 中已不存在

相对静态，并且改变很少的资源

就能使管理员和用户确定资源的位置，即使资源的物理位置发生了改变

图 5-1　发布资源介绍

发布意味着在 Active Directory 中建立对象，该对象即可以直接包含想要得到的信息也可以提供该信息的引用。例如：一个用户对象包含了关于该用户的有用信息，例如用户的电话号码和 E-mail 地址。共享文件夹对象可以包括（也可以不包括）存在于网络计算机上的共享文件夹的引用。当包含在资源中的信息对用户是有用的或需要经常被访问时，那么该资源应该被发布在 Active Directory 中。

不需要发布已经在 Active Directory 中存在的资源，例如用户账户。但是，需要发布在 Active Directory 中不存在的资源。例如：没有运行 Windows 2000 的计算机上的打印机和共享文件夹就是不存在于 Active Directory 中的两种资源。

通过网络启用的服务（例如证书服务）可在目录中发布，这样管理员就可以使用 Active Directory 站点和服务控制台来使用这些服务。通过发布服务（而不是计算机或服务器），管理员可以专注于管理服务，而不用考虑是哪台计算机在提供服务或该计算机位于何处。额外的服务和应用程序可以通过使用 Active Directory 编程接口在目录中发布。

发布在 Active Directory 中的信息的主要特征是相对静态并且很少变化。不发布经常变化的信息，例如网络适配器统计信息，防止网络上大量的复制信息。电话号码和 E-mail 地址是适合发布的相对静态的信息。

发布共享资源（例如打印机、文件夹和文件）的有关信息，能方便用户在网络上查找这些资源。Windows 2000 网络打印机在安装时自动发布在目录中。Windows NT 的打印机和共享文件夹的有关信息可以使用 Active Directory 用户和计算机控制台在目录中发布。

在 Active Directory 发布的资源即使其物理位置发生了变化，也能够查找到该资源。例如：只要更新物理位置的引用，所有指向代表被发布的共享文件夹的 Active Directory 对象的快捷方式在共享文件夹被移到另一台计算机上以后还将继续工作。不需要用户做任何操作就可以继续获得对共享文件夹的访问。

5.2 设置和管理发布打印机

每个基于 Windows 2000 的打印服务器，无论是域的成员服务器还是域控制器，都将自动地在 Active Directory 中发布它们的打印机。打印机和 Active Directory 之间的集成使得自动发布打印机和跨域搜索不同物理位置上的打印机成为可能。

可以使用 Active Directory 用户和计算机或者使用 System32 文件夹中提供的 Pubprn.vbs 脚本，来发布没有运行 Windows 2000 的计算机上的打印机。

5.2.1 介绍打印机发布

在 Windows 2000 中创建打印机时，打印机和 Active Directory 的集成将被默认配置，打印机自动地在 Active Directory 上发布。发布打印机意味着打印队列也将被发布。在 Active Directory 中对应的对象称作打印队列（Print Queue）。管理员仅仅通过改变默认操作来管理打印机。下面的内容概述了发布的打印机的默认行为：

- 任何运行 Windows 2000 的打印服务器上的共享打印机在活动目录中都有一个账号对应，也都会在活动目录上发布。这就意味着要在 Active Directory 中发布一个打印机，

管理员只需要安装并共享该打印机就可以了

- 如果从网络中删除一个打印服务器，那么它所发布的打印机也将被自动地从 Active Directory 中删除。这可以防止用户试图去连接网络上发布过的但已经不存在的打印机
- 每个打印服务器将负责在 Active Directory 中发布它自己的打印机。域控制器不搜索网络中将要发布的打印机。当一个打印机共享后，主管共享打印机的服务器将联系域控制器请求在 Active Directory 中发布该打印机。不存在集中控制的打印机发布服务
- 在配置和修改打印机的属性时，Windows 2000 将自动更新在 Active Directory 中发布的打印机对象的属性

5.2.2 管理打印机发布

当在一台运行 Windows 2000 并且属于某个域的计算机上安装和共享打印机时，Windows 2000 将自动地在 Active Directory 中发布打印机。

（1）在 Active Directory 中浏览打印机对象

当发布一台打印机时，打印机对象被放置在 Active Directory 中的打印机服务器对象中。可以在 Active Directory 中浏览打印机对象。要浏览打印机对象时，可以在 Active Directory 用户和计算机中启用对象作为容器的选项。

按下列步骤在 Active Directory 用户和计算机中浏览打印机对象：

- 在“查看”菜单中，单击“用户、组和计算机作为容器”，然后在控制台树中选择安装了打印机的计算机。被发布的打印机将出现在详细信息面板中

（2）控制打印机发布

有时可能不想在Active Directory中自动地发布打印机，以防止用户浏览或使用这些打印机。例如：Payroll 部门用来打印薪水的打印机就不想被自动发布。可以使用打印机“共享”选项卡中的“列在目录中”复选框来控制打印机的自动发布。由于“列在目录中”检查框是被默认选择的，因此，使用安装打印机向导安装的打印机将自动地发布。

可以使用组策略来控制已发布的打印机的默认操作。通过在 Active Directory 组策略设置中的组策略计算机配置\管理模板\打印机来禁用或启用打印机的自动发布。

如果不想发布被共享的打印机，则必须在安装打印机后清除“列在目录中”复选框，也就是在安装打印机时选择共享它的复选框。如果一个已经发布的打印机的“列在目录中”复选框被清除，那么该打印机将不再被发布。

（3）管理孤立打印机

当从打印服务器中删除打印机时，相应的 Active Directory 对象也被删除。然而，在有些情况下，打印机没有被删除但却不能被使用，比如在打印服务器重建或关闭的时候。此时，Active Directory 需要删除这些孤立的打印机对象。Active Directory 利用域控制器上运行的 orphan pruner 进程删除这些孤立打印机对象。

orphan pruner 将定期检查 Active Directory 中所有打印机的对象，看相应的打印机是否仍然

存在于指定的打印服务器上。如果 orphan pruner 不能确定打印机位置时（orphan pruner 在每行队列中连续检查 3 次，每次相隔 8 小时），它假定打印机无效就会删除该打印机的对象。

5.2.3 在运行非 Windows 2000 的计算机中发布打印机

图 5-2 所示的为发布不运行 Windows 2000 的计算机上的打印机。

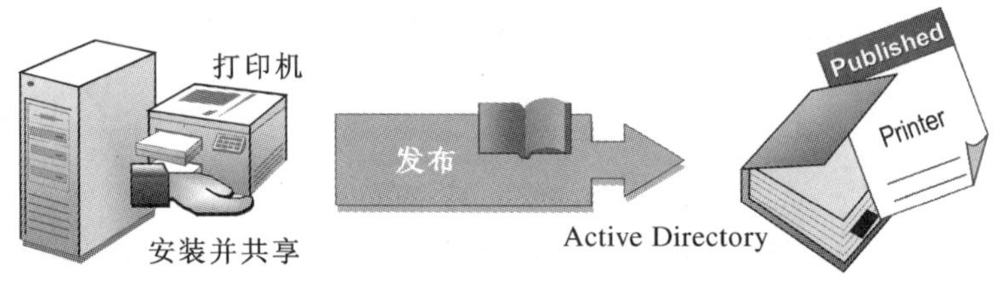

在不是运行 Windows 2000 的计算机上发布打印机：

1. 安装并共享打印机

2. 在 Active Directory 上发布打印机

使用下列中的一种方法在不是运行 Windows 2000 的计算机上发布打印机

Active Directory 用户和计算机

Pubprn.vbs 脚本文件，使用语法：

Cscript c:\winnt\system32\pubprn.vbs *parameters*

图 5-2 发布不运行 Windows 2000 的计算机上的打印机

在 Windows 2000 上添加并共享的打印机会自动地在 Active Directory 中发布。如果在一台不是运行 Windows 2000 的计算机上安装并共享一台打印机，则该打印机不会自动地在 Active Directory 中发布。然而，在创建和共享这些打印机之后，可以使用 Active Directory 用户和计算机或 Pubprn.vbs 脚本在 Active Directory 中发布这些共享的打印机。可以发布任何利用通用命名约定（UNC）路径名称就可以访问的打印机。

（1）利用“Active Directory 用户和计算机”发布打印机

注意 Windows NT 打印机在 Active Directory 中发布之前必须先被安装。要安装 Windows NT 打印机，单击“开始”，指向“设置”，然后单击“打印机”。

利用“Active Directory 用户和计算机”发布打印机时，执行如下步骤：

1）单击“开始”，指向“程序”，指向“管理工具”，然后单击“Active Directory 用户和计算机”。

2）在控制台树中，双击域节点。

3）在控制台树中，右击想要发布打印机的容器，指向“新建”然后单击“打印机”。

4）在“新建对象—打印机”对话框中，在“Windows 2000 以前版本的打印共享的网络路径”框中键入想要在目录中发布的 UNC 名，然后单击“确定”。

Windows NT 打印机将出现所选择的文件夹的目录中。

（2）利用 Pubprn.vbs 脚本文件发布打印机

Windows 2000 包含一个称作 Pubprn.vbs 的脚本，利用该脚本可以发布不是运行 Windows 2000 的计算机上的打印机。Pubprn.vbs 脚本根据在命令行中所使用的选项，可以发布打印服务器上的所有打印机，或只发布指定的单个打印机。

按照下面的步骤运行 Pubprn.vbs 脚本：

- 在命令提示符下输入：Cscript *%systemroot%*\system32\pubprn.vbs <参数>

下面是利用 Pubprn.vbs 脚本文件来发布所有打印机或指定打印机的例子：

- 要发布在 contoso.msft 域中 Sales OU 中的某台服务器上安装的所有打印机，在命令提示符下输入：pubprn.vbs *server* "LDAP://OU=Sales, DC=contoso,DC=msft"
- 要发布在 contoso.msft 域中 Accounting OU 中的一台服务器上名为 Print 的特定打印机，在命令提示符下输入：pubprn.vbs *server**Printer* "LDAP://OU=Accounting, DC= contoso, DC=msft"

在上述的例子中，“服务器（*server*）”是一台运行早期版本的 Windows 和 Microsoft Windows NT®的服务器，LDAP://OU=...，DC=..."是在 Active Directory 中将要保存被发布的打印机的目标容器的路径。

5.2.4 管理发布的打印机

图 5-3 所示的为管理已发布的打印机。

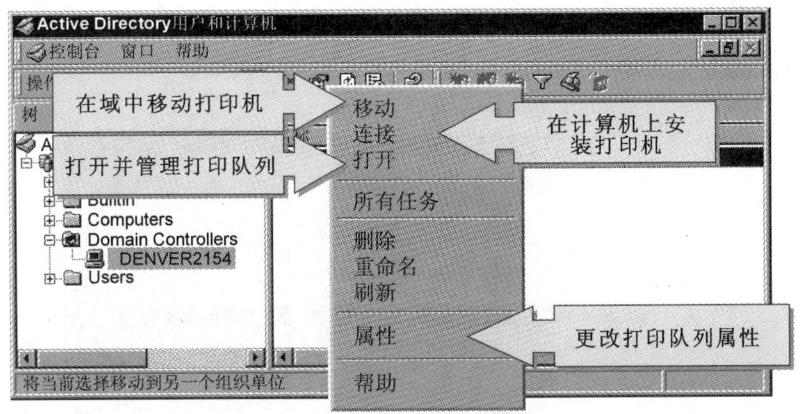

图 5-3 管理已发布的打印机

管理打印机包括一些公用任务，例如移动打印机、连接到网络上的打印机和修改打印队列对象的属性。在 Active Directory 上发布打印机之后，用户和单位的打印需求可能会改变。这些更改可能需要配置打印机设置，来使打印资源更好地适合打印需求。

要组织已发布的打印机，可以将安装在多台计算机上相关发布的打印机移动到单个的 OU 中。这样，可以对该 OU 中的所有打印机执行相似的管理功能。

按如下步骤在域中移动打印机：

1）在 Active Directory 用户和计算机中，选择需要移动的发布的打印机。

2）右击该打印机，然后单击“移动”。

3）在“移动”对话框中，展开域树，单击需要把该打印机移入的 OU，然后单击“确定”。

下面列出了在 Active Directory 用户和计算机中对于已发布的打印机可以执行的其他管理任务：

- 要安装打印机，右击打印机对象，然后单击“连接”
- 要打开打印队列并执行任务，例如撤消打印作业任务、在队列中重新排列打印机、改变打印机属性，右击打印机对象，然后单击“打开”

4）要改变打印队列属性，右击打印机对象，然后单击“属性”。“常规”选项卡上的信息将和打印队列对象一起发布，这样可以方便用户查找打印机。

5.3 实现打印机定位

在一个 Windows 2000 网络中，打印机位置允许用户查找并且连接到物理位置上与用户较近的打印设备。在实现打印机位置时，Active Directory 搜索结果将返回一个打印机列表，该打印机列表中的打印机与用户用于搜索打印机所使用的计算机位于相同的物理位置（例如：在同一大楼内或同一楼层中）。另外，打印机位置使用户查找当前所在位置的任何打印机都变得容易。

5.3.1 打印机定位

图 5-4 所示的为打印机位置。

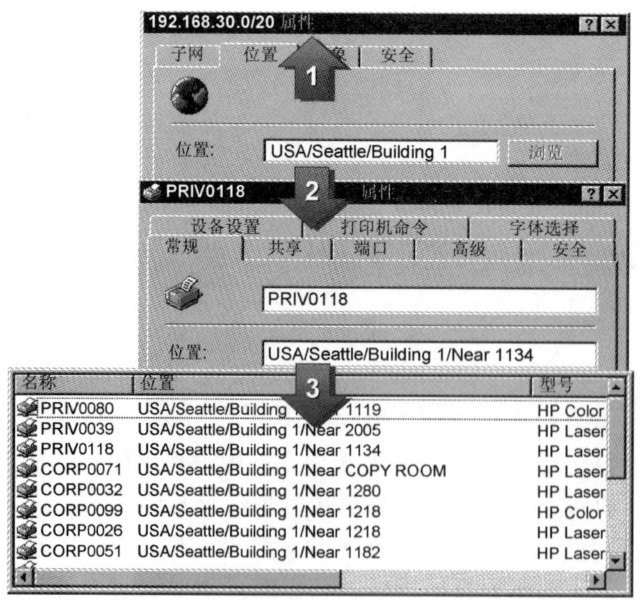

图 5-4　什么是打印机位置

打印机位置允许用户查找并连接到物理位置与用户接近的打印设备。在实现打印机位置时，Active Directory 搜索结果将返回一个打印机列表，该打印机列表中的打印机与用户用于搜索打印机所使用的计算机位于相同的物理位置（例如：在同一大楼内或同一楼层中）。

“找到最近的打印机”的能力是基于这样的一个假设，假设物理上邻近用户的打印设备与用户客户计算机驻留在相同的 Internet 协议（IP）的子网中。在 Active Directory 中，IP 子网由子网对象代表，子网对象包含搜索打印机所需要的位置属性。在搜索具有相同位置属性的打印机时 Active Directory 把这个属性值作为文本字符串使用。

因此，当用户搜索打印机而该打印机的位置已经实现的时候，Active Directory 将：

1）寻找与用户计算机所在子网相对应的子网对象。

2）把子网对象位置属性中的值作为文本字符串使用来搜索已发布的具有相同位置属性值的打印机。

3）返回一个打印机列表，在该列表中的打印机具有相同的位置属性值且与子网对象的对应定义相匹配。这样用户可以连接到最近的打印机上。

另外，用户也可以搜索任何位置的打印机，如果用户需要查找并连接的打印机的物理位置与它们通常工作的物理位置不相同，这种搜索将变得很有用。

5.3.2 打印机定位要求

在实现打印机位置之前，Windows 2000 网络必须满足下列要求：

- Active Directory 网络至少配置了一个站点和两个或两个以上的 IP 子网。因为 IP 子网是用来标识打印机物理位置的，只带有一个网络 ID 地址或一个 IP 子网的网络将假设所有打印机都处于同一物理位置，因此对用户是很近的
- 与网络地理和物理布局相一致的 IP 寻址方案。因此，处于相同的 IP 子网中计算机和打印机也都在相近的物理位置上。如果网络不是这样的情况，将不能实现打印机的位置
- 站点上的子网对象。在 Active Directory 中的子网对象代表一个 IP 子网，包含用于搜索打印机的位置属性。在 Active Directory 搜索过程中，位置属性的值用来确定与客户计算机物理位置比较相近的打印机
- 能够搜索 Active Directory 的客户计算机。使用运行 Windows 2000 Professional 或早期 Windows 版本并且配置了 Active Directory 客户端的客户计算机的用户，可以利用打印机位置搜索打印机

5.3.3 定义位置名称

图 5-5 所示的为定义位置名称。

实现打印机位置的关键是为打印机位置开发一套能够对应于网络物理拓扑的命名规则。打印机的位置名称必须与 IP 子网相符合。利用这套命名规则确定子网对象和打印机对象位置属性的值。打印机位置的名称必须使用下列格式：

名称/名称/名称/……

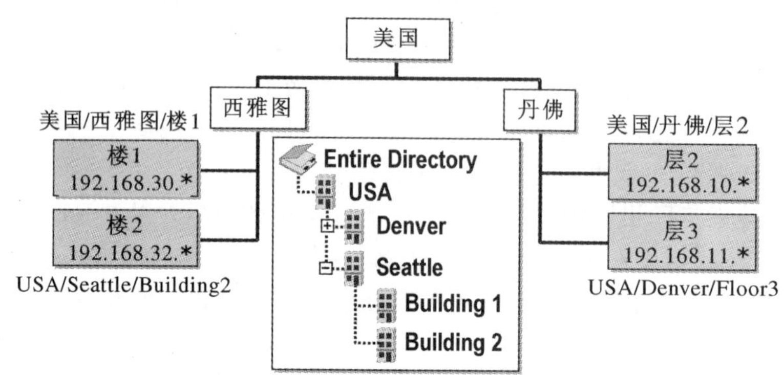

图 5-5 定义位置名称

每个名称的最大长度是 32 个字符；位置全名的最大长度是 260 个字符。

为了阐明如何为打印机位置名称定义命名规则，假设有一个国际化组织，其办公室在西雅图和丹佛（与 Windows 2000 中的站点相对应的）还有其他国家。该组织的 IP 寻址方案与办公室的地理位置分布以及大楼和各层的特征紧密地相对应。在西雅图站点，每栋大楼都有各自的子网，而丹佛站点的每一层都有各自的子网。这些子网都与 Active Directory 中具体的子网对象相对应。

因此，可将下列规则应用于此例：

- 最高层的节点是国家
- 第二层的节点是城市名字

城市名字以下的节点提供了所需要的更多的结构，并且将根据组织的复杂性和 IP 网络中详细可用的信息的多少而有所改变。

表 5-1 阐明了上述位置名称和相应的 IP 子网。

表 5-1

站　　点	IP 子网（Active Directory 中子网对象的名字）	位置名称
Seattle	192.168.30.0/24	USA/Seattle/Building 1
Seattle	192.168.32.0/24	USA/Seattle/Building 2
Denver	192.168.10.0/24	USA/Denver/Floor 2
Denver	192.168.11.0/24	USA/Denver/Floor 3

注意 Active Directory 中子网对象的命名使用的格式：IPaddress/ActiveBits。因此，在上述的示例中，对于网络掩码是 255.255.255.0 的子网 192.168.10.0，其子网对象名字是 192.168.10.0/24。

对于打印机位置属性中的值，可以向位置名称中添加更多的层，以便更具体地标识打印机的物理位置。例如：对于 Seattle 的办公室（这里子网与大楼相对应），可以添加更多的层来对应与打印机位置接近的楼层和办公室：

- USA/Seattle/Building 1/Floor 3/Office 3334
- USA/Seattle/Building 1/Floor 4/Office 4404
- USA/Seattle/Building 1/Floor 5/Office 5517

因此，当西雅图站点 Building 1 中用户搜索打印机的时候，搜索结果框中将出现具体位置的名称，这便于用户查找最近的打印机。

注意　更多关于打印机位置命名规则的详细信息，可以参见 Windows 2000 帮助中的“为打印机位置建立命名规则”。

5.3.4　配置打印机定位

完成实现打印机位置的要求，并且已经设计命名规则，可以按下列步骤配置打印机位置：

1）使用组策略启用位置跟踪。当用户在 Active Directory 中搜索打印机的时候，打印机位置跟踪预先填充位置搜索区。用来预先填充搜索区的值就是在子网对象位置属性中具体指定的值，而该子网对象对应于用户计算机所在的 IP 子网。

- 要利用组策略进行打印机位置跟踪，应先填充打印机搜索位置策略设置，它的位置为：“计算机配置”\“管理模板”\“打印机”
- 如果不启用打印机位置跟踪，用户必须选择打印机位置去寻找

2）在 Active Directory 中建立子网对象。如果子网对象不存在，可以使用“Active Directory 站点和服务”建立子网对象。子网名字的格式是 IPaddress/ActiveBits。

3）设置子网对象的位置属性。使用打印机位置命名规则确定这个属性的值。按下列步骤设置子网对象的位置属性：

a. 在“Active Directory 站点和服务”中，右击子网对象，然后单击“属性”。

b. 单击“位置”选项卡上，输入与子网对象相对应的位置名称，然后单击“确定”。

如果在第一步启用了打印机位置跟踪，则可以浏览位置而不用输入整个位置字符串。

4）设置打印机的位置属性。对于物理位置与 IP 子网相对应的每台打印机，必须在打印机属性中添加位置属性。利用相同的打印机位置名称设置子网对象。按下列步骤设置打印机位置属性：

a. 在打印机文件夹中，右击打印机对象，然后单击“属性”。

b. 在“常规”选项卡的“位置”方框中输入打印机位置名称（包括位置名称中能更好描述打印机物理位置的任何附加层），然后单击“确定”。也可以通过单击“浏览”来浏览打印机位置。

当安装新打印机时候，可以用添加打印机向导指定位置属性。

5.4　设置和管理发布共享目录

在 Active Directory 中，可以发布任何可以利用 UNC 名字访问的共享文件夹。运行

Windows 2000 的计算机可以利用 Active Director 查找代表共享文件夹的对象，然后连接到共享文件夹。在发布了共享文件夹以后，可以定义共享文件夹的关键字和描述，如果需要，可以把共享文件夹移到相关的 OU 中。

5.4.1 发布共享文件夹

可以使用 Active Directory 用户和计算机在 Active Directory 中发布共享文件夹。为了使共享文件夹可以被访问，应先共享该文件夹，然后在 Active Directory 上发布共享文件夹。

按下列步骤发布共享文件夹：

1）在 Active Directory 用户和计算机中，右击想要发布共享文件夹的 OU，单击“新建”，然后单击“共享文件夹”。

- 在“共享文件夹名称”对话框中，输入文件夹名字

2）在“UNC 路径”对话框中，输入想要在 Active Directory 上发布的 UNC。

UNC 路径是网络资源的完整的 Windows 2000 名称，符合\\servername\sharename 语法。

5.4.2 为发布的共享文件夹配置搜索选项

在发布共享文件夹以后，可以在共享文件夹对象上添加描述和关键字，以便于搜索。描述可以提供关于共享文件夹的更多信息，例如文件夹的内容。关键字是一系列用来定义共享文件夹对象的字符，可以用它搜索共享文件夹。

按下列步骤在共享文件夹对象上添加关键字和描述：

1）在 Active Directory 站点和服务中，右击共享文件夹，然后单击“属性”。

2）在“描述”对话框中输入共享文件夹的描述，然后单击“关键字”。

3）输入一个便于搜索文件夹的关键字，单击“添加”，然后单击“关闭”。可以为共享文件夹添加一个以上的关键字。

5.4.3 移动发布的共享文件夹

共享文件夹发布以后，可以把发布的文件夹移到另一个容器或 OU 中。在执行移动操作的时候，移动的是 Active Directory 中共享文件夹对象（它包含共享文件夹的信息或引用）。而共享文件夹的物理位置不变。

按下列步骤移动共享文件夹：

1）在 Active Directory 用户和计算机中，右击共享文件夹，然后单击“移动”。

2）选择目标容器或 OU，然后单击“确定”。

5.5 比较发布对象和共享资源

图 5-6 所示的为发布对象与共享资源的比较。

在实现发布文件夹和发布打印机的时候，理解 Active Directory 上发布的对象与实际共享资源（例如打印机和文件夹）之间的差别是很重要的。理解这种差别将有助于解决用户在访问发布资源时可能遇到的问题。

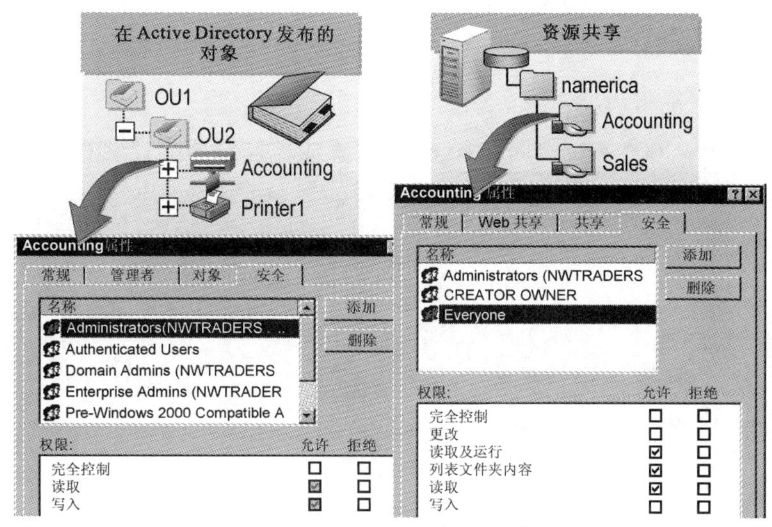

图 5-6　发布对象与共享资源的比较

在目录中发布的对象与它所代表的共享资源完全独立。也就是说，在 Active Directory 上发布打印机或共享文件夹以后，就出现两个截然不同的对象，共享打印机（或文件夹）和发布的对象。发布的对象包含关于共享资源位置的引用。当用户访问发布对象的时候，Windows 2000 把用户重定向到共享资源。

● 共享资源和发布对象的 DACL

因为共享资源和指向共享资源的发布对象是两个截然不同的对象，每个对象都有各自的随机访问控制列表（DACL）。利用共享资源上的 DACL 可以控制对共享资源的访问。例如：对于共享打印机，利用 DACL 控制哪些人可以使用打印机打印，哪些人可以管理打印作业。在 Active Directory 上发布的打印队列对象中使用 DACL，可以控制哪些人能够浏览或改变发布对象的属性。

用户需要有发布对象的 DACL 的权限才能浏览发布对象，或在搜索发布资源的时候可以在搜索结果中显示对象。用户可以浏览由发布对象上的 DACL 控制的发布对象，但不可以访问共享资源上的 DACL 控制的共享资源。

实验　在 Active Directory 中发布资源

● 目标

完成实验后，会掌握以下内容：

- 在 Active Directory 上发布共享文件夹
- 在 Active Directory 上发布共享打印机

● 准备工作

在进行本实验前，必须具备以下条件：

- 创建共享文件夹的知识和技术

- 安装和配置打印机的知识和技术

- 实验设置

完成本实验，需要如下资源：

一台运行 Windows 2000 Advanced Server 的配置成域控制器的计算机。

重点 实验不能反映真实世界的环境。建议任何管理员账户总是使用复杂密码，不要创建没有密码的账户。

重点 教室环境之外，强烈建议使用最新的必要的软件的更新。因为这是一个教室的环境，所以使用的软件不包括最新的更新。

- 实验预估时间：15 分钟

练习 1 发布打印机

- 实验方案

为了充分利用 Active Directory 提供的优势，已经决定在 Active Directory 上发布共享打印机。这将使用户可以方便地查找并访问打印机。

- 目标

在本练习中，将安装和共享一个新打印机。然后修改打印机属性，以便于用户在网络上搜索。

任务	具体步骤
1. 用下列信息安装和共享一台新的打印机： • 本地打印机 • 非自动检测 • 使用 LPT1 • HP Color LaserJet 4500 • 默认打印机的名称 • 默认共享名称 • 没有位置或注释 • 不打印测试页	a. 以管理员身份用密码 password 登录 b. 从“开始”\“设置”菜单中打开打印机文件夹 c. 在打印机文件夹中，双击“添加打印机” d. 在“欢迎添加打印机向导”页面上，单击“下一步” e. 在“本地或网络打印机”页面上，确保选中“本地打印机”，清除“自动检测并安装即插即用打印机”复选框，然后单击“下一步” f. 在选择“打印机端口”页面上，确保选中“LPT1”：然后单击“下一步” g. 在“添加打印机向导”页面上，在“制造商”列表中，单击“惠普”，在“打印机”列表中，单击“HP Color LaserJet 4500”，然后单击“下一步” h. 在“命名您的打印机”页面上，单击“下一步”，接受默认名称 i. 在“打印机共享”页面上，单击“下一步”，接受默认名称 j. 在“位置和注释”页面上，单击“下一步” k. 在“打印测试页”页面上，选择“否”。然后单击“下一步” l. 在“完成添加打印机向导”页面上，单击“完成” Windows 2000 将安装所需要的打印机驱动程序，然后为打印机文件夹添加打印机图标。 m. 关闭打印机文件夹

续表

任　　务	具 体 步 骤

❓ 现在打印机是不是已经发布在 Active Directory 上？

____

____

____

任　　务	具 体 步 骤
2. 试图在“Active Directory 用户和计算机”上查找打印机	a. 在“管理工具”菜单中，打开“Active Directory 用户和计算机”

❓ 可以在 Active Directory 用户和计算机中看见发布的打印机吗？为什么能或为什么不能？

____

____

____

任　　务	具 体 步 骤
2. （续）	b. 在“查看”菜单中，单击“用户、组和计算机作为容器” c. 展开“Domain Controllers”，然后单击 *computer*（这里 *computer* 是分配的计算机名）

❓ 在右侧面板上会出现什么呢？

____

____

____

任　　务	具 体 步 骤
2. （续）	d. 保持 “Active Directory 用户和计算机”打开
3. 修改发布打印机的位置属性，以便于搜索。设置位置为 Classroom	a. 在详细信息面板中，双击发布的打印机 b. 在“*computer*-HP Color LaserJet 4500 属性”对话框中的“位置”框中，键入“Classroom”，然后单击“确定” c. 在“查看”菜单中，单击“用户、组和计算机作为容器” d. 关闭“Active Directory 用户和计算机”

续表

任　　务	具 体 步 骤
4. 通过查找教室中的打印机确定发布的打印机的位置	a. 打开“搜索”菜单中的“打印机” b. 在“查找打印机”对话框中的“打印机”的选项卡上，在“位置”方框中，输入“Classroom”然后单击“开始查找” 注意：搜索完成以后，发布打印机将出现在对话框中。 c. 关闭所有打开窗口，然后注销

练习 2　发布共享文件夹

● 实验方案

为了完全利用 Active Directory 所提供的优势，已经决定在 Active Directory 上发布共享文件夹。这将使用户可以方便地查找并访问该共享文件夹。

● 目标

在本练习中，将创建共享文件夹，并试图在网络中查找该文件夹。然后在 Active Directory 中发布共享文件夹，并试图在网络中查找共享文件夹。

任　　务	具 体 步 骤
1. 在驱动器 C 的根目录下建立并共享文件夹。给文件夹命名为 Accounting 并把它作为共享名	a. 以管理员的身份用密码 password 登录 b. 在驱动器 C 的根目录下，建立文件夹“Accounting” c. 使用默认值来共享文件夹“Accounting”
2. 试着通过浏览网络查找共享文件夹	a. 在桌面上，双击“网络邻居”，双击“整个网络”，单击“全部内容”，双击“Microsoft Windows 网络”，双击 *domain*（这里 *domain* 是分配的域名），然后双击计算机 *computer*（这里的 *computer* 是分配的计算机名）

在显示可利用共享资源的窗口中出现了 Accounting 文件夹么？

____

____

____

____

____

____

续表

任　　务	具 体 步 骤
 为什么这不是查找网络资源的最有效方式？	
2. （续）	b. 关闭所有窗口
3. 使用 Active Directory 用户和计算机在 Domain Controllers OU 中发布 Accounting 文件夹。	a. 在“管理工具”菜单中，打开“Active Directory 用户和计算机” b. 如果有必要就先展开域，然后在控制台树下，单击 “Domain Controllers” c. 右击“Domain Controllers”，指向“新建”，然后单击“共享文件夹” d. 在“新建对象—共享文件夹”对话框的“名称”框中，输入“Accounting” e. 在“网络路径（\\server\share）”的框中，输入“*computer*\accounting”（这里的 *computer* 是分配的计算机名），然后单击“确定”  注意：现在 Accounting 将出现在域控制器 OU 中。 f. 保持“Active Directory 用户和计算机”打开
4. 按下列要求修改 Accounting 对象的属性，以便于查找： • 描述： Accounts Payable • 关键字 FY00, AP Reports	a. 在详细信息面板中，双击“Accounting” b. 在“Accounting 属性”对话框中“常规”选项卡的“描述”框里，输入“Accounts Payable”，然后单击“关键字” c. 在“关键字”对话框中，输入“FY00” d. 单击“添加”，输入“AP Reports”，单击“添加”，然后单击“确定” e. 单击“确定”，关闭“Accounting 属性”对话框，然后关闭“Active Directory 用户和计算机”
5. 试着通过使用关键字 FY00 搜索域中的共享文件夹来查找 Accounting 文件夹	a. 在桌面上，双击“网上邻居”，双击“整个网络”，单击“全部内容”，然后双击“目录” b. 右击域，然后单击“查找” c. 在“查找用户、联系人及组”对话框，在“查找”列表中，选择“共享文件夹” d. 在“共享文件夹”选项卡上的“关键字”框中，输入“FY00”，然后单击“开始查找” 注意：在搜索完成以后，Accounting 文件夹将出现在面板框中。 e. 双击“Accounting”

续表

任　　务	具体步骤

❓ 会出现什么情况？

____

____

____

____

任　　务	具体步骤
5. （续）	f. 关闭所有打开的窗口和对话框
6. 运行 C:\Moc\Win2154A\Labfiles 文件夹下面的脚本 Rmpub.vbs。该脚本将删除本次实验中建立的所有对象	a. 打开 C:\Moc\Win2154A\Labfiles 文件夹 b. 双击“Rmpub.vbs”。该批文件将删除本次实验中建立的所有对象 c. 注销

5.6 资源发布错误诊断

在 Active Directory 上发布资源时，可能会遇到一些问题。下面是一些经常会遇到的问题及解决方案：

- 启用位置跟踪时不能找到所有打印机。如果打印机的位置字符串与子网对象的位置字符串的命名规则不匹配，那么基于打印机位置来搜索打印机时就找不到那个打印机了。要解决这个问题，应确保所有打印机的位置字符串与子网对象的位置字符串的命名规则相匹配，更新任何不符合命名规则的打印机字符串
- 用户不能访问发布的共享打印机。当用户要连接到一个发布的打印机上时，可能会出现错误信息表明打印机不能找到。在发布的打印机变成孤立的时候，就会出现这种错误信息，也就是说，共享打印机已经不再可用，但孤立切断器进程还没有把发布的打印机对象从目录中删除。要解决这个问题，并确保打印机共享并且可以访问，应该从 Active Directory 中手动删除发布的打印机对象

5.7 最佳实践

下面列出了对于在 Active Directory 中发布资源的最佳操作：

- 在 Active Directory 中发布经常使用的共享文件夹和打印机。发布这些资源便于用户查找这些资源并跟踪文件夹和打印机（即使有人改变了资源的物理位置）
- 打印机位置名称应便于用户理解。因此，打印机名称应该简单，易于用户识别。例如：

把只有设备管理小组成员知道的邮政编码作为打印机名称就不方便。另外，在打印机位置名称上避免使用特殊字符。特殊字符将会使打印机位置名称难于理解

- 在发布文件夹的时候，确保使用易识别的描述和关键字。当用户执行搜索的时候这会便于查找发布的文件夹
- 把发布的打印机和文件夹放置在包含经常访问发布资源的用户账户的 OU 中。把发布的打印机文件夹放置在独立的 OU 中可以减轻管理负担
- 在发布资源上利用 DACL 限制那些用户和组可以看到发布的资源。如果用户或组没有对所发布资源的读权限，在用户搜索发布资源的时候就不能发现资源。这便于用户查找他们将使用的发布了的文件夹和打印机
- 指派特定的用户或组对于发布对象的读权限，这些用户将具有访问相应共享资源的必要权限。这样做有助于当用户试图访问发布在 Active Directory 中的共享文件夹或打印机时减少遭遇访问拒绝消息而寻求电话支持的次数

习题

1. 控制发布的打印机哪些选项控制，能或不能在 Active Directory 中发布打印机。

2. 发布运行 Windows 2000 的计算机上的共享打印机与运行非 Window 2000 的计算机上的共享打印机有何区别？

3. 激活打印机位置选项主要有哪几个步骤？

4. 某公司在几个城市设有子公司或办事处，其 IP 寻址方案和办公室地理位置一致。在设有子公司的城市每栋楼有自己的子网，设有办事处的城市每层楼有自己的子网。试为该公司确定打印机位置的命名规则，并给出某子公司中某办公室的打印机位置名称的范例。

5. 已经激活了整个建筑物里所有打印机的位置跟踪特征，用户知道打印机在什么位置。但是激活位置跟踪的时候，用户只能发现与命名规则相匹配的那些打印机。不能发现按另一种命名规则设置的打印机位置。怎样才能浏览所有的打印机？

6. 如何确保指向发布共享文件夹的快捷方式在共享文件夹已经移到其他计算机以后还能继续有效？

7. 已经发布了大量的打印机和共享文件夹，而用户抱怨在他们进行搜索时返回的信息量太大。另外，还有用户抱怨在他们访问许多共享资源时候，出现拒绝访问的错误信息。怎样才能解决这些问题？

第 6 章　委托管理

Microsoft Windows 2000 Active Directory 目录服务为管理员提供了很高的控制权力，它可以有效控制需要访问 Active Directory 信息的用户。通过对目录对象和属性权限的管理，管理员可以精确指定哪些账号可以访问 Active Directory 以及访问可以达到的级别。这种精确性确保管理员可以将 Active Directory 部分对象的具体权限委托给某些用户或组，而不需要在 Active Directory 中专门建立必须授权才能访问的信息。这种管理功能减轻了集中式管理的负担。

在开发非集中式管理模型时，控制访问和对 Active Directory 对象委托管理权限是很重要的。

完成本章学习后，将能够：

- 管理 Active Directory 对象的安全性
- 控制对 Active Directory 对象的访问
- Active Directory 对象的委托管理控制
- 建立和部署自定义控制台
- 建立和部署自定义任务面板
- 为委托管理控制应用最佳操作

6.1　Active Directory 对象的安全

Windows 2000 实现了基于对象的安全模型和对 Active Directory 对象的访问控制。访问控制是为用户、组和计算机访问网络进行授权的过程。Active Directory 中的多个安全组件构成了访问控制，并允许访问控制信息通过继承向下传递。继承使定义在较高层容器上的访问控制信息可以传递到子容器和子容器的对象。

Windows 2000 需要用户登录，在 Windows 2000 和 Active Directory 验证用户惟一的身份以后，Windows 2000 授权或拒绝用户访问资源。

存储在 Active Directory 中的每个事物都表示为对象，而每个对象都包括一组属性。基于 Windows 2000 的安全描述符可以用来保护每个 Active Directory 对象。每个对象的安全描述符都有一个和它相关联的自由访问控制列表（DACL），该 DACL 用来保护对象的访问许可。然而，在 Active Directory 中，可以为每个对象的每个属性设置不同的权限。

通过下列任一方法来配置对象的安全设置：

- 安全设置可以应用到整个对象，包括它的全部属性
- 安全设置可以应用到由对象本身拥有的属性集定义的一组属性
- 安全设置可以应用到对象某一单个属性

6.1.1 Active Directory 安全组件

Active Directory 中的每一个对象都与一个惟一安全描述符相关联，这个惟一安全描述符用于定义读取（或更新）对象属性所需的访问权限。权限在属性层次指派。安全主体、安全标识符和安全描述符是访问控制模型的基本组件。

（1）安全主体

安全主体（security principal）可以是被指派了权限的账户持有者。例如：常见的安全主体有用户、安全组和计算机账户。在 Windows 2000 中，域中的每个安全主体都被一个惟一的安全标识符标识。

（2）安全标识符（SID,Security Identifiers）

安全标识符把用户和组的权限应用到 Windows 2000 中的所有对象上。Windows 使用 SID 来标识所有的用户和组，而不是基于名称标识用户和安全组。SID 是一个用来保证惟一标识的值，该值与任意给定的部署中的一个并且只有一个用户、组、服务或计算机账户相关联。每个账户在建立的时候都发布一个 SID。

SID 永远都保证是惟一的。如果为一个给定用户公布了一个 SID 后删除了这个用户，然后按照完全相同的名字和属性为这个用户建立一个新的账户，新的 SID 也会与用户原来的 SID 不同。一旦账户的 SID 发布以后，该 SID 就不能再用来标识其他账户。

SID 遵循一个逻辑的字母和数字结构：每个 SID 都是以一个标识用户和安全组所属域的部分开始，接下来是一个惟一能明确标识域中的用户和安全组的字母和数字的序列。这种结构能够使 Windows 2000 快速地识别一个给定的用户或组的域成员资格。

（3）安全描述符

安全描述符是一个数据结构，该数据结构包含与可以访问的对象相关的安全信息。安全描述符用 SID 标识一个对象的所有者。如果给对象设置了权限，安全描述符将包含一个带有 SID 的 DACL，这些 SID 用来指明哪些用户或组被允许访问或被拒绝访问。如果对象配置了审核，那么安全描述符还要包含一个系统访问列表（SACL），该表控制了安全子系统是如何审核访问对象的行为。

6.1.2 任意访问控制列表和系统访问控制列表

安全描述符是一个包含访问控制列表（ACL）的可变长度的二进制数据结构。访问控制列表是访问控制项（ACE）的有序列表，其中的访问控制项定义了可应用于对象的安全保护、对象的一组属性或一个对象的一个单一属性。安全描述符的数据结构由下列部分组成：

- 头部（Header）。头部字段包括一个修改版本号，一组描述安全描述符特征的控制标志，例如内存布局、存在的元素以及如何添加或修改特定元素等
- 所有者（Owner）。所有者字段包含对象所有者的 SID。对象所有者可以修改许可权并给予其他用户获得所有权的权利

- 主要组（Primary Group）。主要组字段包括所有者主要组的 SID。该信息由 Macintosh 服务和 POSIX 子系统使用，Windows 2000 的其他部分忽略它
- 自由访问控制列表（DACL,Discretionary Access Control List）。DACL 是由零个或多个访问控制项构成的，它们用于确定谁被允许或被拒绝访问该对象，并且表明了允许或拒绝的级别
- 系统访问控制列表（SACL,System Access Control List）。SACL 和 DACL 基本相似，只是 SACL 用于控制 Windows 2000 如何审核对对象的访问。当产生一个经过审核的动作时，操作系统将在安全日志中记录下该事件

6.1.3 访问控制项

访问控制项（ACE）用来规定安全主体可以执行哪些对象操作，或者在 SACL 中，规定哪些操作需要审核。

（1）DACL 中的 ACE

DACL 中的每个 ACE 由下列访问控制信息组成：

- SID，惟一标识一个单位中的用户、组、服务或计算机账户的一个值
- 标题，指定 ACE 是否允许访问该对象
- 访问掩码，列举允许或禁止的操作
- 位标志，规定子对象是否可以继承该 ACE。一个 ACE 的标题也包含一组继承标志，该标志控制 ACE 是如何被继承的和 ACE 如何影响继承了该 ACE 的子对象
- 标志，指定 ACE 的类型

（2）ACE 类型

Windows 2000 支持 6 种 ACE 类型。这六种类型被分成两组：普通 ACE 类型和特定对象的 ACE 类型。普通 ACE 类型可以被用于所有的安全对象，包括文件系统对象和 Active Directory 对象；特定对象的 ACE 类型只能用于 Active Directory 对象。

普通 ACE 和特定对象的 ACE 实质上是类似的，只是对于继承和对象访问所提供的控制力度不同。

表 6-1 列出了不同的 ACE 类型。

表 6-1

类　型	描　述
访问拒绝	用于 DACL 中，拒绝访问
访问允许	用于 DACL 中，允许访问
系统审核	用于 SACL 中，记录试图访问次数
特殊对象访问拒绝	用于 DACL 中，拒绝对一个属性或属性集的访问或限制特定类型子对象的继承

续表

类　型	描　　述
特殊对象访问允许	用于 DACL 中，允许对一个属性或属性集的访问或限制特定类型子对象的继承
特殊对象系统审核	用于 SACL 中，记录试图访问一个属性或属性集的次数或限制特定类型子对象的继承

6.1.4 继承

继承是 ACE 从父对象安全描述符传递到子对象安全描述符的过程。与文件和文件夹的安全描述符相类似，继承意味着定义在 Active Directory 较高层次容器上的访问控制信息传递到子容器或子容器的对象。在 Windows 2000 中，发生下列任一事件的时候，继承 ACE 从父对象传递到子对象：

- 创建一个新的子对象的时候
- 父对象的 DACL 修改的时候
- 父对象的 SACL 修改的时候

任何对象都可以是另一个对象的子对象。只有容器对象可以是父对象。容器对象的 DACL 和 SACL 可以携带对该容器本身不起作用而只是用于继承目的的 ACE，所以 ACE 会被传递到后代对象直到一个非容器对象，这时它们成为有效的 ACE。

Windows 2000 中的权限继承简化了管理权限的任务，可以以下方式实现：

- 消除了创建子对象时手工应用权限的需要
- 确保应用于父对象的权限与应用于所有子对象的权限相一致
- 确保在需要修改一个容器内所有对象的权限时，只需要改变父对象相应的权限，所有的子对象会自动继承这些变化
- 确保 ACE 应用于 Active Directory 对象时，它们被应用之前与以前继承的 ACE 没有任何冲突

6.1.5 登录过程

Windows 2000 要求一个用户首先登录到一台计算机来控制对资源的访问。要登录到一台计算机，Windows 2000 要求每个用户提供一个惟一的用户名和相应的密码。对于一台 Windows 2000 计算机发生的登录过程包括下列步骤：

1）一个用户登录的时候，要提供所要求的安全票证，包括用户名、密码和域名。这些票证被传递到本地计算机的安全子系统。

2）本地安全子系统使用 DNS 查找用户所在域的域控制器。然后，安全子系统与域控制器上运行的 Kerberos 服务（称作密钥发行中心）联系，并要求为用户提供会话票证用于与 Kerberos 服务进行通信。票证是允许客户计算机到一台服务器验证它自己的一条记录。Kerberos 服务通过查询 Active Directory 来验证该用户，并且与全局编录服务器相联系获取该用户的通用组成员资格。Kerberos 服务接着为客户计算机返回一个会话票证，该票证包含用户的 SID 和用户的通用组、全局组、域本地组的成员资格，这些资

格将在以后与 Kerberos 服务事务处理中使用。

注意 域中的每个域控制器都运行 Kerberos 服务，有能力给用户和计算机授权会话票证。如果域控制器不可用，域验证将失败，而用户将使用客户计算机上的高速缓存票证进行登录。客户计算机在用户会话期间试图查找 Kerberos 服务，如果找到就能完成域验证过程。

3）本地安全子系统再次与域控制器上的 Kerberos 服务联系，并要求另一个会话票证来授权用户访问客户计算机上的工作站服务，从而完成用户登录进程。该要求包括一个 Kerberos 服务用于标识用户的用户会话票证的复制。

4）Kerberos 服务通过查询 Active Directory 和全局编录服务器检验用户会话票证中的信息来验证用户票证。接着 Kerberos 服务为用户构造一个工作站会话票证（该工作站会话票证包含从用户原来票证复制的有效安全凭据），并把会话票证返回给客户端计算机。

5）客户计算机上的本地安全子系统从工作站会话票证中抽取用户 SID 和通用组、全局组、域本地组的成员资格。然后子系统通过添加用户所属的本地组的 SID 和指派给用户的本地用户权限列表来构造用户的访问令牌。

6）本地计算机创建一个具有访问令牌的进程。无论何时只要用户试图使用系统资源就会使用访问令牌验证该用户，并把访问令牌作为一张标识卡。

（1）网络登录过程

登录、验证、授权是完全不同的事件。这三个事件形成了几乎所有安全事件发生的基础。当用户登录到 Windows 2000 计算机时，用户向交互式登录对话框提供用户名和密码。

交互式登录是由 Winlogon 处理，该 Winlogon 是在与本地安全机构（LSA, Local Security Authority）共享的一个进程内运行。当登录时，实际上是使用输入凭据的 Windows 2000 计算机上的 LSA 来验证登录信息。如果登录凭据指定用户账户是基于本地计算机的， Winlogon 将会给 LSA 递交凭据，它将和本地机器的账户对比凭据。

如果登录凭据在 Windows 2000 域中指定了的成员资格，Winlogon 将会向 LSA 递交凭据，然后它将使用域控制器检查来确保用户名和密码和 Active Directory 中存储的是相同的。在这种情况下，LSA 不能直接对登录者进行验证，而是用 Active Directory 保证凭据有效并信任这些凭据。如果票证是有效的，登录者将通过验证。

（2）辅助登录过程

辅助登录提供了使用另一个用户的安全凭据不需要结束已经进行的会话来启动并运行应用程序。例如：用标准用户账户登录的时候，可以运行管理工具。

重点 关于 Kerberos V5 认证步骤的更详细信息，可以参阅学员材料 CD 网页上补充说明下的 Windows 2000 Kerberos Authentication。

6.1.6 访问令牌

用户要对网上资源的访问，就必须具有一个访问令牌。在登录进程中创建访问令牌，并且它包含了为用户在本地计算机上建立的安全凭据的属性。在用户需要访问对象的时候都要使用访问令牌。在用户运行应用程序的时候，一个新的继承用户访问令牌的进程将开始。无论何时，只要用户需要使用系统资源，访问令牌始终与用户的每个进程联系在一起，将作为标识卡来使用。当用户进程试图访问某对象时，Windows 2000 将访问令牌中的用户 SID 和组 SID 列表与对象的 DACL 进行验证。这种检验将确定用户是否被授权访问对象。

（1）安全标识符（SID）

SID 是用户登录后该用户的安全标识符。操作系统使用 SID 来标识用户和组的账户，不管账户是重命名的还是与另一个账户同名。这样，指派给对象的权限只由该对象使用，不管是用户和组是用什么来命名的。

（2）组 ID

组 ID 是用户所属的组列表。在域登录进程中，域控制器将为用户所属的全局组、域本地组生成一个 SID 列表。域控制器与全局编录服务器相联系，获取用户所属的通用组 SID。该列表将返回给客户计算机并添加用户所属的本地组到该列表中。

（3）用户权力

用户权力是用户的特权。本地计算机把用户权力列表添加到访问令牌中。用户权力确定了用户可以在本地计算机上执行哪些管理操作，例如关闭计算机，进行交互式登录和获取对象所有权。

6.1.7 在 Windows 2000 网络中授权访问资源

当 Windows 2000 在许可权限的 DACL 列表中检查到用户被请求的访问权限时，用户获得对资源的访问。这个过程被认为是授权。Windows 2000 用下列两种方式控制对资源的访问：

- 要求用户使用一套可检验的安全凭据来登录。这些凭据将与指派给 Active Directory 对象和网络资源的权限相比较，例如共享文件夹和 NTFS 文件系统文件
- 只对用户可以使用的资源授权访问。在用户的惟一标识被 Windows 2000 和 Active Directory 验证以后，用户才有权在组织内任何域中的任何计算机上对特定的网络资源进行访问

用户按下列步骤获取对资源的访问权限：

1）用户需要对 Active Directory 对象进行访问。例如：用户通过在“属性”对话框中显示用户账户，对 OU 中的对象请求读取访问。

2）用户通过在“属性”对话框中显示账户，使“Active Directory 用户和计算机”产生向 Windows 2000 发出一个输入/输出（I/O）请求，该请求通过安全子系统使请求有效。

3）安全子系统读对象的 DACL，在其中搜索包含用户 SID 或用户所在组 SID 的 ACEs。把每个应用于对象的 ACE 与请求的访问进行比较，直到找到拒绝或允许访问的 ACE。如果找到的是拒绝访问（或不存在与请求的访问相一致的 ACE），则请求失败。

禁止访问的 ACE 在 DACL 中最先被列出。安全子系统将首先处理禁止访问的 ACE，直到遇到允许访问的 ACE 才授权对对象的访问。

4）如果授权访问，资源只对请求的访问开放。如果拒绝访问，则显示错误信息。

DACL 检查只发生在资源开放初期。如果在用户访问对象的时候用户的权限发生改变，用户将保持对对象的当前访问。权限指派将在用户第二次获得对对象的访问权限的时候更新。

6.2 控制对 Active Directory 对象的访问

在控制哪些用户可以访问在 Active Directory 中的特殊对象时，考虑下列内容：

- 把拥有的权限设置到对象上并通过控制哪些用户可以访问单个对象或对象属性以及访问的级别为资源提供安全。可以使用权限把单一对象的管理特权授权给一个特定的用户或组
- Active Directory 中每个对象都有它的所有者。这些所有者决定给对象设置什么样的权限以及权限指派给谁

6.2.1 Active Directory 的权限

权限是一种对象所有者指派的授权，这样用户可以对特殊对象进行操作，例如用户账户。如果拥有一个对象，可以指派给用户或安全组权限来执行已授权的一些或全部任务，还可以指派取得所有权的权限。

对象所有者指派给特殊用户或组的每个权限都作为 ACE 存储在 DACL 中，其中 DACL 是对象安全描述符的一部分。用户可以在“访问控制设置”对话框的“权限项目”下浏览 ACE。

（1）允许和拒绝权限

可以允许或拒绝权限。拒绝权限比允许任何权限的优先级都高。例如：如果拒绝用户获得对对象的访问的权限，即使用户所在组有访问的权限，用户也不能拥有访问对象的权限。 拒绝权限指在非常必要删除用户通过组成员资格所指派的权限。

（2）隐含或直接权限

可以按照下列步骤隐含或间接地拒绝权限：

- 如果执行操作的权限不是明确指派，这是隐含拒绝（implicitly denied）

例如：如果允许市场组有对用户对象的读取权限，而在 DACL 中没有该对象的其他安全主体，这样不是市场组成员的用户就隐含地被禁止访问。操作系统将不允许非市场组成员的用户读取用户对象的属性。

- 可以直接拒绝（explicitly denied）的权限

例如：假如有必要防止名为 Don 的用户查看用户对象的属性，而他所在的市场组有查看用户对象属性的权限。可以直接拒绝 Don 的读取权限，以阻止他访问用户对象的属性。这就是使用直接拒绝访问的例子。在需要从一个很大的组中（例如市场组）把组成员的权限从一部分子集（例如用户 Don）排除的时候，就可以使用直接拒绝。

（3）标准权限和特殊权限

可以为对象设置标准（standard）权限和特殊（special）权限。标准权限是经常指派的权限。特殊权限将提供一种比指派访问权限的更细致的控制。

表 6-2 列出了大多数对象的标准权限以及每种权限所允许的访问类型。

表 6-2

对象权限	允许的操作
完全控制	改变权限，取得所有权以及执行所有其他标准权限所允许的任务
读	查看对象、对象属性、对象所有者和 Active Directory 权限
写	改变对象属性
创建所有子对象	在 OU 中添加任何类型的子对象
删除所有子对象	在 OU 中删除任何类型的子对象

6.2.2 控制权限的继承

Active Directory 中的权限继承（permission inheritance）指的是容器内的对象自动地继承容器权限。例如：文件夹中的文件在建立的时候继承文件夹的权限。继承使给对象委托权限的次数达到了最小化。在容器内的对象建立时，Active Directory 架构为该对象定义了默认的 DACL。

（1）对子对象应用权限

在指派权限的时候，可以把权限应用到对象的子对象上。例如：如果想要一个用户管理 OU 内所有的对象，可以把完全控制权限指派给该用户，那么所有的子对象将继承该权限。同时，子对象的“权限”对话框中的复选框颜色变淡，表明权限被继承。

（2）阻止子对象继承权限

用户可以阻止权限继承，这样子对象就不会从父对象那里继承权限。一般需要在子对象上设置更多限制性权限而这些权限又不是父对象上的权限的时候阻止继承。在阻止继承的时候，只有直接委托给对象的权限才能使用。

在阻止权限继承的时候，Windows 2000 允许用户：

- 把前面继承的权限复制到对象上。然后可以根据需要更改权限
- 从子对象上删除前面继承的权限。这样做可以根据需要给对象指派新的权限

6.2.3 设置 Active Directory 的权限

Windows 2000 将通过检查 DACL 中指派给用户的在一个对象上的权限，确定用户使用对象的授权。这些权限在 Active Directory 中查看一个对象“属性”的对话框中显示。

（1）标准权限

按照下列步骤添加或改变对象的权限：

1）在“Active Directory 用户和计算机”中的“查看”菜单上，单击 “高级功能”。

2）右击对象，单击“属性”，然后在“属性”对话框中，单击“安全”选项卡。

3）执行下列步骤之一或全部：

- 要添加一个新的权限，单击“添加”，单击想要指派权限的用户账户或组，单击“添加”，然后单击“确定”
- 要删除一个权限，选择需要删除的用户账户或组，单击“删除”，然后单击“确定”

4）在“权限”方框中，选择需要添加或改变的“允许”或“拒绝”复选框。

（2）特殊权限

标准权限对于大多数管理任务来说是足够的。然而，也可以查看一下标准权限中的特殊权限以便将来可以精炼访问权限。

按照下列步骤查看特殊权限：

1）在对象的“属性”对话框中，在“安全”选项卡上，单击“高级”。

2）在“访问控制设置”对话框中，在“权限”选项卡，单击需要查看的项，然后单击“查看/编辑”。

3）要查看特殊属性的权限，单击“属性”选项卡。

注意 避免把权限指派给对象的特殊属性，否则可能导致错误，例如在 Active Directory 中看不见对象，这样用户就不能完成任务了。

6.2.4 对象所有者

Active Directory 中的每个对象都有所有者。建立对象的人员将自动成为所有者，并且默认他具有对对象的完全控制权限。即使所有者没有被列在 DACl 中，也能控制对象权限的设置以及这些权限被授权给哪些人。

对象的默认所有者是目前登录的单个用户。除非用户是管理员组的成员或域管理员组的成员。如果管理员组的成员拥有所有权，那么默认的所有者是该管理员组，而不是单个用户。在两种情况下，用户访问令牌中的所有者字符域包含的都是组的 SID，而不是单个用户的 SID。

按照下列步骤可以确定对象的所有者：

1）右击对象，然后单击“属性”。

2）在“属性”对话框中，单击“安全”选项卡，然后单击“高级”。

3）在“访问控制设置”对话框中，单击“所有者”选项卡。

4）对象所有者的名字将显示在“目前该项目的所有者”方框中。

注意 对于对象所有权的更详细信息，可以参阅《Microsoft Windows 2000 Server 服务器资源工具箱中分布式系统向导》的第 12 章“分布式安全”中的内容。

6.2.5 改变对象所有者

作为一个管理员，可以取得任何对象的所有权，并能改变对象的权限。

可以采用下列两种方式改变对象的所有权：

- 当前所有者，具有完全控制权限的任何用户，或具有修改权限的任何用户把修改所有权的权限指派给另一个用户，并且该用户取得了对象的所有权

  例如：如果对象所有者的职员离开公司，可以让另一个用户拥有该对象的所有权，从而重新指派该对象的责任
- 管理员组的成员取得对象的所有权

注意 尽管管理员组的成员可以拥有对象的所有权，但是管理员组成员不能传递所有权。

按照下列步骤改变对象所有权：

1）在一个对象的“属性”对话框中，在“安全”选项卡上，单击“高级”。

2）单击“所有者”选项卡，然后单击用户账户。如果是管理员组的成员，也可以单击“管理员”。这使管理员组成为拥有者。

3）单击“确定”，然后单击“确定”取得对象的所有权。

6.3 Active Directory 对象的委托管理

委托是把 Active Directory 对象的管理责任指派给另一个用户或组织的能力。通过指派对象的允许用户和用户组管理对象的权限来委托对象的管理控制。管理员可以委托下列类型的控制：

- 指派用户改变特殊容器属性的权限
- 指派给用户在特定 OU 或容器中创建、修改、删除指定类型对象的权限
- 指派给用户在特定 OU 或容器中修改指定类型对象的特殊属性的权限

通过“委托控制向导”来委托设置 Active Directory 对象上的特定权限。“委托控制向导”允许选择想要委托控制的用户或组，选择想要赋给权力去控制的组织单位和对象，访问和修改对象的权限。

以上表明，委托管理控制最普遍的方法是在 OU 或容器等级上指派权限。这是因为在 OU 或容器等级权限的跟踪比在对象或对象属性上跟踪更容易。在 OU 或容器等级指派权限允许委托管理控制包括在 OU 或容器中的对象。用“委托控制向导”在 OU 和容器等级上指派权限。

例如：可以将某个经理所负责的业务范围内的对象放到一个 OU 中，然后在这个 OU 上为这个经理指派他（或她）自己职责范围内的权限。通过为经理委托对 OU 的控制，可以分散管理操作。通过把管理发行控制在接近服务的点上来减少管理时间和花费。

通过委托管理控制，可以削除使用多个具有广泛特权（例如对整个域的特权）的管理账户的需要。虽然最可能使用预先定义的域管理员组来管理整个域，但是可以将这些域管理员组成员的账户委托给高度信任的管理用户。

使用以下建议来帮助进行委托管理控制：

- 尽可能在 OU 或容器等级指派控制。在 OU 或容器等级指派控制以便更容易跟踪权限的指派。对于对象和对象属性也跟踪权限的指派那就会变得更复杂了

- 使用“委托控制向导”。这个向导只在 OU 或容器等级指派权限。向导通过将整修过程分布化简化了指派对象权限的过程
- 跟踪权限指派的委托。跟踪权限分配能让操作者轻松地记录和查看安全设置
- 按照商业要求。遵照任何已经作为单位委托控制的指导方针

重点 建议当为域中对象指派权限时，应为域本地组委托管理控制。建议当为配置命名上下文对象指派权限时，应为全局组或通用组委托管理控制。建议把在全局编录中公布的属性的读权限的管理控制委托给全局组或通用组。关于更多委托控制的信息，可以参阅概述 http://www/windows2000/library/resources/reskit/dpg/default.asp 的 Windows 2000 部署计划指南和 http://www.microsoft.com/windows2000/techinfo/howitworks/activedirectory/adsilinks.asp 的 Active Directory 服务接口概述。

6.3.1 委托授权概览

通过在域内建立组织单位并委托特定的组织单位的管理控制来委托管理控制。

Windows 2000 中包含了可以用于委托管理控制的特殊权限和用户权限。结合组织单位、组和权限就可以把管理权力指派给特殊的用户，这样，用户就可以对整个域、域内所有的组织单位或单个组织单位有适当的管理权限。

以下三种方式可以定义管理责任的委托：

- 改变特定容器的属性
- 创建和删除组织单位中特定类型的对象，例如用户、组或打印机
- 更新组织单位中特定类型的对象的某特定属性。例如：可以委托用户对象的设置密码的权限

6.3.2 使用委托授权向导

使用“委托控制向导”来指派 OU 等级上的权限。可以指派对象的管理权限，或指派对象属性的特定权限。使用“委托控制向导”进行委托控制是一种首选办法，因为它可以减少委托权限所带来的不必要影响的可能性。

按照下列操作，把管理控制委托给用户或组：

1）启动“委托控制向导”。

- 在“Active Directory 用户和计算机”中，单击需要委托控制的 OU，例如：AUAdmins
- 在“操作”菜单上，单击“委托控制”打开向导

2）选择将要委托控制的用户或组。在打开“委托控制向导”以后，按照下列步骤选择用户或组：

- 单击“下一步”打开“用户和组”页面，选择需要委托控制的用户或组，然后单击“下一步”指定委托任务

3）指定任务进行委托。“委托控制向导”允许按照下列步骤，直接选择公用的委托任务，或者创建定制的委托任务：

- 要从现存的任务列表中委托任务，只要单击“公用委托任务”。

表 6-3 描述了可用的任务。

表 6-3

公用任务	说 明
创建、删除和管理用户账户	允许用户或组创建、删除或修改所选 OU 中的用户账户和用户账户的属性
重新设置用户账户密码	允许用户或组更改所选的 OU 中所有账户的密码
读取所有用户的信息	允许用户或组在选中 OU 中查看对象的所有属性。该用户和组不能修改任何信息
创建、删除和管理组	允许用户或组创建、删除或修改所选 OU 中的组账户和组账户的属性
修改组的成员资格	允许用户或组修改所选 OU 中组的成员
管理组策略链接	允许用户或组添加、删除或修改所选 OU 中组策略链接

- 在委托公用任务以后，单击“下一步”显示“完成控制委托向导”页面，结束向导

注意 通过选择“创建定制委托任务”给用户或组委托定制任务，然后继续“委托控制向导”里的下一步。

4）选择 Active Directory 对象类型。“委托控制向导”允许选择下列对象进行委托控制：

- 特定 OU。特定 OU 的控制使操作者具有该 OU 内所有现存对象的权限以及在 OU 中新创建的对象的权限
- OU 内的特定对象。向导显示一系列可以委托控制的对象类型，例如：计算机对象、组对象和打印机对象

在选择一个控制的对象类型以后，单击“下一步”继续下面的步骤。

5）把权限指派给要委托控制的用户或组。“委托控制向导”允许使用下面的过滤选项来选择想要指派的 OU 或 OU 中的对象的权限类型：

- 常规（General）显示对于所选 OU 或 OU 中的对象最常用的权限
- 特定属性（Property specific）显示适用于该类型对象的所有属性权限
- 特定子对象的创建/删除（Creation/deletion of specific child object）显示在 OU 中建立新对象所需要的权限

在选择了需要指派的权限以后，单击“下一步”，进入“完成控制委托”向导页，然后单击“完成”关闭向导。

重点 建议委托控制给组而不是用户。

6.3.3 委托授权操作建议

委托对象管理控制的时候，要遵循下列指导方针：

- 只要有可能就在OU等级上委托控制，这样便于跟踪权限的指派。如果把权限指派到特定的对象或对象属性上，跟踪权限指派会变得非常复杂
- 使用“委托控制向导”。向导将简化指派对象权限的进程
- 跟踪权限指派的委托，这样在需要查看安全设置的时候可以维护记录
- 按照所在组织的指导方针控制委托

实验A 委托管理控制

- 目标

  完成本实验后，会掌握以下内容：
  - 查看 Active Directory 对象的权限
  - 委托组织单位的控制
- 准备工作

  在进行本实验前，必须具备以下条件：
  - 理解 Active Directory 的权限
  - 知道如何建立用户
- 实验设置

  要完成本次实验，需要：
  - 一台运行 Microsoft Windows 2000 Server 且配置为域控制器的计算机
  - 把本地登录的用户权限授权给所有用户。要授予该权限，可以运行 C:\Moc\Win2154A\Labfiles 文件夹中的 Lrights.bat 批处理文件

重点 这个实验并不反映真实世界的环境。建议用户对任何管理账户一直使用复杂的密码，并且永不创建没有密码的账户。

重点 课堂外的环境，强烈建议用户使用最近的必需的软件更新。因为这一个课堂环境，可以使用不包括最近更新的软件。

- 预估实验时间：30分钟

练习1 查看 Active Directory 权限

- 实验方案

Northwind Traders 正在扩展，因此预备修改在 Active Directory 中安全设置。在修改安全设置以前，需要检查 Windows 2000 中的默认安全设置，以免做不必要的改动。

- 目标

在本实验中，先查看 Active Directory 组件上的默认安全设置。

<table>
<tr><th>任　务</th><th>具 体 步 骤</th></tr>
<tr><td>1. 在 Active Directory 中建立下列对象:
• OU:安全
• 用户:
• 名: Assistant
• 姓: User
• 用户登录名: assistant@domain.nwtraders.msft
• 密码: password
• 名: Secretary
• 姓: User
• 用户登录名: secretary@domain.nwtraders.msft
• 密码: password
• 名: Password
• 姓: Reset
• 用户登录名: passreset@domain.nwtraders.msft
• 密码: password</td><td>a. 从“管理工具”菜单中打开“Active Directory 用户和计算机”
b. 必要时，展开“domain.nwtraders.msft”（这里 domain 是分配的域名）
c. 右击“domain.nwtraders.msft”，指向“新建”，然后单击“组织单位”
d. 在“名称”方框中，键入“Security”，然后单击“确定”
e. 按照下列信息在“Security”OU 中建立用户账户:
• 名: Assistant
• 姓: User
• 用户登录名:assistant@domain.nwtraders.msft
• 密码:password
f. 按照下列信息在“Security” OU 中建立第二个用户账户:
• 名: Secretary
• 姓: User
• 用户登录名:secretary@domain.nwtraders.msft
• 密码:password
g. 按照下列信息在“Security” OU 建立第三个用户账户
• 名: Password
• 姓: Reset
• 用户登录名:passreset@domain.nwtraders.msft
• 密码: password</td></tr>
<tr><td>2. 浏览在任务 1 中所建立的 OU 默认权限，注意结果</td><td>a. 在“查看”菜单上，单击“高级功能”
b. 在控制台树下，右击“Security”，然后单击“属性”
c. 单击“安全”选项卡
d. 以下列出了拥有“Security” OU 权限的组以及为每个组所分配的权限，如果用户账户有特殊权限，把它记录在其中，将在下一次练习中参考这些权限
User account or group：授权的权限
Authenticated Users：读取
System：完全控制
Domain Admins：完全控制
Enterprise Admins：完全控制
Account Operators：特殊权限
Print Operators：特殊权限</td></tr>
</table>

续表

任　务	具体步骤
2. （续）	Administrators：特殊权限 Pre-Windows 2000 Compatible Access：特殊 组　　　　　　　　　　　　权限 ____________________ ____________________ ____________________ ____________________ ____________________

? 为什么某些组的所有权限复选框被清除了？

____

____

____

____

____

____

? 有没有从父对象（域）那里继承来的默认权限？如何区分？

____

____

____

____

____

____

3. 查看账户操作员组对于“Security” OU 的特殊权限。注意结果	a. 在“Security 属性”对话框中，在“安全”选项卡上，单击“高级” b. “Security 的访问控制设置”对话框中，在“权限”选项卡中，单击 Account Operators 组的每一选项，然后单击“查看/编辑”

续表

任　　务	具 体 步 骤
❓ 哪些对象权限授权给了 Account Operators？Account Operators 在该 OU 中可以执行哪些操作？ ____ ____ ____ ____ ____	
❓ 有没有 OU 内的对象继承授权给 Account Operators 组的权限？为什么？ ____ ____ ____ ____ ____	
3. （续）	c. 关闭所有对话框，注销

练习 2　委托控制

- 实验方案

假如实验者是 Northwind Traders 的（信息技术）IT 部门经理。现在公司正在扩展，因此每天执行添加用户和管理 OU 的任务越来越重。需要把一些管理任务通过委托控制 OU 的方式交给一个用户。同时还要把在整个域内重设密码的权力委托给在 Help Desk 工作的用户。

- 目标

在本练习中，将委托控制 OU 中对象。参考上一个练习中完成的列表内容回答下面的问题。

任　　务	具 体 步 骤
1. 以 Assistant 身份登录，并查看 Security OU 的上下文	a. 以 Assistant 的身份和密码 password 登录 b. 从“管理工具”菜单中打开“Active Directory 用户和计算机” c. 在控制台树下，然后单击“Security”，必要时展开域

续表

任务	具体步骤

❓ 在“Security OU”中会出现哪些用户对象？

❓ 什么权限允许浏览这些对象？（提示：参考上一个练习的答案。）

任务	具体步骤
2. 准备修改“SecurityUser”账户的登录时间	a. 在详细信息窗格中，双击“SecretaryUser” b. 在“SecretaryUser 属性”对话框中，在“账户”选项卡上，尝试修改允许登录的时间

❓ 是否成功？为什么？

任务	具体步骤
2. （续）	c. 关闭“Active Directory 用户和计算机”，然后注销
3. 以 Passreset 身份登录，并准备改变 Users 容器中 TsInternetUser 的密码	a. 以 Passreset 身份和密码 password 登录 b. 从“管理工具”菜单中打开“Active Directory 用户和计算机” c. 在控制台树下，展开域（必要时） d. 在 Users 容器中，右击“TsInternetUser”，然后单击“重设密码”

续表

任　　务	具 体 步 骤
 是否成功？为什么？	
3. （续）	e. 关闭 Active Directory 和计算机，然后退出
4. 使用“委托控制向导”把创建、删除和管理“Security” OU 中的用户账户的 Active Directory 权限授给“Assistantuser”账户	a. 以 Administrator 身份和密码 password 登录 b. 从“管理工具”菜单中打开“Active Directory 用户和计算机” c. 在控制台树下，展开域（必要时） d. 右击“Security”，然后单击“委托控制” e. 在“委托控制向导”对话框中单击“下一步” f. 在“用户和组”页面上单击“添加” g. 在“选择 用户、计算机或组”对话框中，单击“AssistantUser”，单击“添加”，单击“确定”，然后单击“下一步” h. 在“要委托的任务” 页面上，选中“委托下列公用任务”单选框，再单击“创建、删除以及管理用户账户”，然后单击“下一步” i. 在“完成控制委托向导”页面上，单击“完成” j. 保持“Active Directory 用户和计算机”打开
5. 使用“委托控制向导”把 Active Directory 设置密码的权限授权给 Password Reset 用户账户	a. 在控制台树下，右击“*domain*.nwtraders.msft”，然后单击“委托控制”在“委托控制向导”中单击“下一步” b. 在“用户和组”页面上，单击“添加” c. 在“选择 用户、计算机或组”对话框中，单击“PasswordReset”，单击“添加”,单击“确定”，然后单击“下一步” d. 在 “要委托的任务”页面上，单击 “创建自定义委托任务”，然后单击 “下一步” e. 在 “Active Directory 对象类型选择”页面上，单击“只是在这个文件夹中的下列对象”，选中 “用户 对象”，然后单击 “下一步” f. 在 “权限” 页面上，单击 “重设密码”，然后单击 “下一步” g. 在“完成委托控制向导”页面上，单击“完成” h. 关闭所有窗口，然后注销

续表

任　务	具体步骤
6. 以 Assistant 身份登录，并准备改变 Security User 账户的登录时间	a. 以 Assistant 身份和密码 password 登录 b. 从“管理工具”菜单中打开“Active Directory 用户和计算机” c. 在控制台树下，展开域（必要时），然后单击“Security” d. 尝试改变“Security” OU 中“SecurityUser”账户的登录时间

是否成功？为什么？

____

____

____

____

6. （续）	e. 尝试改变 Users 容器中某个用户的登录时间

是否成功？为什么？

____

____

____

____

7. 以 Passreset 身份登录，并准备重新设置用户容器中 TsInternet 用户账户的密码	a. 以 Passreset 身份并使用密码 password 登录 b. 从“管理”菜单中打开“Active Directory 用户和计算机” c. 在控制台树下，展开域（必要时），然后单击“Security” d. 准备重新设置 Users 容器中“TsInternetUser”账户的密码

是否成功？为什么？

____

____

____

____

续表

任　务	具体步骤
8. 准备改变“Secretary” OU 中“SecretaryUser”账户的登录时间	a. 在控制台树下，单击“Security” b. 准备改变“SecretaryUser”账户的登录时间

❓ 是否成功？为什么？

____

____

____

____

8.（续）	c. 关闭 Active Directory 用户和计算机，然后注销

6.4 定制 MMC 控制台

Windows 2000 提供了定制的 Active Directory 管理工具。创建定制的管理工具可以：

- 与指派给用户的与管理任务相关的权限相匹配
- 提供有限的管理特权为用户简化桌面

可以创建定制的 MMC 控制台来满足管理责任和其他管理员的责任。通过在定制的控制台中限制对特定操作的访问来委托管理责任给特定的组，并在控制台中控制为这些组提供的可用选项。

除了创建定制的控制台，还需要安装 Windows 2000 管理工具，它包含了运行创建定制控制台所需要的管理单元。

6.4.1 创建定制的 MMC 控制台

定制 MMC 控制台可以创建适合管理员责任的控制台。因此，在委托管理控制以后，可以确保管理员只有执行工作所需要的管理工具。也可以定制控制台来满足管理的需要。例如：可以创建包含执行一个任务或一组任务所使用的管理单元的控制台，例如管理 OU 的任务。

（1）定制 MMC 控制台的任务

要定制一个 MMC 控制台，需要执行下列任务：

1）在“运行”框中键入“mmc”，然后单击“确定”，来打开 MMC。

2）使用“添加/删除管理单元”添加所要求的管理单元及扩展。

3）打开“选项”对话框，单击“控制台”选项卡。选择下列模式中的一种：

- 作者模式（Author mode）。如果想让其他管理员在管理责任改变时可以方便地修改控制台的时候使用这种模式。按照下列方法用作者模式保存 MMC:
  - 添加或删除管理单元
  - 创建新的窗口
  - 查看控制台树的所有部分
  - 保存 MMC

注意 默认的情况下，在作者模式下保存所有新建的 MMC。

- 用户模式（User mode）。在需要限制其他管理员修改控制台能力的时候使用这种模式。用来决定用户能访问控制树的数量和用户可以执行的任务

为防止 MMC 提示用户在每次使用完控制台后保存，打开“选项”对话框，然后单击“控制台”标签上的“不要保存更改到此控制台”。

4）配置 MMC 控制台查看。通过删除控制台树和工具栏，可以控制用户能访问哪部分控制台，可以在控制台的“查看”菜单中配置这些控制。

5）保存 MMC 控制台。

（2）修改定制的控制台

不管在作者模式还是在用户模式下保存 MMC 控制台，都可以在作者模式下打开并修改控制台 。

- 在 Author 模式下打开控制台
- 右击控制台，然后单击“作者”

防止修改定制控制台的惟一方式是不要把 NTFS 写权限指定给.msc 文件。

提示 如果在用户模式下配置定制的 MMC，确保有在作者模式下保存的版本，从而能很容易地根据需要修改。

注意 有关 MMC 控制台的更多详细信息，可以参阅学员资料光盘网页上“补充阅读”下的微软管理控制台：概述 。

6.4.2 分发定制的 MMC 控制台

可以按照下列方式集中发行定制的 MMC 控制台：

- 与在 E-mail 上发送其他文件一样通过 E-mail 发送控制台文件。这是发行控制台文件的最快方式。然而，这不能阻止管理员在收到控制台文件以后修改文件。
- 把控制台文件放到网络服务器的共用文件夹上。这种方式的优点是网络上所有的计算机都可以访问该控制台文件。而且，可以使用 NTFS 文件系统权限来阻止管理员修改控制台文件
- 为了发行把控制台文件进行打包，这样就可以使用组策略来发行控制台文件。这种方式可以保证管理员能访问定制控制台，但是它不能阻止管理员在获得该文件以后修改文件

要使管理员可以成功地使用发行的 MMC 控制台，必须满足下列条件：

- 管理员至少有该控制台文件的读取权限
- 在管理员使用控制台的计算机上必须安装控制台所引用的管理单元

- 远程管理

在建立定制的 MMC 的时候，可以为过程管理设置管理单元。远程管理允许在任何位置执行管理任务。例如：可以在运行 Windows 2000 Professional 的计算机执行在运行 Windows 2000 Server 计算机上的管理任务。

但是不可以使用所有的管理单元来进行远程管理，每一个管理单元的设计规定它是否可以用于远程管理。为进行远程管理，可以在运行不同版本 Windows 2000 的计算机上使用管理单元。然而，必须使用为远程管理设计的特定管理单元。如果该管理单元可用于远程管理中，Windows 2000 将提示用户选择要管理的目标计算机。

例如：假设从一台 Windows 2000 Professional 的计算机上管理一台 Windows 2000 Server。式为 Windows 2000 Professional 不像 Windows 2000 Server 一样提供相同等级的管理工具，所以需要在 Windows 2000 Profession 的桌面上安装一套更完全的工具。可以通过“网上邻居”来访问服务器，也可以使用控制面板中的“添加/删除程序”启动 Windows 2000 的“管理工具”安装向导。然后可以将管理工具复制到 Windows 2000 Profession 的桌面上，并且为使用服务器设置每一个工具。注意，Windows 2000 的“管理工具安装向导”是在远程机器上装载管理工具的简单方法，一些被安装的工具也许在服务器上并没有运行。

6.4.3 安装 Windows 2000 管理插件

Windows 2000 管理工具是一整套 Windows 2000 的管理单元，是 Windows 2000 Advanced Server 的一部分。必须安装这些管理单元才能在运行 Windows 2000 Professional 的客户计算机上执行远程管理任务。Windows 2000 Professional 只在客户机上执行常规管理任务所需要的管理单元。

即使管理员可以在客户机上使用 MMC 控制台，如果在计算机上没有安装所需要的管理单元，控制台也是没有的。要安装 Windows 2000 管理工具，可以按照下面的步骤使用 Windows 2000 管理工具安装向导来安装：

1）在控制面板上，单击 “添加/删除程序”，然后单击“添加”。

2）Windows 2000 管理工具安装向导将一步步地在安装过程中指导选择安装模式。

3）必须提供 Adminpak.msi 文件的位置。可以从下面的位置中得到该文件：

- 运行 Windows 2000 Advanced Server 的计算机中的 *systemroot*\System32 文件夹中
- Windows 2000 Advanced Server 的 CD 上

6.5 设置任务板

任务板（taskpad）是为主要工作责任不包括网络管理的附属管理员和用户设置的一种管理工具。委托管理任务后，通过设置任务板为附属管理员和用户提供执行他们所负责的特定的任务的管理工具。

要设置任务板，必须先创建定制的MMC控制台，在控制台内创建任务板，然后定义用户可以执行特定的任务。

6.5.1 任务板

任务板是MMC控制台更深层次的定制。创建任务板是用来添加给定控制台内或控制台外各种功能的快捷方式。任务板中的每一个任务都是指向一个具体的管理任务或MMC管理单元中命令的快捷方式。可以使用快捷方式运行的任务有启动向导、打开属性页、执行菜单命令、运行命令行以及打开网页等。可以配置任务板视图，它包含任一个用户都可能需要的所有命令。同时，还可以在一个控制台内创建多个任务板视图，这样，可以根据功能或用户对任务进行分组。

创建任务板的优点是：

- 任务板便于新用户执行任务。例如：可以把可应用的任务添加到任务板视图中，然后隐藏控制台树，这样用户在熟悉控制台树或操作系统中的特定项的位置前，就可以开始使用工具
- 通过隐藏MMC的复杂项，任务板使复杂的任务简单化。例如：如果用户必须频繁地在某个位置执行多个管理单元，就可以使用打开或运行必要的对话框、属性页、命令行和脚本的任务

任务板可以包含几种便于使用的元素：

- 每个任务的快捷方式至少有一个按钮
- 在创建任务板的MMC控制台的详细信息窗格中显示项目列表。用户使用这些选项执行任务
- “更改”按钮。这个按钮使用户可以选择控制台树中不同的项目来管理任务

重点 为成功地使用任务板，用户必须有适当的权限执行任务板设计的任务。

6.5.2 创建和设置一个任务板

使用任务板创建向导创建一个任务板，然后使用任务创建向导定制任务。按下列步骤创建任务板：

1）创建MMC控制台并添加所需要的管理单元。

2）使用任务板创建向导创建任务板。打开任务板创建向导，右击在控制台树中任务所应用的项，然后单击“新任务板”。

3）向导将在创建任务板的过程中会指导操作者逐步定义任务板的外观、名称、描述和在控制台树中任务所应用的选项。

4）使用任务创建向导配置任务。这部分内容将在“在任务板中添加任务”的主题中讨论。

5）通过删除控制台树并把控制台变换成用户模式，可以定制任务板。要删除控制台树，可以在“视图”菜单中单击“自定义”,然后清除“控制台树”复选框。

6.5.3 在任务板中添加任务

可以在任务板中为具有限定管理责任的用户创建任务。在这种方式下，用户不需要使用

MMC 控制台界面来完成他们的管理任务。任务板中的每个任务都是 MMC 控制台中命令的快捷方式。这些命令和右击控制台树或详细信息窗格中的项使用相同的可用命令。

要创建与快捷方式菜单中的命令相应的任务，可以使用任务创建向导来启动并选择下列选项中的一项。

- 控制台树（Console tree）。该选项允许选择控制台树中的项和用户可以在该项上执行的命令

  例如：可以在控制台树上选择一个 OU，然后选择一个可以对 OU 使用的命令，如创建新用户账户。这样使用这个任务板中的用户只能在该 OU 中建立用户账户
- 列于详细信息窗格中（List in details pane）。该选项允许选择详细信息窗格中的项，然后选择一个用户可以在该项上执行的命令例如：可以在 OU 上选择一个用户账户，然后选择该对象类型可用的命令，如重新设置密码。使用这个任务板的用户可以为在这个详细信息窗格中所选择的该 OU 中的任何账户重新设置密码
- 如果在建立任务板的时候选择任务板建立向导中的独立选项，那么该选项是不可用的

注意 可以创建从命令提示符下运行应用程序的任务。例如：批处理文件和脚本文件。用户可以通过点击任务图标运行应用程序比在命令行键入命令要好，必须提供命令和需要的参数。

实验 B 创建定制的管理工具

- 目标

  完成本实验后，会掌握以下内容：
  - 使用 MMC（Microsoft Management Console）创建定制管理工具
  - 建立定制任务板
- 准备工作

  在开始实验之前，必须已经：
  - 知道如何使用 Windows 2000 中的管理单元
  - 知道什么是 MMC
  - 知道如何用 Active Directory 和计算机修改用户账户属性
- 实验设置

  要完成本实验，需要一台运行 Windows 2000 Server 并配置成域控制器的计算机。
- 实验预估时间：30 分钟

练习 1 创建定制管理工具

- 实验方案

已经把 SecurityOU 的管理控制委托给“Assistant”用户，现在需要为该用户顺利执行委托的工作创建定制管理工具。

- 目标

在本实验中，将要为“Assistant”用户创建定制管理工具，使该用户可以管理“Security”OU 中的用户账户。

任　　务	具体步骤
1. 为 Assistant 用户账户创建包含“Active Directory 用户和计算机”管理单元的定制的 MMC 控制台	a. 以管理员身份使用密码 password 登录 b. 在“运行”方框中，键入“mmc.exe”然后单击“确定” c. 在“控制台”菜单上，单击“添加/删除管理单元” d. 在“添加/删除管理单元”对话框中，单击“添加” e. 在“添加独立管理单元 ”对话框中，单击“Active Directory 用户和计算机”，单击“添加”，单击“关闭”，然后单击“确定”
2. 在控制台上创建新窗口，该窗口只显示 Security OU 中的内容，然后关闭初始控制台的根窗口	a. 在控制台树下，展开“Active Directory 用户和计算机”，展开所在的域，右击“Security”，然后单击“从这里创建窗口” b. 在“窗口”菜单上，单击“控制台根节点”，然后关闭控制台根窗口
3. 按照下列属性创建新任务板： • 详细信息窗格样式：水平列表 • 任务描述样式： Info（在弹出式窗口中显示说明） • 尺寸大小：小 • 应用此任务板视图到：选择的树项 • 名字：“Security OU 用户管理” • 描述：用户账户的管理工具	a. 在控制台树中，右击“Security”然后单击“新任务板视图” b. 在“欢迎使用新任务板视图向导”页面上，单击“下一步” c. 在“任务板显示”页面上，在“列表大小”下拉列表中， 单击“小”，然后单击“下一步” d. 在“任务板目标”页面上，单击“所选的树项目”，然后单击“下一步” e. 在“名称和描述”页面上，在“名称”方框中，键入“Security OU User Management” f. 在“描述”方框中，键入“Tool for Managing User Accounts”然后单击“下一步” g. 在“正在完成新任务板视图向导”页面上，确保选中“启动新任务向导”，然后单击“完成”。
4. 把下列菜单命令添加到新任务板中： • 停用账户 • 重新设置密码 • 删除 • 属性	a. 在“欢迎使用新任务向导”页面上，单击“下一步” b. 在“命令类型”页面上， 确保选中“菜单命令”， 然后单击“下一步” c. 在“快捷菜单命令”页面上，在“命令源”列表中，确保选中“列于细节窗格中”，在“可用命令”中单击“停用账户”，然后单击“下一步” d. 在“名称和描述”页面上，单击“下一步”，接受默认的任务名和描述 e. 在“任务图标”页面上，选择一个图标，然后单击“下一步” f. 在“正在完成新任务向导”页面上， 单击“再次运行此向导”，然后单击“完成”

续表

任　　务	具 体 步 骤
4. （续）	g. 重复 a 到 f 的步骤，在步骤 c 中用下列任务分别代替任务停用账户，把下列任务添加到任务板中 • 重设密码 • 删除 • 属性 h. 在添加完属性任务以后，在“正在完成新任务向导”页面上，确保没有选中“再次运行此向导”，然后单击“完成”
5. 把任务添加到允许创建新用户账户的任务板中	a. 在控制台树中，右击“Security”，然后单击“编辑任务板视图” b. 在“ Security OU User Management 属性”对话框中，在“任务”选项卡上，单击“新建” c. 在“欢迎使用新任务向导”页面上，单击“下一步” d. 在“命令类型”页面上，确保选中“菜单命令”，然后单击“下一步” e. 在“快捷菜单命令”页面上，在“命令源”列表中，单击“树项目任务” f. 在“可用命令”下，单击“新建—>用户”，然后单击“下一步” g. 在“名称和描述”页面上，单击“下一步”，接受默认的任务名字和说明 h. 在“任务图标”页面上，选择一个图标，然后单击“下一步” i. 在“正在完成新任务向导”页面上，单击“完成” j. 单击“确定”，关闭“Security OU User Management 属性”对话框
6. 修改控制台的下列属性： • 隐藏控制台树 • 删除标准菜单 • 删除工具栏 • 删除状态栏 • 删除任务板导航选项卡 • 删除管理单元菜单 • 删除管理单元工具栏 • 控制台名称：Security OU 用户管理 • 控制台模式：User 模式—受限访问，单一窗口 • 禁用任务栏上的上下文菜单 • 不允许更改此控制台 • 不允许用户定制视图 • 在所有用户管理工具文件夹中保存 Security OU 用户管理控制台	a. 在“查看”菜单上，单击“自定义” b. 在“自定义视图”对话框中，清除所有复选框，然后单击“确定” c. 在“控制台”菜单上，单击“选项” d. 把控制台的名字改为“Security OU User Management” e. 在“控制台模式”列表中，单击“用户模式—受限访问，单窗口” f. 清除“在此控制台中的任务板上启用上下文菜单”和“允许用户自定义视图”复选框 g. 选择“不要保存更改到此控制台”，然后单击“确定” h. 把控制台保存在“C:\Documents and Settings\All Users\「开始」菜单\程序\管理工具”文件夹中，文件名为“Security OU User Management” i. 关闭控制台，注销

练习2 使用定制管理控制台

- 实验方案

网络管理员已经为Assistant用户创建了定制管理工具，帮助该用户执行Security OU中的用户管理任务。

- 目标

在本练习中，将以Assistant用户身份登录，并使用定制管理工具管理Security OU中的用户账户。

任务	具体步骤
1. 以助手身份登录，并使用Security OU用户管理工具执行下列用户管理任务： • 创建新用户 • 使“重新设置账户密码”无效 • 为“SecretaryUser”账户重新设置密码 • 为“SecretaryUser”账户输入地址 • 删除这个新建的用户账户	a. 以Assistant用户身份和密码password登录 b. 从“管理工具”菜单中打开“Security OU User Management” c. 使用Security OU User Management工具执行下列用户管理任务： • 创建新用户 • 使重新设置账户密码无效 • 为“SecretaryUser”账户重新设置密码 • 为“SecretaryUser”账户输入地址 • 删除这个新建的用户账户
2. 准备访问某个用户账户的快捷方式菜单	a. 右击某个用户账户并尝试显示快捷方式菜单

? 是否可以访问用户账户的快捷方式菜单？为什么？

____

____

____

2. （续）	b. 关闭Security OU User Management工具，然后注销

6.6 最佳实践

下面列出了委托管理控制的最佳操作：

- 尽可能少用拒绝权限。如果正确地指派权限，就不需要使用拒绝权限。多数情况下，拒绝权限意味着在指派组成员资格的时候有错误产生。使用拒绝权限还会使跟踪权限变得更加困难
- 确保委托的用户担负起责任，并完成委托的任务。作为管理员，应该最终负责确定委托

的任务是否完成

- 为委托控制对象的用户提供培训。通过培训，可以使用户明白他们的责任并知道如何执行管理任务
- 把经常使用的定制好的控制台添加到作为管理使用的计算机的“开始”菜单中，这样在需要使用这些控制台的时候就可以很快地访问它们
- 如果要在几台计算机上同时执行管理任务，或进行远程管理时，应该在共享文件夹中保存定制的 MMC 控制台的备份。在这种方式下，就可以很容易从不同的安装了必需的管理单元的计算机上访问控制台
- 建议最好把任务委托给组而不是具体的某个用户。可以把指定的用户添加到具有相应权限的组中

习题

1. Windows 2000 是如何确定谁具有访问 Active Directory 对象的权限以及允许访问的类型？
2. 在 Windows 2000 中进行权限继承简化了哪些权限管理任务？
3. 文件夹中的文件在建立的时候能否继承文件夹的权限。如何阻止该文件从父对象继承权限？
4. 如果需要把在单个 OU 中重新设置密码的权限指派给管理助手。最好使用什么方法进行指派？
5. 在委托对象管理控制的时候，为什么在任何可能的情况下管理员都应该在 OU 层次上指派控制。
6. 可以将 MMC 控制台定制，并可以让管理员在运行 Windows 2000 Professional 的客户计算机上使用定制控制台。在他们可以成功使用这些控制台之前必须作哪些准备？
7. 在市场助理只拥有管理用户密码重设的权限。如果不希望因助理拥有此权限而可以使用 Active Directory 用户和计算机，那么应该如何进行设置？
8. 集中指派控制 MMC 控制台有哪些方式？如何使管理员成功地使用分布的 MMC 控制台。

第 7 章　实现组策略

在 Microsoft Windows 2000 里，组策略提供了对网络中用户和计算机更强大的管理控制能力。通过使用组策略，只要一次性定义用户的工作环境，就可以依赖 Windows 2000 不断地执行已定义的组策略。还可以将组策略应用在整个网络中，或应用于仅适合某个特定的用户或计算机的组策略。

日常工作中的失误常常是由于用户的错误所产生的。通过使用组策略来降低用户环境的复杂性并减小用户错误地配置这些环境的可能性，可以提高生产率，并减少网络所需的技术支持。从而，降低总体拥有成本（TCO）。

完成本章学习，将能够：

- 了解组策略如何简化管理 Windows 2000 网络
- 了解在 Windows 2000 网络中组策略结构
- 了解由 Windows 2000 为创建组策略对象（GPO）提供的选项和如何管理它们
- 了解组策略是如何应用在 Active Directory 的服务中
- 修改组策略的继承
- 委派 GPO 管理控制
- 监控组策略并解决出现的问题
- 应用最佳操作执行组策略

7.1　介绍组策略

组策略是一种允许使用用户设置和计算机设置定义用户桌面环境的技术，然后就可以依赖 Windows 2000 通过网络不断地执行已定义的组策略。可以将组策略同 Active Directory 的容器，例如站点、域和组织单位关联起来。组策略会影响这些容器中所有的用户和计算机。

通过使用组策略，可以：

- 使用集中策略，在站点或域级别上为整个组织设置组策略；使用分散策略，在 OU 级别上为每个部门设置组策略
- 确保用户有适合完成他们工作的环境。可以确保用户应用组策略来控制应用程序和注册表中的系统设置、使用脚本来修改计算机和用户环境、软件自动安装以及本地计算机、域和网络的安全设置。也可以控制用户数据文件夹的存储位置
- 通过控制用户和计算机环境降低总体拥有成本，降低用户所需的技术支持级别，降低因用户错误而造成的生产力损失。例如：通过使用组策略，可以防止用户修改系统配置而导致计算机无法工作，另外还可以防止用户安装他们并不需要的应用程序。执行公司的

策略，包括业务规则、目标和安全要求。例如：可以确保所有对用户的安全要求和公司要求保持一致，或者所有的用户都安装了一套特定的应用程序。

注意 组策略仅适用于 Windows 2000，并不适用于早期的 Windows 操作系统。

7.2 组策略结构

组策略的结构在管理用户和计算机上提供了灵活性。包含在组策略对象（GPO）中的详细设置允许控制特定的用户和计算机配置。可以将组策略对象和 Active Directory 的容器——站点、域和 OU 关联起来。

7.2.1 组策略设置的类型

可以通过配置组策略设置来定义能够对用户和计算机产生影响的策略。可以配置设置的类型有：

- 管理模板。为配置应用设置和桌面环境设置进行的基于注册表的设置。这些设置包括用户可以获得访问的操作系统的组件和应用程序、控制面板选项的访问权限以及用户离线文件的控制
- 安全性。配置本地计算机、域以及网络安全性的设置。这些设置包括控制用户对网络的访问、建立账户和审计策略以及控制用户的权力。例如：可以设定用户在被锁定之前所允许的最多错误登录尝试次数
- 软件安装。为软件安装、升级、卸载进行集中化管理设置。可以让应用程序自动地在客户机上安装、升级或卸载。也可以发布应用程序使它们出现在控制面板的添加/删除程序中，这就给用户提供了一个获取，并安装应用程序的集中位置
- 脚本。指定什么时候 Windows 2000 运行特定的脚本的设定。当计算机启动、关机或者当用户登录或退出时可以指定脚本运行。可以指定脚本运行批处理操作，控制多重脚本运行以及决定它们运行的顺序
- 远程安装服务。当通过远程安装服务（RIS）运行客户端安装向导时，设置对用户可用选项的控制
- Internet Explorer 维护。管理和定制基于 Windows 2000 计算机上的 Microsoft Internet Explorer 的设置
- 文件夹重定向。在网络服务器上存储指定用户配置文件的文件夹的设置。这些设置在配置文件里创建一个和网络共享文件夹的链接，但文件夹在本地显示。用户可以在网络中的任何一台计算机上获得对该文件夹的访问。例如：可以将“我的文档”文件夹重定向到网络共享文件夹

- 通过设置类型设计 GPO

GPO 类型设计主要有三种：单一策略、多重策略和专用策略，如图 7-1 所示。

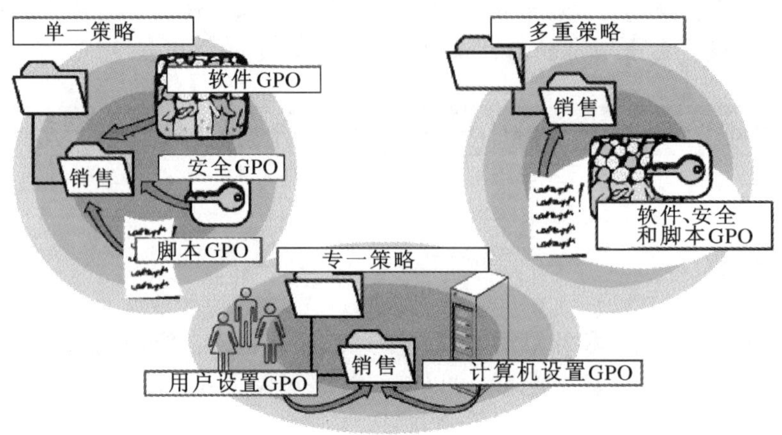

图7-1 GPO类型

1）单一策略

用单一策略设计设置，把每个GPO类型分割成单一的GPO。例如：可以有软件管理设置GPO、用户文档和设置GPO、软件策略设置GPO以及安全设置GPO等等。在这种情况下，读或写权限只提供给管理GPO的单个或多个用户。单一的策略最适合那些委派责任给几个单一个体中的组织。

2）多重策略

使用多重策略设计设置，则可以在单个GPO中包含多种类型的组策略设置。例如：一个GPO中包含软件设置和应用程序部署设置（或者一个GPO包含安全和脚本的设置）。多重组策略最适合集中管理或者管理员需要集中管理许多或所有的组策略的组织。

3）专用策略

使用专用策略设计设置是把所有用户配置组策略设置包含在一个GPO中，并且把所有的计算机配置组策略设置在一个独立的GPO里。使用组策略增加了登录时要处理的GPO数量，从而延长了登录时间，但有助于解决疑难问题。例如：如果怀疑一台计算机的配置策略有问题，管理员可以以一个没有分配用户配置策略的用户身份登录，以确定问题是否是由用户策略引起的。

7.2.2 组策略对象

通过使用GPO来执行组策略。Windows 2000将包含在GPO中的组策略设置应用到与这个GPO相关联的站点、域或者OU中的用户对象和计算机对象上。GPO内容被存储在两个不同的位置。这些位置是：

- 组策略容器（GPC，the Group Policy Container）。GPC是一个包含GPO属性和版本信息的Active Directory对象。由于GPC在Active Directory中，所以计算机能够通过访问它来查找组策略模板，而且域控制器也能够通过访问它来获得版本信息

域控制器使用版本信息来验证它是否有最新的GPO版本。如果某个域控制器没有GPO的最新版本，就会从拥有最新GPO版本的域控制器上进行复制。

注意 要查看 Active Directory 中的 GPC，在“Active Directory 用户和计算机”中启动查看的高级功能，展开域，展开系统容器，展开策略容器。

- 组策略模板（GPT,the Group Policy Template）。GPT 是在域控制器上共享的 sysvol 文件夹中的一个文件夹层次结构。当创建一个 GPO 时，Windows 2000 创建相应的 GPT 文件夹层次结构。GPT 包含所有的组策略的设置和信息，包括模板管理、安全管理、软件安装管理、脚本和文件夹重定向设置管理。计算机连接到 SYSVOL 文件夹来获得这些设置

GPT 文件夹的名称是已创建 GPO 的全局惟一标识符（GUID）。它和 GPC 中用来标识 GPO 的 GUID 是一样的。域控制器上到 GPT 路径是：*systemroot*\SYSVOL\sysvol。

（1）组策略管理单元

在每个 GPO 中，能用 Microsoft 管理控制台（MMC）管理单元来组织和管理许多组策略设置。默认的域控制器策略 GPO 管理单元，如图 7-2 所示。

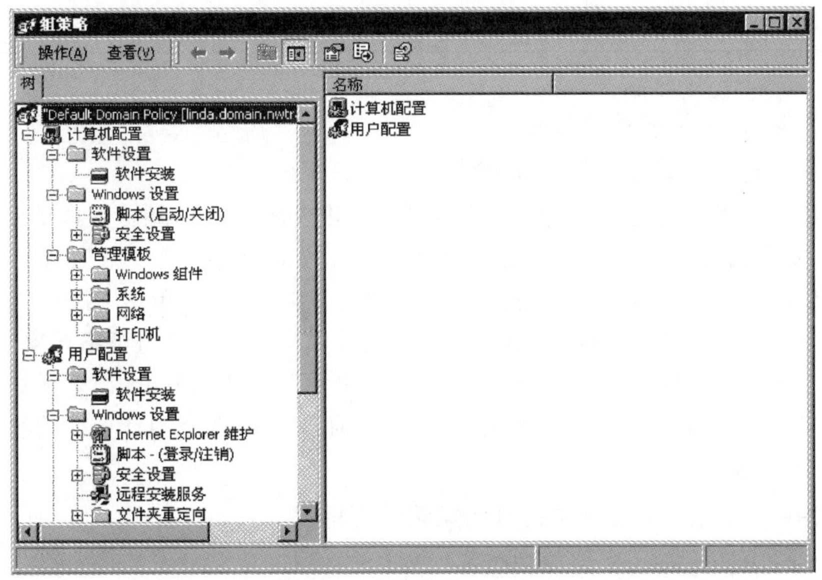

图 7-2 组策略管理单元

（2）打开组策略管理单元

依据想执行的操作打开组策略管理单元，如表 7-1 所示。

表 7-1

应用组策略到	操 作
本地计算机（本地 GPO）	按照“打开本地组策略管理单元”的过程，打开存储在本地计算机上的本地 GPO，然后在组策略管理单元里面设置组策略。只有从管理工具菜单中选择本地安全策略才能进行本地安全设置

续表

应用组策略到	操　作
另一台计算机（本地 GPO）	按照"打开本机组策略管理单元"的过程，打开存储在 Windows 2000 网络计算机上的本地 GPO，然后浏览网络计算机，前提是你必须是网络计算机的管理员
站点	按照"从 Active Directory 站点和服务中打开组策略管理单元"的过程，打开 GPO ，然后把 GPO 链接到希望连接的站点上
域	按照"从 Active Directory 用户和计算机中打开组策略管理单元"的过程，打开 GPO ，然后把 GPO 链接到希望连接的域上
组织单元（OU）	按照"从 Active Directory 用户和计算机中打开组策略管理单元"的过程，打开 GPO ，然后把 GPO 链接到希望连接的 OU 上。还可以把 GPO 链接到 Active Directory 层次结构中更高层的 OU 中
任何存在的 GPO 或 GPO 集合	创建并保存自定义的 MMC 控制台

- 打开本地计算机的组策略管理单元

1）打开 Microsoft 管理控制台（MMC）。

2）在 MMC 控制台菜单栏中，单击"控制台"，并选择"添加/删除管理单元"。

3）在"添加/删除管理单元"对话框的"独立"选项卡中，点击"添加"。

4）在"添加独立管理单元"对话框中，单击"组策略"，然后单击"添加"。

5）在"选择组策略对象"对话框中，把"本地计算机"列入"组策略对象"的方框中。

6）单击"完成"按钮，然后在"添加独立管理单元"对话框中单击"关闭"。

7）在"添加/删除管理单元"对话框中，单击"确定"。现在本地计算机的组策略管理单元程序就可以使用了。

- 从 Active Directory 站点和服务中打开组策略管理单元

1）打开 "Active Directory 站点和服务"。

2）在控制台树中，右击要设置组策略的域，然后单击"属性"。

3）单击"组策略"选项卡，单击"组策略对象链接"列表中的条目，并选择一个已存在的 GPO，然后单击"编辑"。(或者，单击"新建"，新建一个新的 GPO，然后单击"编辑")。现在该域的组策略管理单元就可以使用了。

- 从 Active Directory 用户和计算机中打开组策略管理单元

1）打开 "Active Directory 用户和计算机"。

2）在控制台树中，右击想设置组策略的域或 OU，然后，单击"属性"。

3）单击"组策略"选项卡，单击"组策略对象链接"列表中的条目，并选择一个已存在的 GPO，然后单击"编辑"。(或者，单击"新建"，新建一个 GPO，然后单击"编辑")。现在该域或 OU 的组策略管理单元就可以使用了。

7.2.3 计算机和用户的组策略

通过使用组策略中的计算机配置节点和用户配置节点来执行网络中计算机和用户的组策略设置。

(1) 计算机组策略设置

组策略设置为计算机指定操作系统行为、桌面行为、安全设置、计算机的启动脚本和关机脚本、计算机分配的应用程序选项以及应用程序设置。在操作系统初始化和周期性更新循环过程中应用计算机相关的组策略。一般来说，计算机组策略优先于冲突的用户组策略。

(2) 用户组策略设置

组策略设置为用户指定操作系统行为、桌面设置、安全设置、分配和发布应用程序选项、应用程序设置、文件夹重定向选项以及用户登录脚本和退出脚本。在用户登录计算机时和在周期性更新循环期间应用用户相关的组策略。

计算机设置和用户设置都包括软件设置、Windows 设置和管理模板。

注意 虽然某些设置是用户界面设置。例如，设置背景位图或者在“开始”菜单上使用“运行”命令，但仍可以应用于计算机使用计算机设置。

- 软件设置

对于计算机配置和用户配置而言，在默认的情况下软件设置仅包含软件安装设置，如图 7-3 所示。

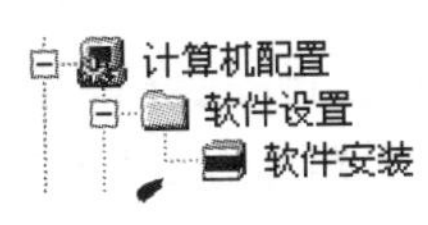

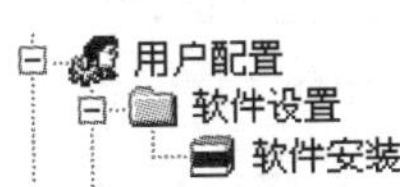

图 7-3 软件设置

软件安装设置能够帮助如何安装和维护机构中的应用程序。软件安装设置还为独立软件供应商提供了增加设置的空间。

管理 GPO 内的应用程序，而 GPO 又和特定的 Active Directory 容器——站点、域或者 OU 关联在一起。可以用两种模式中的一种来管理应用程序：分配或发布。若希望用 GPO 管理的计算机和人员拥有某个应用程序时，可以给计算机分配该应用程序。若希望用 GPO 管理的人员能够在某人想要某应用程序时而使用该应用程序，可以发布该应用程序。不能给计算机发布应用程序。

- Windows 设置

在计算机配置和用户配置中，Windows 设置包括了脚本和安全设置，如图 7-4 所示。

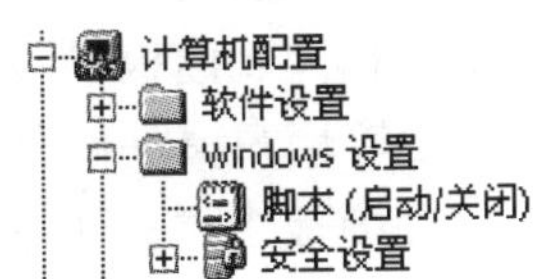

图 7-4 Windows 设置

脚本允许指定两种脚本类型：启动/关闭和登录/注销。启动/关闭脚本在计算机启动和关闭时运行。而登录/注销在用户登录或注销计算机时运行。当给用户或计算机分配了多个启动/关闭和登录/注销脚本后，Windows 2000 将会从上到下全部执行这些脚本。在属性对话框中，可以部署多个脚本的运行顺序。关闭计算机时，Windows 2000 首先处理的是注销脚本，紧接着是关机脚本。处理脚本的超时时间的默认值为 10 分钟。如果注销和关闭脚本需要处理比 10 分钟更长的时间，必须使用软件策略调整超时时间值。管理员可以使用任意相适应的 Active X 脚本语言创建脚本，包括 VBScript、Jscript、Perl 和 MS-DOS 类型的 batch 文件（.bat 和.cmd）。

安全设置允许安全管理员手动地给本地或非本地的 GPO 设置安全级别。这可以在稍后设置或代替，使用安全模板设置系统安全。

仅对用户配置而言，Windows 设置中还包括了 Internet Explorer 维护、远程安装服务和文件夹重定向等其他额外的组策略设置。Internet Explore 维护管理允许在 Windwos 2000 计算机上管理和定制 Internet Explore。远程安装服务（RIS）用来控制远程操作系统安装行为。可选择地，RIS 还可以用来为 Active Directory 的非 Windows 2000 客户端提供自定义软件包。（在这种情况下，组策略要求是真正的 Windows 2000 客户端，而不仅仅是 Active Directory 的前 Windows 2000 客户端）文件夹重定向允许重定向 Windows 2000 特定的文件夹（我的文档、应用程序数据、桌面和开始菜单），把它们从默认的用户配置文件位置移到网络其他位置，以便集中管理。

- 管理模板

在计算机配置和用户配置中，管理模板包含了所有基于注册表的组策略设置，包括 Windows 组件、系统和网络的设置，如图 7-5 所示。

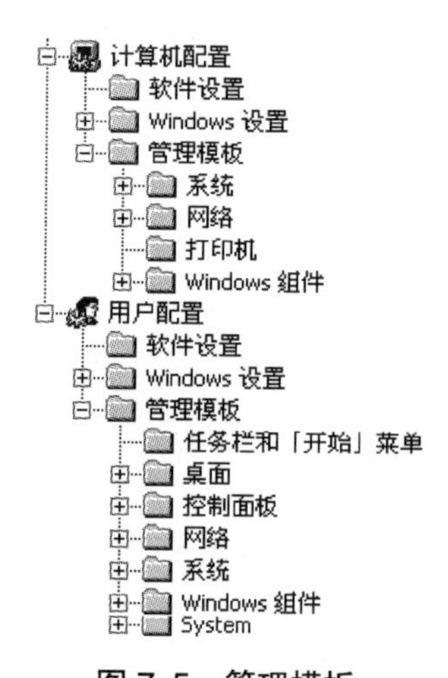

图 7-5 管理模板

Windows 组件允许管理 Windows 2000 的组件，这些组件包括 NetMeeting、Internet Explorer 和 Microsoft Management Console（Microsoft 管理控制台）、Task Scheduler（任务计划程序）和 Windows Installer（Windows 安装程序）。系统用来管理登录和注销及自身的组策略。网络用来控制脱机文件和网络以及拨号连接的设置。

仅对计算机配置而言，管理模板还包括了打印机的组策略设置。另外，系统设置还包括磁盘配额、DNS 客户端和 Windows 文件保护等。

仅对用户配置而言，管理模板包含了额外的基于注册表的组策略设置，包括开始菜单和任务栏、桌面和控制面板的设置。开始菜单和任务栏设置控制着用户的开始菜单和任务栏，桌面设置则控制着用户桌面的外观。控制面板则决定着用户可使用的控制面板选项。

在管理模板中，有 450 多项的设置对配置用户环境是可用的。在注册表里，计算机配置被保存在 HKEY_LOCAL_MACHINE（HKLM）中，而用户配置被保存在 HKEY_CURRENT_USER（HKCU）中。

通过单击“管理模板”节点，单击“查看”，然后单击“只显示策略”，就可以显示管理模板设置的所有设置了，也可以单击“只显示已配置的策略”来查看已配置好的策略。

注意 有关计算机和用户的组策略设置的详细信息，可以参阅学员资料光盘网页上“补充阅读”下的 Windows 2000 组策略的介绍。

7.2.4 组策略对象和 Active Directory 容器

图 7-6 所示的为组策略对象和 Active Directory 容器。

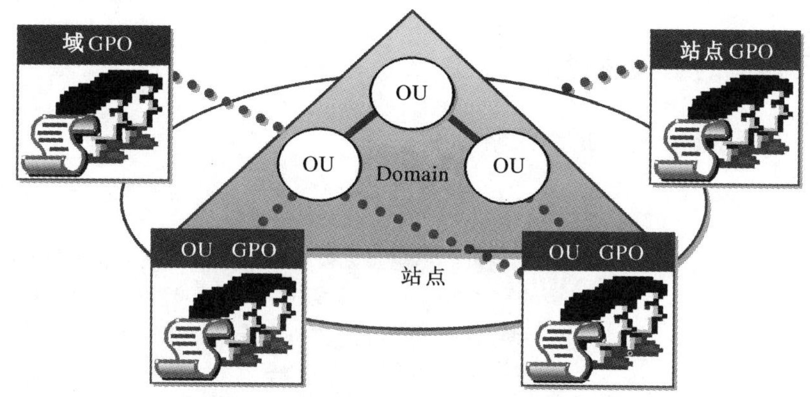

图 7-6 组策略对象和 Active Directory 容器

把 GPO 与站点、域以及组织单位相关联或链接起来，从而允许设置影响整个组织的集中化策略和由部门局部化的分散化策略。GPO 和站点、域以及组织单位的链接导致组策略的设置影响该站点、域以及组织单位里的用户和计算机目标。GPO 和 Active Directory 容器相链接的描述信息被存储在容器的两个属性 gPLink 和 gPOption 里。gPLink 属性里包含了链接到容器的 GPO 的优先级顺序列表，而 gPOption 属性里则包含了阻止任何 GPO 继承的容器设置。

与现有的 GPO 链接的能力提供了在实现组策略设置时的灵活性。可以使用下面的方式来链接 GPO：

- 在网络中将一个 GPO 与多个站点、域或组织单位链接起来。这提供了可以对应用在不同站点、域或组织单位中的计算机和用户上的组策略设置进行配置的能力。例如：可以创建一个运行登录脚本的 GPO，然后将它链接到希望用户运行该脚本的 OU 上
- 将多个 GPO 与单个站点、域或组织单位链接起来。如果不希望所有类型的组策略设置都应用在一个 GPO 里的站点、域或组织单位上，可以为不同类型组策略设置创建几个 GPO，然后将它们和相应的站点、域或组织单位相链接。例如：可以将一个包含网络安全设置的 GPO 和另一个包含软件安装的 GPO 链接到同一个 OU 上。这几个 GPO 还可以链接到其他的 OU 上

注意 不能将 GPO 与默认的 Active Directory 容器——计算机、用户和 builtin 相连接，尽管它们存在于 Active Directory 之中，但它们不是 OU。

7.3 使用组策略

如果在任何现有的 GPO 里没有用户需要的设置，Windows 2000 为用户提供多种选择去创建新的 GPO。在创建 GPO 时，可以创建已链接的 GPO 或未链接的 GPO。然而，如果想要应用

在 OU 中的计算机和用户上的组策略设置是在一个现有的 GPO 里，那么可以将这个 GPO 链接到容器上。

当创建新的 GPO 或者打开组策略去编辑现有的 GPO 时，默认操作是在拥有 PDC 仿真器角色的域控制器上管理 GPO。

7.3.1 创建已链接的组策略对象

图 7-7 所示的为创建已链接的组策略对象。

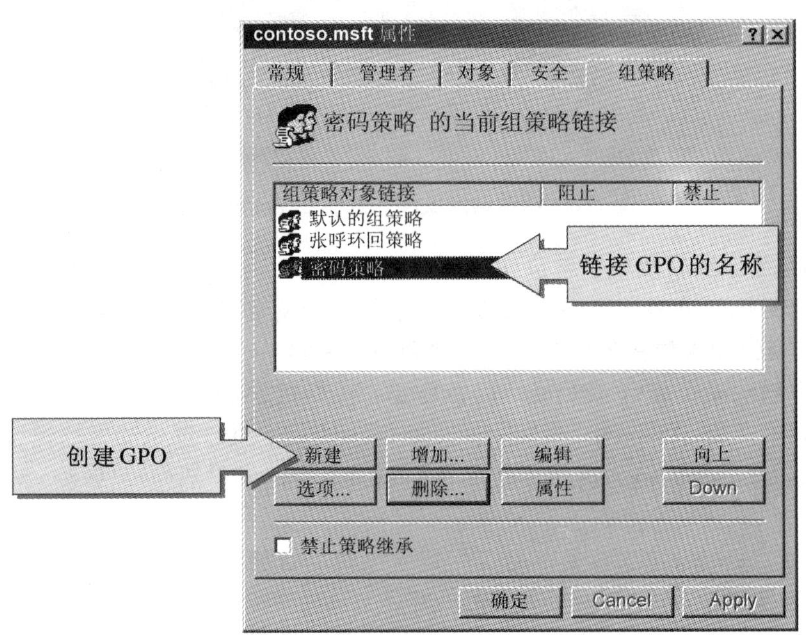

图 7-7 创建已链接的组策略对象

当创建一个 GPO 时，它被链接到用户创建的容器上。然而，在新的 GPO 上没有任何设定好的组策略设置。

（1）创建链接到域和 OU 的 GPO

通过使用“Active Directory 用户和计算机”来为域和 OU 创建 GPO。

为域和 OU 创建新的 GPO，可以执行下面的步骤：

1）打开“Active Directory 用户和计算机”。

2）右击想创建 GPO 的域或 OU，然后单击“属性”按钮。

3）在“组策略”选项卡中，单击“新建”按钮，为新建的 GPO 输入名称，然后按 Enter 键，如图 7-8 所示。创建的 GPO 出现在“组策略”选项卡上的 GPO 列表中，这个新建的 GPO 就被关联到在创建时所选择的 OU 或域上。

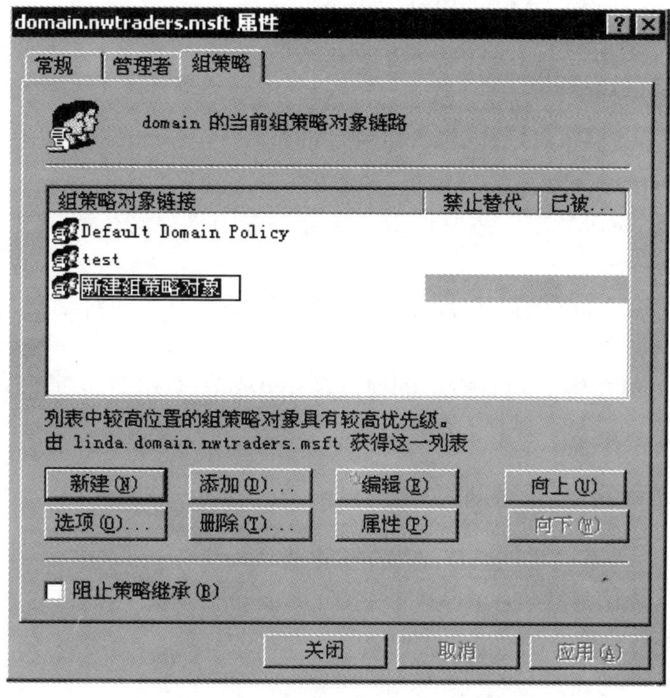

图 7-8 创建链接到域和 OU 的 GPO

(2) 创建链接到站点的 GPO

由于使用 Active Directory 站点和服务来管理站点，所以创建链接到站点的 GPO 不同于创建链接到域和 OU 的 GPO。要为站点创建一个新的 GPO，可以执行下面的步骤：

1）打开“Active Directory 站点和服务”。

2）右击要创建 GPO 的站点，然后单击“属性”按钮。

3）在“组策略”选项卡中，单击“新建”按钮，为新建的 GPO 输入名称，然后按 Enter 键。创建的 GPO 出现在“组策略”选项卡上的 GPO 列表中，这个新建的 GPO 就被关联到在创建时所选择的站点上。

注意 必须是“Enterprise Admins”组的成员才能创建链接到站点的 GPO。

7.3.2 创建无连接的组策略对象

当创建一个链接到站点、域和 OU 的 GPO 时，实际上执行了两个独立的操作：创建一个新的 GPO，然后将它链接到站点、域和 OU 上。为了链接 GPO 到站点、域和 OU，必须有 GPO 所链接容器的 gPLink 和 gPOption 属性的读写权限。默认的情况下，只有“Domain Admins”组和“Enterprise Admins”组的成员才有这个必要的权限将 GPO 链接到域和 OU 上，而只有“Enterprise Admins”组成员才有权限将 GPO 链接到站点上。组策略创建成员能够创建 GPO，但不能链接它们。可以通过添加组策略管理单元到 MMC 控制台来创建未连接的 GPO。

要创建一无连接的 GPO，可以执行以下步骤：

1）运行 mmc.exe，加入组策略的管理单元。

2）在“选择组策略对象”的对话框里，单击“浏览”。

3）在“浏览组策略对象”对话框里“全部”的选项卡上，右击“存储在本域的所有组策略对象”列表的任何一处，然后单击“新建”。

4）为新建的 GPO 输入名称，然后点击“确定”关闭“存储在该域所有的组策略对象”对话框。

5）如果想要编辑这个新建的 GPO，在“选择组策略对象”的对话框中单击“完成”，否则单击“取消”。

无连接的 GPO 可以在较大的组织里创建，该组织的一个组负责创建 GPO，而另一个组负责将 GPO 链接到需要的站点、域和 OU 上。

7.3.3 连接一个现有的组策略对象

可以通过链接包含所需设置的 GPO 到额外的 Active Directory 容器上，将现有的组策略设置应用于这些容器上。为了链接 GPO 到某个站点、域或 OU，必须拥有该站点、域及 OU 的 gPLink 和 gPOption 属性的读写权限。

（1）链接现有的 GPO 到域或 OU 上

通过使用“Active Directory 用户和计算机”将现有的 GPO 链接到域和 OU 上。

链接一个现有的 GPO 到域和 OU 上，可以执行下面的步骤：

1）打开 “Active Directory 用户和计算机”。

2）右击要链接一个现有 GPO 的域或 OU，然后单击“属性”按钮。

3）在“组策略”选项卡中，单击“添加”。

4）单击“域/OUs”，“站点”或“全部”选项卡，这取决于要链接的 GPO 目前链接的位置。

5）在“查找范围”列表里，单击包含所需要 GPO 的域。

6）在“域、OU 和相链接的组策略对象为”列表中，单击要链接的 GPO，然后单击“确定”。“域、OU 和相链接的组策略对象为”列表里包含了所有域里现有的 GPO。

（2）链接现有的 GPO 到站点上

通过使用“Active Directory 站点和服务”将现有的 GPO 链接到站点。

链接一个现有的 GPO 到站点，可以执行下面的步骤：

1）打开“Active Directory 站点和服务”。

2）右击要链接一个现有 GPO 的站点，然后单击“属性”。

3）在“组策略”选项卡中，单击“添加”。

4）单击“域/OU、站点、全部”选项卡，这取决于要链接的 GPO 目前链接的位置。在“查找范围”列表里，单击包含所需要的 GPO 的域。

5）在“域、OU 和相链接的组策略对象为”列表中，单击想链接的 GPO，然后单击“确定”。“域、OU 和相链接的组策略对象为”的列表里包含了所有站点里现有的 GPO。

警告 尽管有能力将现有的 GPO 链接到站点上，但在使用时必须仔细考虑。如果将一个 GPO 链接到站点上，任何一个拥有该 GPO 读写权限的人都可以对它进行修改，由于该 GPO 是链接到站点上，这些修改将在整个站点上执行。所以宁可考虑为站点创建新的 GPO，也不要不考虑链接现有的 GPO。

注意 在默认情况下，一个站点的 GPO 是在树林根域里创建的。这可能会对交叉域通信的网络通信模式造成影响。

(3) 修改组策略

修改组策略的过程包括删除 GPO 链接、删除 GPO 以及对 GPO 和 GPO 设置进行编辑。以上内容将在下面的章节里阐述。

- 删除 GPO 链接

删除 GPO 链接是要将 GPO 和指定的网站、域或 OU 的链接断开。GPO 在删除之前，一直保存在 Active Directory 中。

删除一个 GPO 链接：

1）打开“Active Directory 用户和计算机”，断开 GPO 和域或 OU 的链接，或者打开 “Active Directory 站点和服务”，断开 GPO 和网站链接。

2）在控制台中，右击要和 GPO 断开链接的网站、域或者 OU。

3）单击“属性”然后点击“组策略”选项卡。

4）在“组策略”选项卡中，选中要断开链接的 GPO，然后单击“删除”。

5）在“删除”对话框中，单击“从列表中移除链接”。

虽然 GPO 还保留在 Active Directory 中，但它已经断开链接了。

- 删除 GPO

如果删除了一个 GPO，那么它将从 Active Directory 中被去除。和它链接的任何网站、域或 OU，都将不再受它的影响。可以不采用这种过激的步骤，只是删除 GPO 的链接，做到 GPO 从 OU 中断开，但在 Active Directory 中保持它的完整。

删除一个 GPO：

1）打开“Active Directory 用户和计算机”，从域或者 OU 中删除一个 GPO，或者打开“Active Directory 站点和服务”，从站点中删除 GPO。

2）在控制台中，右击从中删除 GPO 的站点、域或者 OU。

3）单击“属性”，然后单击“组策略”选项卡。

4）在“组策略”选项卡中，选择要删除的 GPO，然后单击“删除”。

5）在“删除”对话框中，单击“移除链接并将组策略对象永久删除”，单击“确定”。

6）GPO 就从 Active Directory 中删除了。

- 编辑 GPO 和 GPO 设置

对 GPO 或 GPO 设置进行编辑，可以遵循前面介绍的步骤中关于新建 GPO 和设置组策略设置的过程。

(4) 创建 GPO 控制台

在创建一个 GPO 后，应当把组策略管理单元添加到一个 MMC 中，从而新建一个独立的 GPO 控制台。保存好这个控制台后，需要时可以从管理工具菜单中随时打开。

创建 GPO 控制台：

1）单击“开始”，然后选择“运行”。

2）在“运行”对话框中的“打开”一栏中，输入“mmc”，然后单击“确定”。

3）在新控制台中，从“控制台”菜单中，单击“添加/删除管理单元”。

4）在“添加/删除管理单元”对话框中单击“添加”。

5）在“添加独立管理单元”对话框中，选择“组策略”，单击“添加”。

6）在“选择组策略对象”页面中，单击“浏览”，查看新建管理单元的 GPO。

7）在“浏览组策略对象”对话框中，单击“全部”选项卡，单击 GPO 名称，然后单击“确定”。

8）在“选择组策略对象”页面中，单击“完成”，接下来在“添加独立管理单元”对话框中单击“关闭”。

9）在“添加/删除管理单元”对话框中，单击“确定”。

10）在“控制台”菜单中，单击“另存为”。

11）在“另存为”对话框中，在“文件名”栏中，输入 GPO 的名称，然后单击“保存”。这样，在“管理工具”菜单中就可以使用 GPO 了。

7.3.4 指定一个域控制器来管理组策略对象

当创建新的 GPO 或打开组策略编辑一个现有的 GPO 时，默认情况下，该操作在域控制器上执行，该域控制器要拥有操作主控角色，特别是要拥有主域控制器（PDC)仿真器角色。了解创建或编辑 GPO 时用到了哪个域控制器有助于解决与 GPO 的创建或编辑相关的问题。

默认的操作强制组策略管理单元使用相同的域控制器，而不管它正在哪台计算机上运行。如果两个管理员在相同的复制周期里的不同的域控制器上对同一个 GPO 做出修改，数据丢失的情况就有可能发生。在 Windows 2000 里，组策略将把每一个改变都写入 GPO 里。如果两个管理员在不同的域控制器上编辑同一个 GPO，这就增加了更改被复制重写的可能性。强烈建议：限制管理员的数目，组策略使用 PDC 仿真器角色，并且管理员要注意到别的管理员可能正在编辑相同的 GPO。

(1) 选择域控制器的选项

通过选择下列三个选项中的任意一项，可以指定一个域控制器来管理 GPO：

- 拥有 PDC 仿真器操作主机角色的域控制器是默认且首选的选项。使用这个选项能有助于确保没有数据丢失。
- 管理 Active Directory 单元所使用的域控制器。使用正在管理 Active Directory 单元的域控制器。这些管理单元的每一个单元都包含一个选项，该选项将改变当前管理单元正在

操作的这个域控制器。选中该项时，组策略管理单元将使用同一个域控制器

- 使用任何可用的域控制器。允许组策略管理单元选择任何可用的域控制器，该选项在大多数情况下是最不令人满意的选项。使用这个选项，本地站点的域控制器就有可能被选中

（2）指定域控制器的方法

为了指定管理 GPO 的域控制器：

- 使用在组策略管理单元中“查看”菜单下的“DC 选项”命令。单击该命令将显示选择域控制器的三种选项对话框
- 启用一个指定应该使用哪个域控制器选项的组策略设置。如果该选项是不可用的，将会显示一个错误信息。在这种情况下，“DC 选项”命令将被禁止使用，因为在这里的组策略取代了用户的任何设置，DC 选项组策略设置定位在系统\组策略子容器中的用户配置管理模板节点上。在可用的 DC 选项与选择域控制器的选项章节里列出的首选设置相同。这个功能在一些合作场合下比较有用。例如，如果一个管理员在日本，而 PDC 仿真器在纽约，则可以通过执行组策略来确保所有的改变在本地执行

7.4 在 Active Directory 中实现组策略设定

组策略如何应用在用户 Active Directory 中确定了被应用的组策略设置结果。在存在影响计算机和用户对象的多 GPO 和多设置情况下，组策略设置结果能发挥作用。为得到需要的结果，必须知道如何确定组策略设置结果，否则可能会配置出从不应用的设置。

7.4.1 组策略继承

图 7-9 所示的为组策略的继承性。

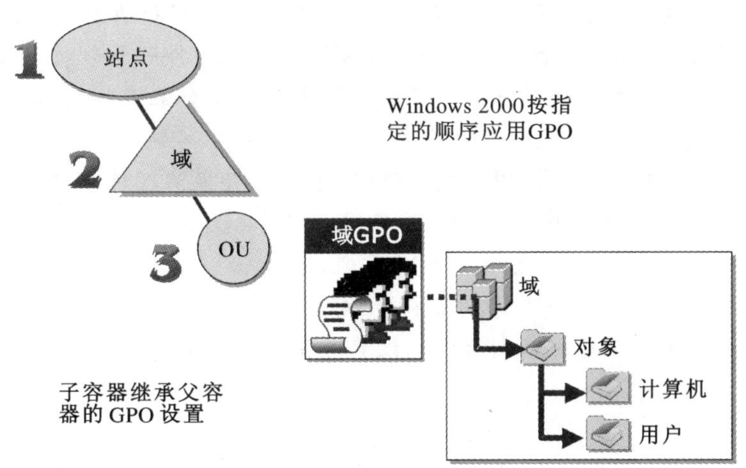

图 7-9 组策略的继承性

组策略继承是 Windows 2000 应用 GPO 的顺序。应用组策略的顺序和如何继承组策略将最终决定哪一种设置会影响用户和计算机。

（1）应用顺序

Windows 2000 应用 GPO 的顺序是基于 GPO 所链接到的 Active Directory 容器的顺序。GPO 首先应用于距离用户和计算机最远的站点上，然后应用于域，最后应用于 OU。因此，应用于成员是用户或计算机的 OU 上的组策略设置是最后被应用的组策略设置。

（2）处理顺序的例外情况

默认的处理顺序设置受下列情况的影响：

- 作为工作组成员的计算机仅处理本地 GPO
- 禁止替代。链接到站点、域或 OU 的任何 GPO（非本地 GPO）可设置为对于该站点、域或 OU“禁止替代”，这样它的策略设置都不能被覆盖。如果有多个组策略对象被设置为“禁止替代”，那么在 Active Directory 层次结构中最高层的（或管理员在 Active Directory 中的每个固定级别指定的较高层次的）优先处理“禁止替代”被应用在 GPO 链接上
- 阻止策略继承。在任何站点、域或 OU 中，组策略都可以有选择地标记为“阻止组策略继承”。虽然 GOP 链接经常设置为“禁止替代”，但是不能阻止策略继承。“阻止策略继承”设置直接应用于站点、域或 OU。该设置既不应用于 GPO，也不应用于 GPO 链接。这样“阻止策略继承”可偏离从上述途径（通过在 Active Directory 层次中与父策略的链接）到达站点、域或组织单位的所有组策略设置，不管那些设置的原始组策略对象如何
- 环回。环回是一种高级组策略设置，该策略在某些近距离管理环境，例如机房、实验室、教室和接待处的计算机上非常有用。环回提供了另一种途径，获得其用户配置设置影响用户的组策略对象的有序列表。在默认情况下，用户设置来自取决于 Active Directory 中用户位置的 GPO 列表。有序列表是由从站点链接到域链接再到 OU 链接的 GPO，通过由用户在 Active Directory 中的位置确定的继承关系，按照管理员在每一层指定的顺序组成的。与其他组策略设置相同，环回可设置为“没有配置”、“启用”或“禁用”。在“启用”状态下，环回可设置为“合并”或“替换”
- 替换环回。在这种情况下，用户的 GPO 列表整个替换为在计算机启动时获得的计算机 GPO 列表。该列表的用户配置设置将应用于用户
- 合并环回。在这种情况下，组策略对象列表为串联列表。在计算机启动时计算机获得的 GPO 列表，将添加到用户登录时获得 GPO 列表的后面。由于获得的计算机 GPO 列表稍后应用，因此它在与用户列表中的设置冲突时具有优先性

（3）继承的流程

默认的情况下，GPO 是继承的。继承流向是从 Active Directory 树中的站点到域，然后到 OU。子容器从父容器继承 GPO。这意味着一个没有与 GPO 链接的子容器可以有多个组策略设

置应用于它的用户和计算机上。

如果子容器确实有 GPO 链接到它，那么来自 Active Directory 树高级父容器的组策略设置首先应用于它的用户和计算机上。然后应用子容器自己的组策略设置。

注意 对于 OU 不存在域的层次结构，比如父 OU、子 OU 等等。

(4) 连接到站点的 GPO

由于站点表现的是物理网络，域和 OU 表现的是逻辑网络，因此理解如何应用链接到站点的 GPO 是很重要的。任何给定的站点都可能包含来自一个或多个域的计算机。如果一个站点包含来自多个域的计算机，链接到该站点的 GPO 中定义的组策略设置将应用到所有该站点中的计算机和所有登录到该站点的用户，而不管该域中是否存在这些计算机和用户账户。

7.4.2 组策略的处理方式

图 7-10 所示的为如何处理组策略。

图 7-10 如何处理组策略

Windows 2000 按特定的顺序和确定的时间间隔处理组策略设置。掌握 Windows 2000 处理组策略设置的顺序，就能避免覆盖组策略设置。在计算机启动和用户登录时，Windows 2000 首先处理计算机设置，然后处理用户设置。在 Windows 2000 处理计算机设置时，启动脚本运行。同样地，在 Windows 2000 处理用户设置时，登录脚本运行。

(1) 确定处理哪个 GPO

需要处理的 GPO 列表是由 Win32®函数——GetGPOList 确定的。在计算机启动过程中确定应用哪个包含计算机配置设置的 GPO 后，在客户计算机上执行该函数；在用户登录过程中确定应用哪个包含用户配置设置的 GPO 后，在客户计算机上再次执行该函数。

(2) 客户端扩展

组策略的处理在客户端发生。实际上，组策略是通过许多被称为客户端扩展的不同动态连接库（DLL）来处理的。每个客户端扩展对应一个不同类型的组策略设置处理。表 7-2 列出了客户端扩展和对应的组策略设置类型。

表 7-2

客户端扩展	组策略设置
Userenv.dll	基于注册的设置（管理模板）
Dskquota.dll	磁盘配额设置（管理模板）
Fdeploy.dll	文件夹重定向设置
Gptext.dll	脚本和 IP Sec 设置
Appmgmts.dll	软件安装
Scecli.dll	安全和加密文件系统恢复设置
Iedkcs32.dll	Internet Explorer 维护设置

GetGPOList 函数确定了需要处理的 GPO 列表后，客户机循环检查客户端扩展，以确定每个客户端扩展在 GPO 中是否有数据处理。如果客户端扩展在 GPO 中有数据处理，那么它将在可适用的 GPO 中被执行并处理。如果某个客户端扩展没有数据处理，就不被执行。

（3）组策略如何影响启动和登录

下面的次序表示了在计算机启动和用户登录时计算机策略和用户策略的应用顺序：

1）启动网络。远程过程调用系统服务（RPCSS）和多重通用命名规范提供程序（MUP）将启动。

2）获得该计算机的 GPO 有序列表。该列表可能取决于下列因素：

- 计算机是否是 Windows 2000 域的一部分，并且是否因此通过 Active Directory 受组策略的控制
- 计算机在 Active Directory 中的位置
- 如果 GPO 列表没有更改，则不进行处理。可以使用组策略设置更改行为

3）计算机配置设置处理。默认情况下这些操作同步进行，其顺序如下：本地 GPO、站点 GPO、域 GPO 以及 OU GPO 等。处理计算机配置设置时，不显示用户界面。

4）启动脚本运行。在默认情况下这是隐藏而且同步进行的。每个脚本在下一个脚本开始执行之前要么必须完成，要么做超时处理。默认的超时时间为 600 秒（10 分钟）。可以使用多种策略设置更改该行为。

5）用户按下 Ctrl+Alt+Delete 键进行登录。

6）用户验证身份之后，将加载由当前生效的策略设置控制的用户配置文件。

7）用户可获得 GPO 的有序列表。该列表可能取决于下列因素：

- 用户是否为 Windows 2000 域的一部分，而且是否因此通过 Active Directory 受组策略的控制
- 是否启用环回以及环回策略设置的状态（“合并”或“替换”）
- 用户在 Active Directory 中的位置

如果要应用的 GPO 列表没有更改，则不进行处理。可以用组策略设置更改该行为

8）用户配置设置处理。默认情况下这些操作将同步进行，其顺序如下：本地 GPO、站点 GPO、域 GPO、OU GPO 等。处理用户策略时不显示用户界面。

9）登录脚本运行。与 Windows NT 4.0 脚本不同，基于组策略的登录脚本在默认情况下是隐藏并且异步运行的。用户对象脚本最后运行。

10）操作系统的用户界面，将按照组策略的设置显示。

（4）如何处理组策略

组策略设置按下列顺序处理：

1）本地 GPO。每台装有 Windows 2000 的计算机都只存储着一个组策略对象。

2）站点 GPO。链接到该站点的组策略对象在下一步处理。处理是同步进行的，并按照管理员指定的顺序进行。

3）域 GPO。多个域链接的 GPO 将按照管理员指定的顺序同步处理。

4）OU GPO。链接到 Active Directory 层次结构中最高层组织单位的组策略对象最先处理，然后是链接到其子组织单位的组策略对象，依次类推。最后处理的是链接到该用户或计算机所属组织单位的组策略对象。

这意味着首先处理本地 GPO，然后是链接到包括计算机或用户成员 OU 的 GPO，同时覆盖以前的 GPO。例如，可以设一个允许任何人交互登录的域 GPO。而为域控制器设置的 OU GPO，能阻止除特定管理组之外其他人登录。图 7-11 显示了组策略和 Active Directory 的关系。

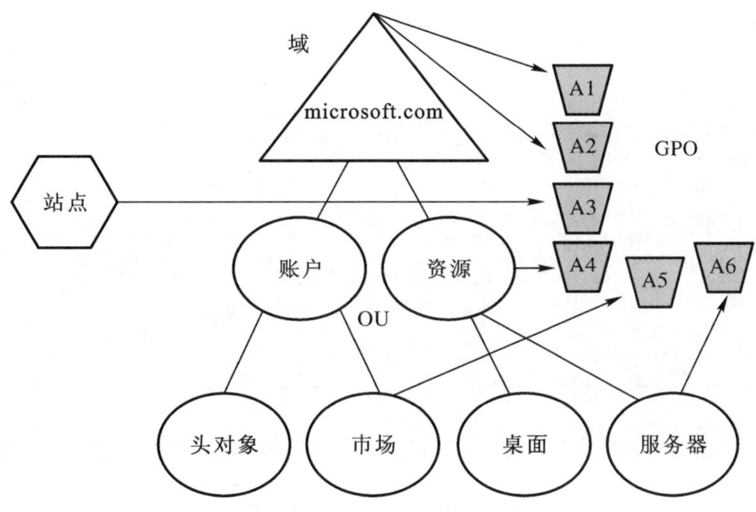

图 7-11 如何执行组策略设置

（5）GPO 处理异常

GPO 按照 Active Directory 层次结构处理：本机 GPO、站点 GPO、域 GPO 以及 OU GPO

等。然而，可以改变组策略设置的处理顺序，方法有：为对象修改 GPO 的顺序、设置“阻止策略继承”选项、设置“禁止替代”选项或启用“回环”设置等。

按照下列步骤，为一个对象修改 GPO 顺序：

1）打开“Active Directory 用户和计算机”，为域或 OU 设置 GPO 的顺序；或者打开“Active Directory 站点和服务器”，修改站点 GPO 顺序。

2）在控制台树中，右击想要改变 GPO 顺序的站点、域或者 OU，单击“属性”，然后单击“组策略”选项卡。

3）在“组策略对象链接”列表中，选择该 GPO，并单击“向上”按钮，如图 7-12 所示，或者“向下”按钮，给该站点、域或者 OU 的 GPO 改变优先级。Windows 2000 将从上至下处理列表中的 GPO。

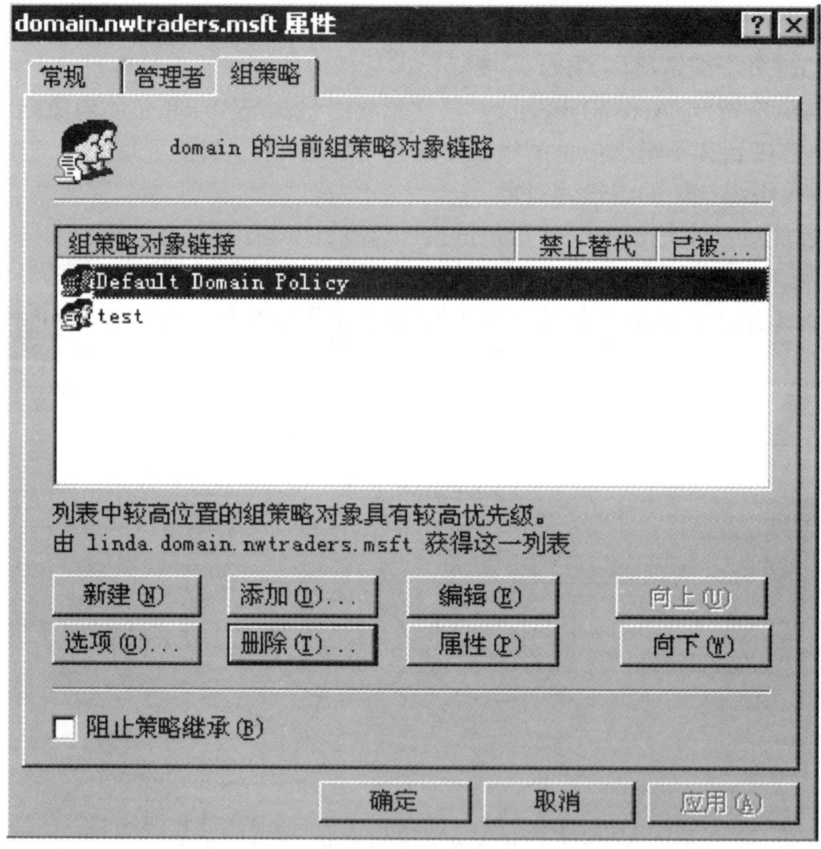

图 7-12 组策略的优先级

按照下列步骤指定阻止组策略继承选项：

1）打开“Active Directory 用户和计算机”，为域或者 OU 指定阻止组策略继承选项，或者打开“Active Directory 站点和服务器”，为站点设定阻止组策略继承选项。

2）在控制台树中，右击想要设置阻止策略继承的网站、域或者 OU，单击“属性”，然后单击“组策略”选项卡。

3）选择“阻止组策略继承”复选框，保证将所有链接到更上级的站点、域或者 OU 的 GPO 都被阻止。如果使用了禁止替代选项，就不能阻止 GPO。

按照下列步骤设置禁止替代选项：

1）打开“Active Directory 用户和计算机”，为域或者 OU 指定禁止替代选项（封锁策略继承）选项，或者打开“Active Directory 站点和服务”，为站点设定禁止替代选项。

2）在控制台树中，右击该 GPO 链接到的站点、域或 OU，单击“属性”，然后单击“组策略”选项卡。

3）选中该 GPO，单击“选项”，在“选项”对话框（如图 7-13 所示）中选择“禁止替代”复选框，以防止其他 GPO 替代这个 GPO 的设置，然后单击“确定”。

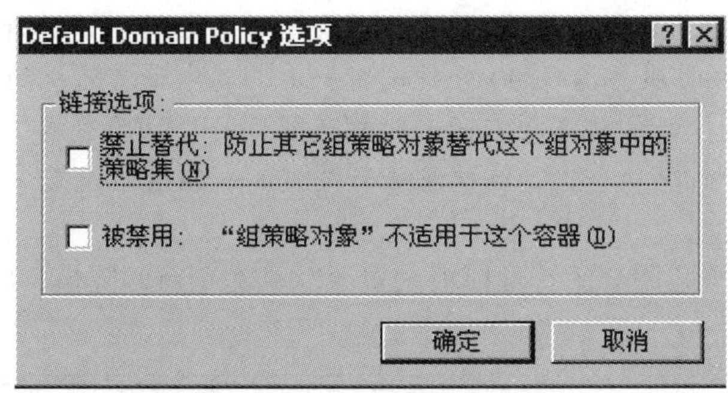

图 7-13 组策略继承

按照下列步骤，启用环回设置：

1）访问 GPO 的组策略管理单元。

2）在控制台树中，展开“计算机配置”、“管理模板”、“系统”和“组策略”。

3）在“详细”窗格中，双击“用户组策略环回处理模式”。

4）在“用户组策略环回处理模式属性”对话框中，单击“启用”。

5）在“模式”列表中，从以下模式中选择一种：

- “替换”。用已存在的计算机启动时得到的 GPO 列表，替换掉用户 GPO 列表
- “合并”。将在用户登录时得到的 GPO 列表，添加到计算机启动时得到的 GPO 列表

6）单击“确定”。

7.4.3 控制组策略的处理过程

可以控制组策略的同步处理或异步处理。异步处理指不依赖彼此结果的过程，因此能够同时在不同的线程中发生。同步则正好相反。同步处理必须在开始下一个处理之前等待前面的处理完成。这两种处理都是可用的组策略设置选项，可以选择较快的异步处理或更安全可靠的同步处理。

（1）同步和异步处理

默认的组策略处理是同步的。计算机组策略设置在显示“Windows 欢迎信息”的信息前完

成，用户的组策略设置完成前，用于把命令传给操作系统的命令解释程序必须被激活且要与用户连接完毕。用户组策略设置在用来把命令传递给操作系统的命令解释器被激活且用户能用它进行交互操作之前完成。

可以通过使用组策略设置将默认操作改为异步。不推荐此操作，除非有强制执行的原因。若要提供最可靠的操作，应该保持同步处理。

（2）在固定的时间间隔内刷新组策略

运行 Windows 2000 的计算机在确定的时间间隔里刷新或重新应用组策略设置。刷新确保组策略设置能应用于那些即使没有重新启动或离线的计算机和用户中。

下面列出了默认的刷新时间间隔：

- 运行 Windows 2000 Professional 并且无法配置成域控制器的计算机和运行 Windows 2000 Server 的成员服务器每 90 分钟刷新一次，其中带有随机的 30 分钟时间偏移量。时间偏移保证多个计算机不会在同一时刻连接同一个域控制器
- 域控制器每 5 分钟刷新一次。这就意味着关键的新组策略设置，例如安全设置，将在 5 分钟内得到执行

可以通过修改计算机和用户的管理模板来更改默认的刷新间隔值。组策略不能在指定时间定时刷新。

注意 GPO 中的安装软件和文件夹重定向设置的处理是在计算机启动或用户登录时发生的，而不是一个周期性的过程。

（3）未更改的组策略设置处理

默认的情况是，除远程安装服务客户端扩展外，每个客户端扩展仅处理上次被客户端扩展处理更改过的组策略设置。尽管该默认方式提供了最佳效果，但是结果并不像预计的那样。例如：如果用户更改了某一时间内的组策略设置控制的某个设置，但 GPO 里的组策略设置没有更改，那么当组策略再次被应用时用户的更改不会被纠正。每个客户端扩展都可能被配置用于处理所有可应用的组策略设置，而不管它们是否被更改。该配置由管理模板设置来完成。

7.4.4 组策略和慢速链接

组策略有检测慢速链接的能力，如果检测到一个慢速链接，将设定一标志给客户端扩展指明该事实。如果设定了标志，个别的客户端扩展将决定是否要处理组策略设置的应用。链接的速度与 500 Kbps 作比较，或者和更改了默认的 500 Kbps 后选择的另一个值比较。组策略使用一种算法来确定链接是否是慢速。如果链接的速度小于 500 Kbps，就认为链接是慢速的。

表 7-3 指出了默认的慢速链接处理。

表 7-3

客户端扩展	慢速链接
基于注册的设置（管理模板）	打开（不能关闭）

续表

客户端扩展	慢速链接
Internet Explorer 维护设置	关闭
软件安装设置	关闭
文件夹重定向设置	关闭
脚本设置	关闭
安全设置	打开（不能关闭）
IP 安全性设置	关闭
EFS 恢复设置	打开
磁盘配额设置（模板设置）	关闭

客户端扩展关于慢速链接的行为可以通过管理模板的设置来更改，而总是要处理的基于注册表的设置和安全性设置除外。

7.4.5 解决组策略之间的冲突

组策略是累积的，也就是说，除非两个或多个设置冲突，否则影响用户或计算机账户的所有 GPO 中的任何组策略设置都被应用。

当冲突发生时确定执行哪个组策略设置的原则为：

- 来自父容器的 GPO 设置和来自子容器的 GPO 设置冲突。当这种情况发生时，子容器的设置最后应用并生效
- 连接到同一容器上的不同的 GPO 的设置发生冲突。当这种情况发生时，在容器“属性对话框”中“组策略”选项卡上 GPO 列表中位置最高的 GPO 设置最后执行生效。要改变连接到同一个容器上的多个 GPO 的执行顺序，单击“组策略”选项卡上 GPO 列表中的一个 GPO，然后单击“向上”或“向下”来改变它的位置

当前设置处理应用程序的一个特例是用户设置和计算机设置发生冲突。这种情况发生时，绝大多数时候是忽略用户设置而应用计算机设置（即使用户设置是最后应用的）。可以通过使用设置的“属性”对话框的“说明”选项卡查看计算机或用户设置是否执行。上面所说的并不是组策略结构硬性规定的，但却是为操作系统以及利用组策略的应用程序所遵循的惯例。除非有惯例不适用于给定的组策略设置的特殊原因，一般都遵循惯例。

组策略累积处理的例外是 IP 安全设置和用户权限设置。当执行 IP 安全设置和用户权限设置时，最新执行的 GPO 将改变以前的 GPO。

7.4.6 课堂讨论——组策略的实现

图 7-14 所示的为如何执行组策略设置。

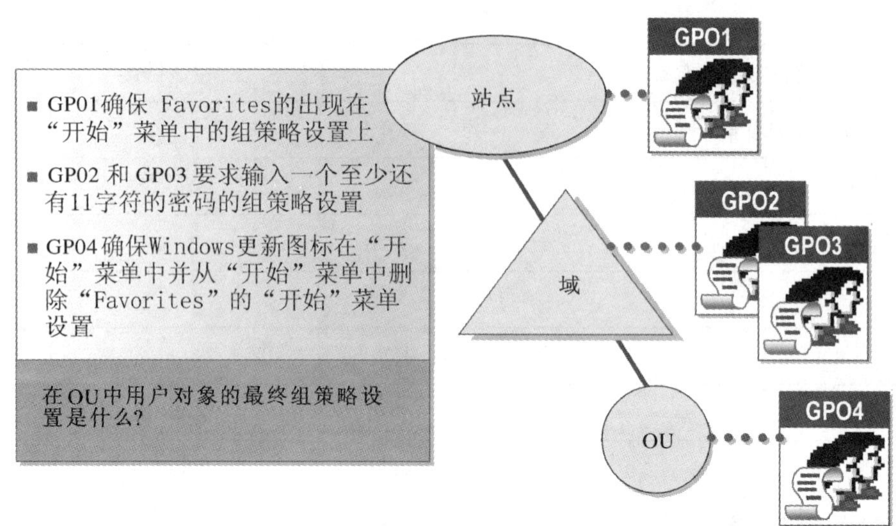

图 7-14 如何执行组策略设置

- 实验方案

在网络中，有如表 7-4 所示的链接到 Active Directory 上容器上的 GPO。

表 7-4

GPO	容 器
GPO1	确保“收藏”出现在“开始”菜单中的账户组策略设置上
GPO2	要求至少有 11 个字符的密码的账户组策略设置
GPO3	从“开始”菜单中移去“Windows 更新”图标的“开始”菜单设置
GPO4	确保 Windows 更新图标在“开始”菜单中，并从“开始”菜单中删除“收藏”的“开始”菜单设置

在 OU 中用户对象的组策略设置的最终结果是什么？

策略设置最终结果是：

- 用户密码至少 11 个字符长
- Windows 更新图标在“开始”菜单中出现
- “收藏”不出现在“开始”菜单中

从开始菜单中移去“收藏”的组策略设置必须在确保它已在“开始”菜单中出现后才处理。确保 Windows 更新图标在“开始”菜单中的组策略设置必须在确保它已经从桌面上删除后才处理。

7.5 修改组策略继承

Windows 2000 系统提供了修改组策略继承和控制如何在特定的计算机和用户上应用组策

略设置的能力。修改继承可以帮助网络、计算机及用户阻止、强迫或者筛选组策略设置的继承。

7.5.1 启用阻止策略继承

图 7-15 所示的为启用阻止继承。

阻止继承

- 禁止从所有父容器的GPO继承
- 不能选择不可选的GPO
- 不能禁止不代理

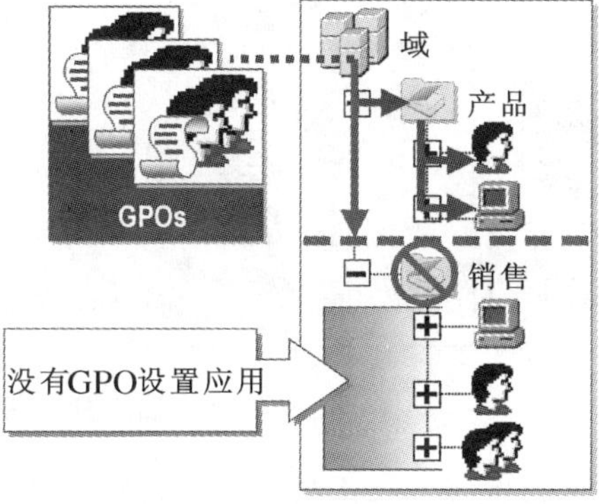

图 7-15 启用阻止继承

通过在子容器上启用阻止继承可以阻止子容器从父容器处继承任何一个 GPO。在子容器上启用阻止继承将阻止容器继承所有的组策略设置而不是单个设置。当 Active Directory 的容器需要惟一的组策略设置并且确保该设置不被继承时，该功能将是有帮组的。例如：当 OU 的管理员必须控制容器的所有 GPO 时就可以使用“阻止继承”。

阻止子容器的 GPO 继承，可以执行以下步骤：

1）打开想阻止继承的域或 OU 的“属性”对话框。

2）在“组策略”选项卡上，单击“阻止组策略继承”。

阻止组策略继承的两个局限如下：

- 无法选择阻止哪个 GPO。除非 GPO 被设置成“禁止替代”，否则阻止继承会影响所有父容器的所有 GPO
- 如果链接到父容器的 GPO 选择了“禁止替代”选项，那么“阻止继承”不能停止这个 GPO 的继承

7.5.2 启用禁止替代

图 7-16 所示的为启用禁止替代。

如果在某个 OU 上设置的是“禁止替代”，则意味着无论它和以后执行的设置冲突还是它下层 OU 被设置为阻止继承，它本身所连接的所有组策略都将被应用。应该将“禁止替代”应用在代表关键的全局性准则的 GPO 链接上。在 Active Directory 树的较高层次链接 GPO 以保证能对多个 OU 起作用。例如：把网络安全设置链接到一个站点或域上。

注意 实际上“禁止链接”选项仅在链接上设置而不是在 GPO 上。这意味着如果有一个链接到多个容器上的 GPO，可以在每个容器上配置“禁止替代或其他单独的某个容器上”。

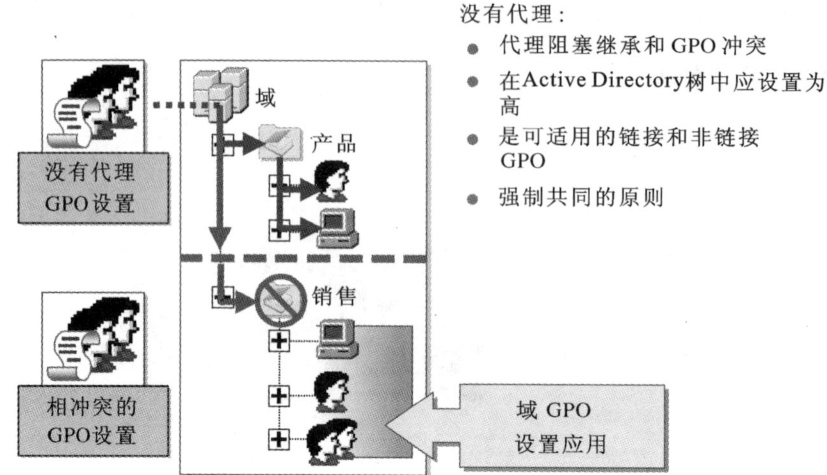

图 7-16 启用禁止替代

当不止一个链接被设置为“禁止替代”并且链接的 GPO 全部应用于同一个容器中，而且包括冲突的设置时，在 Active Directory 层次结构中最高层的 GPO 优先处理。

要设置“禁止替代”选项，执行下面的步骤：

1）打开链接 GPO 的容器的“属性”对话框。

2）在“组策略”选项卡上，单击“选项”。

3）在 GPO 的“选项”对话框里，单击“禁止替代”，然后单击“确定”。

注意 在链接的 GPO 中只有那些关键设置被标注为“禁止替代”，这是因为“禁止替代”将不顾及别的 GPO 的设置而发挥作用。必须确保没有覆盖重要的 GPO。

7.5.3 筛选组策略设置

图 7-17 所示的为筛选组策略设置。

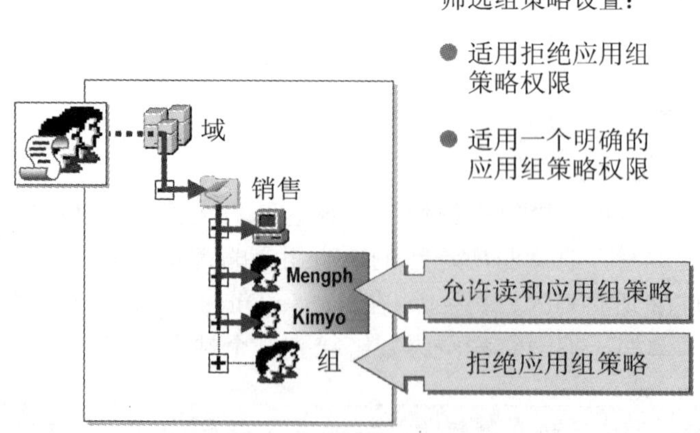

图 7-17 筛选组策略设置

默认情况下，对任一给定的容器，所有影响容器的 GPO 的组策略设置都应用于容器里的所有用户和计算机中。这可能不是希望得到的结果。例如：如果已经委派了一个子 OU 的管理控制权给账户在该 OU 里的一个或多个用户，可是并不希望组策略设置应用于那些用户账户上。可以通过使用一个或多个 GPO 的安全组和随机访问控制列表（DACL）来控制和筛选组策略的应用。

为了让组策略应用于用户或计算机账户上，该账户需要有在 DACL 中对 GPO 有读取权限和允许应用组策略权限的访问控制项（ACE）。新 GPO 的默认 DACL 有如下所述的 ACE：

- 验证的用户——允许读并允许申请组策略
- 域管理员、企业管理员以及系统——允许读、写、创建所有的子对象并允许删除所有的子对象

注意 验证用户，创建拥有者、域管理员、企业管理员以及系统都拥有 GPO 的特定权限。由于这些特定权限并不影响组策略的应用，因此它们并没有在上面的段落中列出。

为了筛选组策略，使通常应用在 OU 里所有账户上的组策略设置不影响 OU 管理员，可以使用以下两种方法之一。

（1）方法 1

方法 1 是明确拒绝对包含 OU 管理员在内的安全组的应用组策略权限。要通过明确拒绝应用组策略权限来筛选组策略，可以执行下面的步骤：

1）创建一个域本地安全组，并将 OU 的管理员添加到这个组。

2）在“属性”对话框里的“安全”选项卡中添加不想应用于 OU 管理员的 GPO 安全组。

3）为这个安全组拒绝应用组策略权限。

（2）方法 2

方法 2 是删除验证的用户。通过省略安全组的 OU 管理员，使他们没有 GPO 的明确许可。要通过省略应用组策略允许来筛选组策略，可以执行下面的步骤：

1）从 DACL 中删除验证的用户组。

2）创建一个域本地安全组并将除 OU 管理员外的所有计算机和用户账户加入该组。

3）在“属性”对话框里的“安全”选项卡中添加不想用于 OU 管理员的 GPO 安全组。

4）允许安全组具有读和应用组策略权限。

（3）筛选 GPO 作用域

GPO 内的策略只适用于那些对该 GPO 有读取权限的用户。通过新建安全性组并给选定好的组分配读取权限，可以过滤 GPO 的作用域。故而可以取消对 GPO 的读权限，以防止对特定组使用策略。

按照下列步骤筛选 GPO 的作用域：

1）访问 GPO 的组策略管理单元。

2）右击控制台根节点，然后单击“属性”。

3）单击安全选项卡，再单击要筛选 GPO 的安全组。如果需要改变筛选该 GPO 的安全组列

表，可以使用“添加”或者“删除”安全组。

4）设置表 7-5 中所示的权限，然后再单击“确定”。

表 7-5

GPO 作用域	选择权限	结 果
GPO 应用到该安全组的成员	把应用组策略（AGP）设置成允许。将读取设为允许	该 GPO 适用于该安全组的成员，除非至少有一个其他安全组将 AGP 设为拒绝，或者读取设为拒绝，或者两种情况兼有
在该 GPO 中删除安全组成员	将 AGP 设为拒绝。将读取设为拒绝	不论这些成员在其他安全组中有何权限，AGP 都不适用于这个安全组的成员
不论 GPO 是否使用，该安全组成员都是相互无关的	AGP 既不设为允许，也不设为拒绝。读取既不设为允许，也不设为拒绝	只有在 AGP 和读取都设为允许成员作为至少一个其他安全组成员时，GPO 才适用于该安全组的成员

7.6 GPO 实现的策略

在规划 Active Directory 的结构时，应当考虑组织的组策略是如何实现的。在设计组策略和选择适用于组织的方案时，授权的委托、管理任务的分离、集中对分散管理、设计的灵活性都是需要考虑的重要因素。

本节中描述的组策略实现策略是阐述组策略设计原则的例子。大部分组织将这些策略组合起来创建自定义解决方案。

7.6.1 分层 GPO 和单 GPO 设计的比较

这些 GPO 设计策略为 GPO 里的组策略设置提供了分散的（分层的）和集中的（单块的）位置，如图 7-18 所示。

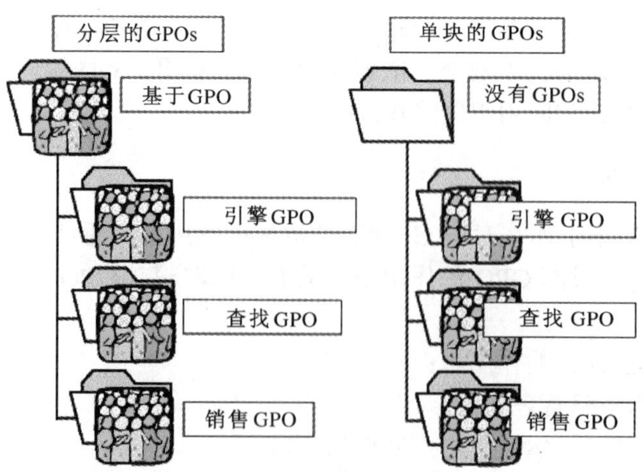

图 7-18 分层的和单块的 GPO 设计对比

（1）分层 GPO 设计

使用分层设计的目的是在尽可能少的 GPO 中包含特定的策略设置。需要更改时，只须改变一个（或很少）GPO 来执行该改变。分散设计的优点是简化了管理，付出的代价是稍微延长了登录时间（因为要处理多个 GPO）。

为了达到这个目的，可建立一个应用于域上的基本 GPO，它包含的策略设置应该能够应用于域中尽可能多的用户和计算机上。例如：基本 GPO 中可以包含团体的或组范围的安全设置，比如账户和密码限制。然后，建立一个符合各个团体组常见要求的附加 GPO，例如：工程、销售、市场，执行和管理助理等团体组的 GPO，并将其应用到相应的 OU 上。

分层的 GPO 设计最适合于组织中的不同组有着相同的安全考虑，并且组策略经常变化的环境。

（2）单块 GPO 设计

使用单块 GPO 设计的目的是对给定的用户和计算机使用尽量少的 GPO（理想状况是仅用一个）。在单个 GPO 内，应当完成给定的站点、域或者 OU 的所有策略设置。如果站点、域、OU 中的用户组或计算机组有不同的策略要求，可以考虑把容器分成多个 OU，并对每个 OU 应用各自的 GPO，而不是对父 OU 运行 GPO。

单块设计中发生的变动包含比分层设计更多的管理工作，这是因为可能要在多个 GPO 中更改设置，但是这样就缩短了登录时间。单块 GPO 设计最适用于能把用户和计算机归类到少量的组以进行策略分配的环境。

7.6.2　职能角色和小组设计的关系

Active Directory 的 OU 结构设计旨在用来减轻管理和授权的委派工作。OU 结构或许能扮演机构内的职能角色，或许不能。用职能角色 OU 结构为某组织设计组策略时，通过委派控制到 OU 级，可以设置组策略。如果 OU 结构没有体现出组织的组结构，那么使用 OU 委派控制，同时也选择利用组作为应用组策略的筛选机制。职能角色和小组设计策略如图 7-19 所示。

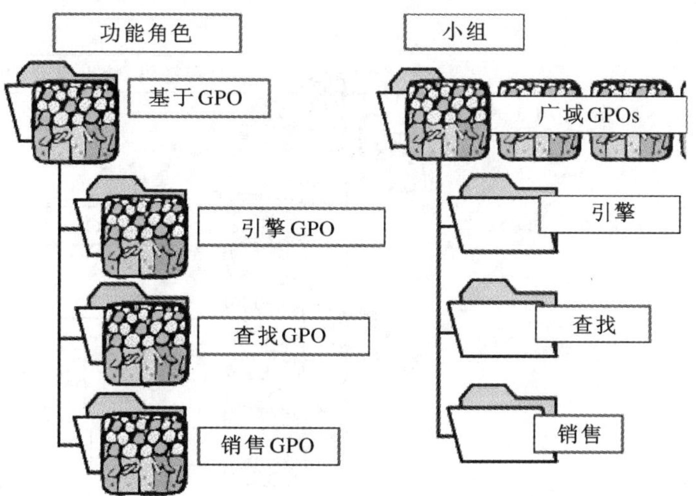

图 7-19　职能角色和小组设计的关系

（1）职能角色的设计

使用职能角色设置的目的是在组织内使用反映职能角色的 OU 结构，以实施组策略。要使用尽可能少的 GPO，使每个 GPO 都满足组的特定需要。

要达到这个目的，可以为每个 OU 新建 GPO。网络管理员可以在域管理级或每个 OU 的管理级，设置 GPO 管理的 ACL（访问控制列表）权限。

职能角色设计最适用于按照职能角色设计的组织。这些组织中的用户都按照职业分组，例如：按照工程、销售、市场等分成一个个组。每个职能角色都需要特定的组策略。OU 机构反映了组织内按职能分类的角色。

（2）小组设计

使用小组设计的目的是在使用虚拟小组概念的组织中使用组作为筛选机制来实施组策略。机构中的个体形成小组，执行某项任务或某个工程项目，且每个成员都是多个小组的成员。每个小组都有各自特定的组策略需求。

进行小组设计时，可以为每个虚拟小组新建 GPO。由于一个用户在同一时刻只能存在于一个 OU 中，所以最好在层次结构的最上层新建一个单一的 GPO，向下筛选每一个 OU。接下来，按照需要给每个小组新建 GPO。这样做的好处是，只在一处位置应用 GPO，从而简化了操作。管理员可以集中管理 GPO，同时将 GPO 到 OU 的分配任务减少到最小。这种模式最适合一些组织，这些组织在带有不影响组结构的 OU 体系的动态环境里需要一个有效的并且适合的管理组策略的方法。

7.6.3 带有集中或分散控制的 OU 委派

可以对 OU 的管理进行委派。OU 的管理员可能有必要阻止组策略被分配给在更高层的 OU。然而，有些策略需要被强制执行，并且 OU 管理员将不能阻止它们。这能够通过使用集中的或分散的控制设计来完成，如图 7-20 所示。

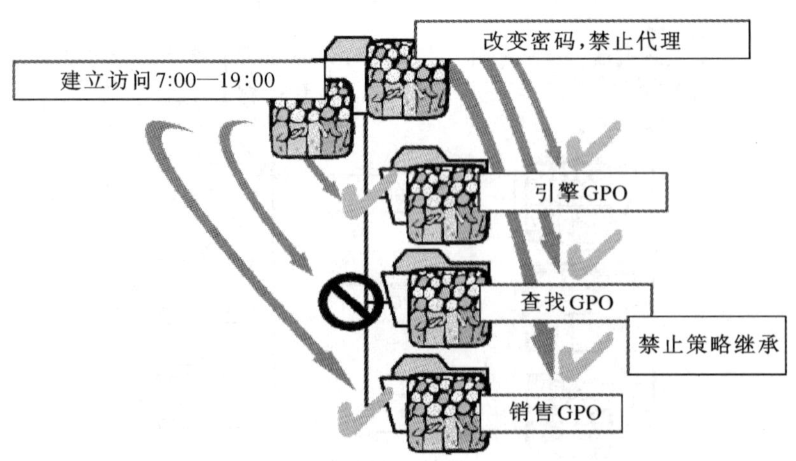

图 7-20 带有集中或分散控制的 OU 委派

（1）集中控制设计

采用这种方法，管理任务被委派给了 OU 管理员，同时也存在集中控制。

为了达到这个目的，可以对 OU 选择禁止替代。例如：先给域新建一个有安全设置的 GPO，然后对其使用禁止替代。这样，所有子 OU 将受在域级设置的安全选项的影响。对于所有其他类型的策略，可以把 GPO 的控制委派给指定的 OU 管理员。

集中设计最适用于选择 OU 委派管理，但是又希望在整个域中加强某些组策略（例如特定的安全政策）的组织。

（2）分散控制设计

采用这种方法，OU 的管理员能够阻止组策略应用于 OU。而管理员不能阻止标记为禁止替代的组策略。

要达到这个目的，可以为每个 OU 新建 GPO。设置 ACL（访问控制列表）权限允许 OU 管理员能完全控制 GPO。然后给每个 OU 设置阻止策略继承选项。

分散控制设计最适合于希望把域的个数降低到最少而又不愿牺牲 OU 的自主管理权的组织。它允许管理员对整个域加强某些组策略。

7.6.4　课堂讨论——更改组策略继承性

图 7-21 所示的为更改策略继承。

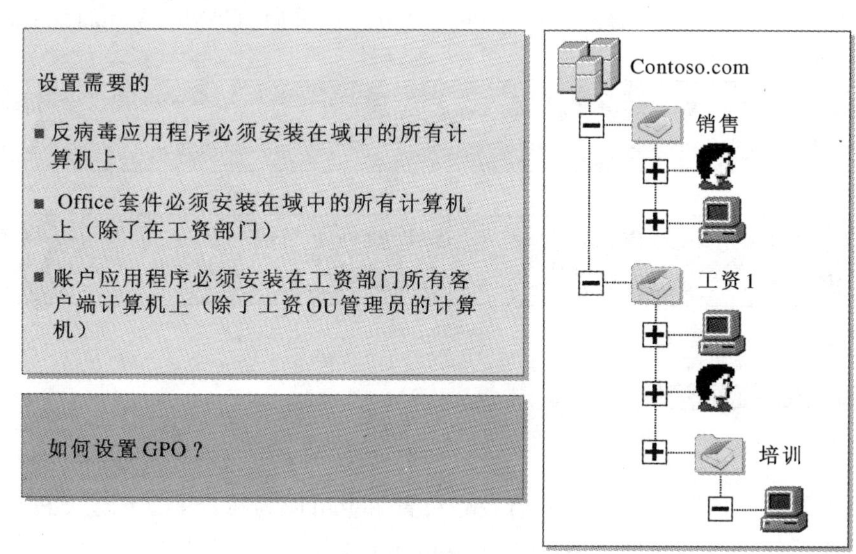

图 7-21　更改策略继承

- 场景

确定在网络中具备以下条件：

- 在域中的所有计算机上安装了防病毒程序
- 除工资部门的用户外所有域里的计算机必须安装微软的 Office 套件

- 除工资部门 OU 管理员的计算机外工资部门的所有计算机都必须安装系列商务记账应用程序

如何设置 GPO 来满足上述条件？

实验 A 实现组策略

- 目标

在完成实验后，将能够：

- 连接组策略对象（GPO）到组织单位（OU）
- 明确当多个 GPO 被指派时组策略继承的作用
- 阻止组策略继承
- 强制组策略应用于子 OU 上
- 筛选应用于 OU 中选择的用户和组上的组策略

- 准备工作

在开始做实验之前，必须有使用 Active Directory 用户和计算机的经验。

- 实验配置

要完成实验，需要以下配置：

- 配置成域控制器的运行 Windows 2000 高级服务器版的计算机
- 一个 OU 结构。为了创建所有的 OU 和用户，运行 C:\Moc\Win2154A\Labfiles 下的 2154A.cmd 补丁文件

重点 这个实验并不反映真实的环境。建议用户对任何管理账户一直使用复杂的密码，并且永远不创建没有密码的账户。

重点 在课堂外的环境，强烈建议用户使用最新的软件更新版本，这是非常必要的。因为这是一个课堂环境，所以可以使用不包括最新的软件更新版本。

- 实验的预估时间：45 分钟

练习 1 创建和链接组策略对象

- 实验方案

需要给域中的 OU 指派一些标准的组策略设置。也可以为每个 OU 创建 GPO，以减少组织中初级管理员的一些组策略管理任务。在 Accounting（账目）OU 里的用户只需要适当的限制。对于这些用户，将使用 Corporate Standard Desktop（公司标准桌面）GPO。在 Accounts Payable（账目支出）和 Accounts Receivable（账目收入）OU 中的用户，需要一个严格的桌面环境。针对这些用户，将采用受限制的桌面（Restricted Desktop）GPO，这样会添加附加的限制到派生自父 OU 的公司标准桌面组策略设置。

- 目标

将 nwstraders.msft 域中的公司标准桌面 GPO 链接到账目 OU 上。然后把受限制的桌面 GPO 链接到账目支出 OU 和账目收入 OU 上。对于每一个 OU，都需要创建一个 GPO，以后将利用该 GPO 来委派组策略管理。

任务	具体步骤
1. 把 Corporate Standard Desktop GPO 链接到 Accounting OU 上	a. 以管理员的身份和密码 password 登录 b. 从“管理工具”菜单中打开“Active Directory 用户和计算机” c. 在控制台树中展开域，右击“Accounting”，然后单击“属性” d. 在“Accounting 属性”对话框中，单击“组策略”选项卡 注意：当前没有组策略对象链接到该 OU 上。 e. 在“组策略”的选项卡上，单击“添加” f. 在“添加组策略对象链接”对话框的“全部”选项卡上的“存储在本域中的所有组策略对象”下单击“Corporate Standard Desktop”，然后单击“确定” “Corporate Standard Desktop”在组策略对象链接列表中出现。这样 Corporate Standard Desktop GPO 就与 Accounting OU 链接上了。 g. 使“Accounting 属性”对话框保持打开状态
2. 为 Accounting OU 创建一个新 GPO	a. 在“Accounting 属性”对话框中，单击“新建” b. 输入“Accounting Policy”，然后按 Enter 键 c. 单击“关闭”来关闭“Accounting 属性”对话框 d. 保持“Active Directory 用户和计算机”打开状态
3. 把受限制桌面 GPO 链接到 Accounts Payable OU 上	a. 在控制台树中展开“Accounting”，右击 “Accounts Payable”，然后单击“属性” b. 在“Accounts Payable 属性”对话框中“组策略”选项卡上，单击“添加” c. 在添加组策略对象链接对话框的“全部”选项卡上的“存储在本域中的所有组策略对象”下单击“Restricted Desktop” GPO ，然后单击“确定” d. 使“Accounts Payable 属性”对话框保持打开状态
4. 为 Accounts Payable OU 创建一新 GPO。将新的 GPO 命名为 Accounts Payable Policy	a. 在“Accounts Payable 属性”对话框中，单击“新建” b. 输入“Accounts Payable Policy”，然后按 Enter 键 c. 单击“关闭”来关闭“Accounts Payable 属性”对话框 d. 保持“Active directory 用户和计算机”的打开状态

续表

任　　务	具 体 步 骤
5. 将 Restricted Desktop GPO 链接到 Accounts Receivable OU	a. 在控制台树中，右击“Accounts Receivable”，然后单击“属性” b. 在“Accounts Receivable 属性”对话框的“组策略”选项卡上单击“添加” c. 在“添加组策略对象链接”对话框的“全部”选项卡上，在“存储在本域中的所有组策略对象”下面，单击“Restricted Desktop”，再单击“确定” d. 离开“Accounts Receivable 属性”对话框并保持其打开状态
6. 为 Accounts Receivable OU 创建一个新的 GPO。将新的 GPO 命名为“Accounts Receivable Policy”	a. 在“Accounts Receivable 属性”对话框中，单击“新建” b. 输入“Accounts Receivable Policy”，然后按 Enter 键 c. 单击“关闭”来关闭“Accounts Receivable 属性”对话框 d. 关闭“Active Directory 用户和计算机”，然后注销

练习 2 验证组策略设置

- 实验方案

Corporate Standard Desktop GPO 包含了对用户桌面环境作如下更改的设置：

- “管理工具”文件夹不出现在“开始”菜单中
- “Windows 更新”图标不出现在“开始”菜单中
- 不保留最近“文档”的显示

Restricted Desktop GPO 包含了对用户桌面环境作如下更改的设置：

- 不能改变“任务栏”和“开始”菜单
- 用户不能浏览网络

需要以 Accounting 和 Accounts Receivable OU 中用户的身份登录，检验是否已经应用了正确的设置。

- 目标

使用 Accounting 和 Accounts Receivable OU 中的用户账户登录，并记录哪些组策略设置被实施。

任　　务	具 体 步 骤
1. 以 Acctguser 身份登录并验证 Accounting OU 中用户的组策略设置	a. 以 Acctguser 的身份和密码 password 登录

续表

任　　务	具 体 步 骤

❓ 以下包含在 Corporate Standard Desktop GPO 中的设置是否已被实施？

- “管理工具”文件夹不出现在“开始”菜单中
- “Windows 更新”图标不出现在“开始”菜单中
- “文档”图标不出现在“开始”菜单中

任　　务	具 体 步 骤
1.（续）	b. 注销
2. 以 Acctguser 身份登录并验证 Accounts Receivable OU 中用户的组策略设置	a. 以管理员的身份和密码 password 登录

❓ 以下包含在 Corporate Standard Desktop GPO 中的设置是否已被实施？

- “管理工具”菜单不出现在“开始”菜单中
- “Windows 更新”图标不出现在“开始”菜单中
- “文档”图标不出现在“开始”菜单中

❓ 以下包含在 Restricted Desktop GPO 中的设置是否已被实施？

- 不能改变“任务栏”和“开始”菜单
- 用户不能浏览网络

续表

任　　务	具 体 步 骤
❓ 为什么 Corporate Standard Desktop GPO 的限制也应用在 Accounts Receivable OU 的用户上？ ____ ____	
2. （续）	b. 注销

练习 3　阻止组策略继承

- 实验方案

Active Directory 中的其他任何一组策略设置不应该影响账户收入部门。

- 目标

配置账户收入 OU，使得较高层次的策略通过设置为阻止组策略继承从而不被应用。然后验证账户收入和账户支出中用户的新设置。

任　　务	具 体 步 骤
1. 在 Accounts Receivable OU 上设置阻止策略继承	a. 以管理员的身份和密码 password 登录 b. 从“管理工具”菜单中打开“Active Directory 用户和计算机” c. 在控制台树中展开域，再展开“Accounting”，右击“Accounting”，然后单击“属性” d. 在“组策略”选项卡上，选中“阻止策略继承”。然后单击“确定” e. 注销
2. 以 Aruserr 身份登录并验证 Accounts Receivable OU 的策略继承被阻止	a. 以 Aruser 身份和密码 password 登录

❓ 以下包含在 Corporate Standard Desktop GPO 中的设置是否已被实施？ 为什么？

- “管理工具”菜单不出现在“开始”菜单中
- “Windows 更新”图标不出现在“开始”菜单中
- “文档”图标不出现在“开始”菜单中

续表

任　　务	具 体 步 骤

❓ 以下包含在 Restricted Desktop GPO 中的设置是否已被实施？ 为什么？

- 不能改变“任务栏”和“开始”菜单
- 用户不能浏览网络

____

____

2. （续）	b. 注销
3. 以 Appuser 身份登录并验证 Accounts Receivable OU 的组策略继承没有被阻止	a. 以 Appuser 身份和密码 password 登录

❓ 以下包含在 Corporate Standard Desktop GPO 中的设置是否已被实施？

- “管理工具”菜单不出现在“开始”菜单中
- “Windows 更新”图标不出现在“开始”菜单中
- “文档”图标不出现在“开始”菜单中

____

____

3. （续）	b. 注销

练习 4　强制执行组策略继承

- 实验方案

现在已经建立了一个新 GPO，要求阻止所有用户改变“我的文档”的位置。确保即使是配置为组策略继承的 OU 也接收到新的设置。

- 目标

把受限制的我的文档（Restricted My Documents）GPO 连接到账户 OU 上，并验证应用该设置的用户。然后把受限制的我的文档 GPO 配置为“禁止替代”，以确保它应用在所有的子容器上。

任　　务	具 体 步 骤
1. 把受限制的我的文档GPO链接到账户OU上，并启用GPO的禁止替代选项	a. 以管理员的身份和密码password登录 b. 从“管理工具”菜单中打开“Active Directory 用户和计算机” c. 在控制台树中展开域，右击“Accounting”，然后单击“属性” d. 在“Accounting属性”对话框中的“组策略”选项卡上，单击“添加” e. 在“添加组策略对象链接”对话框的“全部”选项卡上的“存储在本域中的所有组策略对象”下，单击“Restricted My Documents”GPO，然后单击“确定” f. 在“组策略对象链接”列表中，右击“Restricted My Documents”，然后单击“禁止替代” 注意：将会有一个检查标志出现在“Restricted My Documents ”GPO的右方的禁止替代栏中。 g. 单击“确定”关闭“Accounting属性”对话框，关闭“Active Directory 用户和计算机”，然后注销
2. 以Aruser的身份登录并验证受限制的我的文档GPO的执行情况	a. 以Aruser身份和密码password登录 b. 在桌面上，右击“我的文档”，然后单击“属性”

能否更改目标文件夹的位置？为什么？

____

____

2. （续）	c. 注销

练习5 筛选组策略

- 实验方案

账户部门由于使用的一系列商业应用程序，因此需要一个在账户OU中的域用户账号。由于兼容性的问题，公司标准桌面GPO不能应用于这个用户上。必须配置GPO以便从组策略应用程序上筛选用户账号。

- 目标

为公司标准桌面 GPO 配置权限，使它不能应用于账户 OU 中的应用程序用户账户上。然后验证 GPO 设置不再对应用程序用户（Application User）起作用。

任　　务	具 体 步 骤
1. 配置 Corporate Standard Desktop GPO 的权限，使得它不能应用在 Application User 账户上	a. 以管理员的身份和密码 password 登录 b. 从“管理工具”菜单中打开“Active Directory 用户和计算机” c. 在控制台树中展开域，右击“Accounting”，然后单击“属性” d. 在“Accounting 属性”对话框中的“组策略”选项卡上右击“Corporate Standard Desktop”，然后单击“属性” e. 在“安全”选项卡上，单击“添加”选项 f. 在“名称”下，双击“Application User”，然后单击“确定” g. 在选择了“Application User”后，选择“采用组策略”旁边的“拒绝”复选框，然后单击“确定” h. 在“安全”对话框中，单击“确定”继续 i. 单击“确定”关闭“Accounting 属性”对话框，关闭“Active Directory 用户和计算机”，然后注销
2. 验证 Corporate Standard Desktop GPO 的设置没有应用在 Application User 上	a. 以 Appuser 身份和密码 password 登录

以下包含在 Corporate Standard Desktop GPO 中的设置是否已被实施？ 为什么？

- “管理工具”文件夹不出现在“开始”菜单中
- “Windows 更新”图标不出现在“开始”菜单中
- “文档”图标不出现在“开始”菜单中

____

____

2. （续）	b. 注销

7.7 组策略的委托管理控制

Active Directory 允许管理员委派 GPO 控制。这一节解释了组策略是如何符合站点、域和 OU 的委派的。

表 7-6 列出了默认的 GPO 权限。

表 7-6

安　全　组	默认的设置
验证的用户	读取、应用组策略、特殊的权限
创建拥有者	特殊的权限
域管理员	读取、写入、创建所有的子对象，删除所有的子对象、特殊的权限
企业管理员	读取、写入、创建所有的子对象，删除所有的子对象、特殊的权限
系统	读取、写入、创建所有的子对象，删除所有的子对象、特殊的权限

组策略的委派包含下面三个部分，作为特定情况的需要可以单独使用也可联合使用：

- 管理站点、域或 OU 连接的组策略设置
- 创建 GPO
- 编辑 GPO

（1）管理站点、域或 OU 连接的组策略设置

在站点、域或 OU 的属性对话框中的“组策略”上允许管理员指定哪个 GPO 连接到该站点、域或 OU 上。这个信息存储在与 GPO 链接的容器的 gPLink 和 gPOPtion “属性” 中。

Active Directory 支持在每个属性要素上的安全设置。这意味着也能授予非管理人员对特定属性的读写访问权。在这个情况下，如果非管理人员拥有 gPLink 和 gPOPtions 属性的读写访问权限，他们将能够管理连接到站点、域或 OU 中的 GPO 列表。

为了给用户这些属性的读写访问权限，可以使用委派控制向导来选择连接预定任务的管理组策略。

（2）创建 GPO

Windows 2000 中的默认情况是，只有系统账户以及“Domain Admins”、“Enterprise Admins”、“Group Policy Creator Owners”组的成员才能够创建 GPO。如果要让非管理员或组能创建 GPO，可以把那些用户或组添加到“Group Policy Creator Owners” 安全组中。

当 “Group Policy Creator Owners” 组的非管理员成员创建 GPO 时，该用户就变成了 GPO 的创建者和拥有者，因此用户可以编辑 GPO。然而，用户能编辑 GPO，作为“Group Policy Creator Owners”的成员，给了非管理员对这些用户创建的 GPO（或显式的委派给用户）的全部控制权，这不会给非管理员成员所有域 GPO 的全部控制权。

如果把用户或组添加到“Group Policy Creator Owners” 组中，却不使用控制委派向导来允

许用户或组对站点、域或 OU 的 gPLink 和 gPOPtion 属性进行读写访问，那么该用户将能够创建 GPO，但不能连接新的 GPO。

注意　当管理员创建一个 GPO 时，“Domain Admins”组将成为该 GPO 的创建拥有者。

（3）编辑 GPO

要编辑 GPO，用户必须拥有访问该 GPO 的读写权限，即用户必须是下面的身份之一：

- “Domain Admins”或“Enterprise Admins”组的成员
- 创建拥有者
- 能访问 GPO 的用户。也就是说，管理员或以创建拥有者的身份访问 GPO 的用户

默认情况下，GPO 给予“Domain Admins”组、“Enterprise Admins”组、“Group Policy Creator Owners”组的成员以及系统账户除应用组策略属性以外完全控制权。这意味着他们能够编辑 GPO，但包含在该 GPO 中的策略不能应用在他们身上。

对于应用组策略属性设置为“允许”的 GPO，经授权的用户具有该 GPO 的读访问权限。

- 应用组策略属性设置为允许，验证的用户具有 GPO 的读访问权限
- 管理员也是经验证的用户，这表明他们也有应用组策略属性设置权。如果不希望这样，管理员有两种选择:
  - 从列表中删除验证的用户，并把它们添加到应用组策略属性设为允许的安全组。新的组将包含所有受组策略影响的用户
  - 为域和“Enterprise Admins”或者还有创建拥有者组设置应用组策略的禁止属性。这个设置阻止 GPO 应用在这些小组的成员上。记住设置为拒绝的 ACE 总是优先于设置为允许的 ACE。因此，如果一给定的用户是设置为明确允许 GPO 的应用组策略属性的其他组成员，那么该用户仍然会被拒绝访问

（4）委派管理控制权

委派 GPO 的管理控制：

1）访问 GPO 的组策略管理程序。

2）右击控制台的根节点，然后单击“属性”。

3）单击“安全”选项卡（如图 7-22 所示），然后单击想要允许或拒绝管理访问 GPO 的安全组。如果想要修改允许或拒绝管理访问 GPO 安全组的列表，可以使用“添加”和“删除”按钮来进行操作。

4）若希望对 GPO 的所有方面进行管理控制，可以将“读取”权限设为“允许”，将“写入”权限设为“允许”。对 GPO 只有读取而没有写入权限的用户或管理员，不能使用组策略管理单元程序查看它的设置内容。所有对组策略管理单元程序的扩展需要写权限才能打开 GPO。

5）单击“确定”按钮。

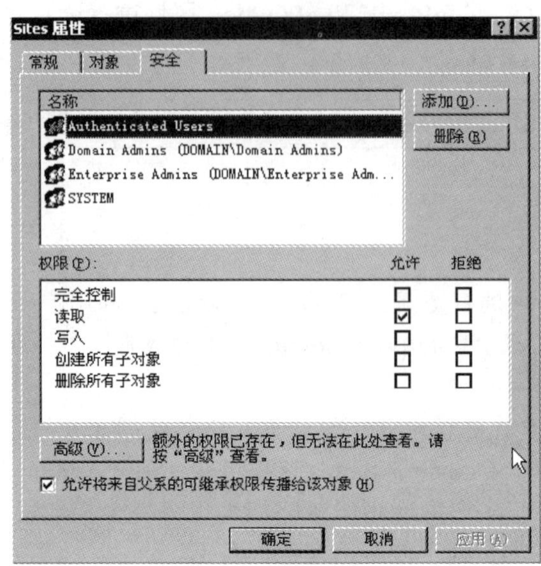

图 7-22 Sites 属性

（5）指定组策略设置

在新建一个 GPO 并决定哪些管理员有访问 GPO 权限之后，就可以设定组策略设置了。

为 GPO 指定组策略设置：

1）访问 GPO 的组策略管理单元。

2）在控制台树中，展开要设置特殊策略的对象。例如：在图 7-23 中，展开用户配置、管理模板和控制面板，然后展开显示。

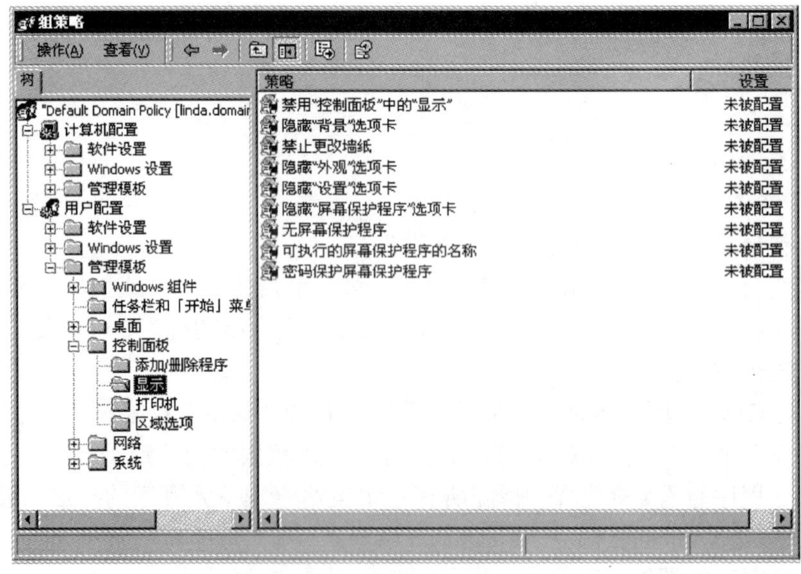

图 7-23 指定组策略设置

3）在详细窗格中，右击想要设置的策略，然后单击“属性”。在图7-24中，在隐藏屏幕保护程序窗格中选中“策略”选项卡。

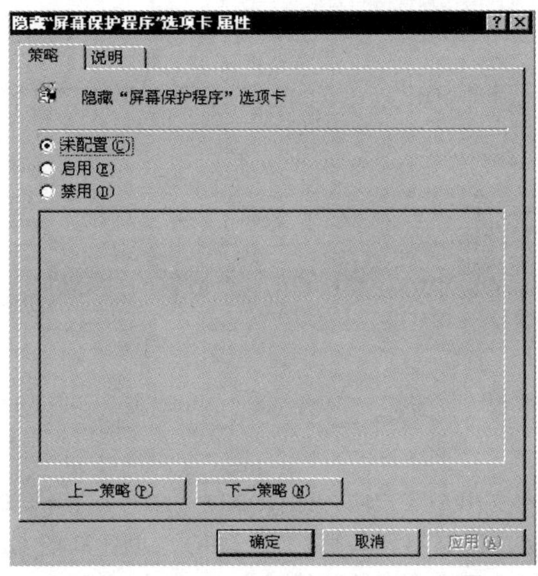

图7-24　隐藏“屏幕保护程序”选项卡属性

4）单击“启用”，对受该GPO影响的用户或计算机应用策略，然后单击“确定”按钮。

如果选择“未配置”，那么对于该项设置，注册表没有更改。“禁用”的意思是，注册表指示不会对受GPO影响的用户或计算机应用策略。

（6）禁用未用的组策略设置

如果在控制台中计算机配置或用户配置节点下的GPO只有未配置的设置，那么通过禁用该节点就能避免处理这些设置。这一动作还能加快受GPO影响的用户或计算机的登录和启动时间。

禁用的GPO的计算机配置或用户配置设置步骤如下：

1）访问GPO的组策略管理程序。

2）右击控制台的根节点，然后单击“属性”。

3）在“属性”对话框的“常规”选项卡中进行如下设置：

- 想要禁用计算机配置设置，可以单击“禁用计算机配置设置”复选框
- 想要禁用用户配置设置，可以单击“禁用用户配置设置”复选框

4）单击“确定”按钮。

实验B　组策略委托管理

- 目标

在完成实验后，将能够：

- 委派组策略控制，允许用户管理组策略连接
- 委派组策略控制，允许用户创建组策略连接
- 委派组策略控制，允许用户编辑组策略连接

● 准备工作

在开始做实验之前，必须有使用 Active Directory 用户和计算机的经验和为对象配置权限的经验。

● 实验设置

要完成实验，需要以下设置：

配置成域控制器的运行 Windows 2000 高级服务器版的计算机。

● 实验预估时间：30 分钟

练习 委派组策略管理

● 实验方案

现在需要把账户、账户支出和账户收入组织单位（OU）的组策略管理委派给初级管理员。下一级的管理员将负责链接或不链接组策略对象（GPO），创建新的 GPO 以及编辑现有的 GPO。另外，初级管理员必须能够管理 OU 中的其他对象。

● 目标

在这个练习中将修改现有 GPO 的 DACL，以允许初级管理员能够修改该 GPO，并把初级管理员的账号添加到“Group Policy Creator Owners”组中，以允许初级管理员创建新的 GPO，然后将管理组策略链接的能力委派给初级管理员。

任　　务	具 体 步 骤
1. 验证 acctadmin 用户目前是否能够完成下面任务： • 在 Accounting OU 里链接和不链接 GPO • 在 Accounting OU 里创建新的 GPO • 修改链接到 Accounting OU 的当前 GPO	a. 以 acctguser 的身份和密码 password 登录 b. 在“运行”窗口输入 dsa.msc，打开“Active Directory 用户和计算机” c. 在控制台树中展开域，右击“Accounting”，然后单击“属性” d. 在账户属性对话框中，单击“组策略”选项卡

❓ acctadmin 用户是否能够完成下面的任务：

- 在 OU 账号里链接和不链接 GPO
- 创建新的 GPO
- 编辑现有的 GPO

续表

任　　务	具 体 步 骤
1. （续）	e. 单击“取消”，关闭“Active Directory 用户和计算机”，然后注销
2. 修改当前链接 Accounting OU 的 GPO 中的 DACL 以允许 acctadmin 账户可以修改它们	a. 以管理员的身份和密码 password 登录 b. 从“管理工具”菜单中打开“Active Directory 用户和计算机” c. 在控制台树中展开域，右击“Accounting”，然后单击“属性” d. 在“组策略”选项卡上的“组策略对象链接”列表中，右击“Corporate Standard Desktop” GPO，然后单击“属性” e. 在“安全”选项卡上，单击“添加”，添加 acctadmin 后单击“确定” f. 在“安全”选项上，选择“Accounting Admin”账户后，选中“写入”旁边的“允许”复选框，然后单击“确定” g. 对 Accounting Policy 和 Restricted My Documents GPO，重复步骤 d，e，f h. 单击“确定”关闭“Accounting 属性”对话框，关闭“Active Directory 用户和计算机”，然后注销
3. 验证 acctadmin 用户目前是否能够完成下面任务： • 在 Accounting OU 里链接和不链接 GPO • 在 Accounting OU 里创建新的 GPO • 修改链接到 Accounting OU 的当前 GPO	a. 以 Acctadmin 的身份用密码 password 登录 b. 通过单击“开始”，单击“运行”，输入 dsa.msc 然后单击“确定”来打开“Active Directory 用户和计算机” c. 在控制台树中展开域，右击“Accounting”，然后单击“属性” d. 在 “Accounting 属性”对话框中，单击“组策略”选项卡

? acctadmin 用户是否能够完成下面的任务：

- 链接和不链接 GPO
- 创建新的 GPO
- 编辑现有的 GPO

____

____

3. （续）	e. 单击“取消”，关闭“Active Directory 用户和计算机”，然后注销

续表

任　　务	具 体 步 骤
4. 使用控制委派向导，将管理组策略链接任务委派给 acctadmin 用户账户	a. 以管理员的身份用密码 password 登录 b. 从“管理工具”菜单中打开“Active Directory 用户和计算机” c. 在控制台树中展开域，右击“Accounting”，然后单击“委派控制” d. 在“欢迎访问控制委派向导”的页面上，单击“下一步” e. 在“用户或组”页面上，单击“添加”，输入“acctadmin”后单击“确定”，然后单击“下一步” f. 在“要委派的任务”页面上，单击“管理组策略链”，然后单击“下一步” g. 在“完成控制委派向导”页面上，检查一下设置，然后单击“完成” h. 关闭“Active Directory 用户和计算机”，然后注销
5. 验证 acctadmin 用户目前是否能够完成下面任务： • 在 Accounting OU 里链接和不链接 GPO • 在 Accounting OU 里创建新的 GPO • 修改链接到 Accounting OU 的当前 GPO	a. 以 Acctadmin 的身份和密码 password 登录 b. 单击“开始”，再单击“运行”，输入“dsa.msc”然后单击“确定”来打开“Active Directory 用户和计算机” c. 在控制台树中展开域，右击“Accounting”，然后单击“属性” d. 在“Accounting 属性”对话框中，单击“组策略”选项卡

❓ acctadmin 用户是否能够完成下面任何一个任务：

- 链接和不链接 GPO
- 创建新的 GPO
- 编辑现有的 GPO

____

____

5. （续）	e. 单击“取消”关闭“Accounting 属性”对话框，关闭“Active Directory 用户和计算机”，然后注销
6. 通过使 acctadmin 用户账号成为”Group Policy Creator Owners”组成员来允许它创建新的 GPO	a. 以管理员的身份用密码 password 登录 b. 从“管理工具”菜单中打开“Active Directory 用户和计算机” c. 在控制台树中展开域，然后单击“Users” d. 在详细资料窗格中，双击“Group Policy Creator Owner” e. 在“成员”选项卡上，单击“添加”，输入“acctadmin”然后单击“确定” f. 单击“确定”关闭“Group Policy Creator Owners 属性”对话框，关闭“Active Directory 用户和计算机”，然后注销

续表

任　　务	具 体 步 骤
7. 验证 acctadmin 用户目前是否能够完成下面任务： • 链接和不链接 Accounting OU 中的 GPO • 在 Accounting OU 里创建新的 GPO • 修改链接到 Accounting OU 的当前 GPO	a. 以 Acctadmin 的身份和密码 password 登录 b. 通过单击"开始"，单击"运行"，输入"dsa.msc"然后单击"确定"来打开"Active Directory 用户和计算机" c. 在控制台树中展开域，右击"Accounting"，然后单击"属性" d. 在"Accounting 属性"对话框中，单击"组策略"选项卡

❓ acctadmin 用户是否能够完成下面的任务：

- 链接和不链接 GPO
- 创建新的 GPO
- 现有的 GPO

____

____

7. （续）	e. 单击"取消"关闭"Accounting 属性"对话框，关闭"Active Directory 用户和计算机"，然后注销

7.8　组策略的监视错误诊断

有许多监控执行组策略问题的方法。如果在执行组策略时遇到问题，可以用 Windows 2000 提供的多种工具中的一种来解决这样的问题。为了能成功的解决执行组策略时遇到的问题，必须知道常见的执行问题和了解它们可能发生的原因。

7.8.1　监视组策略

有多种监控组策略的方式。可以通过启用诊断日志记录和详细日志记录来监控组策略。

（1）启用事件日志的诊断日志记录

启用组策略的诊断日志记录促成组策略在事件日志中产生详细的事件。这些详细的事件能够通过返回事件以及提供的附加信息在诊断组策略执行相关问题时提供帮助。

- 启用诊断日志记录

1）以本地管理员的身份登录。

2）单击"开始"菜单，然后单击"运行"。

3）在"打开"的文本框中，输入 regedit 然后单击"确定"。

4）打开 HKEY_LOCAL_MACHINE\Software\Microsoft\WindowsNT\CurrentVersion 项。

5）在“编辑”菜单中，指向“新建”，单击“项”，输入 Diagnostics，然后按 Enter 键。

6）选择 Diagnostics 项，在“编辑”菜单中，指向“新建”，单击“双字节值”，输入 RunDiagnosticsLoggingGlobal，然后按 Enter 键。

7）双击 RunDiagnosticsLoggingGlobal，输入 1 然后单击“确定”。

8）由组策略产生的事件将记录在应用程序日志中。

注意 启用组策略的诊断日志记录将在计算机启动和用户登录时生成大量事件。应该在启用诊断日志记录前增加应用程序日志的大小，以保证应用程序日志不会被填满。同时，应该只在解决组策略问题时启用诊断日志记录，而在完成诊断后就关闭它。

（2）启用详细日志记录

详细日志记录将记录所有的变更和应用到本地计算机和登录时生成大量事件。日志文件位于 *systemroot*\Debug\UserMode 文件夹下，命名为 Userenv.log，启用详细日志记录包括添加详细日志记录的注册表项。

为了启用详细日志记录，添加名为 UserEnvDebugLevel、值为 30002 的双字节值到注册表中的 HKEY_LOCAL_MACHINE\Software\Microsoft\WindowsNT\CurrentVersion\Winliogon 项下。

注意 30002 的值启用详细日志记录，30001 仅启用错误和警告的日志记录，30000 不启用任何日志记录。

如果要禁止详细日志记录，则可以从注册表中删除 UserenvDebugLevel 值。

7.8.2 组策略错误诊断工具

Windows 2000 提供了许多不同的可以用来帮助疑难解答和解决与组策略相关问题的工具。这些工具的一部分在 Windows 2000 server 光盘中的 Windows 2000 Support Tools\Tools 文件夹下，其余的在 Windows 2000 资源包中。

（1）Windows 2000 支持的解决组策略问题工具

通过使用下面包含在 Windows 2000 server 光盘中 Windows 2000 支持工具包中的工具来解决组策略造成的问题。

- Netdiag.exe。这个命令行诊断工具通过执行一系列的测试来确定网络客户端的状态以及是否正常工作，这样帮助解决隔离网络和网络连通性的问题。这些测试和显示的关键网络状态信息给网络管理员和支持人员一种更直接的鉴别和隔离网络问题的方法。这个工具可以帮助诊断和解决与网络连接相关的组策略问题
- Rwplmon.exe。这个工具帮助诊断和解决与 GPC 和 GPT 不完全复制相关的组策略问题。这个工具允许管理员查看 Active Directory 复制的低级状态，在域控制器间强制同步，查看图形格式的拓扑，通过图形界面监控域控制器复制的性能和状态

（2）组策略疑难解答的 Windows 2000 资源包工具

可以用下面包含在 Windows 2000 资源包中的工具来解决组策略造成的问题。

- Gpotool.exe。这个命令行工具允许检查域控制器中 GPO 的状态
- Gpresult.exe。这个命令行工具显示作用在当前计算机和登录的用户上的组策略结果信息

注意 有关使用这些工具的详细信息，可以参阅 Windows 2000 资源包。

7.8.3 组策略错误诊断

在执行组策略时可能遇到一些问题。下面是部分可能遇到的问题以及解决它们推荐的策略：

- 在试图打开或编辑组策略时，接收到错误信息提示组策略对象不能访问或打开。可能的原因和解决方案是：
  - 可能没有访问 GPO 的权限。检查试图打开或访问 GPO 的 DACL。必须拥有打开或访问的读写权限。
  - 组策略试图连接的域控制器处于脱机状态或域控制器不能用 DNS 来解析。确认域控制器处于联机状态，如果处于联机状态，确认能够使用 DNS 解析域控制器的域名。
- 组策略设置不发挥预期的功能。可能的原因和解决方案是：
  - 继承冲突。如果显示组策略设置没有被使用，问题可能是由继承冲突引起的。从 Active Directory 继承的顶端开始，检查连接到每个域、站点、OU 的 GPO 顺序，此顺序会影响收不到组策略设置的用户和计算机。然后，查看计算机和用户设置之间是否有冲突。记住在绝大多数情况下，计算机设置优先于冲突的用户设置。检查禁止替代的 GPO 链接以及检查阻止继承的域和 OU
  - 权限问题。检查希望应用的 GPO 的 DACL。确保用户和计算机账户有要使用的所有 GPO 的读取和应用组策略的权限。同时，检查计算机或用户账户的安全组成员资格，确保账户所在的安全组在 DACL 中列出。同时，也检查拒绝 ACE。记住拒绝优先于所有的允许权限
  - 禁用 GPO 节点。检查所有的 GPO，确定计算机配置或用户配置节点是否已经禁用
  - 复制问题。确保完成 Active Directory 复制和 Sysvol 复制。记住如果 GPO 的 GPC 和 GPT 部分都没有被复制，组策略将无法应用
  - 域之间的 GPO 连接问题。如果一个站点、域或 OU 连接到另一个域的 GPO 上，可以通过信任关系访问 GPO。如果信任关系由于某种原因被破坏，对连接的 GPO 的访问以及组策略的执行就会失败。可以通过使每个域有多个域控制器或在域间创建明确的信任机制来阻止这类问题的发生
  - 移动的计算机或用户对象。客户机缓存 Active Directory 的位置时间是 30 分钟。如果计算机或用户账户从一个 OU 移到另一个 OU，客户机将不知道目标的正确位置。如果组策略在缓存目标位置之前刷新，新的组策略设置将不能执行。但是，新组策略设置将在下次刷新时执行

7.9 最佳实践

下列各项给出了执行组策略的最佳操作。在执行组策略之前应先检查下列各项。

- 限制使用阻止、禁止替代、筛选 GPO 设置，特别是域相互之间的使用。这些将引起更深层次的复杂性。当必须使用以上方式中的一种时，要努力做到在同一时间只使用一种
- 限制影响任一给出计算机或用户的 GPO 数目。如果应用在计算机或用户的设置发生问题，在只有少量的 GPO 时，问题的解决将变得简单
- 在单个 GPO 中设置相关的组。例如：用来发布 Microsoft Office 2000 的组策略设置也应该包含任何基于注册表的 Office 2000 组策略设置，它将使管理相关设置变得简单
- 在把 GPO 委派给管理员时限制管理员的数目为 1 ~ 2。从而减少多个管理员同时更改组策略设置的可能性
- 避免把 GPO 连接到包含多个域的站点上。连接到站点的 GPO 将影响该站的所有计算机，但需要所有的计算机与 GPO 所在域的域控制器相连接，这将增加网络的负担。相反应把 GPO 和站点里所有的域相连接
- 在开始添加 GPO 前规划好一个如何在网络中执行组策略的模型。创建两个或多个模型，对它们比较后确定最满足自己需要的。计划好确保组策略设置满足全局和公司的需要，这样就便于管理，并且为将来的更改留下余地

习题

1. 在三种组策略对象（GPO）类型中，_________最适合集中管理或者管理员需要集中管理许多或所有的组策略的组织；___________将增加参与处理登录的 GPO 数目和时间。

A. 单一策略

B. 多重策略

C. 专一策略

2. 下面有关组策略从父 OU 传到子 OU 的描述中，哪些是正确的？

A. 如果为父 OU 设置一个策略，而同样的策略没有设置到子 OU 上，那么含有用户和计算机对象的子 OU 会继承父策略设置

B. 如果为父 OU 设置一个策略，而同样的策略也设置到子 OU 上，那么子 OU 的组策略设置不会覆盖其从父策略继承来的设置

C. 只要策略是兼容的，就可以被继承

D. 如果父 OU 的策略设置被禁用，那么子 OU 会继承它们，但不会被禁用

E. 如果父 OU 的策略设置没有进行配置，那么子 OU 将不会继承它们

3. 希望设定全局的组策略设置，同时策略只影响某个特定的部门。Active Directory 和组策略如何来实现？

4. 假设以本机模式运行 Windows 2000 希望向组中添加用户，试问能不能将单个用户添加到通用组？

5. 网络中只有一个域。网络中所有用户说明都在销售 OU 或生产 OU 中。需要确保所有用户的桌面上有自己的应用程序。如何设置组策略？

6. 所有用户的账户在职员 OU 中。除研究需要的少数用户，阻止其余用户访问 Internet。如何确保这些用户能够访问而其他不行？

7. 已经把 GPO 连接到域上，以防止用户在他们的客户机上安装特定的应用程序。然而会发现发展 OU 中的几个用户已经安装了应用程序。为什么会发生这种情况？如何确保应用程序不被安装？

8. 公司有一个软件管理员，他使用组策略负责为人力资源 OU 的用户安装合适的应用程序。软件管理员不应该对用户或计算机做出更改。如何确保软件管理员用组策略安装必需的软件？

9. 公司中有一个单域，每个分部有自己的管理员组，各部分中的用户需要不同的软件应用程序。软件需求根据工作角色而定。另外所有笔记本电脑的用户都需要公钥。该如何建立 OU 来满足管理和组策略的需求？

第 8 章 使用组策略管理用户环境

Microsoft Windows 2000 中的组策略增强了公司的管理员对用户工作环境的控制能力，从而降低组织的总体拥有成本（TCO）。管理员可以通过创建与用户工作责任和经验水平相适应的托管桌面环境来增强和控制用户桌面。TCO 是管理分布式个人计算机网络所需的成本。

Microsoft Windows 2000 Advanced Server 包括了许多组策略设置，这些组策略设置为管理员提供了对计算机配置更强的控制能力。组策略允许管理员指定组策略设置来为计算机组和用户组管理桌面配置。组策略具有很强的灵活性，包括基于注册表的组策略、安全、软件安装、脚本、计算机启动和关闭、用户登录和注销以及文件夹重定向等方面的组策略。

完成本章学习后，将能够：

- 明确组策略如何简化对用户环境的管理
- 明确实现管理模板的目的和方法
- 使用组策略中的管理模板分配基于注册表的策略来控制和配置用户及计算机环境
- 使用组策略来分配脚本以控制用户环境，例如启动、关闭、登录和注销等
- 使用组策略把文件夹重定向到中枢网络位置
- 使用组策略来应用安全策略，以保护用户环境
- 使用组策略解决管理用户环境所出现的问题
- 应用组策略管理用户环境最佳操作

8.1 管理用户环境介绍

图 8-1 所示的为管理用户环境介绍。

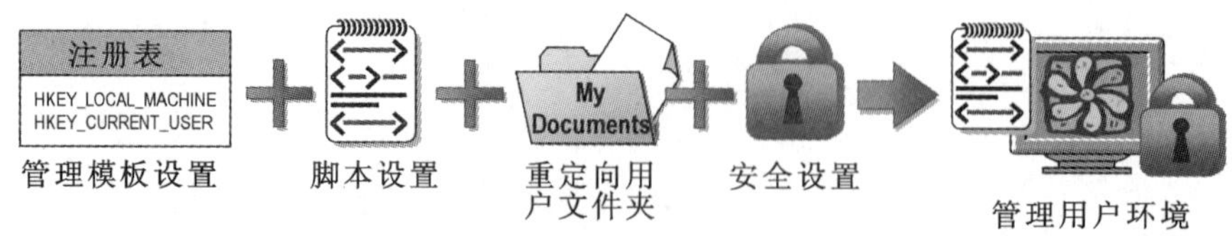

图 8-1 管理用户环境介绍

管理用户环境意味着当用户登录到网络时能控制用户所能做的操作。可以通过控制用户的桌面、网络连接和用户界面来管理用户环境。控制用户环境可以确保用户有完成他们工作所需要的一切能力，但是不能破坏或不正确地配置他们的环境。

管理用户环境可以确保这些用户的计算环境和文件始终是可访问的和可用的。在“计算机

配置”和“用户配置”下面的组策略“管理模板扩展”包含了大约450个基于注册表的组策略设置，这些设置用于配置用户环境，它们保存在HKEY_LOCAL_MACHINE（HKLM）和HKEY_CURRENT_ USER（HKCU）中。这些设置包括Windows组件设置、系统设置和网络设置。Windows组件设置允许操作者管理Windows 2000组件，包括NetMeeting、Internet Explorer、Windows资源管理器、微软管理控制台（MMC，Microsoft Management Console）、任务计划程序（Task Scheduler）以及Windows安装器（Windows Installer）。系统设置用于管理登录和注销功能以及组策略功能。网络设置用于控制对脱机文件、网络和拨号连接的设置。

（1）组策略设置类型

通常用来管理用户环境的组策略设置的类型有管理模板设置、脚本设置、文件夹重定向以及安全设置。可以在管理模板和脚本扩展的组策略中配置这些设置。

如果已经使用组策略为Active Directory目录服务容器[例如组织单位（OU）]设置了用户环境，那么添加到这个OU中的任何用户或计算机都会自动应用这些组策略设置。

（2）管理任务

要集中地配置和管理用户环境，可以执行下列任务：

- 增强标准配置。组策略设置提供一种有效的方法来增强标准配置，比如登录脚本和密码设置。例如：可以阻止用户更改他们的桌面，以使他们的用户环境尽可能简单
- 限制用户访问操作系统的特定部分。可以阻止用户打开控制面板和关闭他们的计算机。通过阻止用户访问操作系统的一些关键组件和配置选项，可以降低用户破坏其系统的可能性，因此，需要为用户提供技术支持电话
- 确保用户总是拥有他们自己的桌面和个人数据。通过使用基于注册表的策略来管理用户桌面设置，可以确保用户有相同的计算机环境，即使他们从不同的计算机上登录也同样如此。可以控制Windows 2000如何管理用户配置文件，包括如何使用户的个人数据可用。通过把用户文件夹从用户的本地硬盘重定向到服务器上的重要位置，可以确保他们能够访问那些用户数据，而不管他们在哪台计算机上登录
- 限制使用 Windows 2000 中的工具和组件。这些工具和组件包括 Microsoft Internet Explorer、Windows 资源管理器和微软管理控制台（MMC, Microsoft Management Console）。可以确保用户决不会看到这些工具，除非他们真的需要使用这些工具
- 定制用户桌面。可以确保用户拥有他们所需要的文件、快捷方式和网络连接
- 保护用户环境。使用Active Directory中的组策略，管理员可以集中地应用所需要的安全设置来保护用户环境。在Windows 2000中，可以使用组策略中的安全设置扩展来为本地或域安全策略定义安全设置

8.2 管理模板介绍

要有效地配置和管理用户环境，就应确保用户只能访问他们工作所需要的资源。可以使用管理模板简化用户环境并阻止用户破坏他们的环境或在不必要的应用程序、软件或文件上浪费时间。

通过使用组策略中的管理模板扩展，可以一次为多个用户和计算机设置环境，然后依靠 Windows 2000 就可以继续实现和应用那些设置。

8.2.1 管理模板

管理模板是修改注册表设置的组策略设置的集合。使用组策略中的管理模板可以为用户和计算机配置基于注册表的设置，这些设置用于控制用户的工作环境。控制用户的工作环境包括控制用户桌面、界面选项、操作系统组件和应用程序设置的默认值。

管理模板设置修改位于下列注册位置的设置值：

- HKEY_LOCAL_MACHINE（HKLM）。当计算机启动的时候，包含在应用于此计算机的组策略对象（GPO）的计算机配置部分中的组策略设置被写到 HKLM 下的 SOFTMARE\Policies 键或\SOFTWARE\Microsoft\Windows\CurrentVersion\Policies 键中
- HKEY_CURRENT_USER（HKCU）。当用户登录到一台计算机的时候，包含在应用于此用户的组策略对象（GPO）的用户配置部分中的组策略设置被写到 HKCU 下的 SOFTMARE\Policies 键或\SOFTWARE\Microsoft\Windows\CurrentVersion\Policies 键中

Windows 2000 将组策略设置和所有默认的注册表设置同时应用到用户与计算机上。如果两者发生冲突，则采用组策略设置。如果包含影响用户或计算机账户设置的 GPO 不再应用（例如，GPO 被删除或此账户被转移到不受 GPO 影响的地方），那么这些设置在组策略下一次更新的时候将从注册中被删除，而本地默认的注册表设置将生效。

8.2.2 计算机应用管理模板的方式

图 8-2 所示的为计算机应用管理模板的方式。

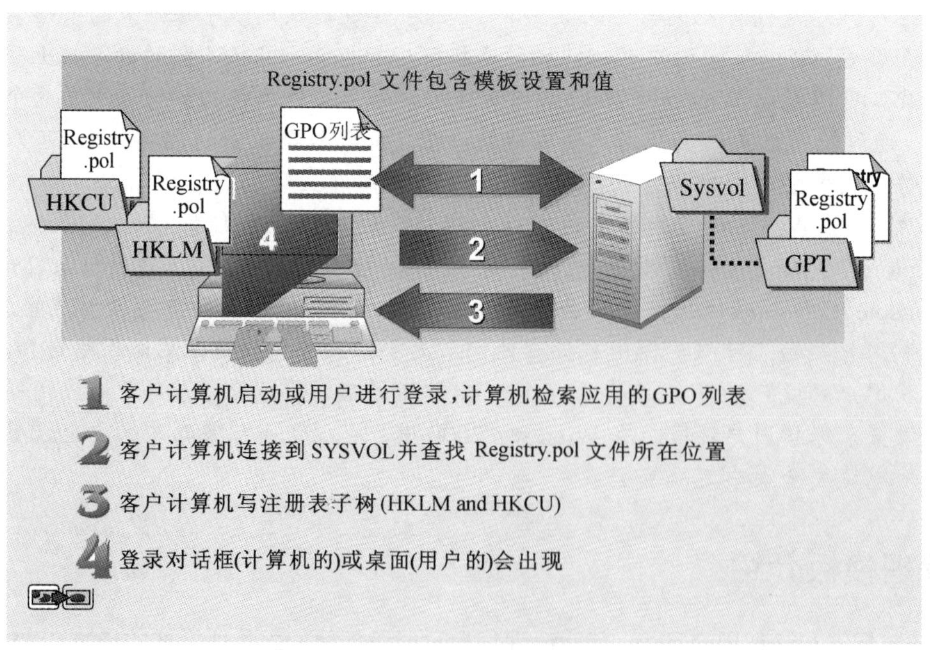

图 8-2 计算机如何应用管理模板设置

Windows 2000 使用的管理模板设置及这些设置的值存放在域控制器的组策略模板（GPT）中的 Registry.pol 文件中。有两个这样的文件：一个用于计算机设置，一个用于用户设置。

注意 Registry.pol 文件的路径是 *systemroot*\SYSVOL\Sysvol*domain_name*\ Policies\ *GPO_GUID_identifier*\Machine 或\User。

运行 Windows 2000 的计算机在启动过程中应用管理模板设置的过程如下：

1）当客户计算机启动时，它就检索包含计算机配置设置的 GPO 列表，确定应用这些设置的顺序。

2）客户计算机连接到进行身份验证的域控制器上的 SYSVOL 文件夹，然后在 GPT 中的 Machine 文件夹中为每个将应用到该机器的包含管理模板设置的 GPO 确定 Registry.pol 文件的位置。

3）客户计算机将在 Registry.pol 文件里的注册表设置和这些设置值写到适当的注册表子树下。计算机继续初始化操作系统并执行注册表设置。

4）当注册设置执行完毕时，将显示登录对话框。

下面是用户登录过程中所要重复的过程：

1）在用户开始登录后，客户计算机检索包含用户配置设置的 GPO 列表，确定应用这些设置的顺序。

2）客户计算机连接到进行身份验证的域控制器上的 SYSVOL 文件夹，然后在 GPT 里的 User 文件夹中为每个包含应用到用户的管理模板设置的 GPO 确定 Registry.pol 文件的位置。

3）客户端计算机把在 Registry.pol 文件里的注册表设置和这些设置值写到适当的注册表子树下。计算机继续登录过程并执行注册表设置。

4）当注册表设置实施完毕之后，桌面就会显示出来。

即使与本地默认注册表设置中的设置冲突，在注册表组策略部分中的设置还是会生效。

8.3 在组策略中使用管理模板

管理模板设置是基于注册表的组策略设置，可以使用这些设置来托管控制桌面的操作和外观的设置，包括操作系统组件和应用程序。计算机和用户账户都可以使用管理模板设置。可以通过配置特殊的管理设置来锁定用户环境，从而控制用户环境。应该只锁定那些预定执行的或指定任务的用户桌面，例如：执行电话行销、数据输入或培训的用户。

8.3.1 管理模板设置的类型

管理模板设置分七种类型，其中既有用户设置又有计算机设置。计算机设置更多地集中于对 Windows 2000 的管理，而用户设置更多地集中于控制用户怎样可以影响他们的桌面环境。

表 8-1 提供了管理模板扩展中的设置类型。

表 8-1

设置类型	控　制	适用范围
Windows 组件	用户可以访问的 Windows 2000 及其工具和组件部分。这包括控制用户对 MMC 的访问	计算机和用户
系统	登录和注销过程。利用系统设置，可以管理组策略和刷新时间间隔、启用磁盘配额及实现反向对应处理	计算机和用户
网络	网络连接和拨号连接的属性，包括共享网络访问	计算机和用户
打印机	可以使打印机自动发布在 Active Directory 中并可禁用基于 Web 的打印	计算机
“开始”菜单和工具栏	用户可以从“开始”菜单中访问哪些功能。例如，如果删除“运行”命令，用户就不能运行没有图标或快捷方式的应用程序。可以把“开始”菜单设置为只读方式，并禁止用户修改	用户
桌面	活动桌面。通过隐藏某些桌面图标并控制用户对“我的文档”文件夹使用可以控制用户访问网络或 Internet	用户
控制面板	控制面板中的几个应用程序。这包括限制使用“添加/删除程序”、“显示”和“打印机”	用户

注意　如果预先配置的模板不能提供所需要的设置，那么 Windows 2000 还提供了向组策略中的管理模板添加额外模板的能力。

8.3.2　设置锁定用户桌面

有几种组策略设置可以用来定制用户的桌面环境。保护桌面包括设置计算机，这样用户只能执行有限的功能，而且用户不能修改这些功能。例如：在公共信息亭里的计算机可被配置成只具有浏览功能。

表 8-2 描述了锁定用户桌面时需要配置的一些通用的组策略设置以及这些配置可能会产生的影响。

表 8-2

组策略设置和位置	操　作
隐藏桌面上所有的图标（User Configuration\Administrtive Templates\Desktop）	隐藏所有的桌面项目，包括菜单、文件夹和快捷方式。这为用户提供了一个简单界面
退出时不要保存设置（User Configuration\Administrtive Templates\Desktop）	使保存在登录会话期间产生的任何配置更改的能力失效。在每次用户注销，然后重新登录的时候将恢复原始的设置

续表

组策略设置和位置	操　作
隐藏“我的电脑”中这些指定的驱动器（User Configuration\Administrtive Templates\Windows Components\ Windows Explorer）	从我的电脑、Windows 资源管理器和网上邻居中删除代表选中的驱动器的图标。驱动器的盘符将不会在任何应用程序的“打开”对话框中出现。通过隐藏驱动器可以限制用户只能运行在“开始”菜单中的应用程序
从“开始”菜单中删除“运行”菜单（User Configuration\Administrtive Templates\Start Menu& Taskbar）	从“开始”菜单中删除“运行”命令。然而，用户还可以通过“任务管理器”访问该命令
禁止用户运行“控制面板”中的“显示”（User Configuration\Administrtive Templates\Control Panel\ Display）	防止用户更改显示设置，例如墙纸、屏幕保护程序或颜色方案。这项设置也减少了用户改变桌面时可能出现的问题
禁用并删除“Windows Update”的链接（User Configuration\Administrtive Templates\StartMenu& Taskbar）	从“设置”菜单中删除“Windows Update”命令。但是，这个命令在 Internet Explorer 中仍然可用。删除这个命令可以防止用户对他们的操作系统应用非授权的更新或更改
禁用对“任务栏”和“开始”菜单设置的更改（User Configuration\Administrtive Templates\ Start Menu & Taskbar）	从“设置”菜单中删除“任务栏”和“开始菜单”命令，这有助于防止用户覆盖对“开始”菜单所作的更改
禁用/删除“关机”命令（User Configuration\ Administrtive Templates\Desktop）	防止用户关闭或重新启动 Windows 2000，这对于需要连续运行的计算机来说是必要的，例如公共图书馆里的计算机

8.3.3 设置锁定用户访问网络资源

可以把网络资源限制给具有访问权限的用户。表 8-3 提供了组策略类型，这些组策略包含了在锁定用户对网络资源的访问时要配置的设置以及这些配置可能会产生的影响。

表 8-3

组策略设置和位置	操　作
隐藏桌面上的“网上邻居”图标（User Configuration\Administrtive Templates\Desktop）	从桌面上删除“网上邻居”，并禁用对通用命名约定（UNC）文件名称的支持。通过使用登录脚本映射网络驱动器，可以控制用户已经访问的网络资源
删除“映射网络驱动器”和“断开网络驱动器”（User Configuration\Administrtive Templates\ Windows Components\Windows Explorer）	从“Windows 资源管理器”中删除“映射网络驱动器”和“断开网络驱动器”。这项设置同时也删除了“网上邻居”中的“添加网上邻居”向导。但是，用户通过使用“开始”菜单中的“运行”命令仍然可以连接到计算机

续表

组策略设置和位置	操 作
“工具”菜单：禁用“Internet 选项...”菜单选项(User Configuration\Administrtive Templates\Windows Components\Internet Explorer\Browser Menus)	从 Internet Explorer 中删除“Internet 选项”。这样可以防止用户修改其 Internet Explorer 配置。还可以通过“组策略”设置来禁用个人页面，该组策略设置的位置是：User Configuration\Administrtive Templates\Windows Components\Internet Explorer\Internet Control Panel

8.3.4 锁定用户能访问的管理工具和应用程序

表 8-4 提供了包含了在锁定用户对管理工具和应用程序访问时需要配置的设置类型以及这些配置可能会产生影响的例子。

表 8-4

组策略设置和位置	操 作
从“开始”菜单中删除“搜索”菜单（User Configuration\Administrative Templates\Start Menu& Taskbar）	从“开始”菜单中删除“搜索”菜单。但是，“搜索”菜单仍然会在“Windows 资源管理器”和“Internet Explorer”中出现。删除“搜索”命令可以防止用户在网络上进行带宽敏感的搜索
从“开始”菜单中删除“运行”菜单（User Configuration\Administrative Templates\Start Menu& Taskbar）	从“开始”菜单中删除“运行”命令。这使用户更难运行非授权的应用程序
禁用“任务管理器”（User Configuration\Administrtive Templates\System\Logon/Logoff）	防止用户使用“任务管理器”来启动应用程序
只运行允许的 Windows 应用程序（User Configuration\Administrtive Templates\System）	防止用户运行那些不是在该组策略设置中指定的应用程序。这种限制只适用于从“Windows 资源管理器”中启动的应用程序
从“开始”菜单中删除“文档”菜单（User Configuration\Administrative Templates\Start Menu& Taskbar）	从“开始”菜单中删除“文档”菜单
禁用对“任务栏”和“开始菜单”设置的更改（User Configuration\Administrtive Templates\Start Menu & Taskbar）	从“设置”菜单中删除“任务栏”和“开始菜单”命令。这有助于防止用户覆盖对“开始”菜单所作的更改
隐藏“开始”菜单中的公用程序组（User Configuration\Administrative Templates\Start Menu& Taskbar）	从“开始”菜单中删除公用程序组。这意味着用户只接受在用户配置文件中指定的“开始”菜单项

8.3.5 组策略的环回处理

反向对应处理方式是一种组策略设置，它增强了应用于计算机的 GPO 中的用户配置设置，而不是增强了应用于用户对象的 GPO 中的用户配置设置。

通常根据用户对象或计算机对象在 Active Directory 中的位置把组策略应用到用户或计算机上。例如：用户对象在 Sales OU 中的用户登录到计算机上，而计算机对象在 Servers OU 中。应用于用户的组策略设置是根据链接到 Sales OU 的 GPO 和链接到父容器的 GPO 而定的。应用于计算机的组策略设置是根据链接到 Servers OU 的 GPO 和链接到父容器的 GPO 而定的。然而，这种默认操作对某些计算机来说可能是不适当的，比如专注于某个任务的服务器或计算机，例如：分配给用户的应用程序不应该在服务器上自动可用。

反向对应处理有两种方式：

- 替换方式（Replace mode）只处理应用于计算机的 GPO
- 合并方式（Merge mode）首先处理应用于用户对象的 GPO，然后处理应用于计算机对象的 GPO。如果设置发生冲突，就强制使用 GPO 中的计算机对象设置，因为那些 GPO 设置是最后要被应用的

要启用反向对应处理方式，可以执行下列步骤：

1）打开“组策略”，展开“计算机配置”，展开“管理模板”，展开“系统”，然后单击“组策略”。

2）双击“用户组策略反向对应处理方式”。

3）单击“启用”（如果还没有选中），然后在“方式”列表中单击“替换”或“合并”。

8.3.6 实现管理模板

图 8-3 所示的为实现管理模板。

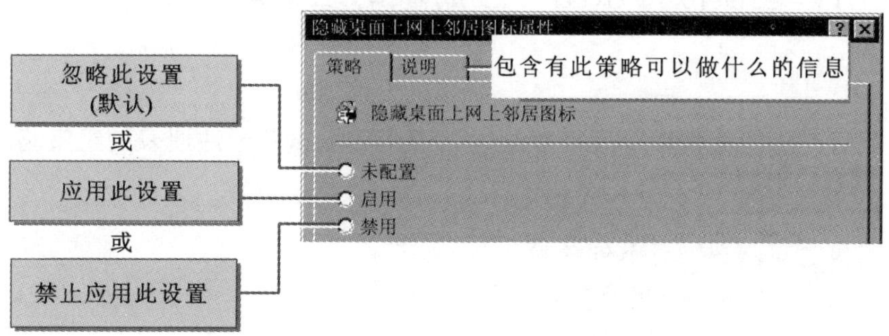

图 8-3 实现管理模板

通过在组策略中配置管理模板扩展中的设置来实现管理模板设置。在多数情况下，可以通过选择三种状态中的一种来配置一个设置。在“属性”对话框的“策略”选项卡上为组策略设置选择状态。

以下是对三种状态的说明：

- 未配置（Not configured）。Windows 2000 忽略了该设置，不对计算机作任何更改。该状态并不对注册表中指定的值更改
- 启用（Enabled）。Windows 2000 可以应用该设置，并把更改添加到相应的 Registry.pol 文件中
- 禁用（Disabled）。Windows 2000 防止该设置被应用，并把更改添加到相应的 Registry.pol 文件中

除了为设置选择状态之外，还需要提供附加的信息，例如反向对应处理方式或硬盘配额的大小。

启用和禁用状态可能会产生有冲突的 GPO。例如：某个设置在一个 GPO 中被启用，而相同的设置在另一个 GPO 上被禁用，但是两个 GPO 都应用于相同的用户或计算机，这时就会产生冲突。这种情况下，除非修改了组策略继承，否则采用最后被应用的设置。

要访问管理模板设置的“策略”选项卡，可以执行以下步骤：

1）右击合适的站点、域或 OU，然后单击“属性”。

2）在“组策略”选项卡上，创建或选择现有的 GPO，然后单击“编辑”。

3）在“组策略”中，展开“计算机配置”或“用户配置”，然后展开“管理模板”直到确定需要修改的位置，例如：User Configuration\Administrtive Templates\Desktop。

4）在组策略详细信息窗格中，双击想要修改的组策略设置。

注意 在创建只包含用户或计算机设置的 GPO 时，可以通过禁用其他的设置类型（用户或计算机）来加快组策略设置的过程。可以禁用在 GPO 的“属性”对话框中的“常规”选项卡上的设置。

实验 A 使用管理模板指派基于注册表的组策略

- 目标

完成本实验后，将能够使用管理模板配置、应用和测试基于注册表的组策略。

- 准备工作

在开始本实验之前，必须有下列经验：

- 使用过 Active Directory 用户和计算机
- 管理过磁盘配额和任务计划

- 实验设置

要完成本实验，需要具备以下条件：

- 一台配置为域控制器，且运行 Windows 2000 Advanced Server 的计算机
- OU 结构。要创建需要的 OU 和用户，运行 C:\Moc\Win2154A\Labfiles 文件夹中的 Sales.vbs 脚本文件

重点　这个实验不能反映真实环境。建议管理员账户总是使用复杂的密码，并且不要创建没有密码的账户。

重点　在教室以外的环境，强烈建议使用必要的、最新的软件更新。由于这是教室环境，因此可以使用不包括最近更新的软件。

- 实验预估时间：30 分钟

练习 1　实现计算机的管理模板策略

- 实验方案

需要为所在域的域控制器指派额外的组策略设置。这些组策略设置用来增强默认域控制器组策略中的设置，其必须满足下列管理要求：

- 为所有的卷启用磁盘配额，这样就容易跟踪磁盘空间的使用
- 磁盘配额限制不应该被强制。不要施加任何的限制，除非确定了服务器平均磁盘利用率和安装额外的磁盘（如果需要）
- 用户必须不能运行“新任务”向导以便服务器性能不受影响

- 目标

创建一个链接到域控制器 OU 的 GPO，然后用满足实验方案要求的组策略设置配置此 GPO。在 GPO 配置完成后，重新启动计算机以确保组策略设置被应用。

任　务	具 体 步 骤
1. 创建一个新的链接到域控制器 OU 的 GPO。把该 GPO 命名为 Admin Template Policy	a. 以管理员身份和密码 password 登录 b. 从“管理工具”菜单中打开 Active Directory 用户和计算机 c. 在控制台树下，展开所在的域，右击“Domain Controllers”，然后单击“属性” d. 在“组策略”选项卡上，单击“新建”，输入“Admin Template Policy”，然后按 Enter 键
2. 按下列要求编辑新 GPO 的管理模板设置： • 启动磁盘配额 • 防止强制实施磁盘配额限制 • 防止用户运行“新任务向导”	a. 选择新建的组策略，然后单击“编辑” b. 在组策略控制台树下，在“计算机配置”下，展开“管理模板” c. 在控制台树下，展开“系统”，单击“磁盘配额”，然后在详细信息面板中，双击“启用磁盘配额” d. 在“启用磁盘配额属性”对话框中，在“策略”选项卡上，单击“启用”，然后单击“确定” e. 在详细信息面板中，双击“强制磁盘配额限制” f. 在“磁盘配额限制属性”对话框中，单击“禁用”，然后单击“确定”

续表

任　务	具 体 步 骤
2. （续）	g．在控制台树下，展开“Windows 组件”，单击“任务计划程序”，然后在详细信息面板中，双击“禁用‘创建新任务’” h．在“禁用创建新任务”对话框中，在“策略”选项卡上，单击“启用”，然后单击“确定” i．关闭组策略，然后单击“关闭”来关闭“Domain Controllers 属性”对话框 j．让“Active Directory 用户和计算机”保持打开

练习 2　实现用户的管理模板策略

● 实验方案

电话行销用户是典型的临时职工，他们通过电话接受定单，并使用安装在预先配置好的计算机上的家用软件把客户数据输入到数据库中。需要通过实现组策略设置对电话行销用户实施下列限制：

- 防止用户映射网络驱动器
- 防止用户使用“网上邻居”浏览公司网络
- 防止用户更改“工具栏”和“开始菜单”设置
- 防止用户访问 Windows Update 图标。信息服务部门应该为公司计算机安装所有的软件更新
- 使用户可以运行新任务向导来调度家用工具，在定单数据库中执行维护工作

● 目标

创建链接到 Telemarketing OU 的 GPO，然后用满足实验方案要求的组策略设置配置 GPO。

任　务	具 体 步 骤
1．为 Telemarketing OU 创建 GPO。把新的 GPO 命名为“Telemarketing Policy”	a. 在控制台树下，展开所在的域，展开“Sales”，右击“Telemarketing”，然后单击“属性” b. 在“组策略”选项卡上，单击“新建”，输入“Telemarketing Policy”，然后按 Enter 键
2. 为 Telemarketing Policy GPO 编辑管理模板设置，以防止用户映射网络驱动器	a．选择“Telemarketing Policy”，单击“编辑” b．在组策略控制台树下，在“用户配置”下，展开“管理模板” c．在控制台树下，展开“Windows 组件”，单击“Windows 资源管理器”，然后在详细信息面板中，双击“删除‘映射网络驱动器’和‘断开网络驱动器’” d．在“删除‘映射网络驱动器’和‘断开网络驱动器’”对话框中，在“策略”选项卡上，单击“启用”，然后单击“确定”

续表

任　　务	具 体 步 骤
3．为 Telemarketing GPO 编辑剩下的管理模板设置： • 防止用户利用“网上邻居”浏览公司网络 • 防止用户更改“任务栏和「开始」菜单”设置 • 防止用户访问“Windows Update” • 使用户可以运行“新任务向导”	a．使用下列信息配置余下的限制： • 启用“隐藏桌面上‘网上邻居’图标”策略，该策略位于桌面文件夹中 • 启用“禁止更改‘任务栏和「开始」菜单’设置”策略，该策略位于“任务栏和「开始」菜单”文件夹中 • 启用“禁用并删除‘Windows Update’的链接”策略，该策略位于“任务栏和「开始」菜单”文件夹中 • 禁用“禁用‘创建新任务’”策略，该策略位于“Windows 组件\任务计划程序”文件夹中 b．关闭所有打开的窗口，然后重新启动计算机

练习 3　验证管理模板策略

● 实验方案

既然所要求的 GPO 已经就绪并被配置好，就需要确认此组策略设置是否已经按照所期望的方式应用了。

● 目标

以管理员身份登录，来验证计算机策略设置是否有效。然后以电话行销用户的身份登录，验证用户组策略设置是否对 Telemarketing OU 的成员有效。

任　　务	具 体 步 骤
1．验证包含在 Admin Template GPO 中的组策略设置是否被正确地应用了	a．以管理员身份用密码 password 登录 b．在桌面上，双击“我的电脑”，右击驱动器（C:）的图标，然后单击“属性” c．单击“配额”选项卡

 是否启用了磁盘配额？为什么？

____

____

____

____

续表

任　务	具体步骤

是否实施了磁盘配额限制？为什么？

1.（续）	d. 单击“取消”关闭本地磁盘（C:）属性对话框 e. 在“我的电脑”窗口中，双击“控制面板” f. 在控制面板中，双击“任务计划”

可以运行添加任务向导吗？

Admin Template GPO 中所有的组策略设置是否都被应用了？

1.（续）	g. 关闭所有打开的窗口，然后注销

续表

任　　务	具 体 步 骤
2. 以 TMUser 身份登录，验证包含在 Telemarketing GPO 里的组策略设置是否被应用了。	a. 以 TMUser 身份和密码 password 登录

下列 Telemarketing Policy GPO 中的设置是否已经实施？为什么？

- “网上邻居”图标没有在桌面上显示
- 不能映射网络驱动器
- 不能修改“任务栏和开始菜单”设置
- “开始”菜单中不出现“Windows Update”图标
- 可以利用添加新任务向导安排任务

____

____

____

____

任　　务	具 体 步 骤
2. （续）	b. 关闭所有打开的窗口，然后注销

8.4　用组策略指派脚本

可以使用组策略脚本设置来使脚本运行自动化。脚本配置位于组策略中的计算机配置和用户配置下面。当计算机启动、关闭和用户登录、注销的时候，可以使用组策略来运行脚本。与所有组策略设置一样，只需要配置一次，Windows 2000 就会在整个网络上不断地实现并执行这些设置。

8.4.1　组策略脚本设置

图 8-4 所示的为组策略脚本设置。

组策略脚本设置允许集中配置脚本，使之在计算机启动、关闭及用户登录、注销时自动运行。可以指定在 Windows 2000 上运行的任何脚本，包括批处理文件、可执行程序和支持脚本的 Windows 脚本主机。关于 Windows 脚本主机的详细信息，可以参阅 Windows 脚本技术支持网站：http://msdn.microsoft.com/scripting/。

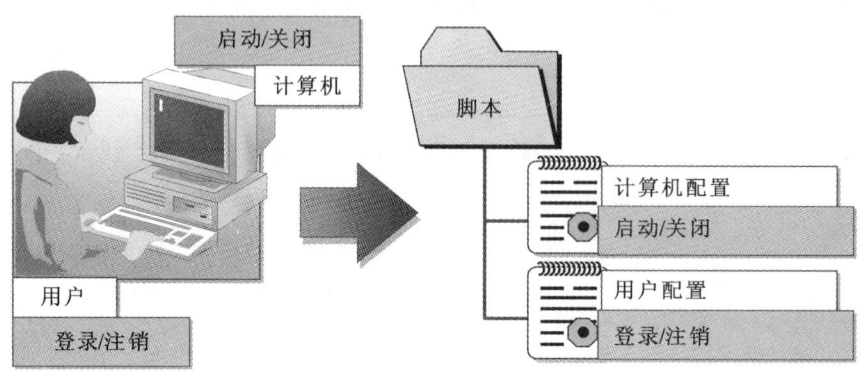

图 8-4 什么是组策略脚本设置

脚本扩展允许指定在计算机配置和用户配置的 Windows 设置中都有的登录/注销脚本和启动/关闭脚本。Windows 2000 支持任何可以使用 Microsoft ActiveX 的脚本语言，包括 VBScript、JScript、Perl 和 MS-DOS 风格的批处理文件（.bat 和.cmd）。通过使用分别在计算机配置和用户配置下的 Administrtive Templates/System/Logon 或 Logon/Logoff 文件夹中的组策略设置，可以控制如何运行脚本。

要解决管理模板或 GPO 中脚本配置的疑难问题，可以运行 Windows 2000 Server 资源工具包里提供的工具 GPRESULT.EXE 来确定组策略设置是否已应用于用户的计算机。使用 Windows 2000 操作系统光盘中提供的 NETDIAG.EXE 来检查网络配置，并确定 DNS 是否正在工作并已经被配置好。运行 Windows 2000 Server 资源工具包里提供的 GPTOOL.EXE 来检查域控制器的复制状态。对于脚本问题，也可以运行 GPTOOL.EXE 来确定正在使用的域控制器上的 SYSVOL 是否存在同步问题。

要帮助管理和配置用户环境，可以进行以下操作：

- 运行脚本以执行无法通过其他组策略设置来配置的任务。例如：可以用网络连接、打印机连接、应用程序快捷方式和公司文档定制用户环境
- 还可以使用脚本在用户注销和关闭计算机的时候清除桌面。可以删除一些登录或启动脚本时加入的连接，这样计算机就会还原到用户刚开机时的状态
- 运行现有的脚本设置来管理用户环境，直到创建其他组策略设置来替代这些脚本执行的任务

注意 可以在“属性”对话框中为每个用户账户单独指派登录脚本。然而，因为可以把这些脚本与启动、关闭和注销脚本集中在一起进行管理，所以组策略是运行脚本的首选方法。

8.4.2 脚本处理过程

Windows 2000 按“脚本属性”对话框中“脚本”选项卡上的脚本列表顺序来执行多个脚本。

如果不同的脚本之间产生冲突，那么最后处理的脚本将有效。Windows 2000 将按下列顺序处理并运行已指派脚本的组策略：

1）当用户启动计算机并进行登录时，会发生下列事件：

a．在默认情况下，启动脚本是隐藏并同步运行的。当脚本同步运行的时候，每个脚本必须在下一个脚本开始运行之前结束或超时。

b．在默认情况下，登录脚本是隐藏并异步运行的。当脚本异步运行的时候，即使先前的脚本正在运行，还可以开始运行另一个脚本。多个脚本可以同时运行。与特定用户账户相关联的非组策略登录脚本是在为该用户账户运行组策略登录脚本之后运行的。

2）当用户注销并关闭计算机时，就会发生以下事件：

a．注销脚本运行。

b．关闭脚本运行。

注意　处理脚本的默认超时时间是 10 分钟。如果一个脚本需要的处理时间超过 10 分钟，则必须调整超时时间，这可以通过配置在 Computer Configuration\Administrtive Templates\System\Logon\Maximum wait time 中的组策略脚本的等待时间来实现。这些设置不仅影响登录脚本，还影响所有运行的脚本。

8.4.3　指派组策略脚本

图 8-5 所示的为分配组策略脚本设置。

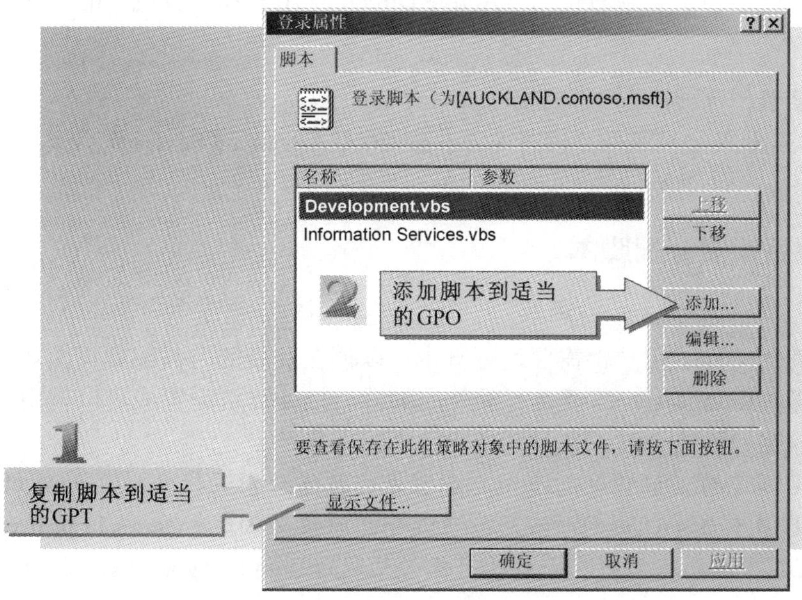

图 8-5　分配组策略脚本设置

实现脚本就是使用组策略把该脚本添加到 GPT 中的适当设置中。这就指定了脚本必须在启动、关闭、登录或注销期间运行。

- 要把脚本复制到合适的 GPT 中，可以执行下列步骤：

  1）用 Windows 资源管理器确定脚本在硬盘上的位置。

  2）打开组策略中适当的 GPO，展开“计算机配置”（用于启动、关闭脚本）或“用户配置”（用于登录、注销脚本），展开“Windows 设置”，然后单击“脚本”。

  3）双击合适的脚本类型（启动、关闭、登录或注销），然后单击“显示文件”。

  4）把脚本文件从 Windows 资源管理器复制到出现的窗口中，然后关闭该窗口。

- 要把脚本添加到 GPO 中，可以执行下列步骤：

  1）在脚本类型的“属性”对话框中，单击“添加”，单击“浏览”，选择脚本，然后单击“打开”。

  2）添加所有必需的脚本参数，然后单击“确定”。

关于用 Microsoft Visual Basic 脚本编辑（VB Script）语言创建脚本的详细信息，可以参阅 Windows 脚本技术网站：http://msdn.microsoft.com/scripting/。

实验 B 使用组策略为用户和计算机指派脚本

- 目标

  完成本实验后，将能够使用组策略把脚本指派给用户和计算机。

- 准备工作

  在开始本实验之前，必须有使用“Active Directory 用户和计算机”的工作经验。

- 实验设置

  要完成本实验，需要满足下列要求：

  - 一台配置为域控制器并且运行 Windows 2000 Advanced Server 的计算机

- 实验预估时间：15 分钟

练习 1 使用组策略分配脚本

- 实验方案

单位中所有的 Sales 用户都需要运行脚本，以便在登录的时候配置桌面环境，在注销的时候执行清除任务。Retail 用户需要运行额外的脚本，把计算机配置成可以使用专有软件。需要把下列脚本组策略分配给 SalesOU 及其子 OU 中的用户。

  - SalesOU 及其子 OU 中的所有用户在登录的时候必须运行 Sales Logon.vbs 脚本
  - SalesOU 及其子 OU 中的所有用户在注销的时候必须运行 Sales Logoff.vbs 脚本
  - Retail OU 中的所有用户在登录的时候必须运行 Retail Logon.vbs 脚本和 Retail Config.vbs 脚本

- 目标

在本练习中，将为 Sales OU 创建一个 GPO，为 Retail OU 创建另一个 GPO。通过配置两个 GPO 中的设置来运行要求的脚本。

任　务	具 体 步 骤
1．创建链接到 Sales OU 的 GPO。把该 GPO 命名为 Sales Script Policy	a．以管理员身份和密码 password 登录 b．从“管理工具”菜单中打开“Active Directory 用户和计算机” c．在控制台树下，展开所在的域，右击“Sales”，然后单击“属性” d．在“组策略”选项卡上，单击“新建”，输入“Sales Script Policy”，然后按 Enter 键
2．把 C:\MOC\Win2154A\Labfiles\Scripts 中的 Sales Logon.vbs 复制到 Sales Script Policy GPT 文件夹中的 Logon 文件夹中	a．选中“Sales Script Policy”以后，单击“编辑” b．在控制台树下，在“用户配置”下，展开“Windows 设置”，然后单击“脚本（登录/注销）” c．在详细信息窗格中，双击“登录”，然后在“登录属性”框中，单击“显示文件” 将出现一个窗口，显示该 GPO 的组策略模板（GPT）中的“登录”文件夹中的内容。在用此 GPO 分配脚本以前，必须把脚本文件复制到该文件夹中。 d．打开 C:\MOC\Win2154A\Labfiles\Scripts 文件夹 e．把 Sales Logon.vbs 文件从“Scripts”文件夹复制到“Logon”文件夹 f．最小化“Scripts”文件夹，然后关闭“Logon”文件夹 g．让“登录属性”对话框保持打开
3．把 Sales Logon.vbs 添加到 Sales Script Policy GPO 的登录脚本列表中	a．在“登录属性”对话框中，单击“添加” b．在“添加脚本”对话框中，单击“浏览”，单击“Sales Logon”脚本，单击“打开”，然后单击“确定” c．单击“确定”来关闭“登录脚本”对话框 d．让组策略保持打开
4．把 C:\MOC\Win2154A\Labfiles\Scripts 中的 Sales Logoff.vbs 复制到 Sales Script Policy GPT 文件夹中的 Logoff 文件夹中	a．在详细信息窗格中，双击“注销”，然后在“注销属性”对话框中，单击“显示文件” b．恢复脚本窗口，然后把 Sales 注销脚本复制到 Logoff 文件夹中 c．最小化“Scripts”窗口，然后关闭“Logoff”窗口 d．让“注销属性”对话框保持打开
5．把 Sales 注销脚本添加到 Sales Script Policy GPO 的注销脚本列表中	a．在“注销属性”对话框中，单击“添加” b．在“添加脚本”对话框中，单击“浏览”，单击“Sales Logoff”脚本，单击“打开”，然后单击“确定” c．单击“确定”关闭“注销属性”对话框，然后关闭“组策略” d．单击“关闭”以关闭“Sales 属性”对话框 e．让“Active Directory 用户和计算机”保持打开

续表

任　　务	具 体 步 骤
6. 创建链接到 Retail OU 的 GPO。把该 GPO 命名为“Retail Script Policy”	a. 在详细信息窗格中，展开“Sales”，右击“Retail”，然后单击“属性” b. 在“组策略”选项卡上，单击“新建”，输入“Retail Script Policy”，然后按 Enter 键
7. 把 C:\MOC\Win2154A\Labfiles\Scripts 中的 Retail Logon.vbs 和 Retail Config.vbs 复制到 Retail Script Policy GPT 目录中的 Logon 文件夹里	a. 选中“Retail Script Policy”，单击“编辑” b. 在控制台树的“用户配置”中，展开“Windows 设置”，然后单击“脚本（登录/注销）” c. 在详细信息窗格中，双击“登录”，然后在“登录属性”对话框中，单击“显示文件” d. 恢复脚本窗口，然后把 Retail Logon.vbs 和 Retail Config.vbs 从 Scripts 文件夹复制到 Logon 文件夹中 e. 关闭“Scripts”窗口和“Logon”窗口
8. 把 Retail Logon.vbs 和 Retail Config.vbs 添加到 Retail Script Policy GPO 的登录脚本列表中	a. 在“登录属性”对话框中，单击“添加” b. 在“添加脚本”对话框中，单击“浏览”，单击“Retail Logon.vbs”脚本，单击“打开”，然后单击“确定” c. 在“登录属性”对话框中，单击“添加” d. 在“添加脚本”对话框中，单击“浏览”，单击“Retail Config.vbs”脚本，单击“打开”，然后单击“确定” e. 单击“确定”以关闭“登录属性”对话框，然后关闭“组策略” f. 关闭“Retail 属性”对话框，关闭“Active Directory 用户和计算机”，然后注销

练习 2　检验脚本分配

- 实验方案

既然所要求的 GPO 已经就绪并被配置好，就需要确认此组策略设置是否已按照所期望的方式应用了。

- 目标

使用 Sales OU 中的用户账户登录，验证是否执行了正确的脚本。以 Retail OU 中的用户身份登录，验证是否执行了正确的脚本。

任　　务	具 体 步 骤
1. 以 salesuser 身份登录，以验证 Sales 登录脚本是否正常运行	以 salesuser 身份用密码 password 登录

续表

任　务	具 体 步 骤
❓ 是否执行了 Sales 登录脚本？为什么？	
2．注销，以此验证 Sales 注销脚本是否正常运行	注销
❓ 是否执行了 Sales 注销脚本？	
3．以 Retailuser 身份登录，以验证 Sales 登录、Retail 登录和 Retail 配置脚本是否正常运行	以 Retailuser 身份用密码 password 登录
❓ 执行了哪些登录脚本？为什么？	
4．注销，以验证 Sales 注销脚本是否正常运行	注销

续表

任 务	具 体 步 骤
	 是否执行了 Sales 注销脚本？

8.5 使用组策略进行用户文件夹重定向

Windows 2000 允许把文件夹（这些文件夹是用户配置文件的一部分）从用户的本地硬盘上重定向到服务器的中心位置。通过重定向这些文件夹，可以确保用户数据在中心位置，而且不管用户从哪台计算机上登录，都可以访问用户数据。这使得管理和备份集中的数据更为容易。可以重定向的文件夹是 My Documents、应用程序数据、桌面和“开始”菜单。Windows 2000 会自动创建这些文件夹，并使它们成为每个用户账户的用户配置文件的一部分。

8.5.1 什么是文件夹重定向

图 8-6 所示的为文件夹重定向。

使用组策略管理单元的文件夹重定向扩展来把某些 Windows 2000 特殊的文件夹重定向到网络位置。特殊文件夹例如“My Documents”和“My Pictures”都位于 C:\Documents and Settings（其中“C:\”是系统驱动器的名称）下。

当重定向文件夹时，就把文件夹的存储位置从用户计算机的本地硬盘更改到了网络文件服务器上的共享文件夹。在把一个文件夹重定向到一个文件服务器之后，这个文件仍然像存储在本地硬盘上一样呈现在用户面前。可以重定向四个属于用户配置文件一部分的文件夹：My Documents、应用程序数据、桌面和“开始”菜单。

重定向任何文件夹都有下列好处，而且重定向“My Documents”可能特别地有利，因为这个文件夹随着时间的推移往往会变得很大：

- 即使用户登录到网络上不同的计算机，他（或她）的文档也总是可用的
- 当使用漫游用户配置文件时，只有“My Documents”文件夹的网络路径是漫游用户配置文件的一部分，而不是“My Documents”文件夹本身。所以，每次用户登录或注销

的时候，该文件夹中的内容不必来回地在客户机和服务器之间复制，并且登录或注销的过程可能要比在 Windows NT 4.0 中快许多

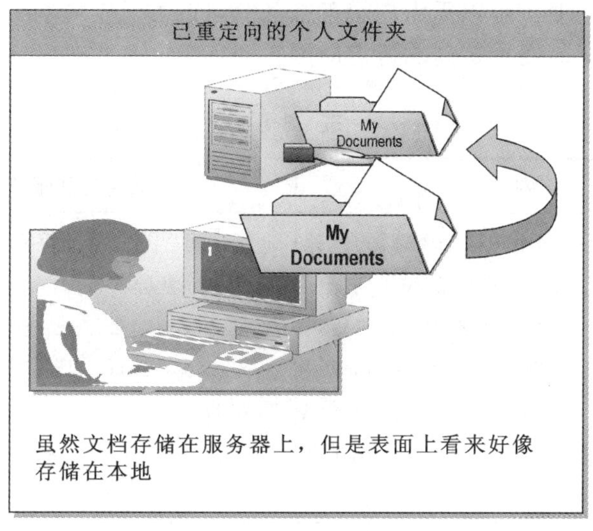

图 8-6 文件夹重定向

- 存储在共享网络服务器上的数据可以作为常规系统管理一部分来备份。这更加安全，因为它在用户部分没有要求任何动作
- 系统管理员可以使用组策略来设置磁盘配额，限定用户特殊文件夹所占用的空间数量
- 特定于用户的数据可以从拥有操作系统文件的硬盘被重定向到用户本地机器上的不同硬盘。如果操作系统需要重新安装，那么这会使用户的数据更加安全
- 在文件夹里的数据是集中存储的，这使得它们所包含的文件更加容易管理和备份
- 在重定向的文件夹里的文件（不像漫游用户配置文件里的部分文件）不能被复制和被保存在用户登录的计算机上。这意味着，当用户登录客户机时，没有存储空间用于存储这些文件，并且机密的数据可能不会保留在客户机上

● 设置文件夹重定向

有两种方法设置文件夹重定向：

- 依照安全组成员关系把特殊的文件夹重定向到某个位置
- 为站点、域或 OU 中的每个人把特殊的文件夹重定向到某个位置

另外，可以在重定向“My Documents”文件夹之后（当“My Documents”被重定向时要保留它的子目录，正如默认的那样）定向“My Pictures”文件夹。

注意 建议使用默认（“My Pictures”在“My Documents”下），除非有特殊的原因，例如文件共享可伸缩性。这样就可以把“My Pictures”与“My Documents”分开。如果它们被分开，快捷方式就会取代在“My Documents”中的“My Pictures”文件夹。

8.5.2 选择重定向的文件夹

根据用户和网络的需要，可以重定向全部或部分可以被重定向的文件夹。表 8-5 描述了每个文件夹的内容并提供了需要重定向的特定原因。

表 8-5

文 件 夹	内 容	重定向到服务器的特定原因
My Documents	用户存储个人工作数据的默认位置。它是“文件”菜单中“打开”和“另存为”命令的默认位置。Windows 2000 把“My Documents”快捷方式图标放到桌面上。它还包括“My Pictures”文件夹，用来保存图片	用户可以从任何计算机上访问数据，这些数据可以被集中地管理和备份，在用户配置文件中保存的数据数量会减少。必须经常重定向“My Documents”文件夹，因为保证用户始终能够访问他们的数据是很重要的
“开始”菜单	“开始”菜单上的文件夹和快捷方式	用户“开始”菜单是标准化的。把多个用户的“开始”菜单文件夹重定向到相同的网络位置，并且只分配 NTFS 文件系统的只读权限，这样用户就不能改变“开始”菜单中的目录
桌面	该文件夹包含用户放置在桌面上的所有文件、文件夹和快捷方式	用户桌面是标准化的。使用与使用“开始”菜单相同的策略
应用程序数据	由应用程序存储的用户特定的数据，例如配置文件和拼写检查的个人词典	对于一个用户来说，应用程序使用相同的用户特定的数据，不管用户登录到哪台计算机上

8.5.3 实现文件夹重定向

图 8-7 所示的为把文件夹重定向到服务器位置。

要在服务器上存储“My Documents”、“应用程序数据”、“桌面”和“开始菜单”文件夹，可以使用在组策略中的文件夹重定向扩展。

按下列步骤重定向文件夹：

1）创建新的 GPO 或选择现有的 GPO，然后单击“编辑”。

2）展开“用户配置”，展开“Windows 设置”，然后再展开“文件夹重定向”。

3）右击需要重定向的文件夹名字，单击“属性”，然后提供目标位置和到该位置的路径。

表 8-6 描述了“目标”选项卡上的选项。

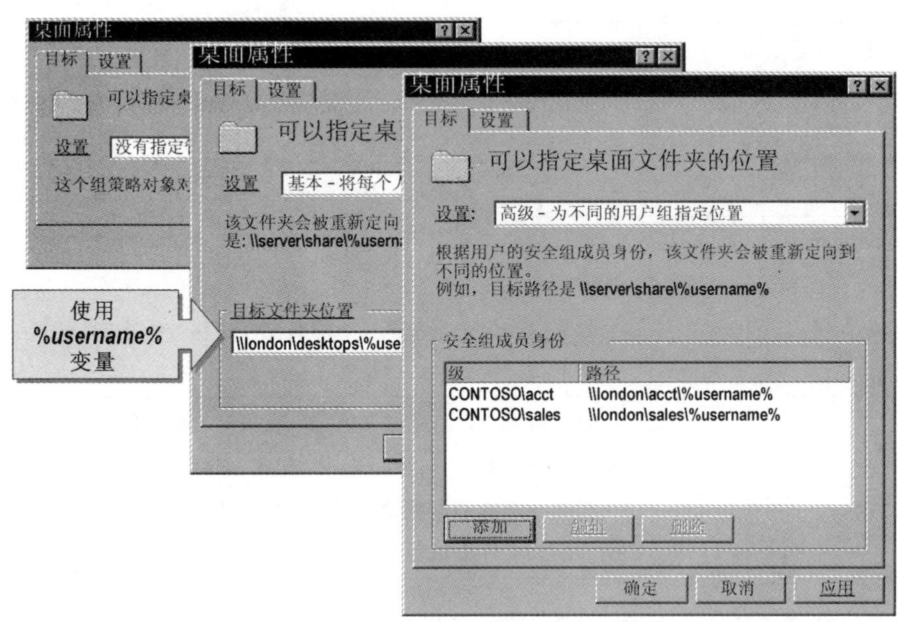

图 8-7　把文件夹重定向到服务器位置

表　8-6

选　　项	说　　明
设置	a．没有任何指定的管理策略。按照默认选择 b．基本，把所有文件夹重定向到同一位置 c．高级，为不同的安全组指定位置。该选项允许根据组成员资格重定向此 GPO 所应用到的用户的文件夹，并指定不同的位置
目标文件夹位置	当选择“基本”的时候会出现该选项。该选项把所有的文件夹重定向到同一位置，并允许为新位置指定一个通用命名规则（UNC）的路径名。可以用下列语法在命名完用户的登录名称之后创建目标文件夹名称: *server_name**share_name*\%*username*%
安全组成员资格	当选择“高级”的时候会出现该选项。该选项为不同的安全组指定位置。这里会显示出该安全组和重定向的文件夹的路径。和上一个选项一样，可以在命名完用户的登录名称之后用*server_name**share_name*\%*username*%来创建文件夹

“设置”选项卡上的选项可以控制文件夹重定向的行为。应该注意这些设置的默认值，因为它们可能有服务器磁盘空间与安全方面的含义。表 8-7 所示的是文件夹重定向设置的解释。

表 8-7

设　置	效　果
授予用户对文件夹的独占权	默认情况下启用该设置，这个设置确保只有用户和系统有权访问文件夹，管理人员不能访问此文件夹 如果这个复选框被清空，那么新文件夹位置将保留先前位置的权利
把文件夹内容移到新位置	默认情况下已启用，在下一次应用组策略的时候，该设置把文件夹内容移到新位置 如果这个复选框被清空，那么文件夹将被重定向，但是内容将保留在先前的位置中
策略删除	默认情况下，当文件夹重定向组策略被删除的时候，此文件夹保留在重定向的位置 当然在组策略被删除的时候，也可以选择把重定向文件夹返回到本地用户配置文件的位置

要为站点、域或 OU 中的每个人重定向特殊的文件夹到一个位置可以按照下列步骤操作：

1）打开一个连接到指定的站点、域或 OU 的 GPO，其中包含用户，这些用户的特殊文件夹就是想把它们重定向到一个网络位置的文件夹。

2）在“用户配置”中，打开“Windows 设置”，然后双击“文件夹重定向”节点来显示想要重定向的文件夹。

3）右击想要重定向的文件夹（例如：桌面、My Documents 等），然后单击“属性”。

4）在设置列表中，在用于此文件夹（如图 8-7 所示）的属性对话框的“目标”选项卡上，（可以参阅前面的例子）选择“基本—将每个人的文件夹重定向到同一位置”，然后单击“浏览”。

5）在“浏览文件夹”对话框上，选择想要为这个 GPO 重定向的位置。

- 如果输入某一驱动器符（例如“D:\”），那么此驱动器符必须表示用户的个人计算机上的一个有效的路径。建议输入一个完整的 UNC 路径
- 如果想要在站点、域或组织单位中的每一个用户在这个位置拥有自己的子文件夹，那么可以把%username%合并到 UNC 路径中，例如\\server\share\%username%。建议在该路径中包括%username%。例如，secuser（用户安全组的成员）可以在使用\\server1\share\%username%\My Documents 的时候把“My Documents”重定向到\\server1\share\secuser\My Documents

6）在“浏览文件夹”对话框中，单击“确定”。

7）在这个文件夹的“属性”对话框中，单击“设置”选项卡，然后设置下列每一个选项（推荐使用默认值）：

- “将用户专有权利授予给桌面”允许用户和本地系统对文件夹具有完全控制权，其他任何人甚至管理员，都没有任何权力。如果此设置被禁用，那么不会对文件夹的权限作任何更改。默认情况下应用的权限保持有效。默认情况下是启用的

- “将桌面的内容移到新位置”允许把文件夹的内容重定向到新的位置。默认情况下是启用的

8）在“策略删除”区域中选择下列选项中的一个选项（推荐使用默认设置）。

- “策略被删除时，将文件留在新位置”允许文件夹保留在它的新位置，即使此 GPO 不再应用。默认情况下是启用的
- “策略删除时将文件夹移回本地用户配置文件位置”可以在 GPO 不再应用时，把文件夹移回到其本地用户配置位置处

9）只针对“My Documents”文件夹，在“My Pictures 首选项”区域中选择下列选项中的一个选项。

- “将 My Pictures 设成 My Documents 的一个子文件夹”可以将“My Pictures”自动重定向，将其作为“My Documents”的子文件夹
- “不要指定 My Pictures 的管理策略”可以删除作为“My Documents”的一个子文件夹的“My Pictures”，并让用户配置文件确定“My Pictures”的位置

注意 如果想要“My Pictures”文件夹成为“My Documents”的子文件夹，还可以通过为“My Pictures”设置文件夹重定向的属性来指定。要了解详细信息，可以参见“重定向 My Documents 文件夹后定向 My Pictures 文件夹”步骤。

10）单击“确定”。

- 策略删除需要考虑的事项

表 8-8 概述了当 GPO 不再应用时，重定向的文件夹及其内容所发生的情况。

表 8-8

当把特殊文件夹类型的内容移动到新的位置时的设置	策略删除选项	策略被删除时的结果
启用	当策略被删除时将文件夹重定向回到用户配置文件夹位置	特殊文件夹返回到其用户配置文件位置。内容被复制而不是移回到用户配置文件位置。内容并没有从重定向的位置处删除。用户继续可以访问内容，但是只能在本地计算机上访问
禁用	当策略被删除时将文件夹重定向回到用户配置文件夹位置	特殊文件夹返回到其用户配置文件位置。内容即不被复制也不被移回到用户配置文件位置。注意：如果文件夹的内容没有被复制到用户配置文件位置，用户就不再能够看到它们
启用或禁用	策略被删除时，将文件留在新位置	特殊文件夹保留在其重定向的位置处。内容保留在重定向的位置处。用户可以继续访问在重定向的文件夹中的内容

实验 C　实现文件夹重定向

- 目标

　　完成本实验后，将能够使用组策略实现文件夹重定向。

- 准备工作

　　开始本实验之前，必须对组策略有所了解。

- 实验设置

　　要完成本次实验，需要满足下列要求：

  - 一台配置为域控制器，且运行 Windows 2000 Advanced Server 的计算机

- 实验预估时间：15 分钟

练习　实现文件夹重定向策略

- 实验方案

Northwind Traders 有一项策略，即只有在服务器上的数据才会被备份。考虑到容错性，不想把“My Documents”文件夹的内容存储在本地机器上，因为服务器每晚都要备份，所以想把此文件夹重定向到服务器上的用户主目录。

- 目标

　　在本实验中，将使用组策略把“My Documents”文件夹重定向到网络上的一个新位置。

任　务	具体步骤
1. 确定 salesuser 账户的“My Documents”的当前位置，并在“My Documents”文件夹下创建一个文本文件	a. 以 Salesuser 身份用密码 password 登录 b. 打开“我的文档属性”对话框

❓ “My Documents”的当前位置是什么？

____

____

❓ 用户可以改变该位置吗？

____

____

____

____

续表

任　　务	具 体 步 骤
1. （续）	c. 关闭“我的文档属性”对话框，然后打开“My Documents”文件夹 d. 在“My Documents”文件夹中创建一个文本文件 e. 关闭“My Documents”，然后注销
2. 重定向 SalesOU 中用户的“My Documents”文件夹。为重定向文件夹使用下列设置： • 设置：基本—将每个人的文件夹重定向到同一位置 • 目标：*computer*\redirect\\%username%(这里的 computer 是指计算机名) • 策略删除：在组策略删除的时候把文件夹重定向回到本地用户配置文件位置	a. 以管理员身份用密码 password 登录 b. 在驱动器（C:）的根目录下，创建名为“Redirect”的文件夹，然后按默认权限共享该文件夹 c. 从“管理工具”菜单中打开“Active Directory 用户和计算机” d. 在控制台树下，展开所在的域，右击“Sales”，然后单击“属性” e. 在“组策略”选项卡上，创建新 GPO，命名为“Folder Redirect Policy”，然后单击“编辑” f. 在“用户配置”下，展开“Windows 设置”，展开“文件夹重定向”，右击“My Documents”，然后单击“属性” g. 在“设置”列表中，单击“基本—将每个人的文件夹重定向到同一位置” h. 在目标文件夹位置下输入*computer*\redirect\\%username%（这里的 *computer* 是计算机名），然后单击“设置”选项卡

在下面的空白处记录文件夹重定向的默认设置。

____

____

____

____

任　　务	具 体 步 骤
2. （续）	i. 单击“删除策略时将文件夹移回本地用户配置文件位置”，然后单击“确定” j. 关闭所有已打开的窗口，然后注销
3. 验证文件夹重定向组策略是否被正确应用	a. 以 Salesuser 身份和密码 password 登录 b. 打开“My Documents”的“属性”对话框

续表

任　务	具体步骤
❓ “My Documents”的当前位置是什么？	
❓ 用户可以改变“My Documents”的位置吗？为什么？	
❓ “My Documents”有什么权限？为什么？	
3.（续）	c．关闭“My Documents 属性”对话框，然后打开“My Documents”
❓ “My Documents”文件夹中是否包含先前创建的文本文件？为什么？	
3.（续）	d．关闭“My Documents”，然后注销

续表

任　　务	具 体 步 骤
4．删除文件夹重定向策略 GPO	a．以管理员身份用密码 password 登录 b．从“管理工具”菜单中打开“Active Directory 用户和计算机” c．在控制台树下，展开所在的域，右击“Sales”，然后单击“属性” d．在“组策略”选项卡上，选择“文件夹重定向 GPO”，然后单击“删除” e．在“删除”对话框中，单击“移除链接并将组策略对象永久删除”，然后单击“确定” f．在“删除组策略对象”对话框中，单击“是”，然后单击“关闭”来关闭“Sales 属性”对话框 g．关闭所有已打开的窗口，然后注销
5．检测删除“文件夹重定向策略 GPO”的结果	a．以 Salesuser 身份用密码 password 登录 b．右击“My Documents”，然后单击“属性”

“My Documents”的当前位置是什么？这是不是文件夹重定向组策略删除时候的默认行为？

____

____

____

____

5．（续）	c．关闭所有已打开的窗口，然后注销

8.6 使用组策略确保用户环境安全

组策略还包括安全设置，这些设置确保用户环境是安全的、可以抵制未授权的访问，并且定义了组织预防措施和对安全入侵的响应。组策略允许把相同的安全模板应用到多个计算机来标准化安全设置。

安全模板是安全配置的物理表示，它是一个单独的文件，里面存储了一组安全设置。安全模板可以被导入到 GPO 或用于分析。

在一个地方定位所有的安全设置使安全管理更为简化。每个模板被保存为一个基于文本的.inf 文件，这就允许复制、粘贴、导入或导出一些或全部的模板属性。除了 IP 安全和公钥策略以外，所有的安全属性都可以包含在一个安全模板中。

（1）设置账户策略

在设置Active Directory中的账户策略的时候，注意Windows 2000只允许每个域有一个域账户策略。域账户策略成为该域成员的任何基于Windows 2000的工作站或服务器的默认账户策略。这一规则的惟一的例外就是在为组织单位定义另一个账户策略的时候。组织单位的账户策略设置影响到该组织单位中任何计算机上的本地策略。这意味着在域层次上设置的账户策略总是在用域中现有的账户进行登录的时候应用。而本地策略设置只在用一个对正在登录的计算机来说是本地的账户进行登录的时候应用。

（2）应用安全策略

要应用本地计算机或Active Directory容器的安全策略，需要把一个或多个包含所有安全区域设置的安全模板导入到组策略的安全设置中。把安全模板导入到组策略中可以确保容器中所有成员在组策略传播的时候自动获得安全模板。当把模板应用到现有安全设置的时候，模板中的设置将被合并到计算机安全设置数据库中。

要把安全模板导入到GPO中，需要执行下列任务：

1）了解一个现有包含所要求安全设置的Windows 2000安全模板，或创建一个新的安全模板。

2）把安全模板导入到GPO中：

a．展开“计算机配置”，展开“Windows设置”，然后展开“安全设置”。

b．右击“安全设置”，然后单击“导入策略”。

c．选择需要导入的安全模板，然后单击“确定”。

3）分析每台计算机的安全设置，确定当前安全设置是否需要修改以满足组织的安全要求。

注意 在把安全模板部署到大量的计算机以前，重要的是要分析应用配置的结果，以确保不会在应用程序、连通性和安全性上有不良影响。彻底的分析也可以帮助识别来自标准配置的安全性破坏和背离。安全配置和分析管理单元允许创建并考虑假设的情景，并对配置做出调整。

另一种应用安全策略的方法是分别为每台计算机配置安全设置。可以为任何站点、域或OU编辑在GPO中的安全设置。

要配置安全设置，需要执行下列任务：

1）展开“计算机配置”，展开“Windows设置”，然后展开“安全设置”。

2）在策略详细信息窗格中，双击需要配置的安全设置。

3）在“策略”选项卡上，通过选择三种状态（启用、禁用或未配置）中的一种来配置安全设置。

注意 与其他的组策略设置不一样，安全设置是持久性的。也就是说，即使包含安全设置的GPO被删除，安全设置仍然保留在注册表中。

（3）把安全设置从安全模板导出

可以把本地的、有效的安全设置从安全模板导出。通过把本地的设置从安全模板导出，可以保留初始的系统设置。因为本地的 GPO 是被基于域的 GPO 覆盖的，如果需要的话，以后恢复本地安全设置就可以了。通过把有效的安全设置从安全模板导出，就可以把这些设置导入到安全数据库，覆盖新模板，并分析潜在的冲突。

实验 D　使用组策略实现安全设置

- 目标

  完成本实验后，能够使用组策略实现安全设置。

- 准备工作

  开始本实验之前，必须对组策略有所了解。

- 实验设置

  要完成本实验，需要满足下列要求：

  - 一台配置为域控制器并且运行 Windows 2000 Advanced Server 的计算机

- 实验预估时间：15 分钟

练习　实现安全策略

- 实验方案

假如实验者是 Northwind Traders 组织中某域的域管理人员，现在需要在域控制器上实现下列安全设置：

  - 密码必须是至少 6 个字符
  - 在登录过程中应出现对话框，提醒用户不允许进行非授权的访问
  - Domain Admins 组应只有 Administrator 账户作为成员
  - 应该禁用设置成手动启动的远程登录（Telnet）

- 目标

在本实验中，将要创建一个新的 GPO 来实现所要求的安全设置，该 GPO 命名为附加的安全设置策略，并与域控制器 OU 相链接。

任　　务	具 体 步 骤
1．创建与域控制器 OU 相链接的新 GPO。并把该 GPO 命名为附加的安全设置策略	a．以管理员身份用密码 password 登录 b．从“管理工具”菜单中打开“Active Directory 用户和计算机” c．在控制台树下，展开所在的域，右击“Domain Controllers”，然后单击“属性” d．在“组策略”选项卡上，单击“新建”，输入“Additional Security Settings Policy”，然后按 Enter 键

续表

任　务	具 体 步 骤
2. 修改 Additional Security Settings Policy GPO 以实现下列安全设置: • 密码必须是至少 6 个字符	a. 选中"Additional Security Settings Policy" GPO 以后，单击"编辑" b. 在"计算机配置"下，展开"Windows 设置"，展开"安全设置"，展开"账户策略"，然后单击"密码策略" c. 在详细信息窗格中，双击"密码长度最小值" d. 在"安全策略设置"对话框中，单击"定义这个策略设置"，把密码长度最小值改成 6，然后单击"确定"
3. 修改 Additional Security Settings Policy GPO 以实现下列安全设置 • 在登录过程中显示对话框，提醒用户不允许进行非授权的访问	a. 在控制台树下，展开"本地策略"，然后单击"安全选项" b. 在详细信息窗格中，双击"用户试图登录时消息文字" c. 在"安全策略设置"对话框中，单击"定义这个策略设置"，输入"Authorized access only"，然后单击"确定" d. 在详细信息窗格中，双击"用户试图登录时消息标题" e. 在"安全策略设置"对话框中，单击"定义这个策略设置"，输入"Warning"，然后单击"确定"
4. 修改 Additional Security Settings Policy GPO 以实现下列安全设置 • 域管理组应只有作为成员的管理员账户	a. 在控制台树下，单击"受限制的组" b. 右击"受限制的组"，然后单击"添加组" c. 在"添加组"对话框中，单击"浏览"，输入"Domain Admins"，单击"确定"，然后再单击"确定"以关闭"添加组"对话框 d. 在详细信息窗格中，双击"Domain Admins" e. 在"为 Domain Admins 配置成员身份"对话框中，在"这个组的成员"右边单击"添加" f. 在"添加成员"对话框中，单击"浏览"，输入"Administrator"，单击"确定"，然后再单击"确定"以关闭"添加成员"对话框 g. 单击"确定"关闭"为 Domain Admins 配置成员身份"对话框
5. 修改 Additional Security Settings Policy GPO 以实现下列安全设置 • 应该禁用 Telnet 服务	a. 在控制台树下，单击"系统服务" b. 在详细信息窗格中，双击"Telnet" c. 在"安全策略设置"对话框中，单击"定义这个策略设置" 注意：这里将出现"安全设置 Telnet"安全编辑器。需要正确保护系统服务的安全，因此在列表中任何服务都会出现该对话框。 d. 选择"Everyone"，然后单击"删除" e. 单击"添加"，输入"Domain Admins"，然后单击"确定" f. 选择"完全控制"旁边的"允许"复选框，然后单击"确定" g. 在"安全策略设置"对话框中，确保选中"已停用"，然后单击"确定" h. 关闭所有打开的窗口，然后重新启动计算机

续表

任　　务	具 体 步 骤
6. 验证 Additional Security Settings Policy GPO 的修改已经被正确应用	a. 以管理员身份和密码 password 登录

在尝试登录的时候，警告信息出现没有？

6. （续）	b. 把密码“password”改成“123”

6 个字符的最小密码长度组策略设置是否阻止把密码改为只有 3 个字符？为什么？

6. （续）	c. 如果需要，可以把密码改回到 password d. 把 Guest 用户账户添加到 Domain Admins 组中 e. 打开命令提示符，输入“secedit/refreshpolicy machine_policy/ enforce”，然后按 Enter 键，这样可以强制刷新组策略

Guest 账户是否仍然出现在 Domain Admins 成员列表中？为什么？

续表

任　　务	具 体 步 骤
6. （续）	f. 从“管理工具”菜单中打开“服务”

Telnet 服务的“启动类型”栏中的值是什么？

任　　务	具 体 步 骤
6. （续）	g. 关闭所有已打开的窗口
7. 运行 C:\Moc\Win2154A\Labfiles 文件夹下的 Delpol.cmd 批处理文件。该批处理文件将删除本章实验中创建的所有 GPO	a. 打开 C:\Moc\Win2154A\Labfiles 文件夹 b. 双击“Delpol.cmd”来删除本章实验中创建的所有 GPO c. 重新启动计算机

8.7 用户环境管理错误诊断

在使用组策略管理用户环境的时候可能会遇到一些问题。这里是一些比较常见的问题，以及解决这些问题的建议策略：

- 使用管理模板的注册表设置没有被应用。这可能是因为管理模板设置没有被应用到受组策略影响的用户或计算机。另一个可能的原因是该域控制器上的 Active Directory 复制还没有完成。以详细模式运行客户计算机上的 Gpresult.exe，确定管理模板组策略设置没有被应用
  - 如果输出结果中没有出现“用户（或计算机）从这些 GPO 中得到‘注册表’设置”文本，那么就没有任何管理模板设置被应用。如果该文本未出现，验证用户或计算机账户对其所处理的 GPO 是否至少具有“读取和应用组策略”权限
  - 同时，验证相关的 GPO，查看用户配置或计算机配置是否被禁用
  - 最后，验证是否启用了反向对应处理方式
- 脚本没有执行
  - 确认组策略脚本客户端扩展是否正在执行。以详细模式运行 Gpresult.exe，检查来自

这些 GPO 标题的用户接收脚本设置下的输出结果。如果输出结果中没有该文本，检验相关的 GPO 上的权限并检查继承问题

  - 如果该文本出现在输出结果中，但某些脚本没有执行，就应该检验以确保 SYSVOL 被正确地复制到所有的域控制器上

- 文件夹没有被重定向
  - 如果正在使用重定向的文件夹，发现它们没有被重定向，就应该检查在文件夹被重定向后所在的网络共享上的自由访问控制列表（DACL）。确保用户有足够的权限
  - 如果包含重定向文件夹的卷启用了磁盘配额，就应该验证用户有没有超出他（或她）的配额限制
  - 如果网络共享上的文件夹在实现重定向之前就已经存在，那么就要确保文件夹的 DACL 允许用户有完全控制权

8.8　最佳实践

下面是管理用户环境的最佳操作：

- 创建最小数目的包含管理模板设置的 GPO。如果创建太多包含这些设置的 GPO，那么完全地管理用户环境可能变得很困难
- 把所有需要实现反向对应处理方式的计算机放置在各自的 OU 中。该 OU 中不应该有任何用户账户。然后可以创建 GPO，并把它与这些计算机上明确设置用户环境的配置设置链接起来
- 经常测试管理模板设置的效果。创建一个与用户环境相类似的测试环境。把测试 OU 中的附加用户账户给选中的用户并让他们执行常规的任务以确保没有问题。如果要锁定用户桌面，就应确保配置正确，以免影响用户工作
- 确保脚本按首选的顺序运行，这样可以得到正确的结果。Windows 2000 按特定的顺序处理组策略设置。这种处理过程确定了脚本运行的顺序和他们对计算机和用户的影响
- 经常重定向“My Documents”文件夹，这样用户可以从任何计算机上访问他们的个人数据。它为漫游用户减少登录和注销的时间，因为当用户访问“My Documents”文件夹中的文件时，这些文件只在客户机和服务器之间复制。重定向“My Documents”文件夹可以集中地备份用户数据

习题

1．下面关于重定向文件夹的描述中，哪些是正确的？（单选题）

A．在重定向的文件夹里的文件，可以被复制和保存在用户登录的计算机上

B．用户数据不可以从拥有操作系统文件的硬盘重定向到用户本地机器上的任何硬盘

C．如果把多个用户的“开始”菜单文件夹重定向到相同的网络位置，并且只分配 NTFS 文件系统的只读权限，但用户仍然可以改变“开始”菜单中的目录

D．在组策略被删除的时候，文件夹既有可能保留在重定向的位置上，也可能返回到本地

用户配置文件的位置

2．通常用来管理用户环境的组策略设置的类型有哪些？

3．如果不希望用户能够打开“控制面板”并访问“显示”或其他应用程序，应该怎么办？

4．如果网络不再需要用户管理模板设置，如何把注册改变为未配置以前的原来的方式？

5．研究部门职员需要在他们的桌面上有一个快捷方式，该快捷方式连接到存在于网络服务器上的特殊的第三方应用程序。没有现存的可以提供这种快捷方式的组策略设置。现有一个研究部门 OU，应该怎么办？

6．生产部门的职员在不同的客户机上登录。在任何时候，所有的用户都需要有他们要用的工作数据，应该怎么办？

7．要为同一 OU 中的六个域服务器配置同样的安全设置。实现这一点的最简单方法是什么？除了减少重复的操作以外，把安全设置导出到安全模板还有哪些好处？

第 9 章　使用组策略管理软件

Microsoft Windows 2000 包含一个名为“软件安装与维护”的新功能，该功能使用 Active Directory 目录服务、组策略和 Windows 安装程序来安装、维护和删除单位计算机上的软件。通过使用管理软件部署的策略方法，可以确保用户需要的应用程序随时随地运行。

完成本章学习后，将能够：

- 掌握如何使用组策略管理软件部署
- 掌握如何使用 Windows 安装程序进行软件安装与维护
- 使用组策略部署软件
- 使用组策略配置软件部署
- 使用组策略维护软件
- 使用组策略删除软件
- 解决软件部署中的疑难问题
- 应用最佳操作部署软件

9.1　管理软件部署介绍

在 Windows 2000 中，使用组策略可以集中或从一个位置管理软件部署过程。可以将组策略应用到站点、域或者组织单位中的用户或计算机，自动地来为该站点、域或者组织单位中的用户或计算机安装、升级或删除软件。通过应用软件的组策略设置，可以管理软件部署的各个阶段，而不必分别访问每一台计算机。

本地 GPO 存储在每台计算机上，无论计算机是否是 Active Directory 环境或网络环境的一部分。然而，由于本地 GPO 设置可以通过非本地 GPO 来改写，所以如果计算机在 Active Directory 环境中，本地 GPO 的影响是最小的。在非网络环境中（或者在没有 Windows 2000 域控制器的网络环境中），本地 GPO 设置更重要，因为它不会被非本地 GPO 所改写。

下面描述了软件安装与维护过程的每一阶段：

1）准备

准备阶段使应用程序能够使用组策略部署的文件。要做到这一点，将 Windows 安装程序包文件复制到一个软件分发点，该软件分发点可以是服务器上的共享文件夹。安装程序包文件可以从应用程序供应商处获得，或者使用第三方工具创建一个程序包文件。

2）部署

管理员在计算机上安装软件并创建组策略对象（GPO），然后将其链接到适当的 Active Directory 容器中。软件的实际安装是在计算机启动时或用户激活应用程序时进行的。

3）维护

使用新版本升级已部署的软件或利用服务包和补丁程序对软件重新部署。当计算机启动时或用户激活应用程序时，软件会自动升级或者重新部署。

4）删除

为了删除不再需要的软件，可以从原始部署软件的GPO中删除软件包设置。当计算机启动时或用户重新登录时软件将自动被删除。

9.2 Windows Installer 服务

为了使组策略能够部署和管理软件，Windows 2000 使用了 Windows 安装程序，它包含如下两部分：

- Windows 安装程序服务（Windows Installer service）。Windows 安装程序服务是一种完全自动进行软件安装和配置过程的客户端服务。Windows 安装程序服务也可以修改或修复已经安装的应用程序。Windows 安装程序服务直接从CD-ROM或者通过组策略来安装应用程序
- Windows 安装程序包（Windows Installer package）。Windows 安装程序包包含了Windows 安装程序服务需要安装或卸载的软件的全部信息。程序包由 Windows 安装程序或者.msi文件和安装或卸载软件所需的外部源文件组成。.msi程序包文件包含软件和其自身的标准摘要信息。它还包含产品文件或者产品文件安装位置的参照

使用 Windows 安装程序技术的好处包括：

- 弹性应用程序（Resilient applications）。如果重要文件被删除或者被破坏，应用程序将自动返回到安装文件源并获得该文件的新副本而无须用户干预
- 彻底删除（Clean removal）。应用程序卸载时可以不留下任何孤立文件，也能避免破坏其他应用程序。例如：删除另一个应用程序需要的共享文件。与此同时，所有与之相关的注册表的设置也被删除

9.3 部署软件

可以使用组策略中的软件安装组件来部署用户和计算机的软件。部署软件确保任何用户所登录的计算机上的必要的应用程序都是可用的。从用户角度看，软件总是可用的而且功能齐全。必要时，管理员既可以为用户提前安装软件，也可以给提供用户安装所需软件的选择权。

9.3.1 软件的部署

部署软件时，可以在单位内部指定应用程序如何安装和维护。软件分配或发布的对象可以是用户或计算机，并且可以建立可使用的组合以达到软件管理的目的。

通过执行下列任务来使用组策略部署新软件：

1）获取 Windows 安装程序包文件，部署应用程序之前必须有该程序的程序包文件。程序

包包含.msi 文件和必要的相关安装文件。相关安装文件就是要安装在本地硬盘上的应用程序文件。

2）将程序包文件及相关安装文件放在软件分发点。软件分发点就是服务器上的共享文件夹。

3）创建或修改 GPO。需要为一个想要在其中部署应用程序的容器创建 GPO，或对该容器的 GPO 做出必要的更改。

4）配置 GPO 以便部署应用程序。可以配置 GPO 来为用户账户或者计算机账户部署软件。这项任务还包含选择需要的部署类型。部署类型以及为用户和计算机部署应用程序的不同，将在本章的后面讨论。

9.3.2 创建软件的部署点

软件分发点是包含用来部署软件的程序包文件的共享文件夹。软件分发点上的安装程序包和软件文件必须是可用的，这样当软件在本地计算机上安装时，文件可以从该分发点复制到计算机上。可以将每一应用程序的文件保存在一起以便简化管理。

建立软件分发点：

1）在作为软件分发点的文件服务器上为软件创建文件夹并将该文件夹在网络上共享。例如：\\server\share。

2）通过将软件、程序包、升级包、所有必需的文件和组件放置或复制到软件分发点的共享文件夹内来将软件复制到软件分发点。将包括程序包及所有相关的安装文件在内的所有软件放到软件分发点对应的文件夹中。

3）将软件分发点的文件夹权限和共享权限设置为只有管理员可以读写，而用户对软件分发点的共享文件夹的访问权限设置为只读。使用组策略管理相关的 GPO 内的软件。

当创建软件分发点时，使用以下准则：

- 为.msi 程序包创建文件夹并以应用程序命名，将.msi 程序包文件和所有必需的安装文件放在该文件夹中。为了简化管理，可以将.msi 程序包文件存储在同一位置
- 使用隐藏共享文件夹（例如：packages$），可以防止用户浏览软件分发点上的共享文件夹的内容
- 使用分布式文件系统（DFS）为所有发布的应用程序提供独立的共享点，这样就可以利用 DFS 的冗余和负载平衡的功能

9.3.3 分配软件

图 9-1 所示的为分配软件。

应用程序一经分配给用户，则在用户下次登录到工作站时，应用程序将公布给用户。应用程序公布取决于用户，与用户实际使用哪台物理计算机无关。用户第一次在计算机上激活应用程序或者在“开始”菜单上选择应用程序或者激活和该应用程序关联的文档时，即可安装该应用程序。

当给计算机分配应用程序时，应该确保计算机能够安全地公布并安装该应用程序，特别是保证计算机启动时不会出现与之冲突的进程。

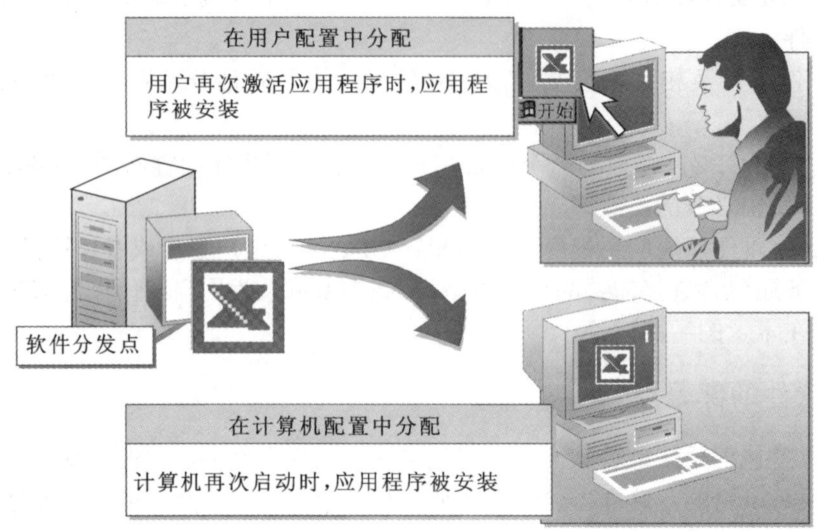

图 9-1 分配软件

通过分配软件包，可以确保：

- 对于用户而言，软件总是可用的。用户可以从他们登录的任何计算机上对他们需要的软件进行访问。若用户在没有安装 Excel 的计算机上启动一个需要使用 Microsoft Excel 的文件，用户激活该文件时 Excel 将安装在那台计算机上
- 软件是可复用的。若用户出于某种原因删除了软件，当用户下次登录并激活应用程序时该软件会被重新安装

可以将软件分配给用户或计算机：

- 用户配置过程。当给用户分配软件时，软件被公布在用户的桌面上。虽然用户登录时应用程序会被公布，但是直到用户双击该应用程序图标或者与之关联的文件（又称文档激活）时，软件才会被安装。如果用户没有采用上述方法之一来激活应用程序，该软件将不会被安装，这样就节省了硬盘空间和时间
- 计算机配置过程。当分配软件给计算机时，不会出现任何通知。而是当计算机启动时自动安装软件。通过给计算机分配软件，可以确保那台计算机被任何用户使用时应用程序都是可用的。但是，如果计算机是一个域控制器，那么分配软件给该计算机将不起作用

9.3.4 发布软件

图 9-2 所示的为发布软件。

软件一经发布，用户就可以在他们的计算机上安装该软件，即便是快捷方式并没有出现在用户桌面上或者“开始”菜单中，甚至没有出现在本地注册表项中。应用程序发布之后，用户有选择是否安装的权力。因为用户必须安装发布的软件，所以只需将软件发布给用户而不是将软件发布给计算机。用户可以采用以下两种方式之一来安装发布的软件：

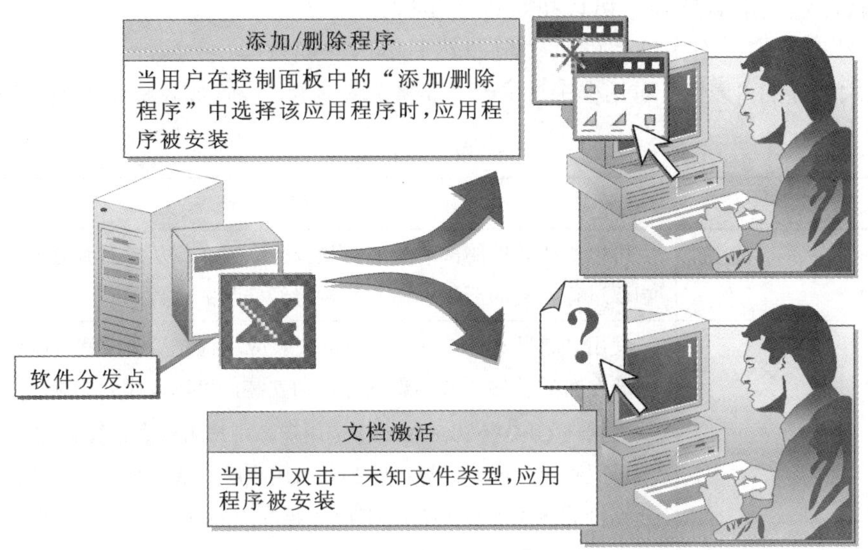

图 9-2 发布软件

- 使用“添加/删除程序”。用户可以打开控制面板并双击“添加/删除程序”来显示可用的应用程序组。用户可以选择需要的应用程序然后单击“安装”
- 使用文档激活。当应用程序在 Active Directory 中发布时，它支持的文档的文件扩展名就会在 Active Directory 中注册。如果用户双击一个未知文件类型时，计算机则向 Active Directory 发出查询以确定是否存在与这种文件扩展名相关联的应用程序。如果 Active Directory 中包括这种应用程序，计算机就会安装它

9.3.5 使用组策略部署软件包

为了使应用程序可以安装，或者在用户需要时可用，需要创建部署这些应用程序的 GPO。然后将这个 GPO 链接到包含用户或者想要部署软件的计算机的 Active Directory 容器中。

（1）使用 GPO 部署软件包

使用 GPO 部署软件，可以执行以下步骤：

1）根据软件是分配还是发布给用户或计算机，在“用户配置”或者“计算机配置”中创建或者编辑一个 GPO。

2）展开“软件设置”，右击“软件安装”，指向“新建”，然后单击“软件包”。当“打开文件”对话框出现时，选择软件包文件，然后单击“打开”。

3）在“部署软件”对话框中，选择一种部署方法，然后单击“确定”。

（2）更改部署的软件包选项

当使用组策略部署软件包之后，也可以更改在初始阶段设置的部署选项。例如：可以阻止使用文档激活方法来安装软件。

要更改软件包的部署选项，可以执行以下步骤：

1）在软件安装中，右击部署的软件包，然后单击“属性”。

2）在应用程序的“属性”对话框中，单击“部署”选项卡，设置如表 9-1 中描述的选项的组合。

表 9-1

选 项	描 述
部署类型	可以更改软件的部署类型为从分配到发布或从发布到分配。这种改变只影响要进行安装的新软件而不影响已经安装的软件
部署选项	使用“通过文件扩展激活自动安装应用程序”选项就可以通过文档激活来安装发布的软件。若不想软件自动安装，可以关闭此选项 当软件 GPO 不再应用于特定用户、用户组或者计算机时，使用“当 GPO 不再用于用户或者计算机时卸载应用程序”选项来删除软件。如果用户或者计算机被移动到 OU 或者 GPO 不再应用的域中，部署的软件将会被卸载 使用“不在添加/删除程序中显示此软件包”选项避免应用程序显示在控制面板的“添加/删除程序”中。这个选项可以限制用户安装软件的能力。用户仍然可以通过文档激活或者通过访问宣告的快捷方式来安装软件
安装用户界面选项	Windows 安装程序包通常有两种不同的安装界面。普通安装界面使用默认值安装软件。最大安装界面提示用户输入值。用户可以选择安装时显示的界面

9.3.6 设置软件安装的默认值

图 9-3 所示的为设置软件安装默认值。

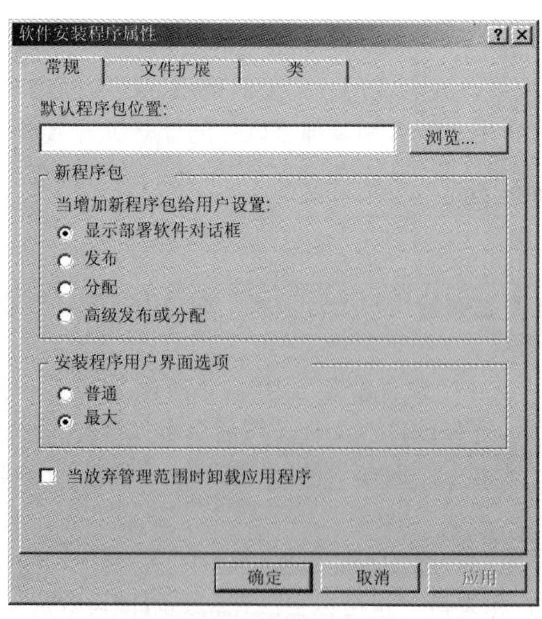

图 9-3 设置软件安装默认值

GPO可以包含应用程序如何安装、维护、删除等几个设置。在“软件安装程序属性”对话框中的“常规”选项卡中，可以为当前GPO内的新软件包定义全局性的默认设置。其中一些设置可以在“软件安装”扩展选项中通过编辑程序包属性来更改。

要设置软件安装的默认选项，可以执行下列步骤：

1）根据软件是分配还是发布给用户或计算机，可以在“用户配置”或“计算机配置”中创建或编辑一个GPO。

2）展开“软件设置”，右击“软件安装”，然后单击“属性”。

3）在“软件安装程序属性”对话框中，单击“常规”选项卡，可以设置如表9-2中描述的任意选项组合。

表 9-2

选　项	描　述
默认程序包位置	包含.msi 程序包文件的软件分发点的位置。可以指定任何包含软件包的位置，但是应该确保软件分发点不在本地驱动器上
新程序包 当向用户设置添加新程序包时	“显示部署软件对话框”选项可以为每个添加到GPO的程序包文件显示一个对话框。这个对话框显示发布或分配新程序包文件 “发布”选项自动发布一个在“用户配置”模式下的默认新安装程序包（该选项在“计算机配置”下不会出现）。使用该选项可以给需要发布的GPO添加多个应用程序 使用“分配”选项可以自动分配默认的一个新程序包文件。使用此选项可以向需要分配的GPO添加多个应用程序 使用“高级发布或分配”选项可以对每个程序包进行更好的控制。例如：使用转换
安装程序用户界面选项	Windows安装程序包通常含有两种不同的安装界面。普通界面采用的是默认安装。最大安装需要用户输入值。用户可以选择安装时显示的界面
当放弃管理作用域时卸载应用程序	如果一个CPO不再适用于一个用户，因为在一个新GPO上的设置或者GPO被删除，应用程序及所有相关的文件都会自动地从用户计算机上被删除

9.4 配置软件部署

软件安装是组策略的一个扩展，它包含配置部署的软件选项。通过使用软件安装程序，可以部署一个应用程序的几个不同的配置，并且可以控制如何分配或发布应用程序而不管用户的职责何时会改变。也可以通过在“添加/删除程序”里对程序列表进行分类和使用文件扩展名关联应用程序来简化部署软件工作。

9.4.1 使用软件修改

图9-4所示的为使用软件修改。

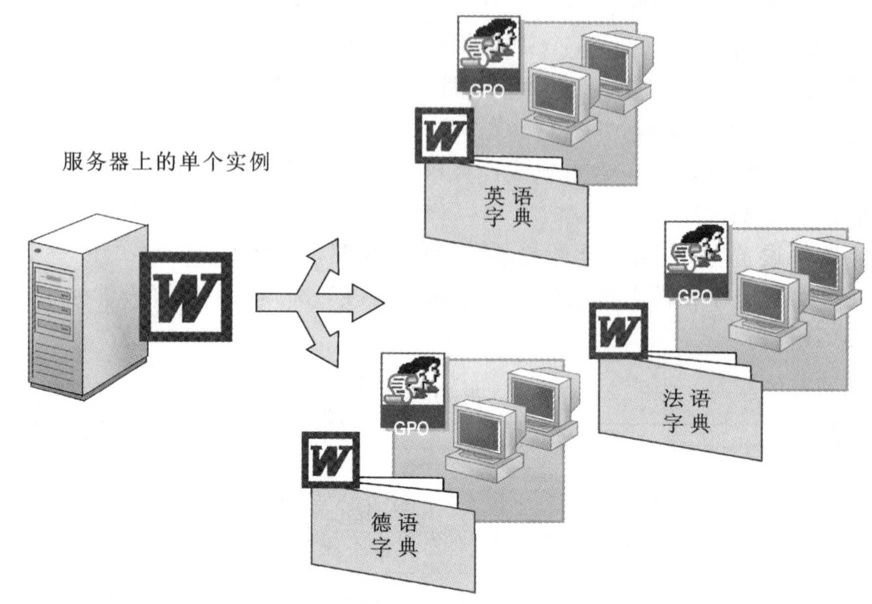

图 9-4 使用软件修改

部署一个应用程序的几个不同的配置，可以使单位内不同的组以不同的方式使用同一个软件包。可以使用软件修改或.mst 文件部署一个应用程序的几种不同的配置。.mst 文件是修改 Windows 安装程序如何安装一个已经打包的应用程序的自定义软件包。

例如：一个国际组织打算部署 Microsoft Word 2000，但是该组织的许多分支需要本地字典，那么可以为每种语言使用不同的 GPO 和.mst 文件，这样来部署一个应用程序的几种不同配置，而不必使用本地字典手动配置他们的计算机。

重点 只可以在软件包部署的过程中而不是在软件包部署之后进行添加或删除修改。

要对软件包添加修改，可以执行下列步骤：

1）当将新软件包添加至 GPO 的时候或者在部署软件包之前，打开应用程序包的“属性”对话框，单击“修改”选项卡。

2）在“修改”选项上，单击“添加”。

3）在“打开”对话框中，选择修改（.mst）文件的路径和文件名，单击“打开”，然后单击“确定”。

注意 可以添加多个修改。修改的应用需要根据“修改”选项列表中指定的顺序。若需要重新安排列表，单击列表中的一个修改，然后单击“上移”或“下移”。

9.4.2 创建软件类别

图 9-5 所示的为创建软件类别。

可以创建软件类别来为特定标题的不同应用程序进行逻辑上的分组。可以对组内部署的软件进行分类，以允许用户从“添加/删除程序”分类中进行选择，例如“图形”、“Microsoft Office”

或者“通信”等，而不是让用户在任意长的应用程序列表中选择。对应用程序进行分类首先要创建一个类别，然后将应用程序分配到类别中。

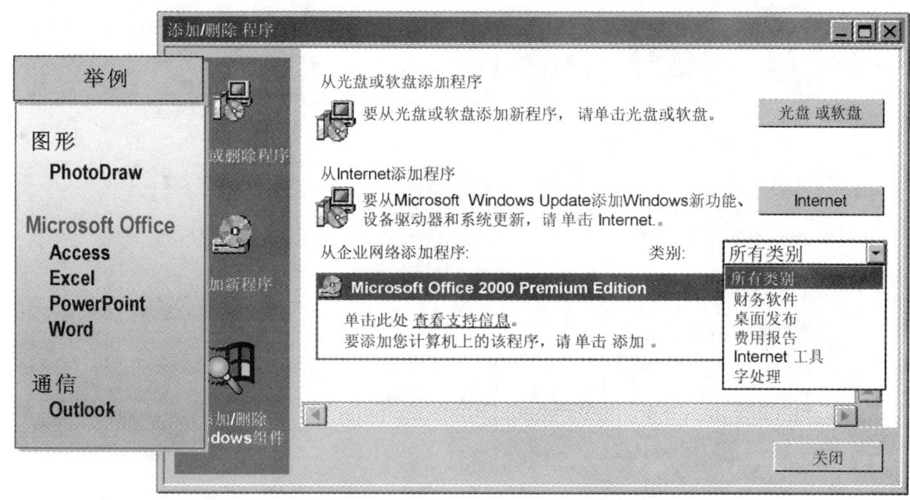

图 9-5 创建软件类别

（1）创建类别

软件类别的作用范围是域。整个域只需要定义一次分类。任何的改变都会影响到全域。可以访问任何 OU 内的“类别”选项卡。然而，对类别做的任何改变都将影响整个域。应该确保创建的类别能应用于域内所有的软件策略。

要创建一个类别，可以执行以下步骤：

1）根据软件是分配还是发布给用户或计算机，在“用户配置”或“计算机配置”中创建或编辑 GPO。

2）展开“软件设置”，右击“软件安装”，单击“属性”，然后单击“类别”选项卡。

3）单击“添加”、“修改”或者“删除”进行创建或编辑类别名称。

（2）为软件包指定类别

可以在部署应用程序时或者此后的任何时间将软件包分配到某个类别，也可以将程序包列入到多个类别下，同时使用程序包的“属性”对话框中的“类别”选项卡来将一个程序包分配到某个类别。

9.4.3 关联文件扩展名和应用程序

图 9-6 所示的为使文件扩展名与应用程序相关联。

Active Directory 维护一个文件扩展名列表并发布与扩展名关联的应用程序。当用户双击未知类型的文件时，Windows 安装程序将使用该列表来安装相应的应用程序。管理员不能规定列表的内容，但他们可以确定文档激活安装或启动应用程序的优先权。

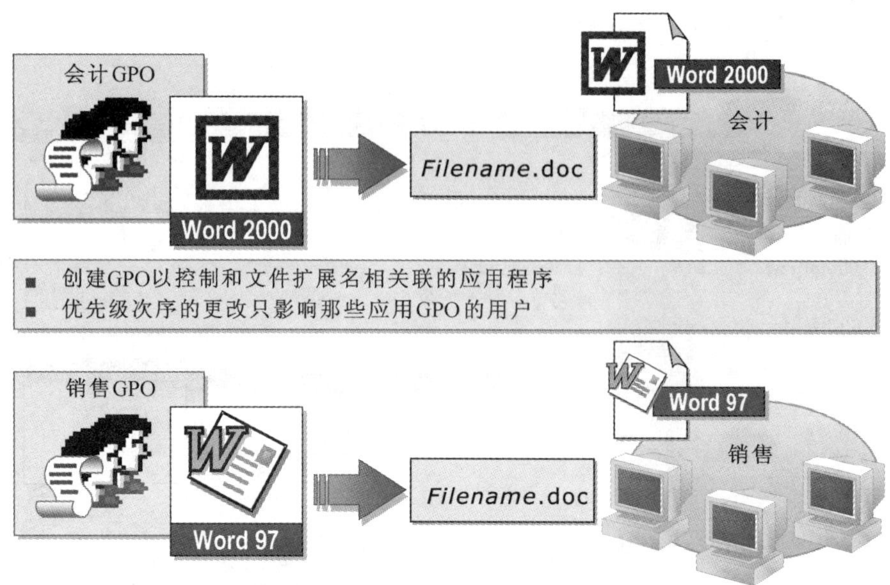

图 9-6　使文件扩展名与应用程序相关联

例如：单位可能既需要使用 Microsoft Word 97 又需要使用 Word 2000。不同部门的首选不一样，但是这两个应用程序都使用.doc 的文件扩展名。需要为每个部门调整文件扩展名的优先权，以便在用户激活一个文档时安装首选的应用程序。

要修改文件扩展名的优先权，可以执行下列步骤：

1）打开用来部署应用程序的 GPO。

2）展开“用户配置”，然后单击软件安装的“属性”对话框。

3）在“软件安装属性”对话框上单击“文件扩展”选项卡，然后单击“上移”或“下移”来设置优先权。

Windows 安装列表中的第一个应用程序将会首先被安装。

根据每个 GPO 管理应用程序关联。更改 GPO 中的优先次序只影响所更改的 GPO 中的用户。若将 Word 2000 设置成默认的应用程序，那么它只对受 GPO 影响的用户是默认的应用程序。

注意　仅可以将使用组策略部署的应用程序与文档类型建立关联。例如：若不在应用程序包里部署 Word 97，就不会关联扩展名为.doc 的文件。

实验 A　分配和发布软件

- 目标

完成本实验后，将掌握以下内容：

- 使用组策略为 OU 中的用户分配软件
- 使用组策略为 OU 中的用户发布软件

- 准备工作

在进行本实验之前，必须具备创建组策略对象的知识与技能。

- 实验设置

为完成本实验，需要具备以下条件：

- 一台运行 Windows 2000 Advanced Server 并配置为域控制器的计算机
- 一个 OU 结构。运行 C:\Moc\Win2154A\Labfiles 中的 Software.vbs 脚本文件可以创建所需要的 OU 和用户

重点 实验并不能真实地反应实际环境。强烈建议管理员设置复杂的密码并且不要创建没有密码的账户。

重点 在教室环境之外，强烈建议将软件升级至最新版本。因为是在教室环境，所以没有给软件进行最新的升级。

- 实验预估时间：30 分钟

练习 1 分配软件

- 实验方案

Northwind Traders 决定集中管理用户应用程序的部署。应该确保 Windows 2000 支持工具对所有在信息服务部门的用户都是可用的。

- 目标

在本练习中，使用组策略为信息服务 OU 的用户分配 Windows 2000 支持工具。

任　务	具体步骤
1. 在 Information Services OU 中创建名为“Application Assignment Policy”的 GPO	a. 以管理员身份和密码 password 登录 b. 在“管理工具”菜单中打开“Active Directory 用户和计算机” c. 展开“*domain*.nwtraders.msft”（这里 *domain* 是指定的域名） d. 右击“Information Services”，然后单击“属性” e. 在“组策略”选项卡上，单击“新建” f. 键入“Application Assignment Policy”然后按 Enter 键 g. 使“Information Services 属性”对话框处于打开状态
2. 修改 Application Assignment Policy GPO 以便分配 Veritas WinInstall LE 程序包： • 分配的文件名：*computer*\ Labfiles\Packages\Swiadmle.msi（*computer* 是分配的计算机名）	a. 在“Information Services 属性”对话框中选择“Application Assignment Policy”GPO，单击“编辑” b. 在“用户配置”下，展开“软件设置”，然后单击“软件安装” c. 右击“软件安装”，指向“新建”，然后单击“程序包” d. 在“文件名”框中键入*computer*\Labfiles\Packages（这里 *computer* 是分配的计算机名），然后单击“打开”

续表

任 务	具 体 步 骤
2. （续）	e. 单击“Swiadmle”，然后单击“打开” f. 在“部署软件”对话框中单击“已指派”，然后单击“确定” WinINSTALL LE 出现在已部署的应用程序列表中。 g. 关闭组策略，然后单击“关闭”来关闭“Information Services 属性”对话框 h. 关闭所有打开的窗口，然后注销

练习 2 测试软件分配

- 实验方案

在对组策略设置做了更改之后，想要测试软件是否正确分配。

- 目标

在本练习中将对上个练习的软件分配进行测试。

任 务	具 体 步 骤
用“ Hduser”身份登录，检查软件分配是否正确	a. 以 Hduser 身份和密码 password 登录

在“程序”菜单中出现“VERITAS Software”了吗？为什么？

____

____

任 务	具 体 步 骤
（续）	b. 从 VERITAS 菜单中打开 VERITAS Software Console

发生了什么？

____

____

任 务	具 体 步 骤
（续）	c. 关闭 VERITAS Software Console，然后注销

练习 3 应用程序的发布

- 实验方案

信息服务（Information Services）部门使用 Cosmo 应用程序。要将 Cosmo 变成适用于所有用户的基本应用程序。用户可以在“添加/删除程序”中安装 Cosmo，但是 Cosmo 不会自动安装。

- 目标

在本练习中可以运用组策略给信息服务（Information Services）OU 发布 Cosmo。

任　　务	具 体 步 骤
1．创建一个“Application Publishing Policy”的 GPO，并把它链接到“Information Services OU”上	a．以管理员身份和密码 password 登录 b．从“管理工具”菜单中打开 Active Directory 用户和计算机 c．如果有必要，则展开“*domain*.nwtraders.msft” d．打开 Information Services OU 的属性对话框 e．在“组策略”选项卡上单击“新建” f．键入“Application Publishing Policy”，然后按 Enter 键 g．让“Information Services 属性”对话框处于打开状态
2．修改 Application Publishing Policy GPO 以便发布 Cosmo： • 分配的文件名：\\计算机名\Labfiles\Packages\Cosmo1\Cosmo1.msi	a．在“Information Services 属性”对话框中选择“Application Publishing Policy”GPO 然后单击“编辑” b．在“用户配置”下，展开“软件设置”，然后单击“软件安装” c．右击“软件安装”，指向“新建”，然后单击“程序包” d．双击“Cosmo1”，单击 cosmo1.msi，然后单击“打开” e．在“部署软件”对话框中确定 “已发行”被选择，然后单击“确定” f．关闭所有打开的窗口和对话框，然后注销

练习 4 安装发布的应用程序

- 实验方案

在更改组策略设置使之发布应用程序之后，应该对这些应用程序进行测试以确定能否正确安装。

- 目标

在本练习中将利用“添加/删除程序”和打开文档安装已发布的应用程序。

任 务	具 体 步 骤
1．以 Hduser 身份登录，然后使用“添加或删除程序”安装已发布的应用程序	a．以 Hduser 身份和密码 password 登录 b．在控制面板中双击“添加或删除程序”，然后单击“添加新程序” Cosmo 1 出现在网络中可用的程序列表中。 c．单击“添加” Windows 安装程序安装 Cosmo 1。 d．在 Cosmo 1 对话框中单击“确定” e．关闭“添加/删除程序”然后关闭控制面板 f．确认 Cosmo 1 已经安装，然后注销
2. 以 Csuser 身份登录，确定 Cosmo 1 是否安装	以 Csuser 身份用密码 password 登录

Cosmo 1 安装了吗？为什么？

____

____

3. 用文档激活方式安装已经发布的软件 • 打开以下文件: *computer*\Labfiles\Packages\Cosmo.cs00（*computer* 是分配的计算机名）	a. 在“运行”对话框中，在打开框中输入*computer* \Labfiles\Packages，然后单击“确定”

Cosmo.cs00 和新的应用程序关联了吗？

____

____

3．（续）	b．双击“Cosmo.cs00”

发生了什么？为什么？

____

____

3．（续）	c．关闭所有打开的窗口，然后注销

9.5 维护部署的软件

在软件被部署后，可能需要修改它，以确保用户的软件可以维护和升级到当前的最新的版本。Windows 2000 中可用于维护软件的选项是升级软件版本和重新部署软件。

9.5.1 升级部署的软件

图 9-7 所示的为升级软件部署。

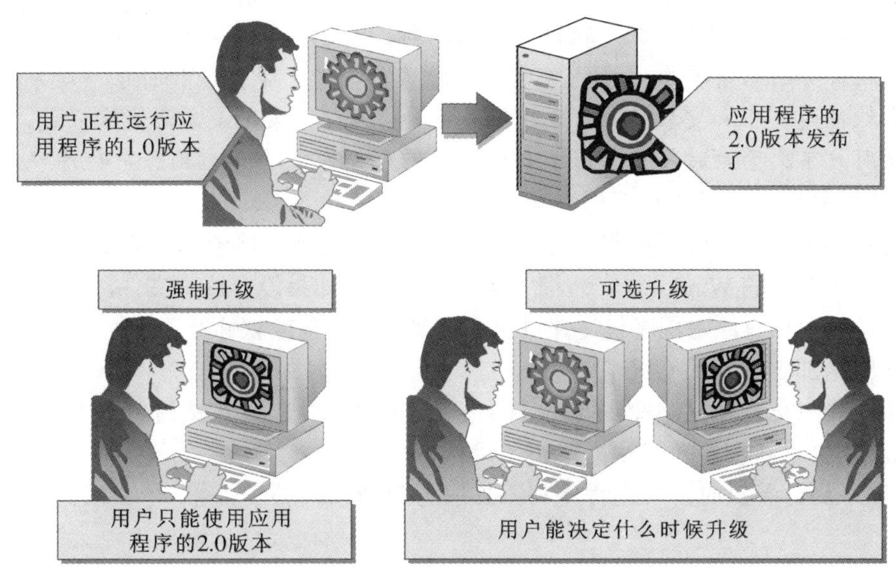

图 9-7 升级部署的软件

因为组织中的任务是动态变化的，所以可以利用组策略部署和管理软件，通过升级来满足组织中一些部门的需要。典型的升级包括对软件的主要改动并且通常有新的版本号。通常一次升级导致大量文件变动，可以利用软件安装扩展升级一个现有的应用程序。升级有两种类型：

- 强制升级（Mandatory upgrades）。强制升级可以自动使用软件的升级版本替代旧版本。例如：用户当前使用的是 1.0 版，这个版本较陈旧，下次用户登录或者计算机启动时将自动安装 2.0 版
- 可选升级（Optional upgrades）。可选升级允许用户决定何时升级到最新版本。例如：可选升级允许用户选择继续使用 1.0 版本还是升级到 2.0 版本

要部署升级，可以执行下列步骤：

1）部署 2.0 版本的软件。

2）打开“软件安装”，右击 2.0 版本，然后单击“属性”。在“属性”对话框中单击“升级”选项卡。

3）在“需要升级的程序包”选项上，单击“添加”，然后选定 1.0 版本的应用程序。如果 1.0 和 2.0 两个版本都是本地 Windows 安装服务程序包，这一步骤将自动执行。

4）选择升级类型：

- 要执行强制升级，可以选择“当前程序包必须升级”的复选框，然后单击“确定”
- 要执行可选升级，可以取消“当前程序包必须升级”的复选框，然后单击“确定”

9.5.2 重新部署软件

重新部署是将服务包和软件补丁应用到已经部署的软件上。在标记某个重新部署的软件包文件的时候，该软件就会通过分配或发布的形式，公布给所有有权访问该应用程序的用户。根据原有的软件部署情况，会出现以下三种情形其中之一：

- 若软件分配给用户，则与此软件相关的“开始”菜单、桌面快捷方式、注册表设置等在用户下次登录时都被升级。软件下次启动时，自动应用服务程序包和软件补丁
- 如果软件分配给计算机，系统下次启动时将自动应用服务包和补丁
- 如果软件是发布和安装的，与此软件关联的“开始”菜单、桌面快捷方式、注册表设置等在用户下次登录时将被升级。软件下次启动时，将自动应用服务程序包和软件补丁

要重新部署软件，可以执行下列步骤：

1）从应用程序供应商处获得服务包或软件补丁，将文件转移至相应的安装文件夹中。服务包必须含有新的 Windows 安装程序文件（.msi）。如果没有这类文件，将不能重新部署软件包，因为只有原始程序包文件包含有部署由服务包或软件补丁增加的新文件的说明。

2）打开原来部署软件的 GPO。

3）打开“软件安装”，右击程序包文件名，指向“所有任务”，然后单击“重新部署应用程序”。在“重新部署”对话框单击“确定”。

当用户登录到计算机时，应用程序将添加服务包或软件补丁。

9.6 删除部署的软件

使用组策略部署软件时，可以配置用于删除过时的或组织不需要的软件的 GPO。还可以通过配置 GPO，允许用户以可选的方式升级软件以达到卸载旧软件的目的。

删除部署的软件，可以执行下列步骤：

1）打开原来用于部署软件的 GPO。

2）在“软件安装”中，右击程序包名称，指向“所有任务”，单击“删除”。

3）在“删除软件”对话框中，选择表 9-3 中选项的一项，然后单击“确定”。

表 9-3

选　　项	注　　解
立即卸载用户和计算机的软件（强制删除）	下次计算机启动或者用户下次登录时软件将被自动删除（这发生在用户组策略设置下）。在桌面出现前完成删除
允许用户继续使用软件但避免新的安装（可选删除）	软件不从计算机自动删除。软件虽然不列在“添加/删除程序”中，但安装此软件的用户可以继续使用它。如果用户手动删除软件，将不能重新安装

实验 B　升级和删除软件

- 目标

  完成本实验后，会掌握以下内容：
  - 使用组策略部署软件的强制升级
  - 使用组策略部署软件的可选升级
  - 使用组策略删除以前用组策略部署的软件

- 准备工作

  在进行本实验前，必须具备创建组策略对象必备的知识与技能。

- 实验设置

  为完成本实验，需要具备以下条件：
  - 一台安装 Windows 2000 Advanced Server 并配置为域控制器的计算机

- 实验预估时间：30 分钟

练习 1　部署应用程序升级

- 实验方案

在 Northwind Traders，目前所有的用户都使用 Cosmo1 应用程序。现在要为单位中的大多数人进行 Cosmo 2 软件的可选升级。不过，想要让客户支持 OU 的用户进行强制升级，不是手动地为每台计算机安装软件，而是利用组策略进行升级。

- 目标

在本练习中将对原来部署的应用程序部署一个可选的和一个强制的升级。

任　务	具 体 步 骤
1. 为 Information Services OU 部署一个从 Cosmo1 到 Cosmo2 的可选升级 • 组策略：Application Publishing Policy • 应用程序：从 Cosmo2 升级 Cosmo1	a. 以管理员身份和密码 password 登录 b. 使用“管理工具”打开“Active Directory 用户和计算机” c. 打开 Information Services 的属性对话框 d. 在“组策略”选项卡上，单击“Application Publishing Policy”，然后单击“编辑” e. 在“用户配置”下，展开“软件设置”，然后单击“软件安装” f. 右击“软件安装”，指向“新建”，然后单击“程序包” g. 在“查找范围”框中单击“packages”，再双击“Cosmo2”，单击“Cosmo2”，然后单击“打开” h. 展开“部署软件”对话框，单击“高级发行或指派”，然后单击“确定”

续表

<table>
<tr><th>任 务</th><th>具 体 步 骤</th></tr>
<tr><td>1. （续）</td><td>i. 在“升级”选项卡上单击“添加”
j. 在“要升级的程序包”选项下选择“Cosmo1”，单击“确定”，然后再单击“确定”关闭“Cosmo2 属性”对话框
Cosmo 2 出现在已部署的软件列表中。注意升级类型被设为可选升级。
k. 关闭组策略，然后单击“确定”关闭“Information Services 属性”对话框
l. 保持 Active Directory 用户和计算机窗口打开</td></tr>
<tr><td>2. 创建一个新的 GPO 链接到 Customer Support OU。将此 GPO 命名为“Mandatory Upgrade Policy”</td><td>a. 打开 Customer Support OU 的属性对话框
b. 在“组策略”选项卡上单击“新建”
c. 键入“Mandatory Upgrade Policy”，然后按 Enter 键
d. 使 Customer Support OU 的属性对话框保持打开状态</td></tr>
<tr><td>3. 为 Customer Support OU 配置一个从 Cosmo1 到 Cosmo2 的 Mandatory Upgrade Policy
• Mandatory Upgrade Policy
• 应用程序：将 Cosmo1 升级到 Cosmo2</td><td>a. 在“Customer Support 属性”对话框的“组策略”选项卡上，单击“Mandatory Upgrade Policy”，然后单击“编辑”
b. 在“用户配置”下展开“软件设置”，然后单击“软件安装”
c. 右击“软件安装”，指向“新建”，然后单击“程序包”
d. 单击 Cosmo2，然后单击“打开”
e. 单击“高级分配或发布”，然后单击“确定”
f. 在“升级”选项上单击“添加”
g. 在“添加升级程序包”对话框上单击“某个特定 GPO”，然后开始“浏览”
h. 在“域、OU 和链接的组策略对象为”列表中，双击“ Information Services.domain.nwtraders.msft”，单击“Application Publishing Policy”，然后单击“确定”
i. 在“添加升级程序包”对话框，确保选中“Application Publishing Policy”中的 Cosmo 1，然后单击“确定”
j. 在“Cosmo 2”的属性对话框中，单击“现有程序包所需的升级”，然后单击“确定”
Cosmo 2 出现在已部署的软件列表中。注意升级类型被设为所需升级。
k. 关闭所有的打开的窗口和对话框，然后注销</td></tr>
</table>

练习 2　测试应用程序升级

● 实验方案

完成强制升级和可选升级的组策略设置之后，需要对这些设置进行测试，确定软件是否已经升级并且组件正常工作。

● 目标

在本练习中，将会测试所需升级和可选升级的结果。

任　务	具体步骤
1. 以 Hduser 身份登录测试可选升级	a. 以 Hduse 身份和密码 password 登录

❓ 哪个版本的 Cosmo 出现在开始菜单中？为什么？

____

____

❓ 用户怎样将它升级到 Cosmo 2？

____

____

任　务	具体步骤
1. （续）	b. 升级到 Cosmo 2，然后注销
2. 以 Csuser 身份登录检测强制升级	a. 以 Csuser 身份和密码 password 登录

❓ 哪个版本的 Cosmo 存在于“开始”菜单中？为什么？

____

____

任　务	具体步骤
2. （续）	b. 从“开始”菜单打开 Cosmo 2

续表

任　务	具 体 步 骤
❓ 打开 Cosmo 2 时发生了什么？ __________ __________ __________	
2. （续）	c. 关闭所有的窗口，然后注销

练习 3　删除部署的软件

- 实验方案

由于 Cosmo 2 的试用期已过，决定将其升级为新的软件包。为了获得 Cosmo 程序的最佳结果，在部署完全版本前，应该彻底删除限次使用的 Cosmo2。另一个任务是退出 Veritas WinINSTALL LE 应用程序，也就是说用户可以继续使用 Veritas WinINSTALL LE，但是不能安装它。无须访问每台计算机就可以删除软件。使用组策略设置可以实现这个功能。

- 目标

在本练习中，可以使用强制删除和可选删除对先前部署的软件进行删除。

任　务	具 体 步 骤
1. 对先前在“应用程序分配策略”GPO 中部署的 Cosmo2 实行强制删除	a. 以管理员身份和密码 password 登录 b. 使用“管理工具”打开“Active Directory 用户和计算机” c. 打开 Information Services 的属性对话框 d. 打开“组策略”选项，单击“Application Publishing Policy”，然后单击“编辑” e. 在“用户配置”下，展开“软件设置”，然后单击“软件安装” f. 右击“Cosmo 2”，指向“所有任务”，然后单击“删除” g. 在“软件删除”对话框中，确定选中“立即从用户和计算机卸载软件”，然后单击“确定” h. 关闭组策略 i. 保持“Information Services 属性”对话框为打开状态

续表

任　务	具 体 步 骤
2. 对先前在“Application Assignment Policy”GPO 中部署的 Veritas WinINSTALL LE 实行可选删除	a. 在“组策略”选项卡上单击“Application Assignment Policy”，然后单击“编辑” b. 在“用户配置”下展开“软件设置”，然后单击“软件安装” c. 右击 WinINSTALL LE 然后指向“所有任务”，然后单击“删除” d. 在“选择删除方法”中选中“允许用户继续使用软件但终止新的安装”，然后单击“确定” e. 关闭所有窗口和对话框，然后注销

练习 4　测试部署软件的删除

- 实验方案

现在已经对要删除的软件做了必要的改动，应该对结果进行测试。

- 目标

在本练习中，可以对应用程序的强制删除和可选删除的结果进行测试。

任　务	具 体 步 骤
1. 以 Hduser 身份登录，测试应用程序的删除	a. 以 Hduser 身份和密码 password 登录

Cosmo 2 仍然还是被安装的吗？为什么？

____

____

Veritas WinINSTALL LE 仍然还是被安装了吗？为什么？

____

____

1. （续）	b. 注销

续表

任　务	具体步骤
2．以管理员身份登录，运行C:\Moc\Win2154A\Labfiles folder中的Rmous.vbs脚本文件。这个脚本将删除所有在这个实验中创建的OU	a．以管理员身份和密码password登录 b．打开C:\Moc\Win2154A\Labfiles folder文件夹 c．双击“Rmous.vbs”，这将删除本单元实验创建的所有OU d．重启计算机

9.7 软件部署错误诊断

以下是使用组策略部署软件中可能遇到的问题以及推荐的解决策略：

- 应用程序没有按预期出现。可能是由应用程序部署引起的问题。为了确定应用程序是发布还是分配给用户，应该以用户身份登录，然后打开控制面板中的“添加/删除程序”
  - 如果应用程序出现在“添加/删除程序”中，但是没有“开始”菜单快捷方式，说明程序是发布的而不是分配的
  - 如果应用程序没有出现在“添加/删除程序”中，应该是没有被部署，或者是被部署在错误的OU中或用户是经过过滤的不受GPO作用的安全组成员
- 应用程序不能安装。这可能是因为用户不能访问软件分发点，例如：网络服务器瘫痪。验证用户至少有该软件发布点的读NTFS文件系统的权限
- 应用程序没有按预期部署。可能的原因是组策略冲突。给用户在Active Directory的某一级别分配了应用程序（例如：在域级别）又拒绝他们访问较低的级别上的应用程序（例如：在OU级别）。另一种可能的原因是应用程序被分配给了计算机，大多数计算机策略忽略用户策略。如果用户被分配了Word，但是Word在另一台计算机上标记为强制删除，用户登录后就不会收到Word

9.8 最佳实践

使用组策略部署和管理应用程序可以考虑以下最佳操作：

- 在使软件对所有用户可用之前，应该逐步部署软件包或者先部署到用户测试组。逐步部署和测试有助于在将应用程序部署到整个组织之前确定和解决程序包的问题
- 为软件分发点使用基于域的DFS，当客户端从其站点的DFS副本安装部署的软件时，这样会减轻慢速广域网（WAN）的负载
- 如果将在一个GPO里发布或分配多个应用程序，那么可以指定一个本地程序包文件，该文件位于默认的软件分发点
- 根据功能来组织应用程序，使得创建软件策略时查询它们更为容易。例如：在软件分发点的共享文件夹上创建名为“图形工具”的文件夹，并为每个正在部署的图形应用程序

创建文件夹。尝试使用和软件程序的软件类别一致的文件夹名称。

- 不要使用不同的方法部署同样的软件。通过将软件分配给用户或计算机来部署软件，不要既分配给计算机又分配给用户

习题

1．因为 Word 2000 是公司所有用户经常使用的软件，所以需要确保即使用户错误的卸载了应用程序,它也一直可用。如果确保程序一直可用，则应该采取哪一种部署方案来安装应用程序?

2．现在需要配置只有“Payroll OU ”中的用户可以使用的财务应用程序,并且保证用户必须能访问应用程序，那么应该采取哪种分配方法安装应用程序?

3．对于拥有众多发布的应用程序的公司,怎样能使用户更容易地查询他们需要的“添加删除程序”？

4．公司要给用户分配病毒防护的应用程序,需要频繁地更新软件，但又要确保最新版本的应用程序安装到计算机上，则当从供应商获得最新的应用程序以后应该怎么办?

5．某公司为每个部门创建一个 GPO，部门 A 使用 Word 97,而部门 B 使用 Word 2000，如何保证每个用户可以安装或启动他所需要的 Word 版本？

6．某公司使用的一个软件版本需要升级，两个部门分别用组策略部署了升级，但是下次启动时部门 A 的软件更新为最新版本，而部门 B 的用户菜单中仍为旧版本软件，试分析原因？

第 10 章　创建和管理树和树林

在 Active Directory 目录服务中创建单个域是管理 Active Directory 基础结构最有效和最简便的方法之一。然而，在实现 Active Directory 基础结构的时候，如果公司需要额外的功能，那么就需要考虑额外的域。安全设置就是一些额外功能的例子，例如账户和密码策略设置，这些设置必须在域级别上应用，这样在每个域的用户都应用不同的安全设置。同时多个域还允许通过分散管理把域控制器的管理控制保留在域内。多个域的另一个好处是可以减少复制通信，这样，只有当全局编录服务器、配置信息和架构发生变更时才会有域间的数据复制。

可以根据要求在同一个域树下创建额外的域，这称为子域。还可以选择创建树林。树林由多个域树组成。同一个根域上的所有域形成一个连续的名称空间。树林中的域树并不形成连续的名称空间。

名称空间是有界限的区域，其中的名称可以被解析。解析对象名称或另一项目的过程称为名称解析。Active Directory 中的名称解析类似在电话簿中查找名称旁边的电话号码。在 Active Directory 的名称空间中，对象的名称允许引用所有的目录对象而不用去管它在目录层次结构中的位置。

在 Active Directory 中，域是名称解析的默认单位。在请求目录返回用户（例如：John）信息时，Active Directory 将查询目录并返回关联的对象。然而，这个过程只在单个域中起作用。如果 John 在一个不同的域中，那么目录对象将不能被找到也不能被检索到。

完成本章学习后，将能够：

- 了解 Microsoft Windows 2000 中树和树林的作用
- 在 Windows 2000 中创建并管理树和树林
- 在树和树林中使用信任关系
- 使用全局编录登录 Windows 2000 网络
- 实现最有效的组策略来获得对树和树林中的资源的访问权
- 解决在 Windows 2000 中创建和管理树和树林的过程中出现的疑难问题
- 应用在 Active Directory 中创建并管理树和树林的最佳操作

10.1　介绍树和树林

通过使用域树和树林，可以同时使用连续的和非连续的命名约定。树和树林对于一些有独立分公司的单位很有用，这些独立分公司需要拥有自己的域名系统（DNS,Domain Name System）名称。

10.1.1 树

图 10-1 所示的为树。

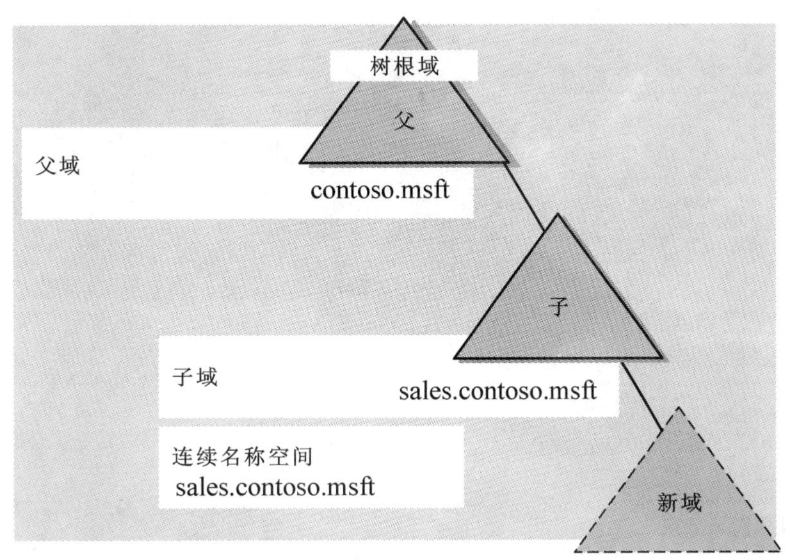

图 10-1 树

树是共享连续名称空间的 Windows 2000 域的层次结构排列。树由一个或多个域组成。域必须在树中存在。通过建立域树之间的信任关系处理安全和复制。

当一个新域添加到树上的时候，这个新域称为子域。子域上层的域名称为父域。子域名称是由子域本身的名称和父域名称通过点分隔后合并而成的 DNS 名称。DNS 名称形成一个连续的名称空间层次结构。域树的顶级域有时称为树根域。树内的每个域共享同一架构和配置，从而形成较大的名称空间来解析对象。

例如：如果名为 sales 的子域有一个名为 contoso.msft 的父域，则形成一个完全合格的 DNS 域名称 sales.contoso.msft，而任何添加到域 sales.contoso.msft 上的新域又成为该域的子域。

10.1.2 树林

图 10-2 所示的为树林。

树林是一个或多个树的集合。树林中的树并不共享一个连续的名称空间。树林中的域共享相同的配置、架构和全局编录。

例如：Contoso, Ltd.创建了一个称为 Northwind Traders 的独立公司。Contoso, Ltd.决定为 Northwind Traders 创建一个新的 Active Directory 域名，称为 nwtraders.msft。如图 10-2 上所表示的，这两个公司并不共享同一个名称空间，然而可以通过在现有树林上添加新 Active Directory 域作为新树，这两个公司就可以共享资源和管理功能。

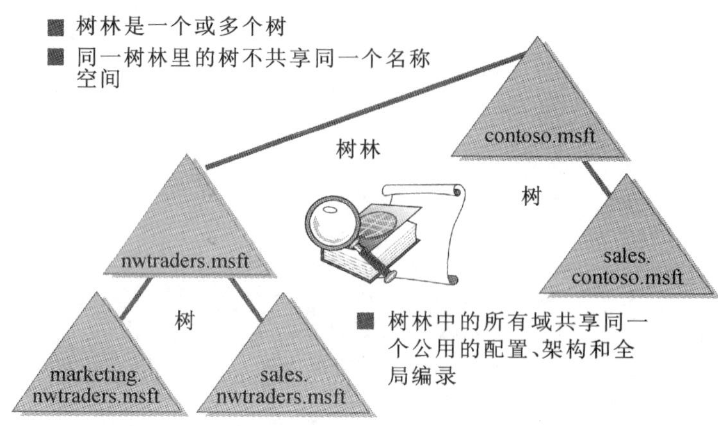

图 10-2　树林

10.1.3　树林根域

图 10-3 所示的为树林根域。

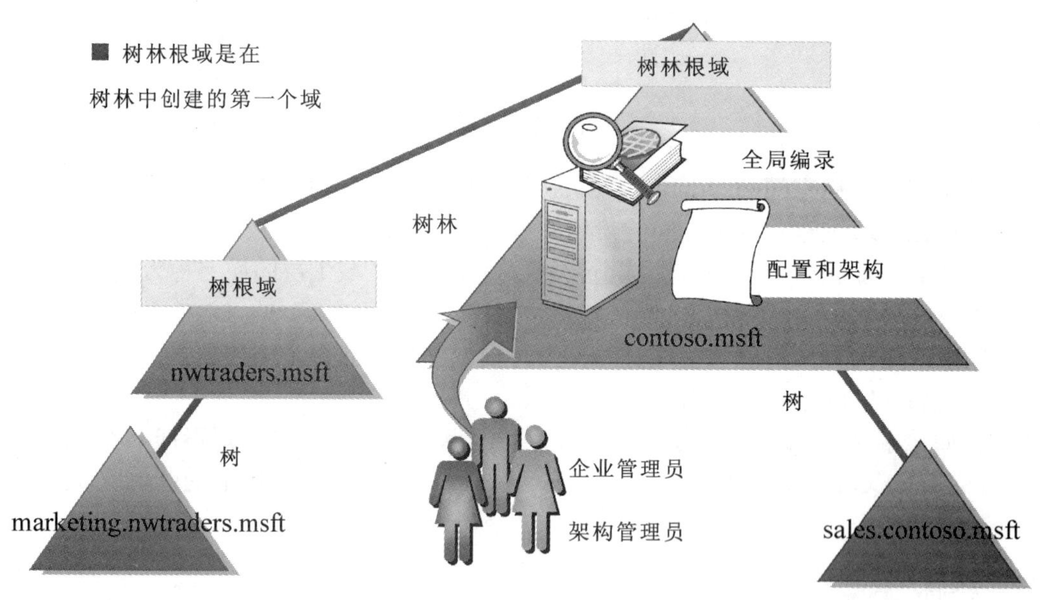

图 10-3　树林根域

树林根域是树林中创建的第一个域。树林根域的名称通常用于指出给定的树林。树的顶级域，即树根域，与树林根域之间存在着信任关系。因此，树林根域的名称不能更改。

配置树林根域的第一个域控制器用来存储全局编录信息。树林根域还包含树林的配置和架构信息。

树林根域包含两个预先确定的组，Enterprise Admins 和 Schema Admins。这些组只存在于 Active Directory 树林的树林根域中。可以把为整个树林执行管理任务的用户添加到这两个组中。

当一个域从混合模式转换成本机模式的时候，这两个预定义的全局组就会自动转变成通用组。在混合模式和本机模式中这两个组的角色都是一样的，只是组的作用域发生了改变。

表 10-1 描述了在树林根域创建时这两个组及它们被预先确定的角色。

表　10-1

预先确定的组名称	描　　述
Enterprise Admins	如果域在本机模式下，该组是通用组；如果域在混合模式下，该组就是全局组。该组有权对 Active Directory 中整个树林做出修改，例如添加子域。默认情况下，该组的惟一成员是树林根域的管理员账户
Schema Admins	如果域在本机模式下，该组是通用组；如果域在混合模式下，该组就是全局组。该组有权对 Active Directory 的架构做出修改。默认情况下，该组的惟一成员是树林根域的管理员账户

注意　树林根域中的 Domain Admins 组成员可以修改 Enterprise Admins 和 Schema Admins 组的成员。

10.1.4　多域的特征

可以考虑让组织中有多个域，因为在 Windows 2000 中使用多个域可以：

- 减少复制通信。实现多个域来代替一个庞大的单个域，这样可以优化复制通信。在多个域中，只有全局编录服务器、配置信息和架构的更改被复制。并不是域中所有域控制器的对象和属性的变化都被复制。例如：如果网络使用慢速广域网（WAN, Wide Area Network）链接，树林中所有对象的复制将占用不必要的带宽，因为对象被复制到很少使用的位置上。为不同位置创建不同的域将减少复制通信并维护网络性能，因为复制只在需要对象的位置发生
- 为不同域之间保持独立的、不同的安全策略。为了能对用户的组应用不同的域级别安全设置，必须有多个域。例如：如果需要一个更严格的密码组策略，比如更短的管理员密码更改期，则可以给管理员和其他用户使用不同的域
- 保留 Windows NT 早期版本的域结构。为了避免或推迟重新构造现有的 Windows NT 域，可以把域升级到 Windows 2000 而同时保留现有的域结构
- 分开的管理控制。域中的域管理员组成员完全控制该域上所有的对象。如果组织中有一个子部门，不允许子部门以外的管理员控制它们的对象，可以把这些对象放置在不同的域中。例如：由于法律上的原因，让从事高度敏感工程的子部门接受域中高级信息技术（IT, Information Technology）组监督是不谨慎的行为

10.2　创建树和树林

在安装完 Active Directory 并创建单个域以后，可以使用 Active Directory 安装向导 Dcpromo.exe 来引导用户通过创建树和树林来添加额外的域。安装 Active Directory 必须提供的

信息取决于是在现有树林中创建子域还是创建新树。

10.2.1 创建一个新的子域

图 10-4 所示的为创建新子域。

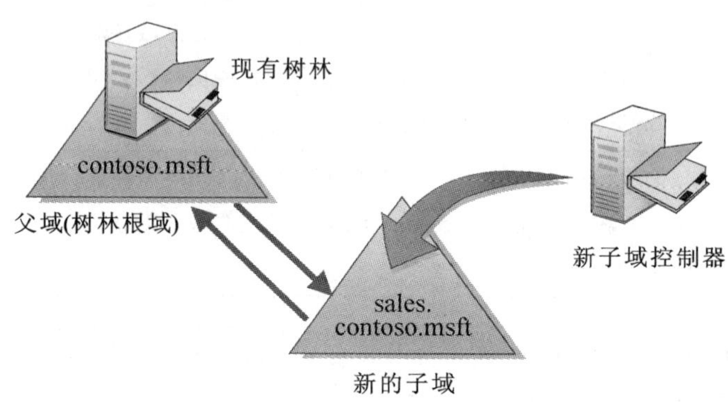

图 10-4 创建新子域

建立根域后，如果网络计划需要多个域，可以在树内创建额外的域。必须是 Enterprise Admins 组的成员才可以创建子域。

每个树内的新域将成为根域的子域或另一个子域的子域。

例如：如果创建一个名为 sales.contoso.msft 的域，该域是根域 contoso.msft 的子域。在该树内创建的下一个域可以是 constoso.msft 的子域或 sales.contoso.msft 的子域。

按下列步骤创建子域：

1）在“运行”对话框中，键入“dcpromo.exe”，然后按 Enter 键。

2）在 Active Directory 安装向导中，使用表 10-2 中的信息完成安装。

表 10-2

向导页面	执行操作
域控制器类型	单击“新域的域控制器”
创建树或子域	单击“在现有域树中创建一个新的子域”
网络凭据	为在树林的根域中的 Enterprise Admins 组的用户账户指定用户名、密码和域名
子域安装	指定父域的 DNS 名和新子域的名称
NetBIOS 域名	为新域指定 NetBIOS 名称
数据库和日志文件位置	为 Active Directory 数据库和日志文件指定位置
共享的系统卷	为共享的系统卷指定位置

续表

向 导 页 面	执 行 操 作
权限	指定为用户和组对象设置的默认权限是与运行早期 Windows 版本的计算机相兼容，还是只与基于 Windows 2000 的服务器相兼容。启用与 Windows 2000 早期版本相兼容的权限会把 Everyone 组加入到与 Windows 2000 早期版本相兼容的 Access 组中。该组对存在于 Windows NT 4.0 上的用户和组对象属性有只读的权限。只有考虑较弱权限对 Active Directory 安全的影响以后，再选择该选项
目录服务恢复模式的管理员密码	指定在目录服务恢复模式下启动计算机时的密码

在指定安装信息以后，Active Directory 安装向导将执行下列任务：

- 创建新域
- 把新子域中的计算机升级为域控制器
- 在子域和父域之间建立信任关系

10.2.2 创建一个新树

建立根域后，如果网络计划需要多个树，可以在现有树林中添加新树。

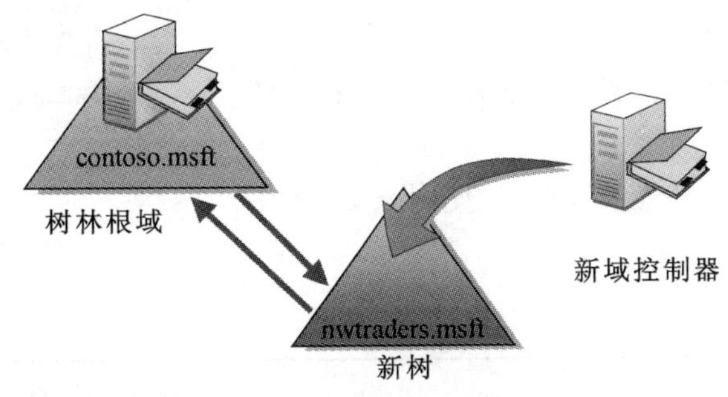

图 10-5 创建新树

按下列步骤在现有的树林中创建新树：

1）在“运行”对话框中，键入“dcpromo.exe”，然后按 Enter 键。

2）在 Active Directory 安装向导中，使用表 10-3 中的信息完成安装。

表 10-3

向 导 页 面	执 行 操 作
域控制器类型	单击“新域的域控制器”
创建树或子域	单击“创建一个新的域树”

续表

向导页面	执行操作
创建或加入树林	单击“将这个新的域树放入现有的树林中”
网络凭据	为树林的根域中的 Enterprise Admins 组的用户账户指定用户名、密码和域名
新域树	为新树林指定 DNS 名称

Active Directory 安装向导中的其余选项与创建新子域的选项一样。在完成指定安装信息以后，Active Directory 安装向导将执行下列步骤：

- 创建新树的根域
- 把新树中的计算机升级为域控制器
- 创建与树林根域的信任关系
- 复制架构和配置目录分区

10.2.3 创建一个树林

图 10-6 所示的为新建树林。

在创建新树林时，树林中所有域树的根域与树林根域建立传递信任关系。必须是本地管理员组成员才能创建一个新树林。

按下列步骤创建新树林：

1）在“运行”对话框中，键入“dcpromo.exe”，然后按 Enter 键。

2）在 Active Directory 安装向导中，使用表 10-4 中的信息完成安装。

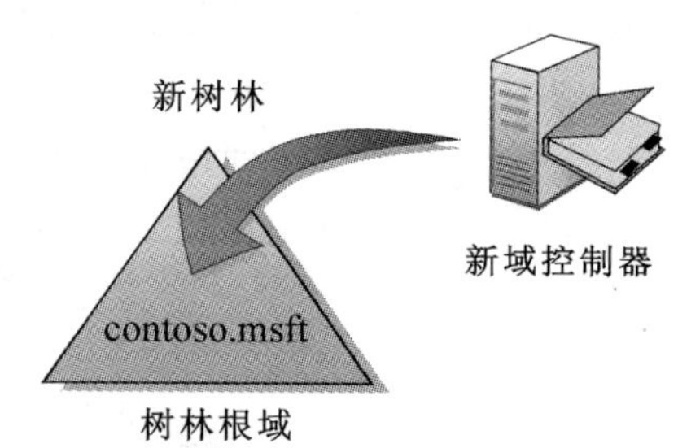

图 10-6 新建树林

表 10-4

向导页面	执行操作
域控制器类型	单击“新域的域控制器”
创建树或子域	单击“创建一个新的域树”
创建或加入树林	单击“创建新的域树林”

Active Directory 安装向导中的其余选项与创建新树的选项一样。

在完成指定安装信息以后，Active Directory 安装向导将执行下列的步骤：

- 创建新树林的根
- 创建新树的根
- 把新树林中的计算机升级为域控制器

- 配置全局编录服务器
- 从默认的架构和配置目录分区信息开始

10.3 树和树林间的信任关系

Active Directory 通过基于 KerberosV5 协议的域信任关系提供多个域之间的安全性。域信任关系是建立在域之间的关系，可以使一个域的域控制器能够验证其他域的用户。身份验证需要追随信任路径。

两个域之间传递身份验证请求的一系列信任关系定义了信任路径。把域添加到 Windows 2000 网络上的时候将自动创建信任路径。如果需要共享未信任的域的资源或需要缩短信任路径时，也可以手动创建信任关系。

10.3.1 Windows 2000 中的可传递信任关系

图 10-7 所示的为在 Windows 2000 中传递信任。

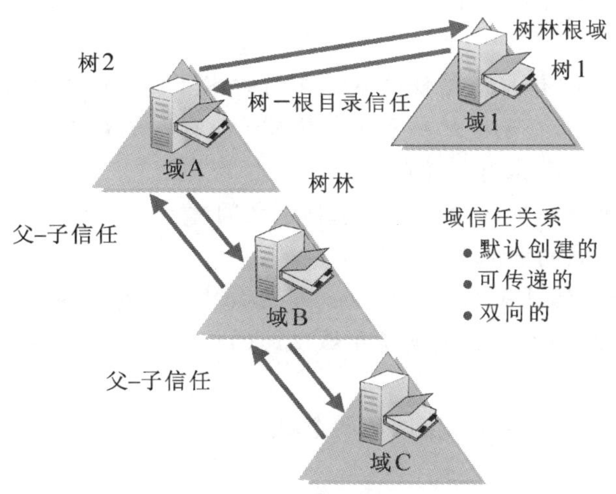

图 10-7 在 Windows 2000 中传递信任

每次在树林中创建新域树的时候，在树林根域和新域树之间将自动创建信任路径。信任路径允许信任关系贯穿整个树林中的所有域。身份验证请求将跟随这些信任路径，因此树林中任何域上的账户可以由树林中的其他域来验证。这些信任有时称为默认域信任。

Windows 2000 域在域树的父域与子域之间创建可传递信任。在每个域树中的根域与树林中其他根域建立可传递的信任关系。在给定的 Windows 2000 域层次结构中，由域的一对父-子建立的可传递信任是 Kerberos 信任。

Windows 2000 允许域中配有票据授予票据(TGT, Ticket Granting Ticket)的客户端使用 TGT 作为访问树林中其他 Windows 2000 域资源的身份验证证明。这种情况可能会发生，因为 Windows 2000 域和其他树或树林中的域建立了可传递的信任关系。

特别地，每个父域和它的子域共享一个域间会话密钥，这个域间会话密钥使备用票据加密并在两个域之间来回传递身份验证。域间密钥链使树层次结构中的某个域中的用户与树层次结构中其他域的资源建立连接。

（1）域信任类型

下面是 Windows 2000 中的两种域信任类型：

- 可传递信任。可传递信任是指到一个域的信任关系将自动扩展到信任该域的所有其他域上。例如：域 A 直接信任域 B，域 B 直接信任域 C。由于两个信任都是可传递的，因此域 A 将间接信任域 C
- 双向信任。双向信任是指在两个域之间有两个方向上的两条信任路径。例如：域 A 在一个方向上信任域 B，而域 B 在另一个方向上信任域 A

（2）可传递信任类型

Windows 2000 域中可传递信任的优点是在 Active Directory 树林中所有的域之间都存在完全的信任。因为每个子域都与其父域之间有可传递的信任关系，而每个树根域都与树林根域有可传递信任关系，这样树林中所有的域之间都互相信任。下面是 Windows 2000 域中可以建立的可传递信任关系类型：

- 树-根目录信任。树-根目录信任关系是在向树林上添加新树的时候建立的。安装 Active Directory 时，将在正在创建的域和树林根域（同时也是新树根域）之间自动建立信任关系。树-根目录信任关系有以下限制：
  - 只能在同一个树林中的两个树的根目录之间建立
  - 它必须是可传递的和双向的信任
- 父-子信任。父-子信任关系是在树上创建新域时建立的。安装 Active Directory 时，将在名称空间层次结构内自动创建新子域之间的信任关系，直接先于子域的是父域。父-子信任关系有下列特征：
  - 仅存在于同一个树和名称空间的两个域之间
  - 子域信任父域
  - 父域信任子域
  - 父域和子域之间的信任是可传递的

10.3.2 信任关系的工作方式

图 10-8 所示的为信任如何工作。

当用户试图获得对另一个域中资源的访问权时，Kerberos V5 协议必须决定可信任的包含用户试图访问的资源的域与用户登录的被信任的域之间是否有信任关系。要确定这种关系，Kerberos V5 安全协议将跟踪信任域的域控制器与被信任域的域控制器之间的信任路径。

当被信任域中的用户需要访问另一个域的资源的时候，用户计算机将首先与所在域的域控制器联系来取得资源的身份验证。如果资源不在用户的域中，域控制器将使用其父域的信任关系，使用户计算机求助于父域的域控制器。这种确定资源位置的方式沿着信任层次结构向上可到树林的根域，向下可直接联系到资源所在域的域控制器。这种从域到域的路径就是信任路径。采取的路径是沿着信任层次结构的最短路径。

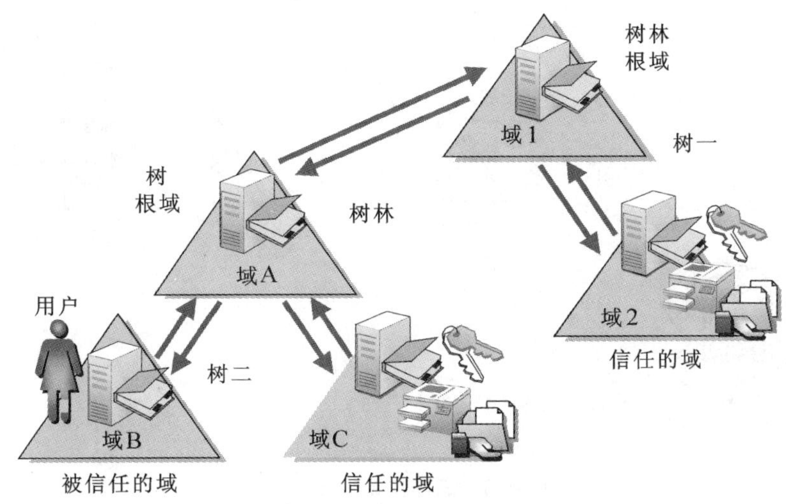

图 10-8 信任如何工作

10.3.3 Kerberos V5 的工作方式

Kerberos V5 协议是 Windows 2000 中主要的身份验证协议；它同时验证用户的身份和网络服务的完整性。Kerberos V5 协议的主要组件是客户端、服务器和在两者之间起调停作用的被信任的第三方。协议中的被信任的调停者是密钥发行中心（KDC, Key Distribution Center）。在 Windows 2000 中，域控制器作为 KDC 使用。KDC 作为 Active Directory 的一部分运行在域控制器上，存储所有客户密码和其他账户信息。

Kerberos 协议分为三种服务。第一种服务验证用户登录[身份验证服务（AS, Authentication Service）交换]。第二种服务提供时间敏感会话密钥或是票据，用户可以根据此方式向网络服务器验证自己[票据授予服务（TGS, Ticket Granting Service）交换]。第三种服务有利于持有票据的客户端和票据支持访问的服务器间的交互[客户端/服务器（CS, Client/Server）交换]。

Kerberos V5 服务安装在每个域控制器上，并且 Kerberos V5 客户端安装在每个 Windows 2000 工作站和服务器上。用户最初的 Kerberos 身份验证将提供用户单一登录到企业资源的权限。

Kerberos V5 身份验证机制发出访问网络服务的会话票据。这些票据包含加密的数据，包括一个加密密钥，用来向被请求的服务确认用户的身份。

图 10-9 阐述了信任关系是如何工作的。考虑到 Windows 2000 域树层次结构包含四个域：A、B、C 和 S，在域的最顶部是域 A，域 B 是域 A 的子域，域 C 是域 B 的子域，域 S 也是域 A 的子域，在给定的层次结构中，假设在域 C 中的用户想访问在域 S 中的服务器。

为了获得访问权，必须进行下面的步骤：

1）客户端在它自己的域——域 C 中发送一个访问请求（一个 TGS 请求）给 KDC。

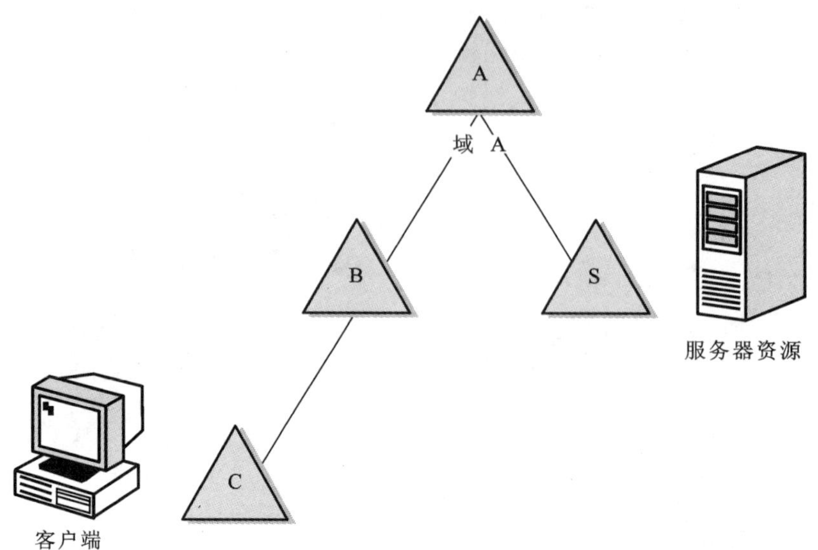

图 10-9 信任关系的工作方式

2）在域 C 中的 KDC 确定客户想访问的服务器常驻在域 S 中。作为响应，在域 C 中的 KDC 向客户端传递一个备用票据。备用票据实际上是一个用域 C 的 KDC 和域 B 的 KDC 共享的域间会话密钥加密的 TGT。通过将备用票据发送回客户端，域 C 的 KDC 向域 B 中的 KDC 提交客户端。

3）客户端接收备用票据并向被提交的域——域 B 的 KDC 提交请求。

4）在域 B 中的 KDC 确定客户想要访问的服务器常驻在域 S 中。在域 B 中的 KDC 通过发送一个备用票据（用域间会话密钥加密并与域 A 共享的）响应客户端，向域 A 提交客户端。

5）客户接收备用票据并向提交的域——域 A 的 KDC 提交请求。

6）在域 A 中的 KDC 确定服务器在域 S 中，在域 A 的 KDC 向客户端发送一个 TGT，它指向域 S 的 KDC。此备用票据已经用域 A 和域 S 共享的域间会话密钥加密。在域 A 中的 KDC 和域 S 共享一个会话密钥是因为在域 A 和域 S 之间存在直接的父-子域关系。

7）客户接收备用并提交一个请求给域 S 的 KDC，最终使客户与域 S 上的服务器建立一个客户端/服务器（CS）交换的必要的会话密钥和 TGS 消息。

如果在 sales.nwtraders.msft 中的用户需要访问 marketing.contoso.msft 中的资源。此过程假设用户身份已通过网络验证并且为 sales.nwtraders.msft 域复制了带有用户的全局和通用组成员身份的票据授权票据（TGT）。Kerberos V5 将进行下列验证：

1）用户为 marketing.contoso.msft 中的服务器请求一个会话票据。在 sales.nwtraders.msft 域中的 KDC 为 nwtraders.msft 域发行一个 TGT 作为备用票据。

2）在域 nwtraders.msft 向域 contoso.msft 发行一个 TGT 后，用户将向 nwtraders.msft 的 KDC 提交 TGT。

3）在域 contoso.msft 向域 marketing.contoso.msft 发行一个 TGT 后，用户将向 contoso.msft

的 KDC 提交 TGT。

4）在域 marketing.contoso.msft 向域 contoso.msft 发行一个 ST 后，用户将向 marketing.contoso.msft 的 KDC 提交 TGT。该 ST 带着域 marketing.contoso.msft 本地组的成员身份被复制。

5）用户提交会话票据给服务器来获得 marketing.contoso.msft 服务器上的资源的访问权。服务器把包含在会话票据中的 SID 和被请求资源上的 ACE 比较，来决定是否允许用户访问资源。

10.3.4 Windows 2000 的快捷信任

图 10-10 所示的为 Windows 2000 中的快捷信任。

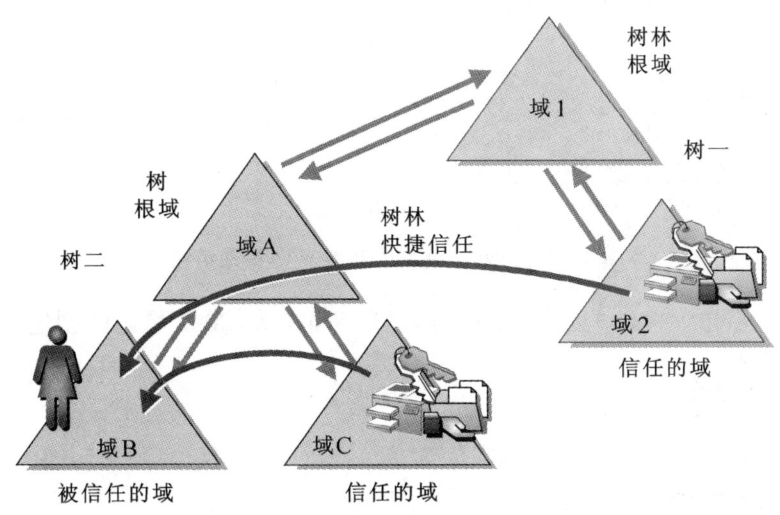

图 10-10 Windows 2000 中的快捷信任

快捷信任是单向可传递信任，可以通过缩短身份验证的信任路径来优化性能。可以从信任域到同一个树林的被信任域手动创建 Windows 2000 域之间的单向快捷信任。尽管快捷信任是单向的，但可以通过手动创建每一方向上的两个单向信任来创建双向信任关系。

通过允许两个域间有更直接的连接，快捷信任缩短了信任路径，否则将需要路径通过整个层次结构，可能在到达其他域之前先通过树林根域。在有许多用户频繁地访问树林中其他域上的资源以及客户需要连接的信任路径中的域数量很大的时候，快捷信任利用率最高。

下面举例来说明同一树中的快捷信任。假设域 B 中的用户需要经常访问域 C 中的资源，就可以使用快捷信任关系创建从信任域 C 到被信任域 B 的直接链接，这样在信任路径中就绕过了域 A。

下面举例来说明两个树中的快捷信任。假设域 B 中的用户需要经常访问域 2 中的资源。就可以利用快捷信任关系创建从信任域 2 到被信任域 B 的直接链接，这样数据就不需要沿着树林根域从一个树再到另一个树。

注意 有关如何使用 Active Directory 域和信任关系创建并管理快捷信任的详细信息，可以参阅 Windows 2000 帮助中的内容。

10.3.5 Windows 2000 的非传递信任关系

图 10-11 所示的为 Windows 2000 中的非传递信任。

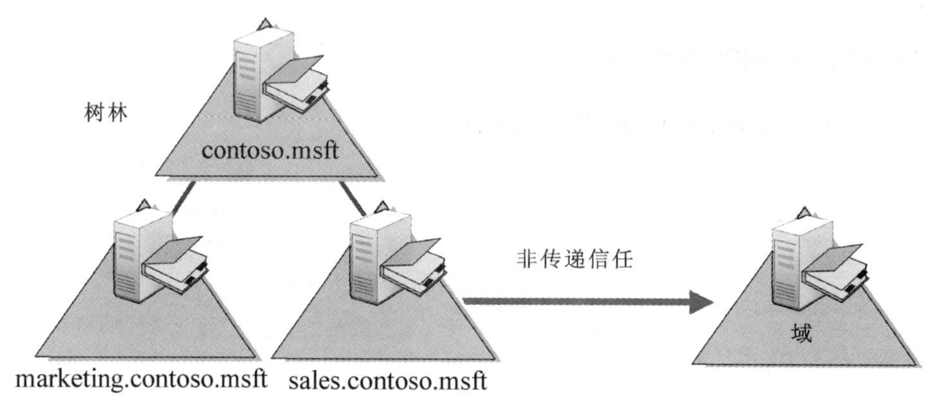

图 10-11 Windows 2000 中的非传递信任

当不能自动提供传递信任关系的时候，可以在 Windows 2000 域之间创建非传递信任关系。

（1）什么是非传递信任

必须明确地创建非传递信任。非传递信任是单向的。要创建双向非传递信任，可以分别在两个方向上手动创建两个单向的信任。

非传递信任是只能存在于下述情况中的信任关系：

- Windows 2000 域和 Windows NT 域之间。如果其中一个是账户域，另一个是资源域，通常创建的信任关系是单向信任关系
- 一个树林的 Windows 2000 域与另一个树林的 Windows 2000 域之间。这两个域之间的关系经常称为外部信任
- Windows 2000 域与 Kerberos V5 协议安全领域之间

注意 Kerberos V5 领域是一种与 Windows 2000 域相类似的安全边界。

（2）创建非传递信任

要创建非传递信任必须知道关系中包含的域名，并拥有一个具有在每个域中创建信任权限的用户账户。每个域都分配一个密码，此关系中的两个域管理员必须知道该密码。

按下列步骤创建非传递信任：

1）在“Active Directory 域和信任关系”中，在控制台树下，右击需要管理的域，再单击“属性”。

2）在“信任”选项卡上，根据所在的域，单击“受此域信任的域”或“信任此域的域”，然后单击“添加”。

3）根据域的类型，选择执行下列任务中的一个：

- 如果添加的域是 Windows 2000 域，键入完整的 DNS 域名
- 如果该域运行的是 Windows 早期版本，键入域名

4）键入信任密码，然后确认密码。

5）重复步骤 1 到 4 组成非传递信任关系的其他部分。

10.3.6 验证和撤销信任

图 10-12 所示的为信任的验证和吊销。

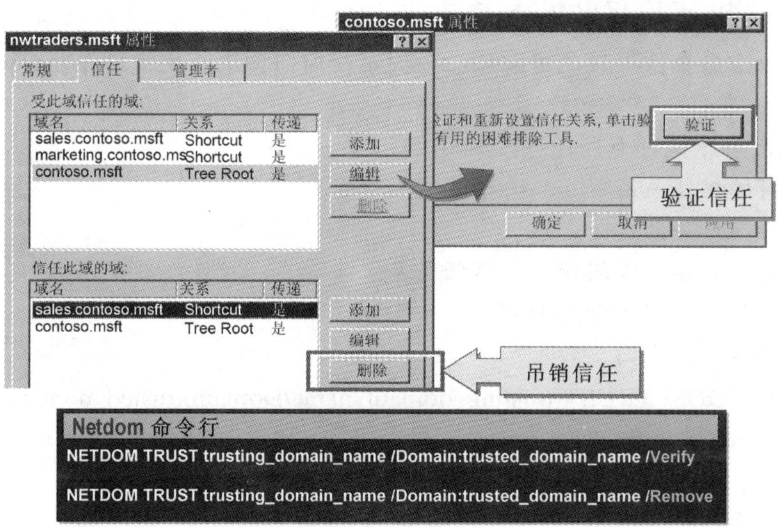

图 10-12 信任的验证和吊销

如果创建了非传递信任，有时需要验证并删除或吊销已经创建的信任路径。验证信任确保它可以正常工作，并且可以验证来自其他域的身份验证请求。吊销信任用以防止身份验证路径在身份验证期间被使用。可以使用“Active Directory 域和信任关系”或“netdom”命令来验证和吊销信任路径。

（1）验证信任

按下列步骤使用“Active Directory 域和信任关系”验证信任：

1）在“Active Directory 域和信任关系”中，在控制台树下，右击需要验证的信任的域，然后单击“属性”。

2）在“信任”选项卡上，根据所在的域，使用“受此域信任的域”或“信任此域的域”来选择需要验证的域。

3）单击“信任”，然后单击“编辑”。

4）单击“验证/重新设置”。

5）重复步骤 1 到 4 验证包含在此关系中的其他域的信任。

（2）吊销信任

按下列步骤用“Active Directory 域和信任关系”吊销信任：

1）在“Active Directory 域和信任关系”中，在控制台树下，右击想要吊销的信任关系中的一个域，再单击“属性”。

2）在“信任”选项卡上，根据所在的域，使用“受此域信任的域”或“信任此域的域”选择需要吊销的信任。

3）单击“信任”，再单击“删除”。

4）重复步骤 1 到 3 吊销关系中涉及的对其他域的信任。

（3）使用 Netdom 验证和吊销信任

Netdom 是一个命令行工具，可以从命令提示符窗口使用它来管理 Windows 2000 域和信任关系。

使用 Netdom 可以执行下列任务：

- 查看所有的信任关系
- 列举直接信任关系
- 列举所有（直接的或间接的）信任关系

按下列步骤用 Netdom 验证信任：

1）打开命令提示符窗口。

2）键入“NETDOM TRUST trusting_domain_name/Domain:trusted_domain_name /Verify”，然后按 Enter 键。

按下列步骤用 Netdom 吊销信任：

1）打开命令提示符窗口。

2）键入“NETDOM TRUST trusting_domain_name/Domain:trusted_domain_name /Remove”，然后按 Enter 键。

实验 A 创建域树并且设立信任关系

- 目标

完成本实验后，会掌握以下内容：

- 在现有树林中创建子域
- 删除现有的树林
- 检查并验证域间的信任

- 准备工作

在开始本实验之前，必须有 Active Directory 安装与删除的知识和经验。

- 实验设置

完成本次实验，需要安装 Windows 2000 Advanced Server CD 中的支持工具。

重点　这个实验不能反映真实环境。强烈建议管理员账户总是使用复杂的密码，并且不要创建没有密码的账户。

重点　在教室以外的环境，强烈建议使用必要的、最新的软件更新。由于这是教室环境，因此可以使用不包括最近更新的软件。

（4）学生计算机 IP 地址、域和 FQDN 信息

本次实验中需要使用 IP 地址、域和完全合格的域名称（FQDN, Fully Qualified Domain Name）。用表 10-5 中的信息来确定这些值的输入。指导老师将为每个学员指定编号并提供 IP 地址中 x 的号码。

表　10-5

学员编号	IP 地址	域	FQDN
1	192.168.*x*.1	namerica1	vancouver.namerica1.nwtraders.msft
2	192.168.*x*.2	namerica1	denver.namerica1.nwtraders.msft
3	192.168.*x*.3	spacific1	perth.spacific1.nwtraders.msft
4	192.168.*x*.4	spacific1	brisbane.spacific1.nwtraders.msft
5	192.168.*x*.5	europe1	lisbon.europe1.nwtraders.msft
6	192.168.*x*.6	europe1	bonn.europe1.nwtraders.msft
7	192.168.*x*.7	samerica1	lima.samerica1.nwtraders.msft
8	192.168.*x*.8	samerica1	santiago.samerica1.nwtraders.msft
9	192.168.*x*.9	asia1	bangalore.asia1.nwtraders.msft
10	192.168.*x*.10	asia1	singapore.asia1.nwtraders.msft
11	192.168.*x*.11	africa1	casablanca.africa1.nwtraders.msft
12	192.168.*x*.12	africa1	tunis.africa1.nwtraders.msft
13	192.168.*x*.13	namerica2	acapulco.namerica2.nwtraders.msft
14	192.168.*x*.14	namerica2	miami.namerica2.nwtraders.msft
15	192.168.*x*.15	spacific2	auckland.spacific2.nwtraders.msft
16	192.168.*x*.16	spacific2	suva.spacific2.nwtraders.msft
17	192.168.*x*.17	europe2	stockholm.europe2.nwtraders.msft
18	192.168.*x*.18	europe2	moscow.europe2.nwtraders.msft
19	192.168.*x*.19	samerica2	caracas.samerica2.nwtraders.msft

续表

学员编号	IP 地址	域	FQDN
20	192.168.x.20	samerica2	montevideo.samerica2.nwtraders.msft
21	192.168.x.21	asia2	manila.asia2.nwtraders.msft
22	192.168.x.22	asia2	tokyo.asia2.nwtraders.msft
23	192.168.x.23	africa2	khartoum.africa2.nwtraders.msft
24	192.168.x.24	africa2	nairobi.africa2.nwtraders.msft

- 实验预估时间：60 分钟

练习 1 删除现有树林

- 实验方案

在测试完 Active Directory 和计算机硬件的性能以后，将要创建 Northwind Traders 树林。在开始创建新域之前，必须删除现有的测试树林环境，并准备新域的网络设置。

- 目标

在本练习中，将利用 Active Directory 安装向导删除现有域和树林，这样可以成为子域的域控制器。还需要在准备工作中为新域配置网络设置。

任 务	具 体 步 骤
1．删除现有的域和树林。提示时，重新启动计算机	a．以域管理员身份并用密码 password 登录 b．运行“dcpromo”来启动 Active Directory 安装向导 c．在“欢迎使用 Active Directory 安装向导”页面上，单击“下一步”继续安装，再单击“确定”关闭提示这个域控制器是全局编录服务器的消息 d．在“删除 Active Directory”页面上，选择“这个服务器是域的最后一个域控制器”复选框，然后单击“下一步” e．在“网络凭据”页面上，在“用户名”框中，键入“Administrator” f．在“密码”框中，键入 password，然后单击“下一步” g．在“管理员密码”页面上，在“密码”和“确认密码”框中，键入 password，然后单击“下一步” h．在“摘要”页面上，回顾摘要中的信息，再单击“下一步”。向导需要几分钟的时间删除计算机上的 Active Directory i．在“完成 Active Directory 安装向导”页面上，单击“完成”，再单击“现在重新启动”重新启动计算机

续表

任　务	具 体 步 骤
2．删除网络服务的 DNS 子组件	a．以管理员身份和密码 password 登录 b．在桌面上，右击“网上邻居”，然后单击“属性” c．在“网络和拨号连接”窗口中，在“高级”菜单上，单击“可选网络组件” d．在“Windows 组件”页面上，在“组件”下面，清除“网络服务”复选框，然后单击“下一步”完成 DNS 服务的删除 向导完成 DNS 服务删除
3．配置“本地连接”的 TCP/IP 属性，把指导老师计算机 London 192.168.*x*.200(这里 *x* 是分配好的教室网络 ID）作为首选的 DNS 服务器	a．在“网络和拨号连接”窗口中，右击“本地连接”，再单击“属性” b．单击“Internet 协议（TCP/IP）”，再单击“属性” c．在“首选 DNS 服务器”对话框中，键入 London 的 IP 地址。即是 192.168.*x*.200（这里 *x* 是指定的教室网络 ID），再单击“确定” d．在“本地连接属性”对话框中，单击“确定”，然后关闭网络和拨号连接窗口
4．为计算机配置 DNS 后缀。提示时，重新启动计算机。主 DNS 后缀是 *domain*.nwtraders. msft(这里 *domain* 是分配的域名）	a．在桌面上，右击“我的电脑”，再单击“属性” b．在“系统特性”对话框中单击“网络标识”选项卡，然后单击“属性” c．在“标识更改”对话框中，单击“其他” d．在“DNS 后缀和 NetBIOS 计算机名”对话框中，在“此计算机的主 DNS 后缀”框中，键入“*domain*.nwtraders.msft”（这里 *domain* 是指定的域名），然后单击“确定” e．在“标识更改”对话框中，单击“确定”，再单击“确定”重新启动计算机使更改生效 f．在“系统特性”对话框中，单击“确定”，再单击“是”重新启动计算机
5．根据实验设置中的配置表格，验证 Host Name、Primary DNS Suffix 和 DNS server 配置	a．以管理员身份和密码 password 登录 b．打开命令提示符窗口 c．在命令提示符下，键入“ipconfig/all”，然后按 Enter 键，查看计算机的 TCP/IP 配置 d．验证 Host Name 的值是主机名称。确保主机名称与实验的实验设置列表中 FQDN 项的第一项相匹配 e．验证“Primary DNS Suffix”的值是计算机的完整域名。确保主机名称与实验设置列表中 FQDN 项的最后三项相匹配 f．验证“DNS Server”的值是否与“London”的 IP 地址：192.168.*x*.200 相匹配 g．关闭所有打开的窗口

练习 2　创建子域

- 实验方案

Northwind Traders 已经设计了他们的树林结构，由带有 nwtraders.msft 的根目录 DNS 名称的单个域树组成。公司办公室已经检查了域树，并已经创建了树林根域 nwtraders.msft。现在必须为所在的区域创建子域。

- 目标

在本练习中，将运行 Active Directory 安装向导为所在区域创建子域。

任　　务	具 体 步 骤
 重点：全部练习仅在相同子域中的一对计算机中带有较低学员编号的计算机上执行。	
1．启动 Active Directory 安装向导来创建： • 新域的新域控制器 • 现有域树 • 使用管理员、密码和 nwtraders.msft 作为网络凭据	a．运行“dcpromo”启动 Active Directory 安装向导 b．在“欢迎使用 Active Directory 安装向导”页面上，选中“下一步”继续安装 c．在“域控制器类型”页面上，确保选中“新域的域控制器”，然后单击“下一步” d．在“创建树或子域”页面上，单击“在现有域树中创建一个新的子域”，然后单击“下一步” e．在“网络凭据”页面上，在“用户名”框中键入“Administrator”，在“密码”框中键入 password，在“域”方框中键入“nwtraders.msft”，然后单击“下一步”
2．按下列信息完成 Active Directory 安装： • *domain*.nwtraders.msft 的完整 DNS 名称 • 大写的 NetBIOS 域名 • 数据库、日志文件和共享系统卷的默认位置 • 只与 Windows 2000 服务器相兼容的权限 • 目录服务恢复模式的管理员密码 password • 设置完成以后重新启动计算机	a．在“子域安装”页面上，单击“浏览” b．在“浏览域”对话框中，单击“nwtraders.msft”，然后单击“确定” c．在“子域安装”页面上，在“子域”栏键入“*domain*”，然后单击“下一步” d．在“NetBIOS 域名”页面上，确保“NetBIOS 域名”栏中的值是域名，然后单击“下一步” e．在“数据库和日志文件位置”页面上，单击“下一步”接受数据库和日志文件的默认文件夹位置 f．在“共享的系统卷”页面上，单击“下一步”接受默认文件夹位置 g．在“权限”页面上，单击“只与 Windows 2000 服务器相兼容的权限” h．在“目录服务恢复模式的管理员密码”页面上，在“密码”和“确认密码”方框中，键入 password，然后单击“下一步”

续表

任　　务	具 体 步 骤
2．（续）	i．在“摘要”页面上，回顾摘要中的信息，然后单击“下一步” 安装向导将需要几分钟的时间完成计算机上 Active Directory 的安装。 j．在“完成 Active Directory 安装向导”页面上，单击“完成”，再单击“现在重新启动”来重新启动计算机
3．在域控制器重新启动以后，以管理人员身份登录到所在的域	以管理员身份和密码 password 登录到所在的域

练习 3　在子域中创建备份

● 实验方案

Northwind Traders 已经设计了他们的树林结构，由带有 nwtraders.msft 根域 DNS 名称的单个域树组成。公司办公室已经检查了域树，并已经创建了树林中所有的域。现在公司办公室严格遵守这个原则：当出现故障时，所有的域必须至少有两个域控制器支持容错。

● 目标

在本练习中，将运行 Active Directory 安装向导创建所在区域子域的副本。

任　　务	具 体 步 骤
重点：完成练习 2 之后，仅在相同子域中的一对计算机中较高学员编号的计算机上完成全部练习。	
1．启动 Active Directory 安装向导来创建： • 现有域的额外域控制器 • 用 Administrator、password 和 *domain*.nwtraders.msft 作为网络凭据	a．运行“dcpromo”启动“Active Directory 安装向导” b．在“欢迎使用 Active Directory 安装向导”页面上，单击“下一步”继续 c．在“域控制器类型”页面上，单击“现有域的额外域控制器”，然后单击“下一步” d．在“网络凭据”页面上，在“用户名”栏中键入“Administrator”，在“密码”栏中键入 password，在“域”栏中键入“*domain*.nwtraders.msft”，然后单击“下一步”
2．按下列信息完成 Active Directory 安装： • 完整 DNS 名称：*domain*.nwtraders.msft • 数据库、日志文件和共享系统卷的默认位置	a．在“额外域控制器页面”上，单击“浏览” b．在“浏览域”对话框中，展开“nwtraders.msft”，单击“*domain*.nwtraders.msft”，再单击“确定” c．在“额外域控制器”页面上，单击“下一步” d．在“数据库和日志文件位置”页面上，单击“下一步”接受数据库和日志文件的文件夹默认位置

续表

任　　务	具体步骤
• 目录服务恢复模式管理员密码 password • 设置完成以后重新启动计算机	e．在“共享的系统卷”页面上，单击“下一步”接受文件夹默认位置 f．在“目录服务恢复模式管理员密码”页面上，在“密码”和“确认密码”栏中，键入“password”，然后单击“下一步” g．在“摘要”页面上，回顾摘要信息，然后单击“下一步” 安装向导将需要几分钟的时间完成计算机上的 Active Directory 安装。 h．在“完成 Active Directory 安装向导”页面上，单击“完成”，然后单击“现在重新启动”关闭消息框重新启动计算机
3．在域控制器重新启动以后，以管理员身份登录子域	以管理员身份和密码 password 登录子域

练习 4　检查树林中的信任

● 实验方案

Northwind Traders 公司管理员需要确保在开始部署计划的第二阶段以前，nwtraders.msft 域树中的每个区域的域都能正常工作。所以必须验证所在区域的域与 nwtraders.msft 之间的父-子域信任正常工作。

● 目标

在本练习中，将要验证所在区域的域与 nwtraders.msft 之间的信任操作。这个验证对公司办公室确定刚创建的 nwtraders.msft 域树是否稳定并正常工作十分必要。将要用 Netdom.exe 支持工具来验证父-子域信任关系。

任　　务	具体步骤
1．使用 Active Directory 域和信任关系控制台测试子域与 nwtraders.msft 之间的信任	a．从“管理工具”菜单打开“Active Directory 域和信任关系”，展开“nwtraders.msft”，然后单击“*domain*.nwtraders.msft” b．右击“*domain*.nwtraders.msft”，再单击“属性” c．在“*domain*.nwtraders.msft 属性”对话框中，单击“信任”选项卡

自己的子域有多少个父-子域信任关系？

续表

任　务	具 体 步 骤
1．（续）	d．在“受此域信任的域”列表中，单击“nwtraders.msft”，再单击“编辑”查看信任连接的属性 e．在“nwtraders.msft 属性”对话框中，单击“验证” f. 在“Active Directory”对话框中，在“用户名”栏中键入“Administrator”，在“密码”栏中键入“password” g．单击“确定”，再单击“确定”关闭提示信任验证已完成的消息 h．如果需要，单击“确定”关闭由于目前没有可用的登录服务器而不能创建安全信道的提示消息 i．单击“确定”，关闭“nwtraders.msft 属性”对话框，单击“确定”关闭“*domain*.nwtraders.msft 属性”对话框，再关闭“Active Directory 域和信任关系”
2．如果还没有安装 Windows 2000 Support Tools，使用所有的默认选项安装 Windows 2000 Supports tools	a．在 Windows 2000 Advanced Server CD 上，在“Support/Tools”文件夹中，运行“Setup”启动 Windows 2000 Support Tools 安装向导 b．在“Welcome to The Windows 2000 Support Tools Setup Wizard”页面上，单击“Next”继续安装 c．在“User Information”页面上，在“Name”栏中键入名称，在“Organization”栏中键入所在组织，然后单击“Next” d．在“Select An Installation Type”页面上，确保已选择“Typical”，然后单击“Next” e．在“Begin Installation”页面上，单击“Next”开始安装 Windows 2000 Support Tools 安装向导需要一小段时间完成安装。 f．在“Completing the Windows 2000 Support Tools Setup Wizard”页面上，单击“Finish”
3．通过使用 Netdom.exe 工具来验证所在子域与 nwtraders.msft 之间的信任关系，然后退出	a．打开命令提示符窗口 b．在命令提示符下，键入“netdom help trust”，然后按 Enter 键，查看可选项 c．在命令提示符下，键入“netdom trust *domain* /Domain:nwtraders/UserD:Administrator/PasswordD:password/UserO:Administrator/PasswordO:password /verify”，然后按 Enter 键，确认信任关系的状态（*domain* 是分配的域名） d．关闭打开的所有窗口，然后退出

10.4 全局编录

全局编录包含的信息对于确定 Active Directory 中对象的位置是必要的。全局编录通过向域控制器提供通用组成员身份信息和用户主名称域映射信息，使用户可以登录到网络。同时，全局编录服务器可以使用户在整个树林中查找 Active Directory 的信息，而不用管信息所在的位置。

默认情况下，在 Active Directory 中，全局编录将自动创建在树林最初的域控制器上。全局编录将为其主机域存储目录中全部对象属性的一个完整副本以及树林中每个域的目录中包含的全部对象属性的部分副本。部分副本中存储了在搜索操作中最频繁使用的属性（比如用户的名和姓、登录名等）。复制给全局编录的对象属性继承了与来源域相同的权限，从而确保全局编录的数据是安全的。

可以把额外域控制器配置成全局编录服务器来平衡登录身份验证和查询中的通信。

10.4.1 全局编录和登录过程

当登录到本机模式的域时，全局编录服务器为账户向处理用户登录信息的域控制器提供通用组成员信息，并验证用户主名称。

（1）全局编录和通用组成员身份

如果用户登录到本机模式的域，全局编录服务器向处理用户登录信息的域控制器提供账户的通用组成员身份信息。如果在域中只有一个域控制器，那么域控制器和全局编录是同一个服务器。如果在网络中有多个域控制器，那么全局编录就是配置相同的域控制器。如果在用户启动网络登录进程时全局编录服务器不可用并且用户以前曾登录到域，Windows 2000 将使用缓存的凭据来登录用户。如果用户以前不曾登录到域，则用户只能登录到本地计算机。

在登录过程中，包含用户所属组的访问标识与用户相关联。由于通用组成员集中地存储在全局编录中，因此全局编录服务器用来识别用户所属的通用组。

（2）全局编录和身份验证

当用户使用用户主名登录且验证域控制器没有直接的账户信息时，也需要全局编录服务器。

例如:Suzan Fine 的账户在 contoso.msft 中。她所使用的计算机在 sales.contoso.msft 域中。她以 suzanf@contoso.msft 登录。当 sales.contoso.msft 中的域控制器不能验证 Suzan Fine 的用户账户时，它必须连接全局编录服务器来完成登录过程。

在单个域的网络中，对于登录过程而言全局编录服务器不是必需的，因为每个域控制器都包含验证用户身份所需要的信息。虽然在单个域的网络登录过程中不查询全局编录服务器，但其他类型的目录服务查询将需要全局编录服务器。

注意 如果用户是 Domain Admins 组的成员，即使全局编录服务器不可用时，用户也可以登录到网络。

（3）全局编录通信

全局编录被设计成以最快速度和最小网络通信来响应用户和位于域树或树林中关于任何位置的对象的查询。因为单个的全局编录包含树林中所有域的所有对象信息，有关对象的查询可以通过查询起始的域中的全局编录来解决。因而，在目录中发现的信息不会产生不必要的通过域边界的查询通信。

可以有选择地配置任何一台域控制器或指定额外的域控制器作为全局编录服务器。在考虑指定哪个域控制器作为全局编录服务器时，要根据网络结构处理复制和查询通信的能力来决定。然而，额外服务器的有效性可以对用户查询及冗余提供快速响应。推荐企业的每个主要站点至少有一个全局编录服务器。

10.4.2 创建全局编录服务器

图 10-13 所示的为创建全局编录服务器。

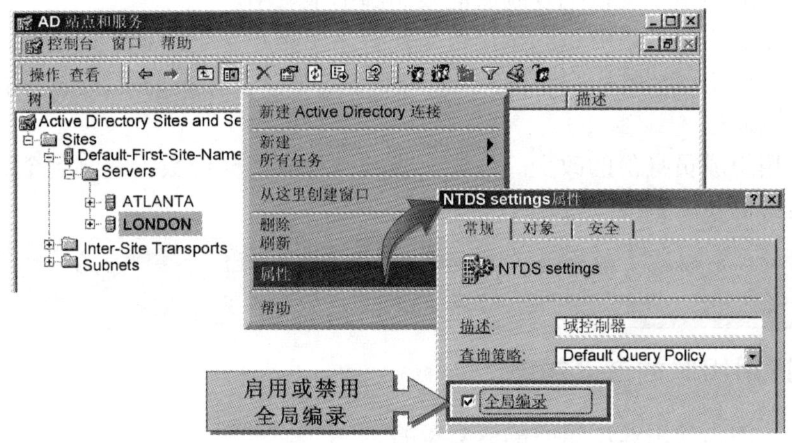

图 10-13 创建全局编录服务器

树林中的第一个域控制器被自动指定为全局编录服务器。可以授权任何域控制器作为全局编录服务器，然而，每个站点中一般只使用一个全局编录服务器。

执行下列步骤启用或禁用全局编录服务器：

1）在 Active Directory 站点和服务中，在控制台树下，展开将要服务或正在服务的全局编录域控制器。

2）右击“NTDS settings”，再单击“属性”。

3）选择或清除“全局编录”复选框。

10.5 在树和树林间使用组的策略

Windows 2000 允许把用户和其他域对象组织到安全组中来分配相同的安全权限。把安全权限分配到组而不是用户，可以确保在整个组员中安全权限的一致性。通过使用安全组分配权限，可以确保资源的自由访问控制列表（DACL, Discretionary Access Control Lists）不会经常改变，这样便于管理和审核。

可以根据需要从适当的安全组中添加或删除用户。在创建新用户的时候，可以把用户添加到现有安全组来定义用户权限和访问限制。可以把组添加到其他组上。改变组的权限将影响组内的所有用户和组。

10.5.1　通用组和复制

通用组成员身份由全局编录维护。全局组和域本地组列在全局编录中，但其成员身份不在列表中。对存储在全局编录中的数据的更改会复制到树林的每个全局编录上。只要带有通用作用域的组的成员发生变化，那么整个组的成员身份就必须复制到域树或树林中所有的全局编录上。

用户和服务应该能在任何时间从域树或树林中的任何计算机上访问目录信息。复制确保一个域控制器的更改将反映到域中所有域控制器上。目录信息将被复制到域内部和站点之间的域控制器上。

通过减少使用通用组，可以把复制通信限制到单个域中。

可以考虑减少通用组成员身份到全局组来代替用户账户。这样就可以通过调整通用组中的成员身份来调整通用组成员的用户账户。由于调整组成员身份并不直接影响通用组的成员身份，所以不会增加复制通信。

尽量减少通用组成员身份的改变。这样可以减少把成员身份数据复制到全局编录服务器的次数。如果成员身份发生更改，将复制整个成员身份列表。

注意　一个访问标记可以最多包含 1 024 个组。而组中最多可以拥有 5 000 个成员。用户的主要组成员身份，例如 Domain Users，不存储在组成员身份列表中。

10.5.2　使用通用组时的嵌套策略

图 10-14 所示的为使用通用组时的嵌套策略。

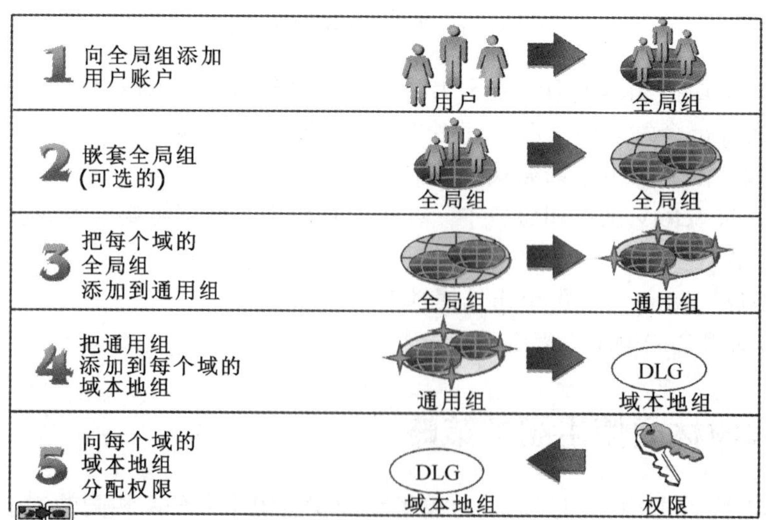

图 10-14　使用通用组时的嵌套策略

使用通用组合并覆盖多个域的组。执行下列步骤来合并覆盖多个域的组：

1）在每个域中，向全局组中添加带有相同工作功能的用户账户。

2）把全局组嵌套到单个全局组中来合并用户。该步骤是可选的，但对于管理多用户组非常有用。

3）把全局组或每个域的多个全局组嵌套到一个通用组中。

4）把通用组添加到为每个资源创建的域本地组中。

5）为域本地组分配适当的权限，使组中的用户可以访问资源。

使用这种策略，全局组中任何成员身份的更改都不会影响通用组中的成员身份。

下列情况是描述本页策略中 A-G-G-U-DL-P 的使用和应用：

- 文件和打印权限
- 域名称控制器中的 Active Directory 权限

可以用 A-G-U-P 策略分配权限：

- 在 Active Directory 中配置命名约定
- 将属性的属性权限公布到全局编录

10.5.3 课堂讨论——在树和树林间使用组

图 10-15 所示的为在树和树林中使用组。

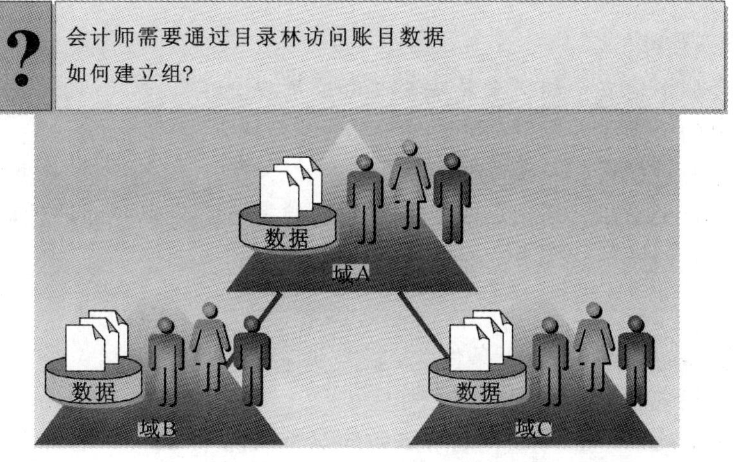

图 10-15 在树和树林中使用组

本例中，Contoso, Ltd. 希望对市场需求响应更快一些。现在已经决定分布在企业中多个域的账目数据需要对位于多个域的会计职员可用。Contoso, Ltd. 想要为会计部门创建完整的组结构，包括 Accounts Payable 和 Accounts Receivable 部门。

1）如何确保经理有足够的访问权限以及如何减少管理工作量？

- 确保网络在本机模式下运行。如果不是，则必须首先把它转换到本机模式网络
- 在每个域中创建三个全局组。其中一个为“Domain Accountants”的组将代表每个域中所有部门的会计师。名为“Accounts Payable”和“Accounts Receivable”的组代表会计

部门的组织结构。向 Accounts Payable 和 Accounts Receivable 组添加适当的用户。在每个域中将 Accounts Payable 和 Accounts Receivable 全局组嵌套到 Accounting Division 全局组中

- 创建名为“All Accountants”的通用组来合并树林中所有的会计职员。把每个域中命名为 Domain Accounts 的所有全局组添加到通用组中
- 在每个域中，创建名为“Accounting Data”的域本地组。把账目数据资源文件放在域本地组拥有完全控制权的组中
- 把通用组添加到每个域本地组中，这样用户可以访问账目数据

2）Contoso, Ltd. 在商业上获得了增长，现在必须创建新域。如何更改组结构以确保组织中包括新域中的会计师在内的所有会计师都可以访问所有的账目数据？

- 在新域中创建三个新的全局组。按其他域中的命名方式命名这三个组，然后把 Accounts Payable 和 Accounts Receivable 全局组嵌套到 Accounting Division 全局组中
- 为账目数据创建域本地组并设置与其他域中相同的资源文件权限
- 把 Accounting Division 全局组添加到通用组 All Accountants 中。然后把 All Accountants 组添加到新域本地组中。这样所有的新会计师都可以访问组织中所有的账目数据

实验 B 在树林中使用组

- 目标

完成本实验后，将能够：

- 创建并嵌套域本地安全组、全局安全组和通用安全组
- 把其他域中的全局组添加到通用组中
- 把域模式从混合模式转换成本机模式
- 通过使用包括全局组、通用组和域本地组的组策略，验证对资源的访问
- 查看登录用户的访问标识并观察组嵌套的效果

- 准备工作

在进行本实验前，必须具备以下条件：

- 了解混合域模式和本机域模式
- 具有使用域本地组、全局组和通用组的知识与技能
- 了解复制延迟以及如何手动启动复制
- 了解访问标识以及组成员身份怎样对它们产生影响

- 实验设置

要完成本次实验，需要进行如下准备：

- 运行批处理文件 C:\Moc\Win2154a\Labfiles\Lrights.bat 为用户组设置本地用户登录权限

- 学员计算机信息

本次实验中需要学员编号、主机名和域。使用表 10–6 中的信息确定实验中需要键入的实际值。指导老师将分配学员编号。

表　10-6

学员编号	主　机　名	域	FQDN
1	vancouver	namerica1	vancouver.namerica1.nwtraders.msft
2	denver	namerica1	denver.namerica1.nwtraders.msft
3	perth	spacific1	perth.spacific1.nwtraders.msft
4	brisbane	spacific1	brisbane.spacific1.nwtraders.msft
5	lisbon	europe1	lisbon.europe1.nwtraders.msft
6	bonn	europe1	bonn.europe1.nwtraders.msft
7	lima	samerica1	lima.samerica1.nwtraders.msft
8	santiago	samerica1	santiago.samerica1.nwtraders.msft
9	bangalore	asia1	bangalore.asia1.nwtraders.msft
10	singapore	asia1	singapore.asia1.nwtraders.msft
11	casablanca	africa1	casablanca.africa1.nwtraders.msft
12	tunis	africa1	tunis.africa1.nwtraders.msft
13	acapulco	namerica2	acapulco.namerica2.nwtraders.msft
14	miami	namerica2	miami.namerica2.nwtraders.msft
15	auckland	spacific2	auckland.spacific2.nwtraders.msft
16	suva	spacific2	suva.spacific2.nwtraders.msft
17	stockholm	europe2	stockholm.europe2.nwtraders.msft
18	moscow	europe2	moscow.europe2.nwtraders.msft
19	caracas	samerica2	caracas.samerica2.nwtraders.msft
20	montevideo	samerica2	montevideo.samerica2.nwtraders.msft
21	manila	asia2	manila.asia2.nwtraders.msft
22	tokyo	asia2	tokyo.asia2.nwtraders.msft
23	khartoum	africa2	khartoum.africa2.nwtraders.msft
24	nairobi	africa2	nairobi.africa2.nwtraders.msft

- 实验预估时间：30 分钟

练习　实现组策略

- 实验方案

Northwind Traders 希望对市场需求响应更快一些。现在已经确定账目数据分布在所有域的不同文件夹中，并且需要让位于多个域的全部会计职员都可以使用这些账目数据。Northwind Traders 想要为 Accounting division 创建完整的组结构，包括 Accounts Payable 和 Accounts Receivable 部门。

● 目标

在本练习中，将要创建三个全局组：Accounting、Accounts Payable 和 Accounts Receivable。并把 Accounts Payable 和 Accounts Receivable 作为 Accounting 的成员。创建通用组 All Accounting 再把所有域中的 Accounting 组都添加到该组中。这将合并树林中的所有会计职员到单个通用组中。创建域本地组 Local Data，把通用组作为成员添加到其中。把账目数据的“读取”权限分配给 Local Data 域本地组。为测试组结构，还要创建测试用户账户并把它添加到 Accounts Payable 组。

任　　务	具 体 步 骤
 重点：在相同子域中的一对学员编号中较低编号的计算机上执行任务 1。	
1. 把 *domain*.nwtraders.msft（这里 *domain* 是分配的域名）转换成本机模式，来允许扩展的组嵌套和通用安全组	a. 以管理员身份和密码 password 登录域 b. 从“管理工具”菜单中打开“Active Directory 用户和计算机” c. 在控制台树下，右击“*domain*.nwtraders.msft”（这里 *domain* 是指定的域名），然后单击“属性” d. 单击“更改模式”，单击“是”关闭确认对话框，单击“确认”，再单击“确认”关闭信息栏，该信息栏显示把这些信息复制到所有的域控制器上需要 15 分钟以上的时间
 重点：在相同子域中的一对计算机中学员编号较高的计算机上执行任务 2。等任务 1 结束再开始任务 2。	
2. 手动启动从合作伙伴的域控制器到操作者的域控制器的复制来快速复制域模式的更改	a. 从“管理工具”菜单中打开“Active Directory 站点和服务”，展开“站点”，展开“Default-First-Site-Name”，展开“Servers”，展开“*servername*”（这里 *servername* 是指所在计算机的主机名），然后单击“NTDS settings” b. 在详细信息面板中，右击来自“*partnerserver*”（这里 *partnerserver* 是合作伙伴的计算机主机名）的连接对象，再单击“立即复制副本”启动从合作伙伴域控制器到操作者的域控制器的更改的复制 c. 单击“确定”关闭复制已启动的消息提示，再关闭“Active Directory 站点和服务” 如果错误消息提示 RPC 服务器不可用，只需先等待一会儿再重新开始复制操作。

续表

任　　务	具 体 步 骤
 重点：在两台计算机上都执行余下的任务。	
3．在 *domain*.nwtraders.msft 域内创建下面的 OU：*n*_Accounting（这里 *n* 是指定的计算机编号）	a．打开或切换到“Active Directory 用户和计算机中”，然后在控制台树下，展开“*domain*.nwtraders.msft” b．右击“*domain*.nwtraders.msft”，指向“新建”，然后单击“组织单位” c．在“新建对象—组织单位”对话框中，在“名称”栏中，键入“*n*_Accounting”（这里 *n* 是指定的计算机的编号），然后单击“确定”
4．在 *n*_Accounting OU 中创建下列全局安全组：*n*_AccountsPayable *n*_Accounts Receivable	a．右击“*n*_Accounting” OU，指向“新建”，然后单击“组” b．在“新建对象—组”对话框中，在“组名”栏中，键入 *n*_Accounts Payable c．确保“组作用域”是“全局”，“组类型”是“安全式”，然后单击“确定” d．重复 a、b 两个步骤，按要求改变步骤 b，创建 *n*_Accounts Receivable 全局安全组
5．在 *n*_Accounting OU 中，创建 *n*_Domain Accountants 全局组，然后添加部门全局组 *n*_Accounts Payable 和 *n*_Accounts Receivable，作为组成员	a．右击“*n*_Accounting ”OU，指向“新建”，再单击“组” b．在“新建对象—组”对话框中，在“组名”栏中，键入“*n*_Domain Accountants” c．确保“组作用域”是“全局”，“组类型”是“安全式”，然后单击“确定” d．单击“ *n*_Accounting”OU，在详细信息面板中，右击“*n*_Domain Accountants”全局组，再单击“属性” e．在“*n*_Domain Accountants 属性”对话框中，单击“成员”选项卡，再单击“添加” f．在“选择用户、联系人或计算机”对话框中，在“名称”方框中，下拉到列表的底部，单击“*n*_Accounts Payable”，单击“添加”，单击“*n*_Accounts Receivable”，单击“添加”，然后单击“确定” g．在“*n*_Domain Accountants 属性”对话框中，在“成员”选项卡上，确保“*n*_Accounts Payable”和“*n*_Accounts Receivable”在列表中，然后单击“确定”

续表

<table>
<tr><th>任　　务</th><th>具 体 步 骤</th></tr>
<tr><td>6．在 n_Accounting OU 中，创建 n_All Accountants 通用安全组，然后添加 n_Domain Accountants 作为成员</td><td>a．右击“n_Accounting ”OU，指向“新建”，再单击“组”
b．在“新建对象—组”对话框中，在“组名”方框中，键入“n_All Accountants”
c．在“组作用域”下，单击“通用”，确保“组类型”设置成“安全式”，然后单击“确定”
d. 单击“n_Accounting ”OU，在详细信息面板中，右击“n_All Accountants”通用组，然后单击“属性”
e．在“n_All Accountants 属性”对话框中，单击“成员”，再单击“添加”
f. 在“选择用户、联系人、计算机或组”对话框中，在“名称”栏中，滚动条下拉到列表的底部，单击“n_Domain Accountants”，单击“添加”，再单击“确定”
 注意：通常通用组一般包含多个域的成员。在“查找范围”栏中选择域，然后从列表中选择组，可以添加其他域的组。
g．在“n_All Accountants 属性”对话框中，在“成员”选项卡上，确保“n_Domain Accountants”在列表中，然后单击“确定”</td></tr>
<tr><td>7．创建 n_Local Data 域本地安全组，然后添加 n_All Accountants 作为组成员</td><td>a．右击“n_Accounting”，指向“新建”，然后单击“组”
b．在“新建对象—组”对话框中，在“组名”栏中，键入“n_Local Data”
c．确保“组作用域”设置成“本地域”，“组类型”设置成“安全式”，然后单击“确定”
d．单击“n_Accounting ”OU，在详细信息面板中，右击“n_Local Data”域本地组，再单击“属性”
e．在“n_Local Data 属性”对话框中，在“成员”选项卡，单击“添加”
f. 在“选择用户、联系人、计算机或组”对话框中，在“名称”方框中，下拉到列表的底部，单击“n_All Accountants”，单击“添加”，然后单击“确定”
g．在“n_Local Data 属性”对话框中，在“成员”选项卡上，确保“n_All Accountants”作为“n_Local Data”的成员在列表中列出，再单击“确定”</td></tr>
</table>

续表

任　　务	具 体 步 骤
8．创建空文本档 C:\Report.txt，并把完全控制权限只授权给 *n*_Local Data 域本地组	a．在“运行”对话框中，键入“C:\”，再单击“确定”打开 C:\窗口 b．在 C:\窗口中，右击空白区域，指向“新建”，然后单击“文本文档” c．把该文本文档重命名为“Report.txt” d．右击“Report.txt”，再单击“属性” e．在“Report.txt 属性”对话框中的“安全”选项卡上，单击“添加” f．在“选择用户、计算机或组”对话框中，在“名称”方框中，下拉到列表的底部，单击“*n*_Local Data”，单击“添加”，然后单击“确定” g．在“报告属性”对话框中，在“权限”方框中，选择“完全控制”复选框 h．清除“允许将来自父系的可继承权限传播给该对象”复选框，然后单击“删除”关闭询问是否复制或删除继承权限消息框 i．确保“ *n*_Local Data”是仅有的选项，并有完全控制权限，再单击“确定” j．关闭 C:\ 窗口
9．在 *n*_Accounting OU 中，按下列属性创建用户账户，测试结构： • 全名：*n*_TestAccount • 用户登录名：*n*_TestAccount@nwtraders.ms-ft • 把该用户添加到 *n*_Accounts Payable 全局组	a. 在 Active Directory 用户和计算机中，单击“*n*_Accounting OU” b．右击“*n*_Accounting”，指向“新建”，然后单击“用户” c．在“新对象—用户”页面上，在“姓名”框中，键入“*n*_TestAccount”，在“用户登录名”框中，键入“*n*_TestAccount”，然后单击“下一步” d．单击“下一步”，然后单击“完成”利用默认完成向导 e．单击“*n*_Accounting”OU，并在详细信息面板中右击用户“*n*_TestAccount”，再单击“属性” f．在“*n*_TestAccount 属性”对话框中，在“成员属于”选项卡上，单击“添加” g. 在“选择组”对话框中，在“名称”栏中，单击“*n*_Accounts Payable”，单击“添加”，再单击“确定” h．在“*n*_TestAccount 属性”对话框中，确保“*n*_Accounts Payable”全局组在列表中，再单击“确定” i．关闭“Active Directory 用户和计算机”

续表

任 务	具 体 步 骤
10. 从域控制器中退出，再以 *n*_TestAccount 登录。验证可以访问资源 C:\Report.txt，再删除文档	a. 退出，再以域中的 *n*_TestAccount 登录而不需要键入密码 b. 打开文件 C:\Report.txt，然后键入“Some Modifications” c. 在文档中，保存并关闭文档 d. 删除文档 C:\Report.txt

是否可以访问资源 C:\Report.txt？

____

____

____

____

任 务	具 体 步 骤
11. 运行 C:\MOC\Win2154A\Labfiles\Mytoken.exe，以确定 *n*_TestAccount 在访问标识中具有哪些组	a. 开命令提示符窗口 b. 在命令提示符下，键入“C:\MOC\Win2154A\Labfiles\Mytoken.exe”，然后按 Enter 键 显示访问标识信息。首先，该信息显示用户信息和其他关于访问标识的普通信息。然后，逐行显示组信息安全识别符（SID, Security IDentifier）。最后，显示用户特权。

*n*_TestAccoun 访问标识是否包含合适的嵌套全局组、通用组和域本地组？能否通过“Mytoken”的输出确定嵌套的是哪个组？

____

____

____

____

任 务	具 体 步 骤
11. （续）	c. 关闭命令提示符窗口

续表

任　　务	具 体 步 骤
12．退出，然后以管理员的身份登录，删除 *n*_Accounting OU，再退出	a．退出，然后以管理员身份和密码 password 登录 b. 从“管理工具”菜单中打开“Active Directory 用户和计算机”，然后展开“*domain*.nwtraders.msft” c．右击“*n*_Accounting ”OU，单击“删除”，单击“确认”关闭配置对话框，再单击“确定”关闭对话框，该对话框提示包含在该对象中的所有的对象将被删除 d. 关闭“Active Directory 用户和计算机”，关闭所有打开的口，然后退出

10.6 创建管理树和树林错误诊断

在 Windows 2000 中创建和管理树与树林时，可能会遇到一些问题。下面是一些常见的问题及其解决方案：

- 快捷信任没有被使用。这可能是因为创建信任的方向错了。验证信任和被信任的域都正确的。如果它们不正确，把现有快捷信任关系的双方都删除，然后在另一个方向上重新创建快捷信任。使用 Active Directory 域和信任中的“验证”按钮或 Netdom.exe 工具验证信任功能是否正常
- 不能登录到域。这可能是因为不能找到全局编录服务器的位置。全局编录需要访问通用组信息并把用户主名称映射到域。确保全局编录服务器正在运行并且是可用的。确保到身份验证域控制器和全局编录服务器的网络运行正常。确保 DNS 服务正在运行。同时，验证 DNS 中全局编录服务器中的选项以确保它们都正确。全局编录 SRV 记录只能存在树林根域中
- 在有些域上不能创建通用组。可能的原因是没有在本机模式下创建通用组。验证域模式，如果有必要则把域从混合模式转换为本机模式，再创建通用组

10.7 最佳实践

考虑下列创建和管理 Windows 2000 树和树林的最佳操作：

- 使用 A→G→G→U→DL→P 组策略。使通用组中的成员身份尽量少，并且使用不经常更改的成员身份来减少网络复制通信。推荐在文件和打印权限及域中命名上下文 Active Directory 权限中使用此解决方案。推荐使用 A→G→U→P 组策略在 Active Directory 中配置命名内容和将属性权限作为属性公布到全局编录中。
- 当一个域的许多用户频繁访问另一个带有较长信任路径的域上的资源时，创建快捷信

任。快捷信任将减少为资源验证用户身份的延迟和网络通信。

- 在每个拥有多用户登录的站点上放置全局编录服务器，以减少网络通信并允许用户在WAN链接失败的情况下登录。
- 在各站点放置DNS服务器。每个站点必须有DNS服务器，其目的是在WAN链接失败情况下可以找到本地域控制器和全局编录服务器。DNS服务器必须包含树林根域根域区域的备份使用户可以找到全局编录资源记录。

习题

1．下列选项中哪些是使用多个域的优点？（多选题）

A．可以减少复制流量

B．方便不同的域保持独立的、不同的安全策略

C．可以减少传送差错率

D．网络管理可以被分成独立的几个组，而且彼此之间互不信任

2．在某组织的Active Directory结构中有两个域，每个域的用户都需要频繁地访问另一个域中的资源，管理员应该如何进行优化操作以避免身份验证和查询过程过于冗长。

A．在两个域之间手工建立一个可传递信任

B．在两个域之间手工建立一个快捷信任

C．创建一个新站点，其中每个域中至少有一个域控制器配置为全局编录服务器

D．重新设计一个Active Directory结构，将域移进各自的域根目录

3．在目录林中创建新目录树的时候，目录林根目录域占据什么角色？

4．某组织正在考虑采用四个树林来处理彼此独立部门的商务操作，但是决策者没有意识到多个树林模型给用户带来的影响，为了帮助用户，应该采取什么行动？

5．在登录过程中全局编录起什么作用？

6．对于通用组成员身份，保持数量少且相对稳定有什么作用？

7．现在网络上的三个域分别与组织在北美、亚洲和欧洲的三个部分相对应。三个域的会计师需要访问三个域上的所有文档。如何设置会计师对所有域上的文档的访问？

8．为什么在有些域上不能创建通用组？

9．设计组正在为某组织定义树林根域。试问，为什么要将某已有的域指定为树林根域？为什么要将某专门域指定为树林根域？

第 11 章　管理 Active Directory 复制

Microsoft Windows 2000 Active Directory 目录服务复制包括传递和维护网络中域控制器之间的 Active Directory 数据。

域控制器存储和复制：

- 域树或树林的架构信息
- 域树或树林中所有域的配置信息
- 域的所有目录对象和属性。这些数据复制到域中任何额外的域控制器。为了找到信息，域中所有对象的属性的子集被复制到全局编录上

全局编录储存和复制：

- 树林的架构信息
- 树林中所有域的配置信息
- 树林中所有目录对象属性的子集（只在全局编录服务器之间复制）
- 在全局编录所在域中的所有目录对象及其所有属性

Active Directory 使用多主机复制模型（multi-master replication model）。多主机意味着有多个主机（域控制器），这些主机具有权限修改或控制相同的信息。因此这种复制模型必须把一个域控制器上更改的数据复制或复制到另一个域控制器上。多主机模型必须专注于一个事实，即更改可能来自于多个域控制器。理解如何管理 Active Directory 复制，就可以控制复制的网络通信并确保整个网络上 Active Directory 数据的一致性。

在本章学习结束的时候，应当掌握以下内容：

- 了解在 Windows 2000 网络上复制的重要性
- 了解复制组件和复制进程
- 了解如何启用复制拓扑以及如何优化整个网络的复制
- 了解站点如何优化 Active Directory 复制
- 使用站点管理 Active Directory 复制
- 监视复制通信
- 调整复制操作以提高复制性能
- 解决 Active Directory 复制过程中经常遇到的问题
- 应用最佳操作来管理 Active Directory 复制

11.1　Active Directory 复制介绍

图 11-1 所示的为多主机复制。

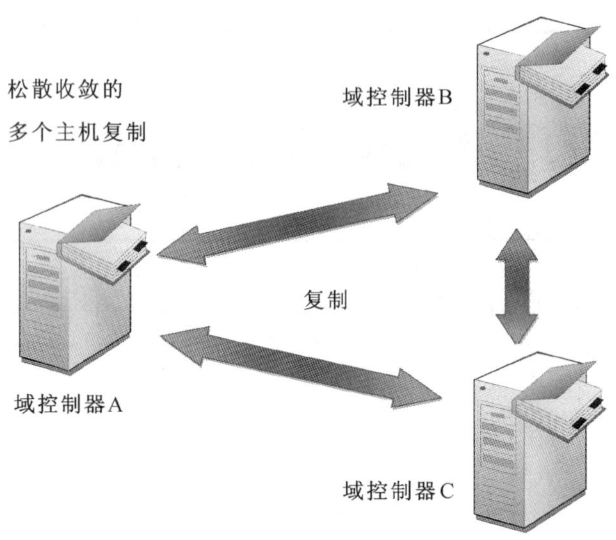

图 11-1 多主机复制

复制是在 Active Directory 中从一个域控制器到网络上其他域控制器的信息更新的过程。复制同步每个域控制器上的数据副本，以确保 Active Directory 中的所有信息对于整个网络上的所有域控制器和客户端计算机都是有效的。

当用户或管理人员执行某个操作时将会引起 Active Directory 的更新。系统会自动选择一个合适的域控制器来完成相应的更新，更改的结果也会清楚地在该域控制器上生效。

Active Directory 提供松散收敛的多主机复制。在 Active Directory 中采用多主机复制，具有两个优势：

- 如果某一个域控制器不可用（很少有这种情况出现），为了能够恢复 Active Directory 必须在更新之前替换该域控制器
- 域控制器可以分布于整个网络，它放置在多个物理站点上。将域控制器放置在多个物理站点上可以提供容错能力

Active Directory 使用站点来标识一个组织内部可靠的计算机连接网络，并以此来优化网络带宽。站点内的复制在同一站点的域控制器之间进行，并设计成快速、可靠的连接。站点间的复制在位于不同站点的域控制器之间进行，并假设站点之间的网络链接带宽有限且适用范围也有限制。

复制是复制部分信息到其他位置的过程。复制能使诸如 Active Directory 服务的分布式信息的存储保持同步。这是信息库提供伸缩能力的一个重要因素。在 Windows 2000 网络中，复制能确保在一个 Active Directory 分区的更改能够复制到所有的其他 Active Directory 分区的副本上。（应当注意，每个 Windows 2000 域控制器上都包含一个所属域的 Active Directory 分区的副本。）

Windows 2000 使用多主机模型来复制。在多主机模型中，可以对信息存储部分的任何复制进行更改并且这些更改将传播到其他复制上。在 Windows 2000 上，多主机模型是可以实现的。因为每一个 Active Directory 分区的复制都是可写的，对目录存储的更改能被写入任何域控制器上的 Active Directory 分区中，并且这些更改能被传播到域中的其他域控制器上。

可以在 Windows NT 以前的版本上对比多主机模型和单主机模型的复制。在单主机模型中，域控制器要么是主域控制器（PDC）要么是一个备份域控制器（BDC）；只有 PDC 是可写的；BDC 是只读的。单主机结构意味着任何对域的信息存储的更改都将作用在 PDC 上，之后副本将传播到只读的 BDC 上。在这种模型中，仅 PDC 有目录信息的可写复制，伸缩性很差。

用 Active Directory 服务和它的多主机模型来复制发生改变或更新的目录信息，每一个域控制器都能够处理 Active Directory 信息存储的更改。这种复制模型有效地分配了更新目录信息的负载。无论如何，一个高级的复制计划不仅能确保复制负载的分布，也必须保证它的复制进程对用户和管理员是自动的和透明的，而且这个复制进程能尽可能高效地完成任务。

Active Directory 服务用于复制信息的方法已发展成更注重变动性而不是时间，以避免使用时间戳（通常不可靠）来确认有效性，同时降低与更新相关的网络通信量。

11.2 复制组件和过程

在域控制器上添加、修改、删除或移动一个或多个对象的时候，将启动更新复制。当其中的一个更新开始的时候，域控制器之间的复制进程通过复制组件之间的交互也随之开始。Active Directory 中的复制传播并且跟踪域控制器内的更改。树林中的每个域控制器都存储 Active Directory 结构特定部分的副本。虽然复制能够完成域控制器在整个树林里对 Active Directory 中信息的同步，但是实际上，在同一时刻仅能在两台域控制器之间发生复制进程。因为域控制器同时也是数据的主机，每个域控制器都有各自的更新副本，因此域控制器之间复制的延迟可能会引起域控制器之间的复制冲突。Active Directory 能自动处理这些冲突。

重点 推荐保护 Active Directory 复制用的通道。

11.2.1 复制的工作方式

图 11-2 所示的为复制的工作方式。

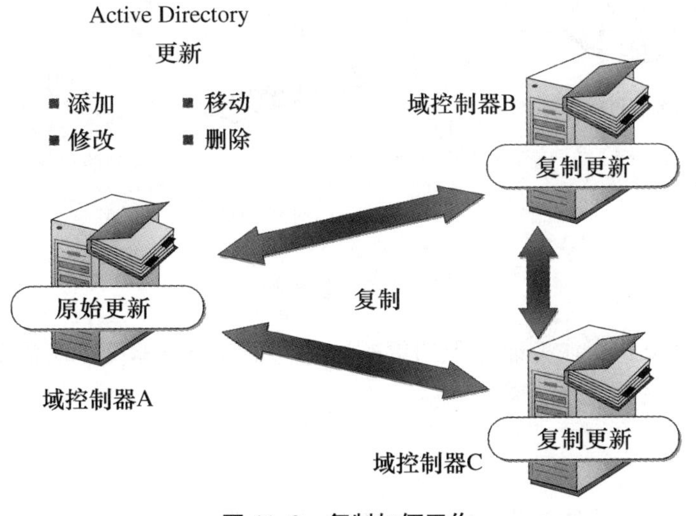

图 11-2 复制如何工作

所有域控制器发生的复制都是由于对 Active Directory 数据的更改导致的。以下操作可能触发 Active Directory 的更新：

- 添加对象到 Active Directory 上，例如创建新用户账户
- 修改对象属性值，例如更改现有用户账户的电话号码
- 修改对象的名称或对象所在的父域，如果有必要，可以把对象移到新的父域中。例如把对象从销售域移到服务域
- 从目录中删除对象，例如删除不再为组织工作的职员用户账户

Active Directory 每次更新都将发出一个提交或不提交到数据库的请求。提交的请求是原始更新。在原始更新完成以后，数据必须复制到整个网络的其他副本上。

在不是引发更新的域控制器上执行的更新称为复制更新。复制更新是提交的更新，是在一个备份上执行的由另一个备份的原始更新或复制更新引起的。

例如：当用户更改域控制器 A 上的密码，域控制器 A 把密码写到目录上时，这就是原始更新。当域控制器 A 把更改复制到域控制器 B，而域控制器 B 更新它的目录副本时，将在域控制器 B 发生复制更新。

11.2.2 复制延迟

图 11-3 所示的为复制延迟。

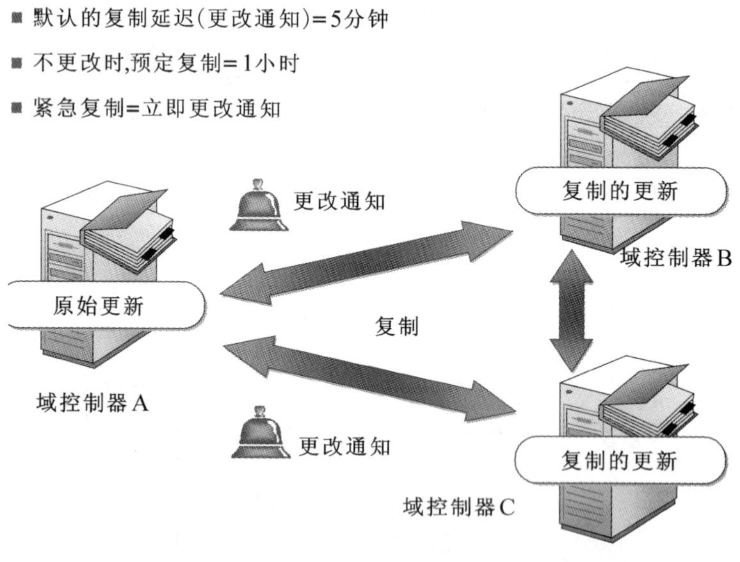

图 11-3 复制延迟

复制延迟时间是指一个域控制器上的更改被另一个域控制器接受所需要的时间。对指定的副本应用更新时，将触发复制引擎。

（1）更改通知

站点内的复制由更改通知进程发起。当域控制器上发生更新的时候，复制引擎等待一个可

配置的时间间隔（默认为 5 分钟），然后把通知信息发送给第一复制伙伴，通知它已经有更改发生。经过一个配置的延迟之后（默认为 30 秒），其他的直接伙伴都会收到通知。这样，假定单个更改的最大传播延迟采用默认配置和三个跃点限制（跃点是指数据从一个域控制器移动到另一个域控制器），应该是 15 分钟，其中包括 30 秒的配置延迟。当复制伙伴接收到更改通知的时候，它们将从原始更新域控制器上复制这些更改。

如果在一个配置周期内（默认是 1 小时），没有更改发生，域控制器将与其复制伙伴启动复制，以确保没有错过来自原始更新域控制器上的更改。

（2）紧急复制

在 Active Directory 中，涉及安全问题的属性发生更改会立即通知其复制伙伴并完成复制更新。这种立即通知就称为紧急复制。紧急复制立即发出通知来响应紧急事件，而不需要等待默认的 5 分钟。例如：当管理员指派账户锁定的时候，将提示使用域控制器之间的紧急复制。账户锁定是一个安全特性，用来设置请求验证失败次数的限制（这些来自远程的登录请求在账户锁定前是有效的），锁定的时间限制将起作用。

11.2.3 解决复制冲突

图 11-4 所示的为解决复制冲突。

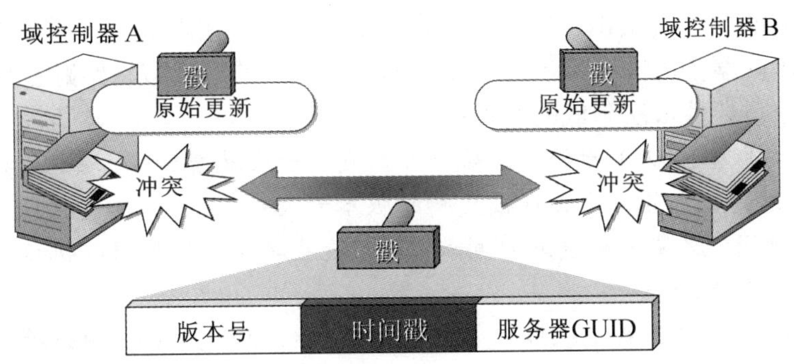

产生冲突的原因：

- 属性值
- 在删除的容器对象上添加/移动或删除容器对象
- 同属名称

图 11-4 解决复制冲突

由于 Active Directory 中的复制是基于多主机模型的，提供多主机更新的所有计算机必须能处理潜在的冲突，即当在两个独立的主机副本不一致的时候，并发更新发起方，就会引发复制冲突。当这些更新被复制的时候，并发更新就会引发冲突。Active Directory 能同时减少并解决这些冲突。

域控制器通过比较在复制期间接收到的更改中给定的属性的版本号与本地存储的属性的版本号来检测冲突。属性版本号不同于每个域控制器所特有的更新序列号（USN）。因为它们是给定对象的属性所特有的并且是在属性创建时初始化。只有当属性更改后（而不是当属性通过正常的复制更新时）属性版本号才增大。这些更改被称为发起方写入，有别于通过复制进程将它们与应用到给定属性的更改。

（1）冲突类型

有三种类型的冲突：

- 属性值。对象的属性同时在两个副本上设置两个不同的值时，就会引发这种冲突
- 在已删除的容器对象上添加/移动或删除容器对象。当一个副本记录着一个容器对象的删除，而另一个备份记录着从属于删除容器对象的对象位置时，就会引发冲突
- 同属名称。当一个副本试图把一个对象移动到一个容器中，而同时另一个副本正好移动另一个具有同样的相对辨别名的对象的时候，就会引发冲突

（2）减少冲突

为了减少冲突，域控制器需要记录并复制对象在属性级别而不是在对象级别的更改。因此，对同一个对象的两种不同属性的更改，例如用户密码和邮政编码，即使同时发生更改，也不会引起冲突。

（3）全局惟一戳

为了利于冲突的解决，Active Directory维护了一个戳，在戳中包含原始更新期间创建的版本号、时间戳和服务器全局惟一标识符（GUID）。在复制的时候戳将跟踪更新。

戳有下列三个重要性依次降低的组件：

- 版本号。该版本号从1开始，以后每原始更新一次就增加1。在执行原始更新的时候，属性更新过的版本号将比正在被更新的版本号大1
- 时间戳。时间戳是更新的发起时间和日期，这些时间和日期将以执行原始更新的域控制器的系统时钟为标准
- 服务器GUID。服务器GUID是原始目录系统代理（DSA），用来确定正在执行原始更新的域控制器

（4）解决冲突

把全局惟一戳分配给所有原始更新操作，例如添加、修改、移动或删除，可以解决冲突。如果存在冲突，那么戳的顺序会按下列方式解决冲突：

- 属性值。有较高戳值的更新操作将取代较低戳值更新操作的属性值
- 在删除的容器对象上添加/移动或删除容器对象。在解决所有的副本冲突后，容器对象将被删除，叶对象将成为文件夹中LostAndFound容器的子对象。在解决过程中并没有涉及戳
- 同属名称。具有较大戳的对象保持相对辨别名。同属对象由域控制器分配给惟一的相对辨别名。分配的名字=相对辨别名+“CNF:”+保留符号（星号）+对象的GUID。分配的名称可以确保产生的名称不会与任何其他对象的名称发生冲突

11.2.4　优化复制

图 11-5 所示的为优化复制。

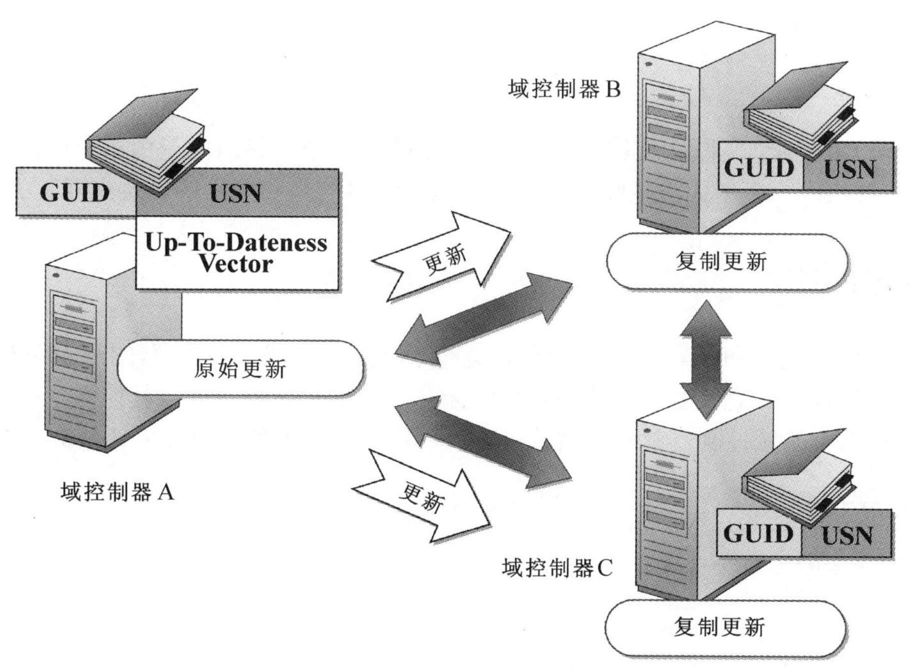

图 11-5　优化复制

在复制期间，域控制器使用多个路径发送和接收更新。虽然使用多个路径可以提供容错能力并改善性能，但它仍然会导致更新沿不同的复制路径多次复制到相同的域控制器上。为防止这些重复复制，Active Directory 复制使用了传播抑制。传播抑制可以减少从一个域控制器到另一个域控制器不必要的数据传输量。

(1) 更新序列编号

要确定哪些数据需要复制，每个域控制器都留有一个向量数组，使复制效率更高。向量由一对包含 GUID 的数据组成（GUID 对每个域控制器都是惟一的）。这种数据就称为调用 ID 和相应的 64 位的 USN。64 位的 USN 用来标识 Active Directory 服务存储的更改。当 Active Directory 中的任何对象更改的时候，域控制器将提升 USN 并用更改的对象（或属性）存储它。在每个属性和每个对象上都有一个 USN。USN 用来决定在副本中哪些内容需要更新。

要想将更改毫不浪费地分发到其他域控制器上，每个域控制器都维护了一个与它有关联的复制伙伴（与之交换复制信息的其他域控制器）的 USN 表。此表中存放着可以被每个复制伙伴接收的最高级别的 USN。当域控制器上的一个复制伙伴启动复制进程时，域控制器将为复制伙伴参考它的 USN 表，并且仅为复制伙伴请求与比表中存储值大的 USN 相关的更改。此模式限制了复制伙伴之间传输的数据量，有效地限制了从上次成功复制更新后更改的数据的传输。注意给定的复制伙伴存储在域控制器表中的 USN 将不会改变（成为新 USN），直到与最近复制交换相关的更改成功完成。

使用 USN 也可以很容易地使给定的域控制器从失效中恢复。域控制器可以在任意给定的时间长度内失效，一旦它恢复在线，将参考它的复制伙伴的 USN 列表，并请求在给定控制器上的 USN 表中 USN 号码的所有更改的更新。

（2）最新向量

由 Active Directory 复制所使用的一个向量称为最新向量。最新向量由每个域控制器拥有的数据库 USN 对组成，表现为被接收的来自各个域控制器的最高级别的原始更新。

11.3 复制拓扑

复制的实际进程是每次在两个域控制器之间轮流发生，为域控制器的整个树林在 Active Directory 中复制同步信息。复制拓扑的创建将涉及确定哪个域控制器与其他指定的域控制器进行复制。当对所有的域控制器都做了这种确定以后，为复制做的就是复制拓扑。

11.3.1 目录分区

图 11-6 所示的为目录分区。

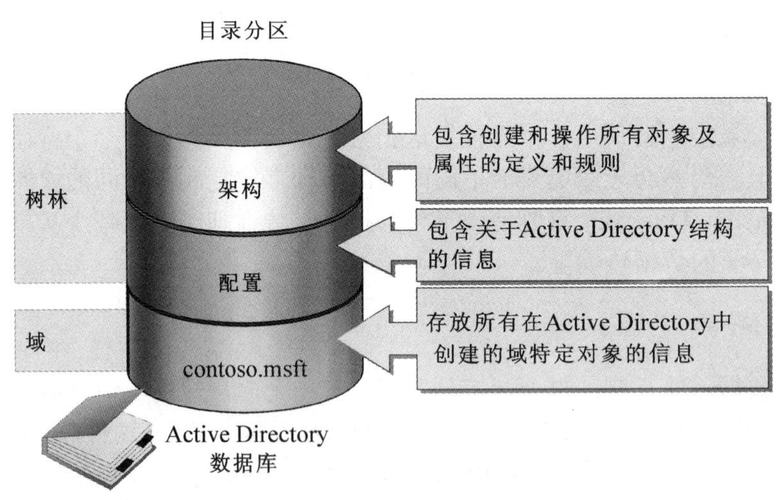

图 11-6 目录分区

Active Directory 数据库按逻辑划分成目录分区，即架构分区、配置分区和域分区。架构分区和配置分区存储在树林的所有域控制器上。域分区存储在给定域的所有域控制器上。由于每个分区都是一个复制单位，所以每个分区都有各自的复制拓扑。复制将在目录分区副本之间执行。同一树林的两个域控制器通常有几个公共的目录分区。一般至少有两个公共的目录分区，即架构分区和配置分区。

（1）架构分区

架构分区包含了所有在目录中创建的对象和属性的定义以及创建和操作它们的规则。架构信息将复制到树林的所有域控制器上，因此不用考虑对象在哪台计算机上创建或修改，架构分区都将遵守这些规则。每个树林只能有一个架构。

（2）配置分区

配置分区包含 Active Directory 结构的信息，包含存在的是什么域和站点，其中有哪些域控制器，及哪些服务是可用的。配置信息将复制到树林中的所有域控制器上。每个树林只能有一个配置分区。

（3）域分区

域分区保存了所有在 Active Directory 中创建的域所指定对象的信息，包括用户、组、计算机和组织单位。域分区将被复制到域中的所有域控制器上。每个树林中可以有多个域分区。

11.3.2 复制拓扑

图 11-7 所示的为复制拓扑。

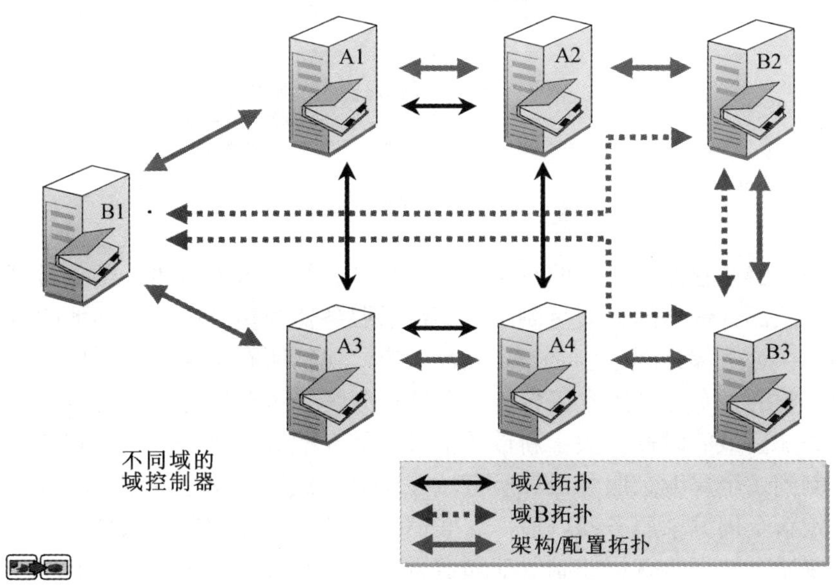

图 11-7 复制拓扑

复制拓扑是复制在整个网络上传播的路径。单个域控制器对不同分区将有不同的复制伙伴。复制拓扑建立在存储在 Active Directory 中的信息的基础上，可以根据架构、配置或域复制而不同。连接复制伙伴的链接称为连接对象。连接对象代表了两个服务器对象和复制源点之间的单向复制路径。

由连接对象链接的域控制器是复制伙伴。复制伙伴可以是直接的或传递的。直接复制伙伴是作为 Active Directory 复制数据直接来源的域控制器。域控制器也通过传递复制伙伴接收复制数据。传递复制伙伴是指通过直接复制伙伴而间接获得数据的域控制器。可以使用 Active Directory 复制监视器工具查看传递复制伙伴。

11.3.3 全局编录和复制分区

图 11-8 所示的为全局编录和复制分区。

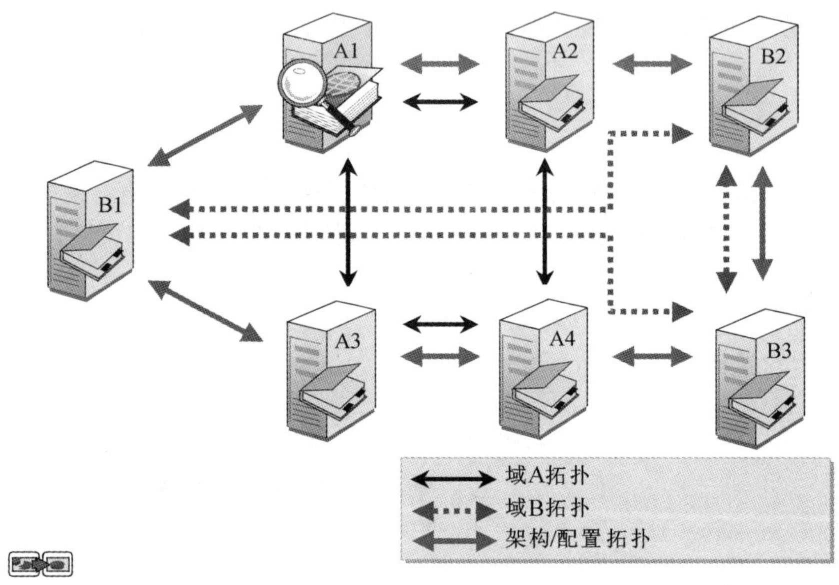

图 11-8 全局编录和复制分区

全局编录服务器是存储可更新的目录分区和部分目录分区的副本，部分目录分区副本中包含存储在该分区上部分信息的只读复制。全局编录服务器为树林中所有其他的域分区维护部分目录分区的副本。这些部分副本包含一个只读子集，包括所有对象所选属性中关于每个域分区的信息。一个完整的目录分区副本包含一个存储在分区中所有信息的可更新复制。

在树林中添加新域的时候，关于新域的信息存储在配置目录分区中，它通过在整个树林范围内信息的复制到达全局编录服务器和所有域控制器。然后每个全局编录服务器成为新域的部分副本。当指定新全局编录服务器以后，这些信息仍将存储在配置目录分区中，并被复制到树林的所有域控制器上，使所有域控制器都知道树林中的所有全局编录服务器。

11.3.4 复制拓扑的自动生成

图 11-9 所示的为自动复制拓扑产生。

当把域控制器添加到站点上时，必然有一种在域控制器之间建立复制路径的方法。Active Directory 使用复制组件和称为知识一致性检验器（KCC）的程序完成此过程。KCC 是一个内置的进程，它运行在每个域控制器上并为树林生成复制拓扑。KCC 按特定的间隔时间运行，根据可以利用的最有利的连接，指定控制器之间的复制路由。

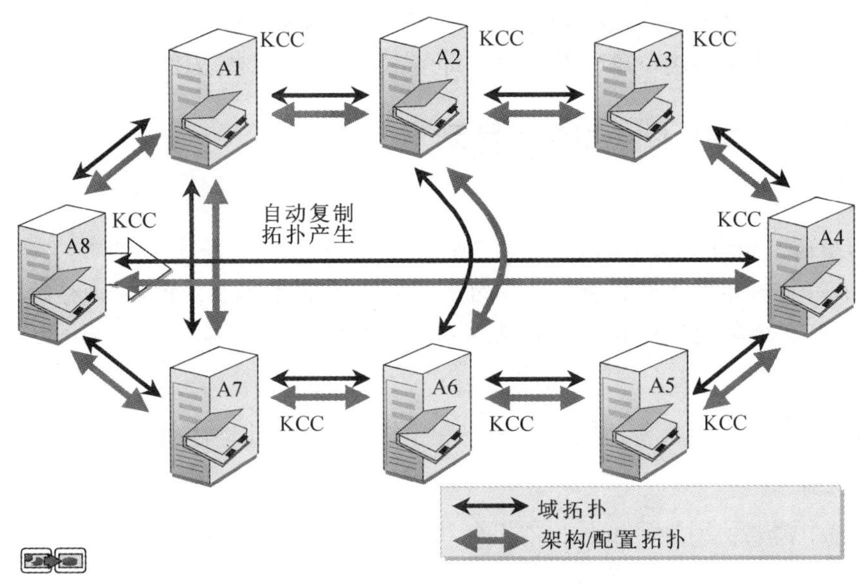

图 11-9 自动复制拓扑产生

要自动生成一个复制拓扑，KCC 使用站点和属于站点的子网上的信息（子网是共享公用地址组件网络的一部分）、站点之间传送数据的开销和可以在站点之间使用的网络传输。KCC 将计算每个域控制器之间的最佳连接。另外，如果站点内的复制不能进行或有单点故障，KCC 将自动建立新的连接对象，这对于重新开始 Active Directory 复制是必要的。

站点内的默认复制拓扑是双向环，双向环由两个互补的单项连接对象组成。环由足够的连接构成，以使原始更新复制到所有给定分区的副本上需要采用的跃点最多不会超过 3 个。

11.3.5 使用连接对象

连接对象的创建方式有两种：自动创建和手动创建。通过在目的域控制器上运行 KCC 可以自动创建连接对象。管理员也可以手动创建连接对象。

连接对象在每个域控制器上创建，并指向作为信息源的另一个域控制器。KCC 自动创建成对的连接对象，使两个域控制器都以对方为源。来自任何分区的复制只使用一个单连接对象。例如：要在域控制器 A 和域控制器 B 之间进行完整的目录信息复制，就需要两个连接对象。其中一个连接对象使复制从域控制器 A 到域控制器 B，并且该连接对象存在于域控制器 B 的 Windows NT 目录服务（NTDS） Settings 对象中。另一个连接对象使复制从域控制器 B 到域控制器 A，并且此连接对象存在于域控制器 A 的 NTDS Settings 对象中。

通过使用“Active Directory 站点和服务”可以手动创建、删除和调整连接对象。也可以通过右击“Active Directory 站点和服务”中的连接对象，然后单击“立即复制副本”来手动启动复制。

按下列步骤创建、删除或调整连接对象，或启动域控制器之间的复制：

1）打开“Active Directory 站点和服务”，展开“Sites”，展开“Default-First-Site-Name”，然后展开“Servers”。

2）选择要把更改复制到的域控制器，再单击“NTDS Settings”。

3）右击复制伙伴的连接对象，单击“立即复制副本”，再单击“确定”。

实验 A 跟踪 Active Directory 复制

- 目标

完成本实验后，将掌握以下内容：

- 明确不同复制类型冲突的原因：属性、同属名和删除容器中的添加/移动
- 通过使用直接复制伙伴的连接对象启动更新复制

- 准备工作

在开始实验之前，必须具备建立用户账户和组织单位的知识和技能。

- 学生计算机信息

在本次实验中需要使用学生编号、主机名和域。使用表 11-1 中的信息确定实验中需要输入的实际值。导师将指派每个学生的学生编号。

表 11-1

学生编号（*n*）	主机名（*servername*）	域（*domain*）	FQDN
1	vancouver	namerica1	vancouver.namerica1.nwtraders.msft
2	denver	namerica1	denver.namerica1.nwtraders.msft

重点 实验不能反映真实环境。建议在创建管理员账户时使用复杂密码，不要创建无密码的账户。

重点 在教室以外的环境，强烈建议使用必要的、最新的软件更新。由于这是教室环境，因此可以使用不包括最近更新的软件。

- 实验预估时间：15 分钟

练习 1 检查多主机复制的数据冲突

- 实验方案

Northwind Traders 正在开发一个使用 Active Directory 存储信息的应用程序。程序经理关心的是复制冲突可能会破坏复制数据。

- 目标

在本练习中，将要建立三种类型的冲突来演示如何处理这些复制冲突。这三种冲突是：属性、在已删除容器中进行添加/移动和同属名。

- 说明

学生将按域分组，成对完成本次实验。

任　　务	具 体 步 骤
重点：任务 1～4 将同时在 *lowerserver*（这里 *lowerserver* 是一对学生中编号较低的计算机）和 *higherserver*（这里 *higherserver* 是一对学生中编号较高的计算机）上执行。在实验开始之前先仔细阅读任务 1～4 中的步骤。直到每对学生都做好准备。由于正常复制时间是 5 分钟，所以任务 1～3 需要伙伴双方在 5 分钟之内完成。对 Active Directory 的更新将启动 5 分钟复制计时器。	
1．在 *domain*.nwtraders.msft（这里 *domain* 是分配的域名）内，在 Users 容器中，创建有如下属性的用户账户： • 姓名：Duplicate_User • 用户登录名： Duplicate_User@nwtraders.msft	a．在域中以管理员身份使用密码 password 登录 b．从“管理工具”菜单中打开“Active Directory 用户和计算机” c．在控制台树下，展开“*domain*.nwtraders.msft”（这里 *domain* 是分配的域名），再单击“Users” d．右击“Users”,指向“新建”，然后单击“用户” e．在“新建对象—用户”页面上，分别在“姓名”和“用户登录名”方框中，键入“Duplicate_User”，然后单击“下一步”。注意：如果可能，在下一步和伙伴同时单击“完成” f．单击“下一步”，然后单击“完成”
2．建立下列组织单位（OU）： • *n*_ReplOU（这里 *n* 是分配的学生编号）	a．右击“*domain*.nwtraders.msft”，指向“新建”，然后单击“组织单位” b．在“新建对象—组织单位”页面上，在“名称”方框中，键入“*n*_ReplOU”（这里 *n* 是分配的学生编号），再单击“确定”
3．在 *n*_ReplOU OU 中，按下列属性创建用户账户： • 姓名：*n*_ReplUser • 用户登录名： *n*_ReplUser@nwtraders.msft	a．右击“*n*_ReplOU”,指向“新建”，然后单击“用户” b．在“新建对象—用户”页面上，分别在“姓名”和“用户登录名”方框中，键入“*n*_ReplUser”，然后单击“下一步” c．单击“下一步”，再单击“完成”
4．通过刷新“Active Directory 用户和计算机”中的显示验证引发的复制	a．单击“*domain*.nwtraders.msft”，然后按 F5 键更新显示。继续阶段性的更新显示，直到显示“*n*_ReplOU”和“*partnern*_ReplOU”组织单位（这里 *partnern* 是伙伴计算机的学生编号），这可能需要等待 5 分钟时间 b．在两个组织单位都显示以后单击“Users”

在这两个 Duplicate_User 用户账户上发生了什么？是否可以说存在复制冲突？

续表

任　　务	具 体 步 骤

重点：任务 5～6 只在 *lowerserver* 上执行。任务 6 结束后，等待伙伴准备立即执行任务 7～9。必须在开始后的五分钟内完成任务 5～9。5 分钟属于正常复制时间。

任　　务	具 体 步 骤
5．更改 Duplicate_User 的下列属性： • 电话号码：555-1212 • 办公室：5/1093	a．右击“Duplicate_User”，再单击“属性” b．在“常规”选项卡上，在“电话号码”方框中，键入“555-1212” c．在“办公室”方框中，键入“5/1093”，再单击“确定”
6．删除 *n*_ReplOU OU	单击 *n*_ReplOU，按 Delete 键，单击“是”关闭确认对象删除的对话框，再单击“是”关闭确认删除它所包含的所有对象的对话框

重点：任务 6 结束以后立即在 *higherserver* 上执行任务 7～9。

任　　务	具 体 步 骤
7．按下列信息更改 Duplicate_User 的属性： • 电话号码：123-4567 • 描述：Replication Test	a．右击“Duplicate_User”，然后单击“属性” b．在“常规”选项卡上，在“电话号码”方框中键入“123-4567”，在“描述”方框中键入“Replication Test”，然后单击“确定”
8．把 *n*_ReplUser 从 *n*_ReplOU 移到 *partnern*_ReplOU（这里 *partnern* 是伙伴计算机的学生编号）	a．单击“*n*_ReplOU”，右击“*n*_ReplUser”，再单击“移动” b．在“移动”对话框中，单击“*partnern*_ReplOU”，再单击“确定”
9．删除 *n*_ReplOU OU	单击“*n*_ReplOU”，按 Delete 键，单击“是”关闭确认对象删除的对话框

重点：在任务 9 结束以后同时在 *lowerserver* 和 *higherserver* 上执行任务 10。

任　　务	具 体 步 骤
10．通过刷新“Active Directory 用户和计算机”的显示来验证引发的复制	a．单击“*domain*.nwtraders.msft”，然后按 F5 键刷新显示。继续阶段性刷新显示，直到“*n*_ReplOU”和“*partnern*_ReplOU”都不再显示，这可能需要等待 5 分钟 b．在两个 OU 都不显示以后单击“Users”

复制如何处理 Duplicate_User 的电话号码、办公室和描述的值？

____

续表

任　　务	具 体 步 骤
在删除的组织单位及其下面移动的用户上发生了什么？	

练习 2　手动启动复制

- 实验方案

Northwind Traders 公司的测试小组在 Active Directory 上进行许多验证测试。通常在继续测试之前需要把更新复制到其他域控制器上。手动启动复制将减少全面的测试时间。

- 目标

在本练习中，将手动启动复制，而无需等待通常的复制周期。

注意　学生将按域分组，成对完成本次实验。

任　　务	具 体 步 骤
重点：在 *lowerserver* 上执行任务 1。同时在 *higherserver* 上执行任务 2。	
1．在“LostAndFound”容器中，删除 *n*_ReplUser	a．在“Active Directory 用户和计算机”中，单击“查看”，然后单击“高级功能”显示高级功能（如果需要的话） b．单击“LostAndFound”，在详细信息窗格中单击 *n*_ReplUser，按 Delete 键，单击“是”关闭确认对象删除的对话框
重点：在 *higherserver* 上执行任务 2。在任务 1 完成之前可以开始任务 2。	
2．删除 Duplicate_User 和 Duplicate_User CNF:*objectGUID*	a．在“Active Directory 用户和计算机”中，单击“Users”，在详细信息窗格中，单击“Duplicate_User”，按住 Ctrl 键再单击“Duplicate_User CNF:*objectGUID*” b．确保只选中这两个复制用户，按 Delete 键，单击“是”关闭确认这两个对象删除的对话框

续表

任　　务	具 体 步 骤
重点：任务 1、2 结束以后，在 *lowerserver* 和 *higherserver* 上执行任务 3。	
3．手动启动从伙伴域控制器到所在域控制器上的复制	a．从“管理工具”菜单中打开“Active Directory 站点和服务”，展开“Sites”，展开“Default-First-Site-Name”，展开“Servers”，展开“*servername*”（这里 *servername* 是所在计算机的主机名），再单击“NTDS Settings” b．在详细信息窗格中，右击来自 *partnerserver* 的连接对象（这里 *partnerserver* 是伙伴计算机的主机名），单击“立即复制副本”启动从 *partnerserver* 到 *servername* 的更改复制 c. 单击“确定”关闭显示已启动的复制信息栏，然后关闭 Active Directory 站点和服务 如果出现错误信息显示不能产生 RPC 服务，只需等一下再重复“立即复制副本”操作。
4. 验证由于更新“Active Directory 用户和计算机”显示引起的复制，然后注销	a. 在“Active Directory 用户和计算机”中，单击“*domain*.nwtraders.msft”然后按 F5 键刷新显示 b．单击“Users”验证两个复制用户已经不再显示，然后关闭“Active Directory 用户和计算机” c．注销

复制是不是在任务 3 结束之后立即执行？如果只是在伙伴计算机上执行任务 3 而实验者没有做，会有什么不同？

____

____

____

____

11.4　使用站点优化 Active Directory 复制

复制可以保证整个网络上的所有域控制器和客户计算机都能获得当前 Active Directory 上的所有信息。许多网络是由一些更小的网络组成的，这些网络之间网络链接的操作速度可能不一样。使用站点可以控制复制通信和不同网络链接上与 Active Directory 相关的其他类型的通信。

11.4.1 站点

图 11-10 所示的为站点。

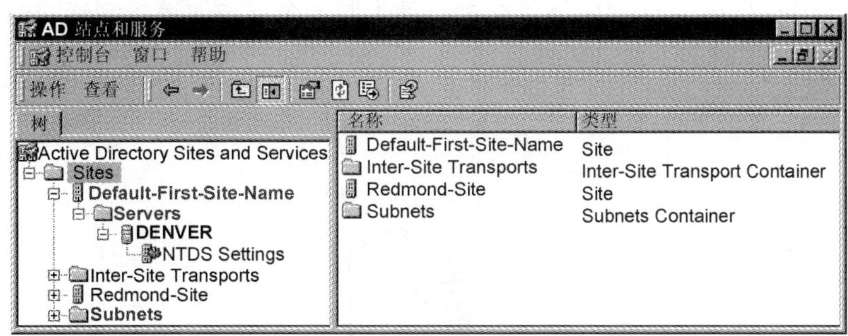

图 11-10 站点

站点有助于定义网络的物理结构。站点由一套传输控制协议/Internet 协议（TCP/IP）子网地址来定义。在树林的第一个域控制器上安装 Windows 2000 Advanced Server 的时候，将自动建立第一个站点。第一个站点称为 Default-First-Site-Name，该站点可以重命名。

站点可以没有子网，也可以由一个或多个子网组成。例如：一个网络中有三个子网在雷蒙德，两个子网在巴黎，管理员就可以在雷蒙德建立一个站点，在巴黎建立一个站点，然后把子网添加到相应的站点上。

站点可以包含树林中任何域的域控制器。站点由服务器对象组成。当计算机升级到域控制器的时候，将为计算机创建服务器对象，并包含启动复制的连接对象。

使用站点可以控制：

- 复制通信。在 Active Directory 中的数据产生更改的时候，可以使用站点控制更改在什么时间以什么方式复制到另一个站点的域控制器上
- 登录通信。当用户登录的时候，Windows 2000 会在工作站所在站点上寻找域控制器
- 对全局编录的请求。当向全局编录发出的请求被允许时，用户计算机或域控制器可以在本地站点上找到全局编录

11.4.2 站点内复制

图 11-11 所示的为站点内复制。

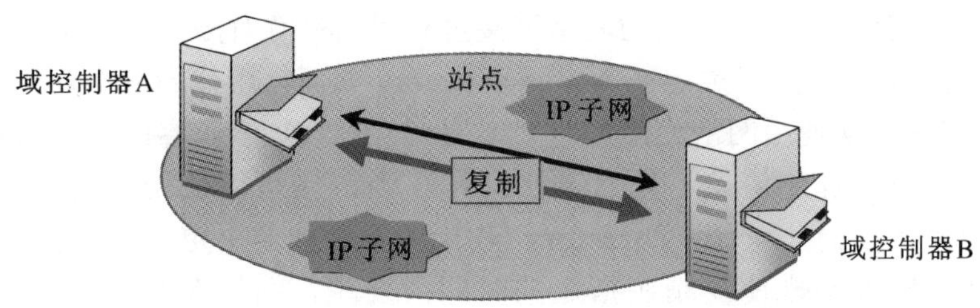

图 11-11 站点内复制

站点内复制在同一站点的域控制器之间发生。由于站点假设为高速和高可靠的网络连接，所以站点内的复制通信是未压缩的。未压缩的复制通信有助于减少域控制器上的处理负载。然而，未压缩的信息会增加复制消息所需要的网络带宽。网络连接一般都假设具有可靠性且有足够的带宽。站点内复制默认由更改通知进程触发。

在站点内，Active Directory 使用环形结构自动为同一个域内的域控制器间的复制生成拓扑，如图 11-12 所示。拓扑定义了目录更新的路径，从一个域控制器流向另一个域控制器直到所有的域控制器都接收到目录更新。

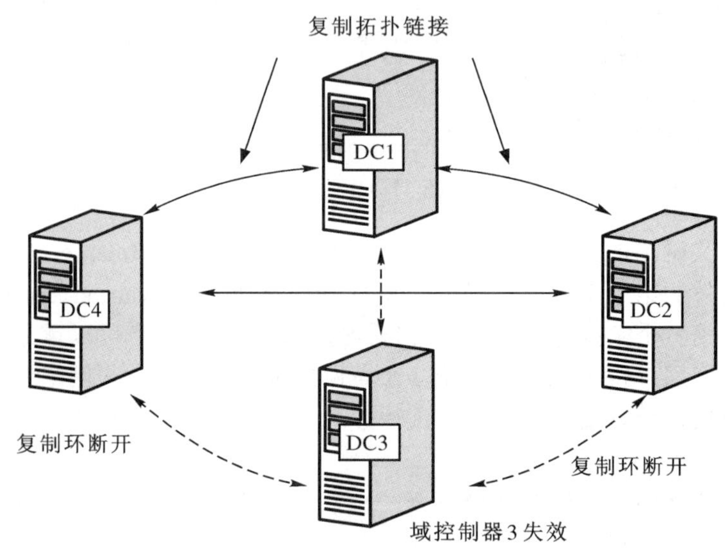

图 11-12 复制拓扑链接

环形结构确保从一个域控制器到另一个域控制器至少有两条复制路径。如果一个域控制器暂时关闭，复制工作仍然在其他域控制器之间进行。

Active Directory 在站点内周期性地分析复制拓扑以确保它的有效性。如果从网络或站点添加或删除一个域控制器时，Active Directory 将重新配置拓扑来反映此更改。

11.4.3 站点间复制

图 11-13 所示的为站点间复制。

站点间复制的设计是假设站点间的网络链接可获得的带宽有限，而且不一定可靠。

为了确保站点间的复制，必须定制 Active Directory 如何使用代表网络连接的站点链接来复制信息。Active Directory 使用网络连接信息来产生支持有效复制和容错的连接对象。

提供关于所使用的复制协议、站点链接开销、当链接可以使用时每次使用的时间以及链接应使用的频率等信息。Active Directory 使用这些信息来决定哪个站点链接将被用来复制信息。定制复制日程安排使复制在指定的时间内发生，例如在网络通信少时将使得复制更有效。

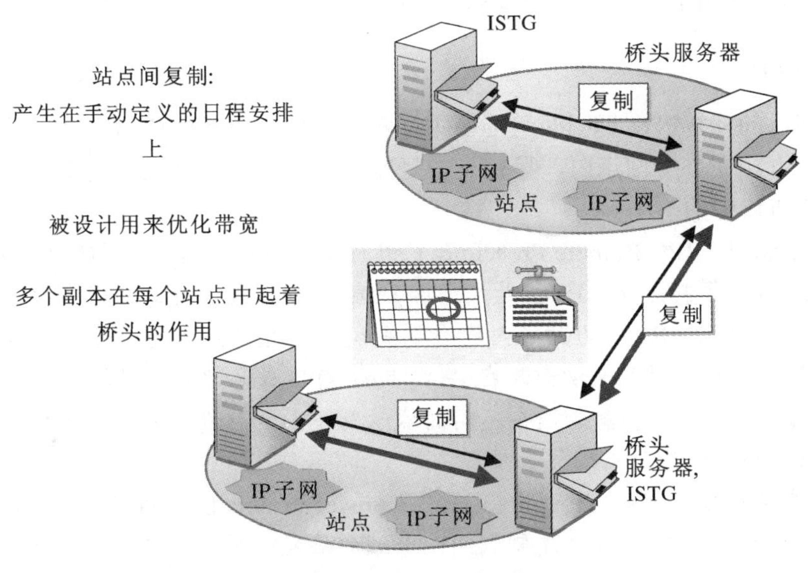

图 11-13 站点间复制

注意 在本机模式上运行时，Windows 2000 域控制器将不能与 Windows 2000 以前版本的域控制器进行复制。

（1）复制日程安排

站点间的复制在定义了如日程安排和复制间隔配置值以后将自动进行。可将复制确定在不重要的非高峰时间。默认情况下，站点间的更改复制是根据手动定制的日程安排而不是更改发生的时间来进行的。配置值，例如日程安排或时间间隔，定义了站点间复制发生的时间和频率。日程安排决定了复制可以在什么时间发生，时间间隔指定了在允许复制期间域控制器检查更改的频率。

（2）压缩的通信

通过压缩站点间的所有复制通信来优化带宽。复制通信在传送之前被压缩成原来大小的 10%～15%。虽然压缩优化了网络带宽，但在域控制器上增加了额外的处理负载。

（3）桥头服务器

当站点间复制发生的时候，每个站点的一个或多个副本将在拓扑上作为另一个站点的桥头进行工作。使用每个站点上的站点间拓扑生成器（ISTG,Intersite Topology Generator）可以把服务器自动指定为桥头服务器，来执行站点间复制。在使用桥头服务器完成站点间复制以后，桥头服务器通过使用正常的复制进程把所有更新传递给站点上的所有域控制器。

如果一个桥头服务器不可用，将自动从首选桥头服务器列表中选择另一个桥头服务器。

按下列步骤验证哪个域控制器上有 ISTG 角色：

1）“Active Directory 站点和服务”中，在“Sites”文件夹中选择一个站点。

2）在详细信息窗格中，右击“NTDS Settings”对象，然后单击“属性”。

11.4.4 复制协议

为确保网络上的计算机在复制期间可以进行发送或接收更新的通信，必须共享一种名为复制协议的公共语言。在单个站点内，只有一个复制协议。在多个站点结构中，必须为站点间复制选择下列复制协议中的一个：

- 远程过程调用（RPC,Remote Procedure Call）Active Directory 复制使用在 IP 之上的 RPC 作为站点内的复制协议。PRC 是用于客户端/服务器通信的工业标准协议，它与大多数网络类型相兼容。RPC 为站点内的复制提供统一并且高速的连通性。在配置站点间复制的时候，必须选择复制协议，在 IP 之上的 RPC 或简单邮件传输协议（SMTP）。然而要使用 SMTP，域控制器必须在不同的域以及不同的站点上。在大多数情况下，选择在 IP 之上的 RPC 作为站点间复制协议
- 简单邮件传输协议（SMTP,Simple Mail Transfer Protocol）。SMTP 支持架构配置和全局编录复制，但不能把域分区复制到同一个域的域控制器上。这是因为有些域操作，例如组策略，需要文件复制服务（FRS）的支持，而该服务不支持复制的异步传输。需要使用 RPC 复制域分区。SMTP 复制的一个特性是不用在两个需要复制的域控制器之间建立直接连接。如果复制使用 SMTP 协议，信息在到达目的域控制器前可以存储并转发到许多邮件服务器上

注意 “Active Directory 站点和服务”标注的站点内的连接协议是 RPC，站点间的连接协议是 IP。同时标注着两个协议即意味着连接所使用的是在 IP 之上的 RPC。

如果在本地链接上使用 SMTP，那么就必须完成安装和配置证书颁发机构（CA,Certification Authority）。CA 签署 SMTP 在域控制器间的交换消息，以确保目录更新的真实性。安装和配置 CA 已超过了本课程的范围。

11.5 使用站点管理 Active Directory 复制

在配置站点间复制的时候，可以使用子网、站点链接和站点链接桥来帮助控制复制拓扑。一个有效并且可靠的复制拓扑依赖于站点链接和站点链接桥的配置。可以使用“Active Directory 站点和服务”创建站点、子网、站点链接和站点链接桥。

11.5.1 创建站点和子网

图 11-14 所示的为创建站点和子网。

TCP/IP 网络上的计算机被指派到基于它们所配置的 TCP/IP 的站点。因为子网将计算机很好地连接在一起，所以子网对于标识站点是很有用的。要使用子网管理站点内和站点间的复制，需要创建额外的子网和站点。

当在现存网络中（已存在 Acitve Directory）添加新的 Active Directory 时，如果在 Active Directory 上定义了准备加入的站点并且安装的计算机的 IP 地址与定义的站点中现有的子网相

匹配，那么域控制器就会自动添加到这个站点中，否则它将添加到来源域控制器的站点中。

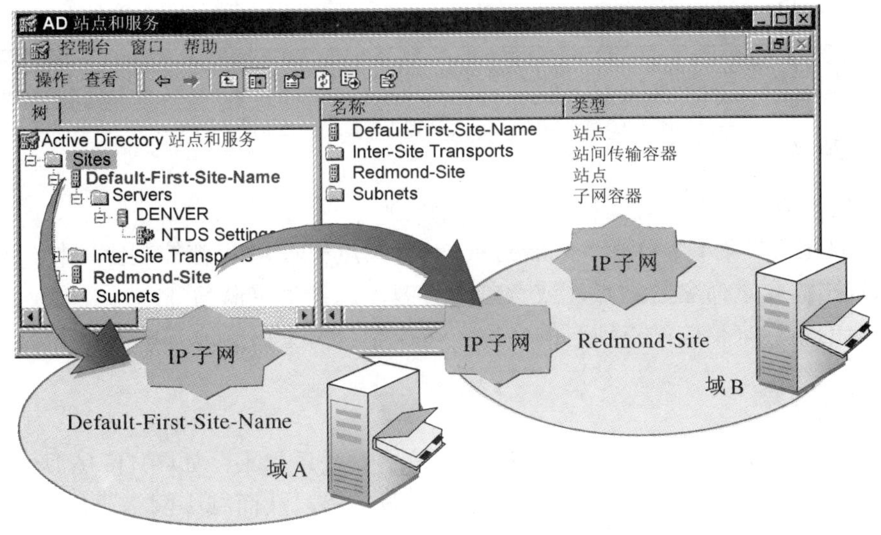

图 11-14 创建站点和子网

（1）创建站点

创建站点需要提供新站点的名称并把它与站点链接相关联，如图 11-15 所示。以 Enterprise Admins 组成员身份登录来创建站点或使用辅助登录服务启动 Enterprise Admins 组成员的安全环境下的“Active Directory 站点和服务”。

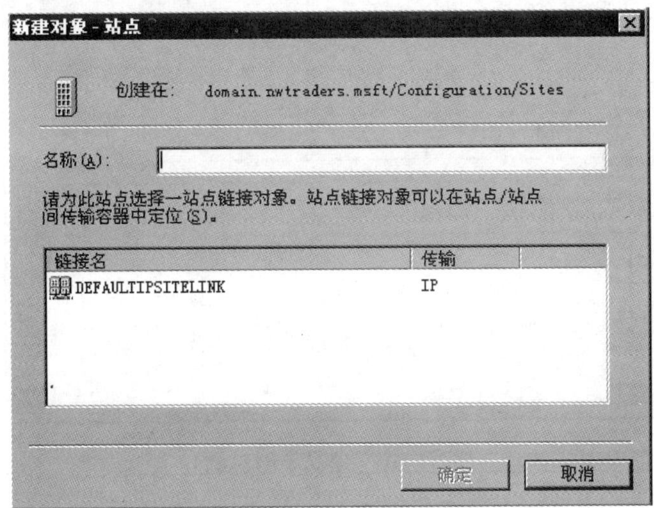

图 11-15 创建站点

按下列步骤创建站点：

1）从“管理工具”菜单中打开“Active Directory 站点和服务”，在控制台树中，右击“Sites”，然后单击“新站点”。

2）在“名称”方框中，键入新站点名称。

3）单击站点链接对象，然后单击“确定”。

注意　如果只有默认站点链接可用，就选择此链接。

（2）重命名站点

要重命名站点应按以下步骤操作：

1）从“管理工具”菜单中打开“Active Directory 站点和服务”，在控制台树中，双击“Sites”。

2）慢速双击需要重命名的站点，或者单击右键，选择“重命名”。

3）输入新的名称来覆盖站点现有的名称。在控制台树空白的地方单击一下。

（3）创建子网对象

在定义了站点以后，可以创建子网并把它们与站点联系起来，如图 11-16 所示。操作系统和应用程序使用子网信息可以找到离客户端最近的服务器，从而减少网络通信。在查找与登录计算机在同一站点的域控制器的域控制器定位过程中需要使用子网信息。

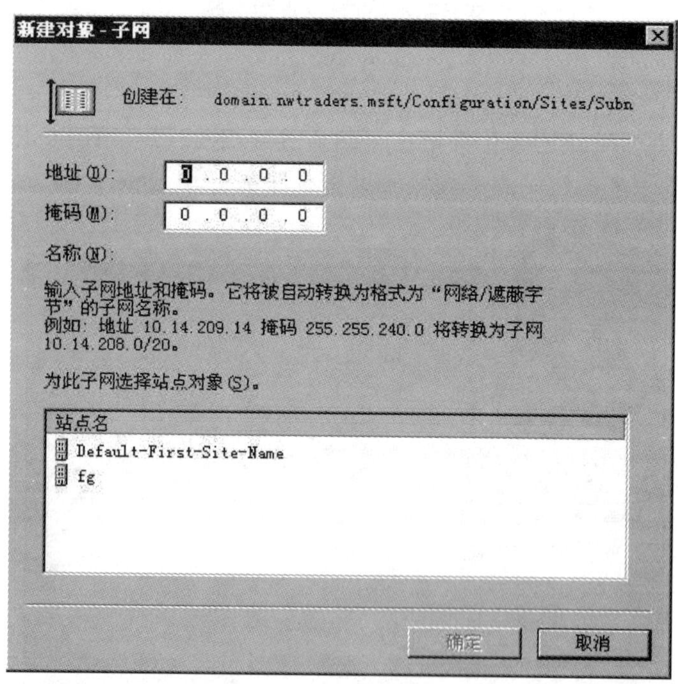

图 11-16　建立子网对象

按下列步骤创建子网对象：

1）从“管理工具”菜单中打开“Active Directory 站点和服务”，在控制台树中，双击“Sites”。

2）右击“Subnets”，然后单击“新子网”，如图 11-16 所示。

3）在“地址”方框中，键入子网地址。

4）在“掩码”方框中，键入包含在站点子网内描述地址范围的子网掩码。

5）在子网的“属性”对话框中，选择需要与子网建立联系的站点，然后单击“确定”，如图 11-17 所示。

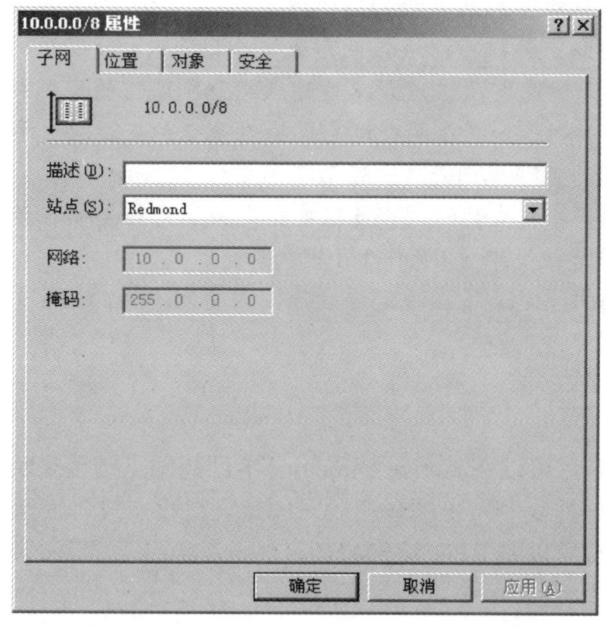

图 11-17　子网属性

11.5.2　创建和配置站点间链接

图 11-18 所示的为创建和配置站点链接。

站点链接是用来管理站点间复制的对象。可以创建站点链接允许一个站点的域控制器与其他站点的域控制器进行复制。因为在两个站点间发生复制，所以必须在站点间建立链接。站点链接不能够自动生成，必须在“Active Directory 站点和服务”中创建。除非站点链接在固定的位置，否则两个站点的计算机之间将不会建立连接，也不会在两个站点间发生复制。每一个站点链接都包含了日程安排用来决定链接连接的站点间的复制何时发生。“Active Directory 站点和服务”控制台保证了每一个站点至少被放置在一个站点链接上。站点链接可以包含多于两个的站点，使所有的站点都能公平地连接。

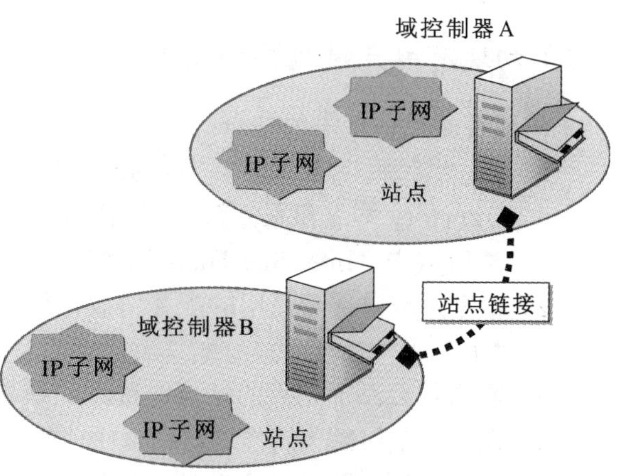

图 11-18　创建和配置站点链接

当在站点的第一域控制器上安装 Active Directory 时，Active Directory 安装向导将在 IP 容器中自动创建名为 DEFAULTIPSITELINK 的对象。有必要在第一个默认站点上创建站点链接，可以使用 Active Directory 安装向导创建第一个默认站点。当第一个域控制器已经安装时，可以将名称 DEFAULTIPSITELINK 改为所需要的站点链接名称。以后的站点链接再分别创建。

站点链接由下列组件定义：

- 传输。这是用来传输复制的数据的网络技术
- 成员站点。通过站点链接可以连接两个或多个站点
- 开销。站点链接开销是表示组织分配给站点间复制通信的优先级数字。开销反映了基础网络的速度和可靠性。如果在两个站点间存在多个站点链接，复制将使用可用的最低开销的链接。开销的数字范围是 1 ~ 32 767
- 日程安排。复制将要发生的时间。日程安排定义了允许复制在链接中的时间范围。日程安排定值的范围是每星期（7 天）1 小时
- 复制间隔。复制间隔定义了在给定进度范围内复制发生的频率。复制间隔可以从 15 分钟到 10 080 分钟

（1）创建站点链接

为网络配置完站点后，可以在 Active Directory 中创建站点链接来映射站点间的连接。以网络通信和开销为基础，根据复制发生的最有利时间定义日程安排。创建使用特定站点间传输的站点链接。这些站点链接可以是 RPC 或 SMTP。

按下列步骤创建站点链接：

1）从“管理工具”菜单中打开“Active Directory 站点和服务”，双击“Inter-Site Transports”。

2）右击站点链接需要使用的站点间传输协议，然后单击“新站点链接”。

3）在“名称”方框中，键入指定给链接的名称，如图 11-19 所示。

4）单击需要连接的两个或多个站点，然后单击“添加”。

5）配置站点链接的开销、日程安排和复制间隔。

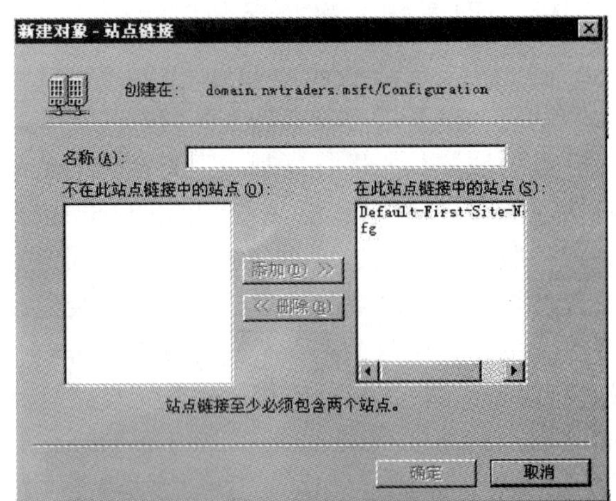

图 11-19　新建站点链接

（2）向现有站点链接添加站点

向现有站点链接添加站点：

1）从“管理工具”菜单中打开“Active Directory 站点和服务”，展开“Sites”，然后双击“Inter-Site Transports”。

2）根据站点链接要使用的配置协议，单击“IP”或“SMTP”。

3）右击想要添加站点的站点链接，然后单击“属性”。

4）在站点链接的“属性”对话框中“常规”选项卡的“不在此站点链接中的站点”上，单击想要添加到此站点链接中的站点，再单击“添加”。

5）单击“确定”。

（3）站点链接属性

作为站点间复制配置的部分进程，需要为所有的站点链接提供站点链接开销、复制频率和复制有效性信息。

● 站点链接开销

通过为每一个用作站点间复制的可用的连接赋一个值来配置站点链接开销。如果有多个冗余的网络连接，那么可以为每个连接建立一个站点链接，然后赋给它们开销来反映和它们相关的带宽。例如：如果拥有高速的 T1 线和一个拨号网络连接，在 T1 线不可用时，为 T1 配置较低的开销，为拨号网络连接配置较高的开销。Active Directory 经常在每个开销的基础上选择连接，并且需要较低开销的连接将会使用到不可用为止。

按下列步骤配置站点链接开销：

1）从“管理工具”菜单中打开“Active Directory 站点和服务”，展开“Sites”，双击“Inter-Site Transports”。

2）根据站点链接所使用的配置协议，单击“IP”或“SMTP”。

3）右击想要配置开销的站点链接，然后单击“属性”。

4）在站点链接的“属性”对话框，如图 11-20 所示，为复制开销在“开销”框中键入一个值。默认的开销是 100——值越低，优先级越高。例如、T1 链接的开销可能是 100，而拨号链接可能是 120。

5）单击“确定”。

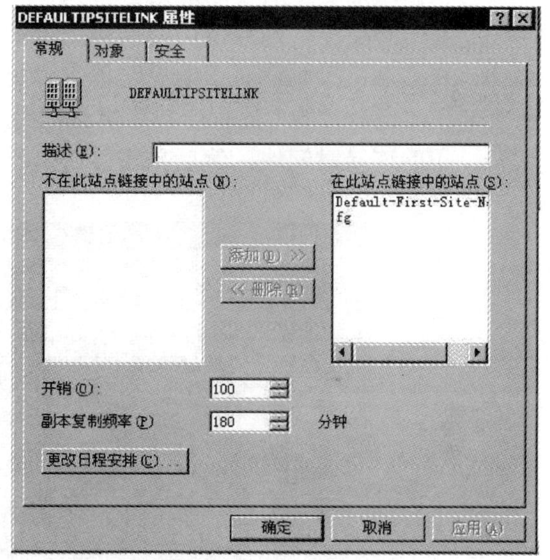

图 11-20　站点链接开销

● 复制频率

通过提供一个整数值来告诉 Active Directory 在使用一个连接检查复制更新前需等待多少分钟，为站点链接配置站点链接复制频率。复制间隔必须以分钟来计；在 15～10 080 分钟（相当于一周）之间。站点链接必须对任何复制的发生都可用。如果在复制更新时间过去后，站点链接被确定为不可用，将不会再发生复制。

配置站点链接复制频率。

1）从“管理工具”菜单中打开“Active Directory 站点和服务”，展开“Sites”，双击“Inter-Site Transports”。

2）根据站点链接所使用的配置协议，单击“IP”或“SMTP”。

3）右击想要配置站点复制频率的站点链接，然后单击“属性”。

4）在站点链接的“属性”对话框中，在“副本复制频率”中键入两次复制间隔的时间（分钟）。默认的时间是 180 分钟，时间数的范围是从 15 分钟到最大值 10 080 分钟（一周）；

值以最贴近的 15 的倍数处理。

5）单击“确定”。

● 复制的有效性

配置站点链接复制有效性决定了何时站点链接复制可用。因为 SMTP 是异步的，它通常忽略所有的日程安排。因此，不要在 SMTP 上配置站点链接复制有效性。

- 站点链接使用预定的连接
- SMTP 队列不在日程安排上
- 信息将会从一个服务器直接交换到另一个服务器，而不通过中间媒介，例如：网络中枢

配置站点链接复制可用性

1）从“管理工具”菜单中打开“Active Directory 站点和服务”，展开“Sites”，双击“Inter-Site Transports”。

2）根据站点链接所使用的配置协议，单击“IP”或“SMTP”。

3）右击想要配置站点链接复制可用性的站点链接，然后单击“属性”。

4）在站点链接属性对话框里，单击“更改日程安排”。

5）在站点链接的“日程安排”对话框上，如图 11-21 所示，选择复制目录信息可用或不可用的连接时间块，然后单击“确定”。

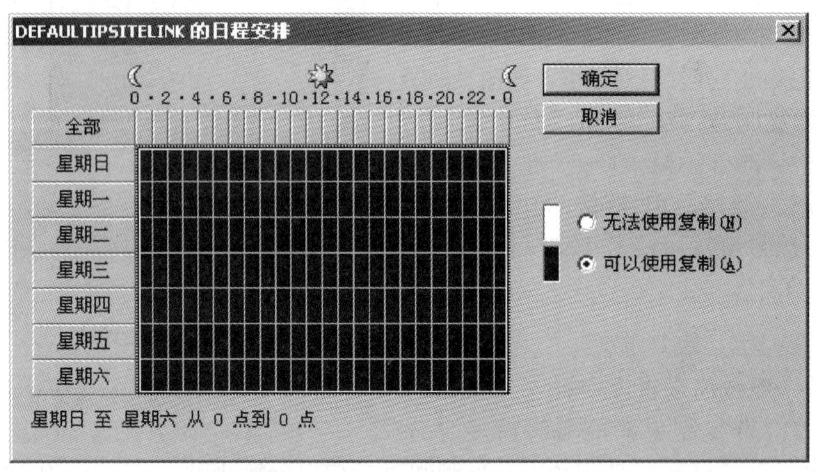

图 11-21 复制的有效性

6）在站点链接“属性”对话框里，单击“确定”。

注意 如果已经在“属性”对话框上为站点间传输启用“忽视日程安排”，这个过程将不起作用。

在站点间传输中，忽视日程安排

1）从“管理工具”菜单中打开“Active Directory 站点和服务”，展开“Sites”，双击“Inter-Site Transports”。

2）根据站点链接所使用的配置协议，右击“IP”或“SMTP”，然后单击“属性”。

3）在“属性”对话框中，在“常规”选项卡上，单击“忽略日程安排”选框。

4）单击“确定”。

11.5.3 创建站点间链接桥

图 11-22 所示的为创建站点间链接桥。

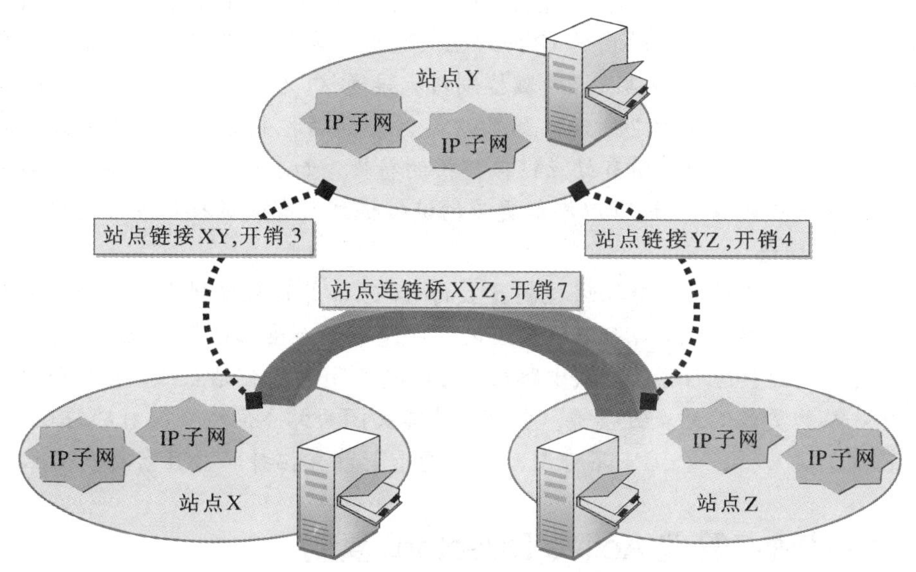

图 11-22 创建站点链接桥

站点链接桥由两个或多个站点链接组成。站点链接桥用来把两个或多个站点连接起来，并规范网络的路由选择。站点链接桥启用站点链接的传递性。所有站点链接都默认是可传递的。不一定要建立站点链接桥，也可以关闭为所有站点链接搭桥的特性，然后手动创建所需的站点链接桥。

（1）如何创建站点链接桥

站点链接桥对象是通过为站点间特定的传输指定两个或多个站点链接创建的。例如：

- 站点链接 XY 通过 IP 以开销 3 连接站点 X 和站点 Y
- 站点链接 YZ 通过 IP 以开销 4 连接站点 Y 和站点 Z
- 站点链接桥 XYZ 连接 XY 和 YZ

站点链接桥 XYZ 意味着 IP 消息可以直接从站点 X 以开销 7（3+4）发送到站点 Z。TCP/IP 的路由表明了消息通信的实际路径。链接桥中的每个站点链接需要与桥中的另一个站点链接有一个共同的站点。否则，链接桥就不能计算从一个链路上的站点到其他链路上的站点的开销。

执行下列步骤创建站点链接桥：

1）从“管理工具”菜单中打开“Active Directory 站点和服务”，展开“Sites”，然后在控制台树下，右击需要建立新站点链接桥的“Inter-Site Transports”文件夹。

2）根据要创建的站点链接桥所采用的协议，单击“IP”或“SMTP”，然后单击“新站点链接桥”。

3）在“名称”方框中，键入站点链接桥的名称。

4）单击需要建立链接桥的两个或多个站点链接，单击“添加”，再单击“确定”。

（2）何时创建站点链接桥

通常可以关闭为所有站点链接搭桥的特性，并在下面的两种情形下手动定义站点链接桥：

- 有些站点可能不在完全路由的 IP 网络上。这意味着由于 IP 路由的限制，一个站点上的域控制器不能与另一个站点上的域控制器直接通信。在使用内部防火墙的时候就是这种情况。例如：如图 11-22 所示，如果站点 X 中的域控制器不能与站点 Z 中的域控制器直接通信，可以关闭为所有站点链接搭桥的特性。如果有多个站点链接需要搭桥，除了站点链接 XY 和 YZ，还可以添加更多的链接桥到所有的链接站点，包括不能相互直接通讯的 IP 网络
- 可能有许多站点需要 ISTG 域控制器上的 KCC 计算日程安排上的拓扑。如果存在许多实际上并不需要的拓扑路径，那么应该尽可能减少连接路径数目来提高性能，因为已经存在更优的连接路径了。要减少路径，可以先关闭为所有站点链接搭桥的特性。如果有必要就添加更多的站点链接桥。也可以选择关闭为站点间生成拓扑的 KCC。然而关闭了 KCC，则如果一个站点不可用，就不能重新计算拓扑，并且需要手动配制拓扑。

实验 B 使用站点管理 Active Directory 复制

- 实验方案

  完成本实验后，将能够：

  - 创建站点、子网、站点链接和站点链接桥
  - 配置站点链接的属性

- 准备工作

  在开始实验之前，必须理解 TCP/IP 子网。

- 学生计算机信息

在本实验中需要使用学生编号、主机名和 IP 地址。使用下表中的信息确定实验中需要输入的实际值。导师将指派每个学生的学生编号和教室网络 ID*x*。

表 11-2

学生编号（*n*）	主机名（*servername*）	域（*domain*）	FQDN
1	vancouver	namerica1	vancouver.namerica1.nwtraders.msft
2	denver	namerica1	denver.namerica1.nwtraders.msft
3	perth	spacific1	perth.spacific1.nwtraders.msft
4	brisbane	spacific1	brisbane.spacific1.nwtraders.msft
5	lisbon	europe1	lisbon.europe1.nwtraders.msft

续表

学生编号（*n*）	主机名（*servername*）	域（*domain*）	FQDN
6	bonn	europe1	bonn.europe1.nwtraders.msft
7	lima	samerica1	lima.samerica1.nwtraders.msft
8	santiago	samerica1	santiago.samerica1.nwtraders.msft
9	bangalore	asia1	bangalore.asia1.nwtraders.msft
10	singapore	asia1	singapore.asia1.nwtraders.msft
11	casablanca	africa1	casablanca.africa1.nwtraders.msft
12	tunis	africa1	tunis.africa1.nwtraders.msft
13	acapulco	namerica2	acapulco.namerica2.nwtraders.msft
14	miami	namerica2	miami.namerica2.nwtraders.msft
15	auckland	spacific2	auckland.spacific2.nwtraders.msft
16	suva	spacific2	suva.spacific2.nwtraders.msft
17	stockholm	europe2	stockholm.europe2.nwtraders.msft
18	moscow	europe2	moscow.europe2.nwtraders.msft
19	caracas	samerica2	caracas.samerica2.nwtraders.msft
20	montevideo	samerica2	montevideo.samerica2.nwtraders.msft
21	manila	asia2	manila.asia2.nwtraders.msft
22	tokyo	asia2	tokyo.asia2.nwtraders.msft
23	khartoum	africa2	khartoum.africa2.nwtraders.msft
24	nairobi	africa2	nairobi.africa2.nwtraders.msft

- 实验预估时间：30 分钟

练习 1　创建 IP 子网和站点对象

- 实验方案

Northwind Traders 在各地分布了许多由广域网（WAN）链接连接的区域。这些 WAN 链接上的带宽不足。Active Directory 必须分清哪些连接是局域网（LAN），哪些是 WAN，这样可以优化复制并减少广域网链接的使用。现在需要创建 IP 子网和站点对象，并将子网和站点建立关联。

- 目标

在本练习中，将在 Active Directory 中创建 IP 子网和站点对象。将子网与站点相关联。这种关联通知 Active Directory 哪些 IP 子网有像 LAN 那样的高网络带宽。

注意　由于教室设置的局限，创建的子网可能与教室网络不匹配。因此通常将服务器对象移动到新站点的配置步骤在本实验将不执行。

任　　务	具 体 步 骤
1．创建名为“*servername*Site”的新站点（这里 *servername* 是所在计算机的主机名），并把它链接到 DEFAULTSITELINK	a．以所在域管理员身份和密码 password 登录 b．单击“开始”，指向“程序”，指向“管理工具”，按住 Shift 键右击“Active Directory 站点和服务”，然后单击“运行方式” c．在“以其他用户身份运行”对话框中，在“用户名”框中键入“Administrator”，在“密码”框中键入 password，在“域”方框中键入“nwtraders.msft”，然后单击“确定” d．在“AD 站点和服务”窗口中，在控制台树下，确认出现“Active Directory 站点和服务 london.nwtraders.msft” e．在控制台目录下，右击“Sites”，然后单击“新站点” f. 在“新建对象—站点”对话框中，在“名称”方框中加入“*servername*”（这里 *servername* 是所在计算机的主机名） g．在“链接名”下，单击“DEFAULTIPSITELINK”，单击“确定”，然后在单击“确定”关闭显示需要执行进一步的配置信息
2．创建带有网络 ID 10.10.*n*.0、子网掩码是 255.255.255.0 的新子网对象（这里 *n* 是分配的学生编号）。把该子网关联到站点 *servername*Site 上。	a. 在“Active Directory 站点和服务”中，展开“Sites”，右击“Subnets”，然后单击“新子网” b．在“新建对象—子网”对话框中，在“地址”方框中键入 10.10.*n*.0（这里 *n* 是分配的学生编号） c．在“掩码”方框中，键入“255.255.255.0” d．在“站点名”下，单击“*servername*”，然后单击“确定” e．保持“Active Directory 站点和服务”打开

练习 2　创建站点链接和站点链接桥

● 实验方案

Northwind Traders 物理网络用来创建 Active Directory IP 子网和站点对象。公司网络中枢上的站点已经配置完成。现在需要建立站点链接和站点链接桥，把远程站点连接到公司中枢站点上。在远程站点的站点链接和站点链接桥配置并验证结束以后，公司管理员将关闭为所有站点链接搭桥的特性。要连接公司中枢站点上，必须为远程站点创建并配置站点链接和站点链接桥。

● 目标

在本练习中，将在创建的站点与 Default-First-Site-Name 之间建立 IP 站点链接。将要配置复制时间窗口、复制频率及链接开销。还要创建站点链接桥把创建的站点连接到

DEFAULTIPSITELINK 上。

DEFAULTIPSITELINK 代表连接所有的公司中枢站点的站点链接。Default-First-Site-Name 代表主要的公司站点。创建站点链接桥的原因是减少站间拓扑生成器服务器的要求。另一个原因是由于所有远程站点都使用公司中枢作为复制的中心集线器，将会产生更加确定的复制路径。

任　务	具体步骤
1. 创建名为 *servername*Site- CorpHQ 的新 IP 站点链接，并添加站点 Default-First-Site-Name 和 *servername*Site	a. 打开“Active Directory 站点和服务”，展开“Sites”，展开“Inter-Site Transports”，然后单击“IP” b. 右击“IP”，然后单击“新站点链接” c. 在“新建对象—站点链接”对话框中，在“名称”方框中键入“*servername*Site-CorpHQ” d. 在“不在此站点链接中的站点”方框中，单击“Default-First-Site-Name”，单击“添加”，单击“确定”
2. 配置 *servername*Site-CorpHQ 站点链接，开销：500，频率：90 分钟，日程安排：23 点到 6 点	a. 单击“IP”，在详细信息窗格中，右击“*servername*Site-CorpHQ”，然后单击“属性” b. 在“*servername*Site-CorpHQ 属性”对话框中，在“开销”方框中键入“500” c. 在“副本复制频率”方框中键入“90” d. 单击“更改日程安排” e. 在“*servername*Site-CorpHQ 的日程安排”对话框中，选择“星期日”到“星期六”，“6 点”到“22 点”，单击“无法使用复制”，单击“确定”，然后再次单击“确定”关闭“*servername*Site-CorpHQ 属性”对话框
3. 在“*servername*Site-CorpHQ”和“DEFAULTIPSITELINK”之间建立名为“*servername*Site-CorpHQ-Bridge”的新站点链接桥	a. 右击“IP”，然后单击“新站点链接桥” b. 在“新建对象—站点链接桥”对话框中，在“名称”方框中键入“*servername*Site-CorpHQ-Bridge” c. 确保“*servername*Site-CorpHQ”和“DEFAULTIPSITELINK”都在站点链接桥方框的站点链接列表中。如果站点链接列表（不是站点链接桥框）中没有站点链接，单击“*servername*Site-CorpHQ”，单击“添加”，单击“DEFAULTIPSITELINK”，单击“添加”，再单击“确定”
4. 从 DEFAULTIPSITELINK 中删除 *servername*Site，然后注销	a. 单击“IP”，在详细信息窗格中，右击“DEFAULTIPSITELINK”，然后单击“属性” b. 在“DEFAULTIPSITELINK 属性”对话框中，在“在此站点链接中的站点”方框中，单击“*servername*Site”，单击“删除”，再单击“确定” c. 关闭“Active Directory 站点和服务”，关闭所有打开的窗口，然后注销

11.6 监视复制流量

可以根据复制通信模式来调整复制拓扑。为了便于调整复制通信模式，需要查看整个网络的复制通信。可以使用复制监视器和 repadmin 命令行工具查看复制通信。

11.6.1 复制监视

复制监视器用图像格式显示同一站点中服务器之间连接的复制拓扑。使管理人员可以查看 Active Directory 域控制器之间复制的低级状态和性能。它还包括封装的应用程序编程接口（API）中的功能，使得编写复制脚本简化到只需要几行代码。

使用监视器，可以：

- 查看哪些计算机正在直接和间接地复制信息
- 显示每个 USN 的值、失败复制的次数、失败的原因和直接复制伙伴使用的标志。如果失败次数达到或超过管理员定义的值，会把它写到事件日志中并发邮件
- 按管理员定义的时间间隔轮询服务器以获得当前统计表和复制状态及保存日志文件历史来测试服务器
- 允许管理员查看特定计算机上的哪些对象还没有被复制
- 允许管理员在两个域控制器之间同步
- 允许管理员使用 KCC 来重新计算复制拓扑

可以在运行 Windows 2000 Advanced Server 的域控制器、成员服务器或独立的计算机上运行复制监视器工具。

> **注意** 关于 Active Directory Replication Monitor 的详细信息，可以参阅 Windows 2000 帮助中的相关内容。

11.6.2 使用复制监视器监视复制流量

图 11-23 所示的为使用复制监视器。

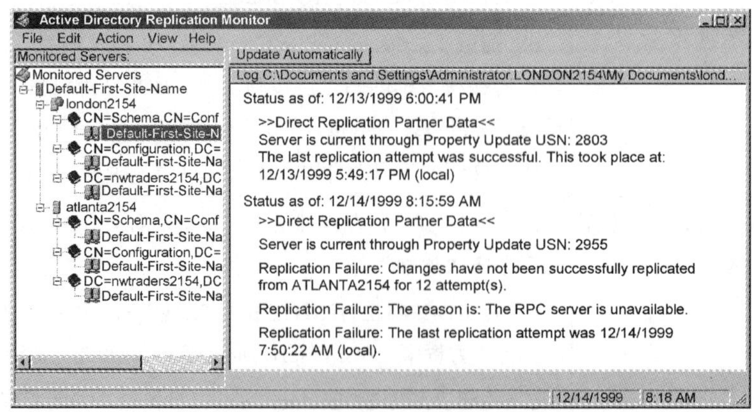

图 11-23 使用复制监视器

使用复制监视器可以查看域中域控制器之间的复制。按下列步骤启动并配置复制监视器：

1）在“开始”菜单中，指向“程序”，指向“Windows 2000 Support Tools”，单击“Tools”，然后单击“Active Directory Replication Monitor”。
2）在“View”菜单中，单击“Options”。
3）在“Active Directory Replication Monitor Options”页面上，单击“Status Logging”选项卡，单击“Display Changed Attributes when Replication Occurs”，然后单击“OK”。
4）右击“Monitored servers”，然后单击“Add Monitored Server”。
5）在把服务器添加到监视器的向导上，单击“Add the server explicitly by name”，然后单击“Next”。
6）在“Enter the name of the server to monitory explicitly”中添加服务器名，再单击“Finish”。

11.6.3 使用 Repadmin 监视复制流量

图 11-24 所示的为使用 Repadmin 监视复制。

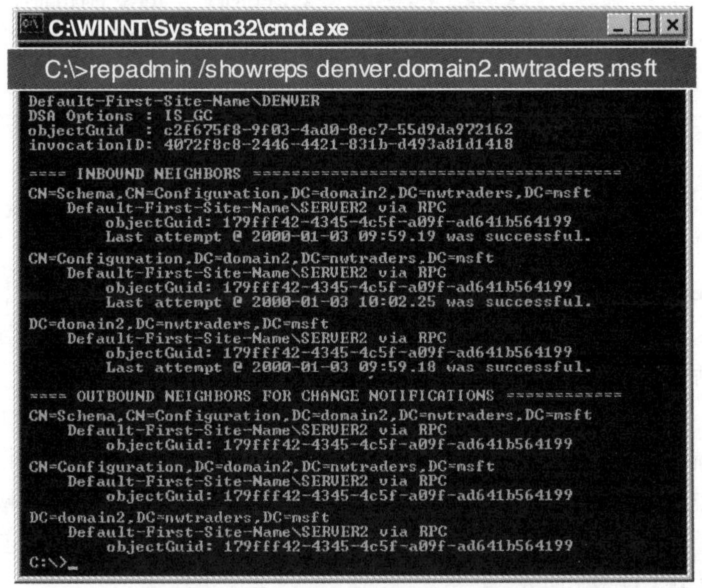

图 11-24 使用 Repadmin 监视复制

管理员可以使用 repadmin 命令从域控制器中查看复制拓扑。另外，也可以使用 repadmin 命令手动创建复制拓扑，强制域控制器之间的复制事件，并查看关于数据信息的复制元数据及最新向量。

按下列步骤运行 repadmin 命令：

- 命令提示符下，键入：repadmin command arguments [/u:[domain\]user /pw:{password|*}]

下列的例子在 repadmin 命令中使用了一些可用的常见命令参数：

- 显示名为 domaincontroller1 的域控制器的伙伴的语法为：
  repadmin /showreps domaincontroller1.contoso.msft

- 显示名为 domaincontroller2 的域控制器上的最高更新顺序编号的语法为：
  repadmin /showvector dc=contoso,dc=msft domain controller2.contoso.msft
- 显示名为 domaincontroller1 的域控制器的连接对象的语法为：
  repadmin /showconn server2.microsoft.com

注意 有关在 repadmin 命令中可使用参数的详细信息可以参阅使用声明，在命令提示符下运行 repadmin /? 可以得到这方面内容。

● 减少网络通信

为了要为复制数据的传播减少网络带宽的使用，Active Directory 服务使用一些策略。首选方法是在 Active Directory 将数据发送到 WAN 链接之前，通过压缩数据来减少数据传输量。

第二，Active Directory 服务使用关于网络拓扑的信息,特别是有关 Windows 2000 站点，通过高开销的网络链接更有效地发送复制信息。站点实质上是一个或多个 IP 子网，它们由高带宽连接（10 Mbps 或更快）链接。在这情况下，Active Directory 里的复制机制使用 Active Directory 存储的关于站点的信息来创建站点拓扑和互相连接的检测，并使用此信息以智能方式创建复制伙伴。例如：当复制信息从一台服务器发送，经过高开销的链接后到达另一个站点的服务器上，此后远端站点内其他服务器的复制将在其站点内部完成，而不是再次从服务器经过高开销的链接。

下列的例子将会有助于想像工作过程。假设一个名为 midtower.cases.iseminger.msft 的 Windows 2000 域由两个站点组成，一个在阿姆斯特丹而另一个在迈阿密。对阿姆斯特丹的域控制器上的 Active Directory 服务分区进行更改。这些更改必须传播到位于迈阿密的域控制器上，它为 midtower.cases.isemingers.com 域保存着 Active Directory 分区副本。适当的复制伙伴将会压缩更改的信息，然后将它发送到迈阿密站点的复制伙伴。

在迈阿密站点的服务器将会接收并解压缩更新的信息，然后将更改应用到它的 Active Directory 存储。接着，在迈阿密站点的其他域控制器会从迈阿密域控制器中得到复制信息（来自阿姆斯特丹），这样做避免额外使用阿姆斯特丹和迈阿密之间的高开销链接。这方法不仅节省了高开销链接上的带宽，同时也使用了在同一个 Windows 2000 站点中互连域控制器的连接的高带宽。这些方法如图 11-25 所示。

Active Directory 服务用来减少传播复制信息所用带宽的第三个机制称为传播抑制。传播抑制防止复制信息在网络中无限的循环。这很必要，因为 Active Directory 允许在 Active Directory 复制拓扑中存在循环（多个复制路径），目的是提供容错能力和提高性能。没有传播抑制，复制更新将会无止境地在环路中传播，浪费大量的带宽。

Windows 2000 通过不断更新域控制器/USN（DC/USN）对组成的向量，来实现传播抑制。在任何 Windows 2000 站点中，每个域控制器都包含站点中其他域控制器的一个最新向量。当复制开始的时候,发出请求的域控制器将它的最新向量发送给发送域控制器。如果 DC/USN 对提示发出请求的域控制器有 Active Directory 分区的最新版本（如果它的 USN 与发送服务器 DC/USN 表中的 USN 相配），那么将没有更新信息传输。

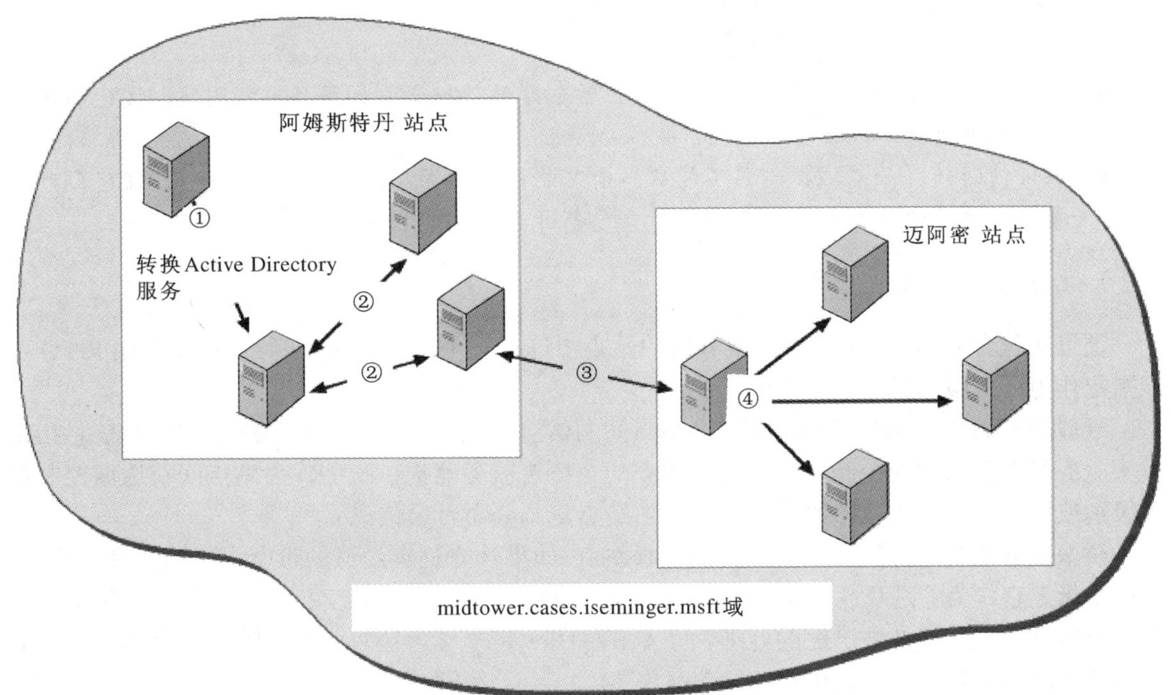

① 在阿姆斯特丹站点域控制器上Active Directory信息的更改。

② 更改的复制传送至整个站点。

③ 此域控制器被配制成对应于迈阿密站点域控制器的合作伙伴，用来压缩更改信息，并将信息传送给在迈阿密的复制合作伙伴。

④ 在迈阿密站点内，更改的信息(没有压缩的)被复制到迈阿密的域控制器。

图 11-25 网络通信

11.7 调节 Active Directory 复制

Active Directory 复制可以在没有管理干涉的情况下自动可靠地进行，而不需要配置站点和站点链接。管理员可以使用“Active Directory 站点和服务”通过添加或删除连接对象来修改复制拓扑，并限制桥头的 ISTG 的选择。

(1) 建立额外的连接对象

一般情况下，如果 KCC 创建的连接没有连接到管理员需要的域控制器上，就可以手动创建连接对象。下列情形可能需要在站点内或站点间的域控制器之间建立额外的连接：

- 当需要把站点内域控制器之间的默认跃点个数从 3 减少到 1 或 2 时
- 当不同站点的域控制器之间出现失效时。如果产生失效，KCC 将探测失效并自动重新路由绕过失效的服务器的连接

注意 在创建额外连接之前，有必要比较额外连接的开销与默认配置的开销。

在修改连接对象的时候，必须遵守下列规则：

- KCC 不会自动删除手动创建的连接对象
- 如果创建连接所到的服务器与 KCC 正常创建的连接所到的服务器相同时，KCC 将不会创建额外连接
- 在任何时候，如果域控制器不能从当前复制伙伴那里获得更新，它将使用 KCC 创建所需要的到其他域控制器的新连接对象重新开始 Active Directory 复制

（2）配置首选桥头服务器

通过在包含 ITSG 首选的桥头服务器的站点中选择一个或多个域控制器，可以限制 ISTG 可能指定作为桥头服务器的选择范围。

一般所有的域控制器都被用于交换站点间的信息。然而，可以通过为站点间复制信息指定桥头服务器来更深层地控制复制行为。建立一个桥头服务器提供一些作为站点间首选域控制器的级别或标准。此桥头服务器以后通过内部站点复制分布目录信息。

桥头服务器是站点间目录信息交换的联系点。如果计算机有足够的带宽去传输和接收信息，则可以指定它作为首选桥头服务器。如果经常有高级别的目录信息交换，那么带有高带宽的计算机将能确保这些交换被迅速的处理。与 Active Directory 部署需求相匹配的域控制器有能力处理这些需求，这将能有效地更新目录信息。

可以指定多个首选桥头服务器，但是在一个站点上任何时间只有一个首选桥头服务器是活动的。如果首选桥头服务器失效，Active Directory 将从所指定的桥头服务器集中挑选另一个首选桥头服务器作为活动的首选桥头服务器。如果活动的首选桥头服务器不可用，并且没有其他可用的首选桥头服务器供 Active Directory 选择，那么它将选择站点中其他域控制器作为首选桥头服务器。如果 Active Directory 选择的域控制器不具备作为首选桥头服务器需要的处理增加的请求的有效带宽，这将是个问题。

如果部署使用防火墙保护站点，那么必须指定首选桥头服务器。建立防火墙代理服务器作为首选的桥头服务器，使它成为与防火墙外的服务器交换信息的联系点。如果不这样做，目录信息将不能成功地交换。

建立一个首选桥头服务器，指定该服务器为用于站点链接建立的协议上的信息交换得最好服务器。如果需要，其他的域控制器将仍然会交换目录信息，但是在正常的情形下，桥头服务器将作为首选来接收和发送所有的目录通信。

执行下列步骤限制 ISTG 的桥头选择：

1）打开“Active Directory 站点和服务”，展开“Sites”，展开包含需要配制成首选桥头服务器的服务器的站点，然后展开“Servers”。

2）打开需要成为首选桥头服务器的服务器对象的“属性”对话框。

3）选择 IP 或 SMTP 传输，然后单击“添加”。

注意 有关调整复制所需要的 Active Directory 中的注册项和配置项的详细信息，可以参阅学生材料 CD 中附录 A“调整复制”。

（3）手动配置连接

在正常的条件下，Active Directory 自动创建和删除连接。虽然在一个特定连接上可以手动添加、配置连接或强制复制，一般应根据提供给 Active Directory 站点和服务的部署信息允许复制自动优化。如果确定连接是必要的，可以手动创建连接，并且在手动删除之前连接将一直存在。

手动配置连接按下列步骤进行：

1）打开“Active Directory 站点和服务”，并双击想要手动添加和配置连接的域控制器。

2）打开“Servers”文件夹，打开域控制器，右击“NTDS Settings”，再单击“新建 Active Directory 连接”。

3）在“查找域控制器”对话框中，单击想要包含在连接对象中的域控制器并单击“确定”。

4）在“新建对象—连接”对话框中，在“名称”栏中键入新连接对象的名称并单击“确定”。

通过连接强制复制按下列步骤进行：

1）打开“Active Directory 站点和服务”，双击包含要用来复制目录信息的连接的站点。

2）打开“Servers”文件夹，选择域控制器，再单击“NTDS Settings”。

3）右击想要用来复制目录信息的连接，并单击“立即复制副本”。

实验 C　监视 Active Directory 复制

- 实验方案

  完成本实验后，将能够：

  - 使用复制监视器监视复制
  - 使用 repadmin 工具监视复制

- 实验设置

  要完成此实验，需要使用 Windows 2000 Advanced Server CD 来安装 Windows 2000 Support Tools。

- 实验预估时间：15 分钟

练习　使用支持工具来监视复制

- 实验方案

  已经为 Northwind Traders 树林根域的子域完成了副本域控制器的安装和配置。现在需要验证域控制器复制配置以确保复制正常工作。

- 目标

  在本练习中，将使用复制监视器来为域控制器确定复制目录分区。查看复制拓扑和服务器属性。然后使用 repadmin 工具查看关于复制伙伴的详细信息。

任　务	具 体 步 骤
1．安装 Windows 2000 Support Tools（如果还没有安装），并接受所有的默认选项	a．以所在域管理员身份和密码 password 登录 b. 如果 Windows 2000 支持工具还没有安装，从 Windows 2000 Advanced Server CD 中，在“Support/Tools”目录下，运行“setup”,启动 Windows 2000 Support Tools Setup Wizard c．在“Welcome to the Windows 2000 Support Tools Setup Wizard”页面上，单击“Next”继续安装 d．在“User Information”页面上，在“Name”方框中键入名字，在“Organization”方框中键入单位，然后单击“Next” e．在“Select An Installation Type”页面上，确保选中“Typical”，然后单击“Next” f．在“Begin Installation”页面上，单击“Next”开始 Windows 2000 支持工具的安装 安装向导需要少许时间完成安装。 g．在“Completing the Windows 2000 Support Tools Setup Wizard”页面上，单击“Finish”
2．使用 Active Directory Replication Monitor 确定域控制器的复制目录分区	a．在“开始”菜单中，指向“程序”，指向“Windows 2000 Support Tools”，单击“Tools”，然后单击“Active Directory Replication Monitor” b．在“Edit”菜单中，单击“Add Monitored Server” c．在“Add Server to Monitor”对话框上，单击“Add the server explicitly by name”，然后单击“Next” d．在“Enter the name of the server to monitor explicitly”方框中，键入 *servername*（*servername* 是计算机的主机名），然后单击“Finish”

使用 Active Directory Replication Monitor 中的信息，列出复制到所在域控制器上的目录分区。

____

____

____

____

2.（续）	e．展开每个复制目录分区，再为每一个分区检查复制伙伴 注意：有两台联机的计算机的图标表示直接伙伴。只有一台单个的计算机的图标表示传递伙伴。

续表

任　　务	具 体 步 骤
3．使用 Active Directory Replication Monitor 查看复制拓扑	a．在“Active Directory Replication Monitor”，右击 *servername*，然后单击“Show Replication Topologies” b. 在查看复制拓扑窗口中，在“View”菜单上，单击“Connections Objects Only” c．右击“*servername*”图标，然后单击“Show Intra-Site Connections” 引入到域控制器上的数据行代表入站连接。 d．关闭“View Replication Topology”窗口
4．使用 Active Directory Replication Monitor 查看域控制器的配置	a．在“Active Directory Replication Monitor”中，右击“*servername*”，然后单击“Properties” b．在“Server Properties”对话框中，单击“Server Flags”选项卡 带有校验记号的属性表示功能已经启用。带有“X”表示域控制器还没有启用该功能。 c．在“Server Properties”对话框中，单击“FSMO Roles”选项卡 显示的列表是此域控制器知道的操作主机角色的持有者。 d．在“Server Properties”对话框中，单击“Inbound Replication Connections”选项卡。拉动滚动条查看为什么建立连接对象的说明。单击“OK”关闭“Server Properties”对话框 e．关闭“Active Directory Replication Monitor”
5. 使用 repadmin 查看复制伙伴的详细配置，然后注销	a．打开命令提示符窗口 b．在命令提示符下键入“repadmin /?”显示它的用法，然后回顾“/showreps”选项的用法 c．命令提示符下，键入“repadmin /showreps”，然后按 Enter 键详细显示更改通知的入站邻居和出站邻居

使用 repadmin 中的信息确定什么时候复制最后的架构目录分区以及复制的原因。

____

____

____

5.（续）	d．关闭命令提示符窗口，关闭所有打开的窗口，然后注销

11.8 Active Directory 复制错误诊断

无效的复制会导致 Active Directory 不能正常工作，例如不能识别新用户账户、过期的目录信息或不可用的域控制器。在 Active Directory 复制过程中可能会遇到一些问题。大多数的问题可以用 Active Directory 站点和服务解决。下面是一些常见问题：

- 复制无法结束。这可能是由于包含客户计算机和域控制器的站点没有通过站点链接连接到网络中其他站点的域控制器上。这导致站点间目录信息交换失效。要解决这个问题，只要创建从当前站点到网络中连接到其他站点的站点链接
- 复制缓慢。这可能是由于站点链接的拓扑和日程安排导致信息的复制连续通过许多站点之后所有站点才更新。例如：站点 A 可能和站点 B 在星期一通信，站点 B 可能和站点 C 在星期六通信。那么站点 A 在星期二的更改要到下一个星期的星期六才能给站点 C
- 复制增加网络通信。这可能是由于当前的网络资源对于处理复制通信的信息量显得不足。该问题还可能影响与 Active Directory 无关的服务，因为 Active Directory 中的信息交换占用了太多的网络资源。要解决该问题可以使用站点和日程安排，把复制发生的时间限制在非高峰期，这时有更多的网络带宽可以用来复制
- 复制客户端在身份验证、目录信息或其他服务上接收的响应太慢。这可能是由于客户计算机必须通过低带宽连接请求域控制器的验证、信息或其他服务。如果有一个站点适合客户端计算机子网，就把该子网与该站点关联起来。如果响应缓慢的客户端计算机独立于域控制器，而又计划另加一个包含该客户端计算机的站点，就创建包含自己域控制器的新站点。同时还要安装更大带宽的连接
- KCC 不能为可分辨名称的站点完成拓扑。如果该信息出现在事件查看器的目录服务日志中，这表明 KCC 中出了异常。要获得更多信息，把 9 Internal Processing 注册项和 1 Knowledge Consistency Checker 注册项的值增加到 3，然后等待 15 分钟。注册项位置为：HKEY_LOCAL_MACHINE\SYSTEM\CurrentControlSet\Services\NTDS\Diagnostics。也可以选择通过运行 repadmin /kcc，把注册项的值重置为 0。默认情况只有最重要的事件才记录在 KCC 中。可以通过修改事件日志中 Replication Events 项增加更详细的信息。

11.8.1 检查复制拓扑

Active Directory 运行一个进程考虑到站间连接的开销，检查是否有一些以前可以使用的域控制器现在不能再用了，检查是否添加了新的域控制器，然后使用这些信息添加或删除连接对象来创建有效的复制拓扑。这个进程不影响手动创建的连接目标。

检查复制拓扑可以接以下步骤进行：

1）打开“Active Directory 站点和服务”。

2）在 AD 站点和服务控制树中，双击想要用来查看复制拓扑的服务器。

3）右击“NTDS Settings”，指向“所有任务”，然后单击“检查复制拓扑”。

11.9 最佳实践

下面是管理 Active Directory 的最佳操作：

- 在每个站点中至少设置一个域控制器，并且至少在每个站点的域控制器上创建一个全局编录。没有属于自己的域控制器和全局编录的站点在目录信息上要依靠其他站点，这会降低站点间带宽的使用效率。另外，每个站点中设置一个域控制器，并且在每个站点的域控制器上创建一个全局编录会减少受 WAN 失效的影响
- 在每个站点中至少设置一个 DNS 服务器。没有自己的 DNS 服务器的站点在名称解析信息上需要依靠其他站点，这会降低站点间带宽的使用效率。另外，在每个站点上设置 DNS 服务器可以减少受 WAN 失效的影响
- 网络通信不拥挤的时候指定站点链接的日程安排。这类日程安排减少了复制在网络上的通信

习题

1．以下动作中哪些将会触发域控制器之间的复制操作？（多选题）

A．创建新对象

B．修改对象

C．移动对象

D．删除对象

2．复制过程中所有的域控制器连接成一个环，因此在复制期间更新可能不止一次复制到域控制器上。Active Directory 如何防止重复复制的？

3．管理人员改变了域控制器上 Active Directory 用户对象的电话号码。之后过了一会，用户在另一个域控制器改变了他的传呼号码。当这两个变化复制到所在域的所有域控制器上的时候，会产生什么变化？

4．有哪些协议是复制协议？

5．在观察所在网络的 Active Directory 复制拓扑时，注意到其中一个最常用的服务器不是桥头服务器。怎样使它成为桥头服务器？

6．如果需要限制通过 WAN 连接的域控制器之间的复制通信，并且要求复制通信只在网上进行。应当怎么做？

7．为减少网络拥挤，网络服务小组为服务器在独立的 IP 子网上建立了新的高速中枢。在把域控制器连接到新中枢上之前，需要做什么准备？

8．填空完成对站点内复制和站点间复制的分析和比较。

	站点内复制	站点间复制
是否进行数据压缩		
复制模型		

续表

	站点内复制	站点间复制
复制频率		
复制传输协议		

9．在 Active Directory 复制过程中，为什么会出现复制无法结束？如何解决？

第 12 章　管理操作主机

操作主机是在 Microsoft Windows 2000 Active Directory 目录服务中扮演特定角色的域控制器，它可以控制一组特定的目录变化。对于每个角色，只有拥有此角色的域控制器才能使相关的目录改变。即使操作主机失败，仍有许多方法将这些角色从一个域控制器移动到另一个域控制器。了解 Active Directory 网络中每个域控制器拥有的特定操作主机角色，可以有助于利用数据复制和网络带宽。

Active Directory 支持域中所有域控制器间 Active Directory 数据库的多主机复制。然而，对于某些更新是不能采用多主机模式进行复制的，所以可以指派一个或多个域控制器执行单主机（不允许在网络中的不同地方同时出现）操作。把操作主机角色指派给域控制器,从而执行单主机操作。

在任何 Active Directory 目录林中，五个操作主机角色必须指派给一个或多个域控制器。一些角色必须出现在每个目录林中。其他角色必须出现在目录林的每个域中。在安装以后，可以改变操作主机角色的分配，但大多情况下没必要这样做。如果域控制器出了问题或打算把它从服务中去除，那么必须知道指派给域控制器的操作主机角色。

完成本章学习后，将能够：

- 定义操作主机，并了解它在 Active Directory 网络中的重要性
- 了解目录林中五个操作主机角色各自的功能
- 确定、传送和取代操作主机角色
- 了解操作主机失败的影响，并知道如何响应
- 应用最佳操作管理操作主机

12.1　介绍操作主机

图 12-1 所示的为单主机操作。

Active Directory 支持目录林中所有域控制器目录更改的多主机复制。在多主机复制过程中，如果在两个不同的域控制器上并发更新相同的数据，则可能产生潜在的复制冲突。

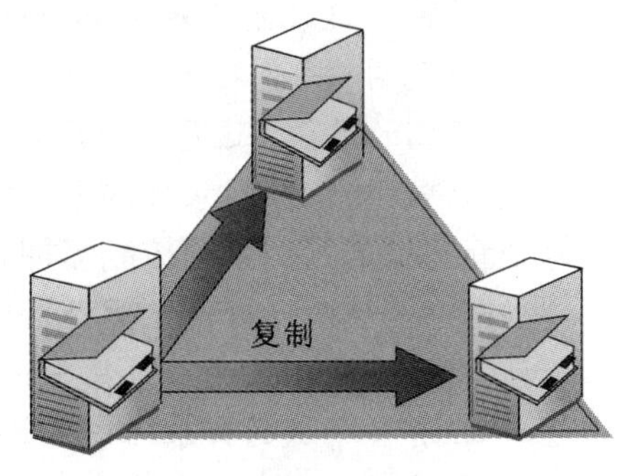

图 12-1　单主机操作

为了避免这些冲突，必须通过一个单独的域控制器响应这类操作，即以单主机（不允许在网络中的不同地方同时出现）模式执

行这些操作。这些操作集合在目录林或域中被分组成特定的角色。这些角色称为操作主机角色。对于每个操作主机角色，只有拥有该角色的域控制器可以进行相关的目录改变。承担一个指定角色的域控制器称为该角色的操作主机。

Active Directory 保存着有关哪个域控制器拥有特定角色的信息。客户端在必要时可以通过查询 Active Directory 得到该信息，并和操作主机取得联系。任何域控制器都可能被配置成操作主机。即使当前操作主机角色拥有者不可用，也可以将一个操作主机角色移动到其他的域控制器上。

12.2 操作主机角色

Active Directory 定义了五个操作主机角色，每个角色都有一个默认的位置。这五个操作主机角色是：

- 架构主机
- 域命名主机
- 主域控制器（PDC,Primary Domain Controller）仿真器
- 相对标识符（RID,Relative IDentifier）主机
- 结构主机

架构主机域控制器控制着所有对架构的更新和修改。为了更新目录林的架构，必须访问架构主机。任何时候，整个目录林中只能有一个架构主机。

拥有域命名主机角色的域控制器控制目录林中域的添加或删除。任何时候，在目录林中只能有一个域命名主机。

架构主机和域命名主机是目录林范围角色，这意味着在整个目录林中只有一个架构主机和一个域命名主机。其他的操作主机角色是域范围角色，这意味着目录林中每个域都有属于自己的 PDC 仿真器、RID 主机和结构主机。所以，在只有一个域的目录林中，共有五个操作主机角色。在有多个域的目录林中，会有多于五个的角色，因为每个域都有自己的角色。

12.2.1 操作主机默认位置

图 12-2 所示的为操作主机默认位置。

操作主机角色或者是目录林范围的，或者是域范围的。

- 目录林范围的角色对于目录林而言是惟一的。架构主机和域命名主机都是目录林范围的角色。这就意味着在整个目录林中只有一个架构主机和域命名主机
- 域范围的角色对于目录林内的每个域都是惟一的。PDC 仿真器、RID 主机和结构主机是域范围的角色。这意味着目录林中的每个域拥有自己的 PDC 仿真器、RID 主机和结构主机

默认情况下，新目录林的第一个域控制器拥有所有五个操作主机角色。加入到现有目录林的每个新建域的第一个域控制器拥有新域的三个域范围的操作主机角色。

当网络扩展时，操作主机布置如下：

- 在只有一个域的目录林中，有五个操作主机角色
- 在有多个域的目录林中，有两个目录林范围的操作主机角色。三个域范围的操作主机角色被复制到每一个域

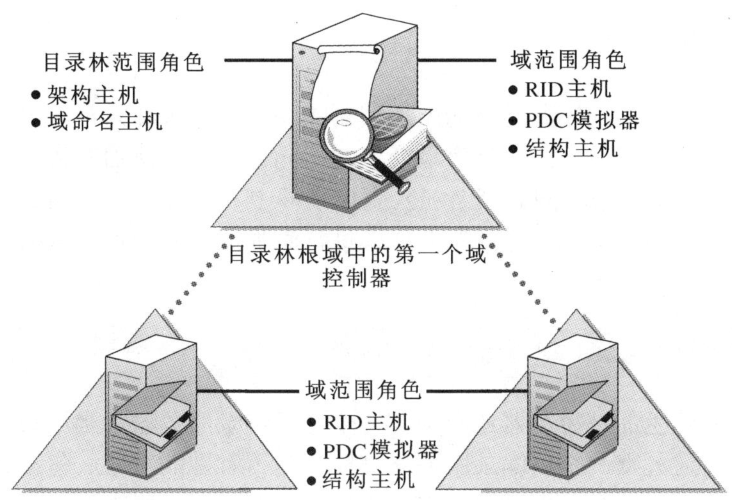

图 12-2 操作主机默认位置

12.2.2 架构主机

图 12-3 所示的为架构主机。

wangkun:
控制所有对
架构的更新

对架构的所有更新控制所有对架构的更新

新复制给目录林中所有的域控制器

- 只允许 Schema Admins 组的成员对架构进行修改

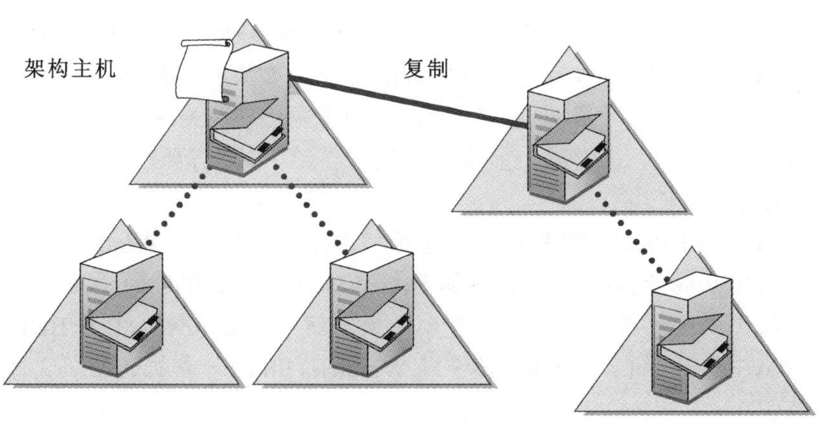

图 12-3 架构主机

架构主机控制所有对架构所产生的更新。架构包含用来创建所有 Active Directory 对象（例如计算机、用户和打印机）的对象类别和属性的主机列表。拥有架构主机角色的域控制器是惟一能够对目录架构进行写操作的域控制器。这些架构的更新会从架构操作主机复制到目录林中所有其他的域控制器上。每个目录林中只有一个架构主机可以防止由于两个或两个以上的域控制器试图并发更新架构所引起的冲突。只有 Schema Admins 组可以对架构进行修改。

12.2.3 域命名主机

域命名主机在目录林中控制着对域的添加和删除。每个目录林只有一个域命名主机。

向目录林添加一个新域时，只有拥有域命名主机角色的域控制器有权添加新域。域命名主机管理此过程，防止多个域用相同的域名加入到目录林中。当用 Active Directory 安装向导创建子域时，该向导就和域命名主机取得联系并请求进行添加或删除操作。域命名主机负责确保域名的惟一性。

注意 如果域命名主机不可用，就不能添加或删除域了。

拥有域命名主机角色的域控制器还必须是一个全局编录服务器。当域命名主机创建一个代表新域的对象时，它通过查询全局编录服务器来检查是否有别的对象（包括域对象）正使用与新对象相同的名称。因为域命名主机通过查询全局编录服务器来检查新对象的名称，因此全局编录必须运行在拥有域命名主机角色的同一台域控制器上。域命名主机也掌管着站点命名以确保不会创建重复的站点。

12.2.4 PDC 仿真器

PDC 仿真器充当 Microsoft Windows NT PDC ，以支持任何在混合模式域内运行 Windows NT 的备份域控制器（BDC,Backup Domain Controllers）。PDC 仿真器是在新建域中创建的第一个域控制器。它处理客户端的密码更改并将更新复制到 BDC。在任何时候，目录林中的每个域中只有一个域控制器作为 PDC 仿真器。

即使所有的系统升级为 Windows 2000，并且 Windows 2000 域以本机模式运行，PDC 仿真器优先接收由域中其他域控制器执行的密码更改的复制。如果密码最近被更改了，就需要花费时间将更改复制给在域中的每一个域控制器。如果由于密码错误导致在别的域控制器上登录验证失败，域控制器会在拒绝登录尝试之前将验证请求传给 PDC 仿真器。

PDC 仿真器执行下列任务：

- 作为现有 BDC 的 PDC。如果一个域包含任何 BDC 或运行 Windows 2000 版本以前的 Windows 的客户端计算机，PDC 仿真器起 Windows NT PDC 的作用。PDC 仿真器为客户端计算机提供服务并将目录更改复制给所有运行 Windows NT 的 BDC
- 管理运行 Windows NT、Windows 95 或 Windows 98 的计算机的密码更改，这些需要写入到目录
- 使密码更改的复制延迟最短。复制延迟是对一个域控制器进行改变开始到该改变被另一个域控制器接受所需要的时间。当运行 Windows 2000 的客户端计算机的密码在一个域控制器改变后，域控制器立即将变化转发到 PDC 仿真器上。如果密码近期改变，这个改变会占用一些时间复制给域中的每一个域控制器。如果由于密码错误导致在其他的域控制器上登录验证失败，域控制器将在拒绝登录之前向 PDC 仿真器发送验证请求
- 同步域中所有域控制器与 PDC 仿真器的时间。域中的所有域控制器都将获得和该域中

的 PDC 仿真器的时钟同步的时间。域的 PDC 仿真器将它的时钟设为目录林根域中的 PDC 仿真器的时间。目录林根域的 PDC 仿真器应该配置与一外部时间源同步。最终的结果是整个目录林中所有基于 Windows 2000 的计算机的时钟所保持的时间相差不超过 1 秒

注意 只有当域处于混合模式时，拥有 PDC 仿真器角色的域控制器才和运行 Windows NT 4.0 或 Windows NT 3.51 的 BDC 保持同步。

- 防止改写组策略对象（GPO,Group Policy Objects）的可能性。默认情况下，组策略管理单元运行在拥有该域的 PDC 仿真器角色的域控制器上。这样做可以减少潜在的复制冲突。这不是必须的，然而在此域控制器上必须更新 GPO

12.2.5 RID 主机

图 12-4 所示的为 RID 主机。

RID 主机给域中的每个域控制器分配 RID 序列。在任何时候，在目录林的每个域中只能有一个域控制器作为相对 ID 主机。

当域控制器创建用户、组或计算机对象时，它都将给对象分配一个惟一的安全 ID（SID,Security ID）。SID 由域 SID（它和域中创建的所有安全 ID 都相同）和 RID 组成，RID 对于在域中创建的每个安全 ID 都是惟一的。

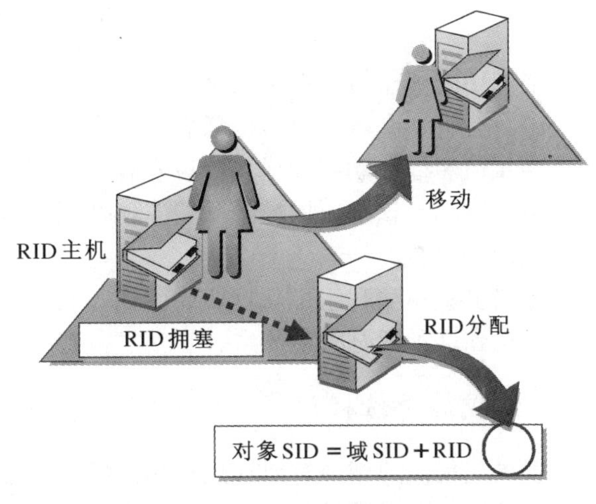

图 12-4 RID 主机

RID 主机支持如下的对象创建和移动：

- 创建对象。要允许多主机操作可以在任何域上创建对象，RID 主机需要为每个域控制器分配一个 RID 块。当域控制器需要一个额外的 RID 块时，它初始化与 RID 主机的通信。RID 主机给域控制器分配一个新的 RID 块，域控制器再将它分配给新对象。创建对象和与 RID 主机通信以获得额外的 RID 块的过程可以根据需要重复多次。如果一个域控制器的 RID 池是空的，那么 RID 主机就不可用，在该域控制器上就不能再创建新的安全原则。可以用“dcdiag”工具来查看 RID 池的分配
- 移动对象。当在域间移动对象时，必须在当前包含该对象的 RID 主机上发起移动。这可以避免可能的对象复制。如果一个对象被移动了，但没有保存此信息的单主机，那么对象就可能移动到多个域上而不知道先前已经发生移动了。当对象从一个域移动到另一个域上时，RID 主机将从域中删除该对象

12.2.6 基础结构主机

图12-5所示的为结构主机。

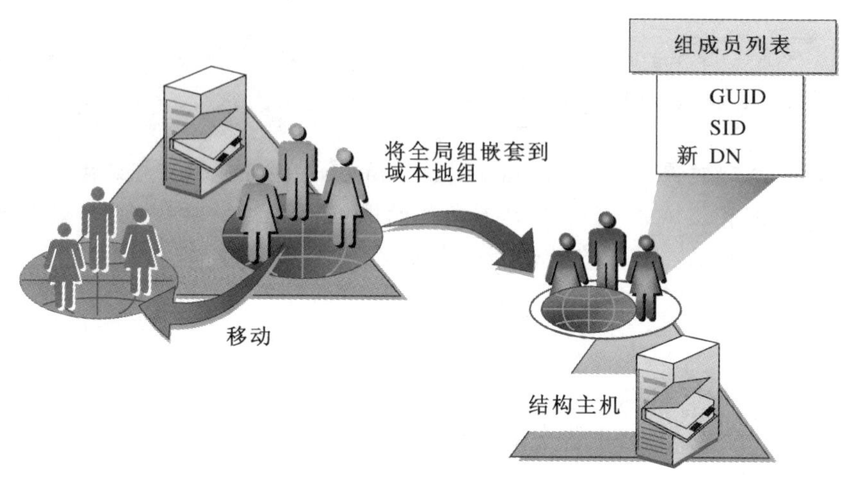

图12-5 结构主机

当组中的成员被重命名或被改变时，结构主机用来更新组到用户的引用。在任何时候，每个域中只能有一个域控制器担任着结构主机的角色。

当重命名或移动组的成员（以及存在于组中不同域中的成员）时，该组暂时会出现不包含此成员的情况。该组所属域的结构主机会用新的成员名称或位置更新该组。结构主机通过多主机复制发布更新。

在成员重命名和组更新这段时间内不会危及安全性。只有当管理员查看特定的组成员身份时会注意到这种暂时的不一致。

（1）组成员身份标识

如果在其他的域中对用户账户和组做了SID或可分辨的名称修改，那么与这个改变的用户或组相关的所有组成员身份都要进行更新。相关组所在域的结构主机负责这一更新；它通过标准的复制将更新发布到整个域中。

结构主机根据下列规则更新对象标识：

- 如果对象完全移动了，它的可分辨的名称将改变，因为可分辨的名称代表了它在目录中的准确位置
- 如果对象在域内移动，它的SID保持不变
- 如果将对象移动到另一个域中，SID变为新的域SID
- 无论在什么位置，GUID都不变（GUID在整个域中都是惟一的）

注意 在单一域目录林中，结构主机就不需要起作用，因为没有外部对象引用需要它更新。

（2）结构主机和全局编录

结构操作主机的域控制器不能和全局编录的域控制器位于同一台计算机上。如果结构主机和全局编录服务器是同一台计算机，结构主机将不起作用，因为它不包含任何不属于它的对象的索引。在这种情况下，域副本数据和全局编录服务器数据不能共存在同一台域控制器上。

域的结构主机将周期性地检查在它的目录数据副本内不在域控制器上的对象索引。它查询全局编录服务器以获得有关每个对象的可分辨的名称和SID的当前信息。如果该信息已改变，结构主机将在本地副本中做相应的改变。使用常规复制来将这些改变复制到域内其他的域控制器上。

12.3 管理操作主机角色

当创建Windows 2000域时，Windows 2000将自动配置所有的操作主机角色。然而，有时也需要给目录林中或域中的另一个域控制器重新分配操作主机角色。

在只有一个域和一个域控制器的Active Directory目录林中，所有操作主机角色都将分配给域控制器。当在新目录林中创建第一个域时，所有的操作主机角色会自动地分配给域中的第一个域控制器。

当要在现有的目录林中创建子域或者新域树的根域时，新域中的第一个域控制器将自动地分配成如下的角色：RID主机、PDC仿真器和结构主机。

因为在目录林中只有一个架构主机和一个域命名主机，所以这些角色存在于目录林创建的第一个域中。

为另一个域控制器重新分配一个操作主机角色：

- 确定操作主机角色拥有者
- 传送该操作主机角色
- 取代该操作主机角色

12.3.1 确定一个操作主机角色的持有者

如果域只有一个域控制器，这个域控制器拥有所有的域角色。否则，就选择两个连接良好且互为直接复制伙伴的域控制器。使其中一个域控制器成为操作主机域控制器，使另外一个域控制器成为备用操作主机域控制器。一旦操作主机域控制器失效，将会使用备用操作主机域控制器。

在典型的域中，把RID主机角色和PDC仿真器角色分配给操作主机域控制器。在一个相当大的域中，可以通过把这些角色放置到单独的域控制器中来降低PDC仿真器上的峰值负载。RID主机角色和PDC仿真器角色都是备用操作主机域控制器的直接复制伙伴。应该使这两个角色保持在一起，除非在操作主机域控制器上的负载证明分离这两个角色是正确的。

除非域中只有一个域控制器，否则结构主机角色不应该被分配给管理全局编录的域控制器。向同一站点内每个与全局编录（来自任何域的）连接良好的域控制器分配结构主机角色。如果操作主机域控制器符合需求，应该使用它，除非负载证实分离角色将产生额外的管理负担。

如果结构主机和全局编录在同一个域控制器上，结构主机将不起作用。结构主机将查找不到过期数据，所以它将不会复制任何变化给域中的其他域控制器。如果在域中所有的域控制器都拥有全局编录，那么所有域控制器将会有当前的数据。在这种情况下，哪个域控制器拥有结构主机角色都无所谓。

在考虑移动操作主机角色前，需要确定哪个域控制器拥有指定的操作主机角色。经过授权的用户具有决定操作主机角色位置的权限。根据确定的操作主机角色，可相应地选择下面的 Active Directory 控制台：

- Active Directory 用户和计算机
- Active Directory 域和信任关系
- Active Directory 架构

（1）确定 RID 主机、PDC 仿真器和结构主机

要确定哪个域控制器拥有 RID 主机、PDC 仿真器或结构主机角色，可以执行下列步骤：

1）打开“Active Directory 用户和计算机”。

2）在控制台树中，右击“Active Directory 用户和计算机”，然后单击“操作主机”。

3）单击“RID”、“PDC”或“结构”选项卡。

当前操作主机的名字就会出现在“操作主机”下。

（2）确定域命名主机

要确定哪个域控制器拥有域命名主机角色，可以执行下列步骤：

1）打开“Active Directory 域和信任关系”。

2）右击“Active Directory 域和信任关系”，再单击“操作主机”。

当前域命名主机的名字就会出现在“更改操作主机”对话框中。

（3）确定架构主机

要确定哪个域控制器拥有架构主机角色，可以执行下列步骤：

1）运行下面的指令注册“Active Directory 架构管理单元”。

regsvr32.exe　*%systemroot%*\system32\schmmgmt.dll

2）单击“确定”，关闭显示注册成功的消息框。

3）创建一个自定义的 Microsoft 控制台（MMC,Microsoft Management Console）。

4）将“Active Directory 架构管理单元”添加到控制台中。

5）在控制台树中，右击“Active Directory 架构”，然后单击“操作主机”。

当前架构主机的名字就会出现在“更改架构主机”对话框中。

注意 为确定不同域的操作主机，可以在单击“操作主机”前连接到域。为确定不同目录林中的操作主机，可以在单击“操作主机”前通过键入目录林的域名连接到域。

12.3.2 传送一个操作主机角色

当传送一个操作主机角色时，在最初角色拥有者的协助下，操作主机角色从一个域控制器

移动到另一个域控制器。根据要传送的操作主机角色，可以使用三个 Active Directory 控制台的其中一个来执行角色的传送。

大多数情况下，操作主机角色的位置在目录林增长时不需要更改，这意味着角色的位置不需要修订。然而，当计划要解除一个域控制器的授权、减少网络的连通性或更改一个域控制器的全局编录服务器状态时，必须回顾一下计划并在必要时传送操作主机角色。传送操作主机角色意味着将它从一个运行的域控制器移动到另一个域控制器。为传送角色，两个域控制器必须正在运行并且连接在网络上。

在角色传送的过程中没有数据损失。角色传送的过程是指将当前操作主机目录复制到新的域控制器上，这确保了新的操作主机拥有最多当前的可用信息。这种角色对象的传送使用常规目录复制机制。

为了传送操作主机角色，必须拥有相应的权限。表 12-1 所列的组成员有权改变一个操作主机角色。

表 12-1

操作主机	授权的组
架构主机	改变架构主机的权限默认由 Schema Admins 组授权
域命名主机	改变域命名主机的权限默认由 Enterprise Admins 组授权
PDC 仿真器	改变 PDC 仿真器的权限默认由 Domain Admins 组授权
RID 主机	改变 RID 主机的权限默认由 Domain Admins 组授权
结构主机	改变结构主机的权限默认由 Domain Admins 组授权

重点 只有在对域结构做了重大改动时才需要传送角色，例如解除一个拥有角色的域控制器的授权，或者是添加了一个新的更适合拥有指定角色的域控制器。

注意 当一个域控制器降级为一个成员服务器时，所有操作主机角色被留给了其他的域控制器。为了控制将角色传送给其他域控制器，传送角色要在降级以前进行。

要传送一个操作主机角色，可以使用与用来确定操作主机角色相同的 Active Directory 管理单元。

（1）传送 RID 主机、PDC 仿真器和结构主机角色

要为 RID 主机、PDC 仿真器或结构主机传送操作主机角色，可以执行下列步骤：

1）打开“Active Directory 用户和计算机”。

2）在控制台树中，右击将更新的相对 ID 主机、PDC 仿真器或结构主机域节点，然后单击“连接到域”。

3）在“连接到域”对话框中，键入域名或单击“浏览”来选择列表中的域，然后单击“确定”。

4）在控制台树中，右击“Active Directory 用户和计算机”，然后单击“操作主机”。

5）在“操作主机”对话框中，选择其一：

- 单击“RID”选项卡，再单击“更改”
- 单击“PDC”选项卡，再单击“更改”
- 单击“结构”选项卡，再单击“更改”

6）单击“确定”并关闭“操作主机”对话框。

警告 确保不要将结构主机角色传送到主管全局编录的域控制器上。

（2）传送域命名主机角色

要向另一个全局编录服务器传送域命名主机角色，可以执行下列步骤：

1）打开“Active Directory 域和信任关系”。

2）在控制台树中，右击“Active Directory 域和信任关系”，然后单击“连接到域控制器”。

3）在可用的域控制器列表中，单击将成为新域命名主机的域控制器，然后单击“确定”。

4）在控制台树中，右击“Active Directory 域和信任关系”，然后单击“操作主机”。

5）会出现选定的域控制器名。

6）单击“更改”。

注意 确保主管域命名主机角色的域控制器也主管全局编录。

（3）传送架构主机角色

为传送架构操作主机角色，可以执行下列步骤：

1）打开“Active Directory 架构”。

2）在控制台树中，右击“Active Directory 架构”，然后单击“更改域控制器”。

3）单击“指定名称”，键入想要将架构主机角色传送给它的域控制器的名称，然后单击“确定”。

4）在控制台树中，右击“Active Directory 架构”，然后单击“操作主机”。

5）将会出现选定的域控制器名。

6）单击“更改”。

注意 在打开 Active Directory 架构之前，需要注册架构管理单元 Schmmgmt.dll。

12.3.3 占用一个操作主机角色

取代操作主机角色是指强制将操作主机角色从失效域控制器上传送到一个可用的域控制器上。

取代操作主机角色是非常重要的步骤，只有在当前操作主机再也不能用的情况下才可以考虑。如果失效原因是可以及时解决的网络问题或软、硬件的问题，那么应该等待直到该操作主机角色拥有者再次可用。只有在角色不可传送时才可以取代它。和角色取代不一样，传送确保只有一个域控制器拥有角色，并且该角色拥有者拥有一个更新的角色对象集。

重点 在进行角色取代前，必须把当前拥有该操作主机角色的域控制器和网络切断。

在取代操作主机角色以前，应确定哪个域控制器拥有该操作主机角色。在确定当前角色拥有者后，可以通过使用用于确定或传送角色的“Active Directory 控制台”或 ntdsutil 命令来取代该操作主机角色。最后，确定正在运行的域控制器收到了新的操作主机角色。

（1）取代 PDC 仿真器和结构主机角色

要取代 PDC 仿真器或结构主机的操作主机角色，可以执行下列步骤：

1）打开“Active Directory 用户和计算机”。

2）在控制台树中，右击“Active Directory 用户和计算机”，然后单击“操作主机”。

注意 由于要等待操作主机角色当前拥有者的响应，所以数据的显示可能需要一段时间。由于当前角色拥有者已经失效或无法响应，所以将出现最后更新的信息。

3）在“操作主机”对话框中，单击想要取代的操作主机角色的选项卡。

4）单击“更改”，当指示传送信息不可能的消息出现时，单击确认对话框中的“是”。

5）单击警告页上的“确定”，然后单击“确定”执行成功的传送。

6）单击“确定”并关闭“操作主机”对话框。

7）检验取代操作主机角色的新拥有者。

（2）取代其他操作主机角色

对终端用户来说，架构主机、域命名主机或 RID 主机的临时丢失通常是不可见的，也不影响管理员的工作。因此，这通常不是一个值得修改的问题。不过，如果预计拥有这些操作主机角色之一的域控制器会出现较长时间的故障，可以让备用操作主机域控制器取代该角色。但是取代这些角色是只有在出现永久性的故障情况下才采用的步骤，例如域控制器物理上遭到了破坏并且不能从备份媒体中恢复。

主机不应该再运行角色被取代的操作，因为同一角色可能有多个操作主机联机。在取代角色前，必须通过将该域控制器在物理上和网络断开来确保这个域控制器的故障是永久的。

（3）用 Ntdsutil 来取代一个角色

用“ntdsutil”命令来取代操作主机角色，可以执行下列步骤：

1）在“运行”框中，键入“cmd”，然后按 Enter 键。

2）在命令提示符中，键入“ntdsutil”。

3）在“ntdsutil”提示符中，键入“roles”。

4）在“fsmo maintenance”提示符下，键入“connections”。

5）在“server connections”提示符中，键入“connect to server”，后面是即将成为新角色拥有者的域控制器的完全合格的域名（FQDN）。

6）在“server connections”提示符中，键入“quit”。

7）在“fsmo maintenance”提示符中，键入下列命令中的一个来取代相应的操作主机：

- Seize RID master
- Seize PDC

- Seize infrastructure master
- Seize domain naming master
- Seize schema master

8）在“fsmo maintenance”提示符下，键入“quit”。

9）在“ntdsutil”提示符中，键入“quit”。

10）检验取代操作主机角色的新拥有者。

12.4 处理操作主机失效

一些对主机角色的操作对于网络操作是至关重要的。其他对主机角色的操作在它们的缺席成为问题前的一段时间内可能是不可用的。一般来说，当试着执行一些由特殊操作主机控制的功能时，会发现单主机操作角色拥有者将不可用。

如果因为计算机失效或网络问题使操作主机不可用，就可以取代操作主机角色。这也涉及强制操作主机角色的传送。

在强制传送前，首先要确定原因和计算机或网络失效的预期时间。如果问题是一个很快就会解决的网络问题或是服务器问题，应该等待操作主机的恢复使用。如果当前拥有此操作主机角色的域控制器失效，必须确定它是否能够恢复并联机。

一般来说，取代一个操作主机角色是非常敏感的步骤，只有在当前操作主机再也不能用的情况下才可以考虑。 这个决策依赖于角色和这个角色的拥有者将多久不再用。各种角色拥有者失效产生的影响会在下面的主题中讨论。

重点 已取代的域控制器的架构主机角色、域命名主机角色或相对标识主机角色一定不会再回到联机状态，除非先格式化驱动器并重安装 Windows 2000。

12.4.1 PDC 仿真器或基础结构主机的失效

PDC 仿真器的失效对网络用户的影响比其他操作主机角色的失效对网络用户的影响更严重，因为 PDC 仿真器是很多网络操作的角色拥有者。因此，当 PDC 仿真器不可用时，需要立即取代该角色。

如果当前的 PDC 仿真器主机在很长的一段时间不可用，并且它的域中又没有用 Windows 2000 软件的客户端，或者如果它包含 Windows NT 备份域控制器，那么用备用的操作主机取代 PDC 仿真器主机角色。当原始 PDC 仿真器主机返回服务，可以将角色返回给原始的域控制器。

（1）PDC 仿真器失效

PDC 仿真器失效会导致下列结果：

- 失去运行 Windows 2000 以前版本的 Windows 客户端对密码更改的支持
- 密码更新的延迟变长
- 可能失去域控制器间的时间同步

（2）结构主机失效

结构操作主机的临时性失效没有PDC仿真器的失效严重。终端用户可能注意不到它不在运行。除非移动大量的对象，否则它的角色所产生的影响很小。

如果结构主机长时间不可用，应该取代该角色并将它传送到一个不是全局编录服务器的域控制器。当原来的域控制器恢复工作时，既可以将结构主机角色返还，也可以不返还给原来的域控制器。

（3）管理PDC仿真器或结构主机失效

要恢复失效的PDC仿真器或结构主机，可以执行下列步骤：

1）确定哪个域控制器拥有操作角色。

2）确定域控制器问题的严重性。

3）取代操作主机角色并把它传送到另一个域控制器上。在结构主机的情况中，确保接收域控制器不是全局编录服务器。

4）验证新的域控制器已经收到操作主机角色。

12.4.2　其他操作主机失效

对于网络用户来说，架构主机、RID主机和域命名主机角色的暂时不可用并不是立即可见的。由于总是存在数据复制错误的可能性，所以如果可能的话，最好从备份中传送或恢复这些操作主机角色而不是取代角色。只有当所有其他选项都试过以后才可以考虑取代这些操作主机的角色。

如果必须恢复RID主机、架构主机或域命名主机，应该采用下面的原则：

1）在进行角色取代以前，从网络中断开当前的操作主机。用“ntdsutil”命令进行取代。

2）等待直到失效域控制器引起的更新复制到取代角色的域控制器上。确保在原始域控制器失效之前所做的改变不会丢失。

3）确保被取代的角色的域控制器是不可恢复的。它可能拥有从来没有复制到其他域控制器上的更新。角色被取代的计算机必须从域中删除。

4）重新格式化包含原操作主机操作系统文件的分区，重新安装Windows 2000，然后重新将该计算机连接到网络。

实验　管理操作主机

- 目标

完成本实验后，会掌握以下内容：

- 分别为五个角色确定操作主机
- 将操作主机角色传送到另一个域控制器上
- 从失效的域控制器上取代操作主机角色
- 使用Ntdsutil.exe管理操作主机

- 准备工作

在进行实验以前，必须了解 Active Directory 复制中的延迟和如何手动发起复制。

重点 这个实验不能反映真实环境。建议管理员账户总是使用复杂的密码，并且不要创建没有密码的账户。

注意 在教室以外的环境，强烈建议使用必要的、最新的软件更新。由于这是教室环境，因此可以使用不包括最近更新的软件。

- 实验预估时间：45 分钟

练习 1 确定操作主机

- 实验方案

Northwind Traders 正在开发一个故障恢复计划。一个重要的考虑就是操作主机角色的分布。一个域控制器上将不能有多于一个的操作主机角色。操作主机角色将被分布到多个域控制器上，以便尽可能减小任何一个位置失效所产生的影响。

- 目标

在本练习中，将确定哪个域控制器拥有架构主机和域命名主机这两个目录林操作主机角色。还将决定哪个域控制器拥有域内的操作主机角色：相对标识符（RID）、主域控制器（PDC）仿真器和结构主机。这三个任务将提供必要的信息来把结果填写到表 12-2 中。本练习将不进行角色传送或取代。

表 12-2

操作主机	域控制器的 FQDN
1．架构	
2．域命名	
3．RID	
4．PDC 仿真器	
5．结构	

任务	详细步骤
1．使用 Active Directory 架构控制台确定当前架构主机	a．在域内以管理员身份和密码 password 登录 b．在“运行”框内键入“regsvr32.exe ” “*%systemroot%*\system32\schmmgmt.dll”，再单击“确定”，注册 Active Directory 架构管理单元。单击“确定”，关闭指示注册成功的信息 c．在“运行”框中，键入“mmc”，单击“确定”，打开一个新的控制台，然后添加管理单元“Active Directory 架构”

续表

任　务	详细步骤
1.（续）	d. 在控制台树中，展开“Active Directory 架构” e. 在控制台树中，右击“Active Directory 架构”，然后单击“操作主机” 如果角色拥有者显示的状态为“ERROR”，刚表示没有进行连接。在右击它之前（步骤 e）必须单击或扩展 Active Directory 架构节点（步骤 d）。

必须执行什么其他的步骤来向域控制器传送该角色？

____

____

____

____

任　务	详细步骤
1.（续）	f. 使用“更改架构主机”对话框中的信息，在表 12-2 中的第 1 行填写架构主机的名称 注意：具有当前焦点的计算机默认是架构主机。 g. 单击“取消”，关闭“更改架构主机”对话框，然后不保存设置并关闭 Active Directory 架构控制台
2. 用 Active Directory 域和信任关系控制台确定当前域命名主机	a. 从“管理工具”菜单打开“Active Directory 域和信任关系” b. 右击“Active Directory 域和信任关系”，然后单击“操作主机” c. 使用“更改操作主机”对话框中的信息，用域命名主机填写表 12-2 中带有 FQDN 部分的第 2 行 d. 单击“关闭”，关闭“更改操作主机”对话框，然后关闭 Active Directory 域和信任关系
3. 用“Active Directory 用户和计算机”控制台确定 RID、PDC 仿真器和结构主机的当前角色拥有者	a. 从“管理工具”菜单打开“Active Directory 用户和计算机” b. 在控制台树中，右击“Active Directory 用户和计算机”，然后单击“操作主机” c. 在“操作主机”对话框中，使用每个选项卡的信息，用 RID、PDC 仿真器和结构主机填写表 12-2 带有 FQDN 部分的第 3 行到第 5 行 d. 单击“取消”，关闭“操作主机”对话框，保持“Active Directory 用户和计算机”的打开状态

练习 2 传送结构主机角色

- 实验方案

在对全局编录查询实行监控之后，Northwind Traders 开发了一个会将全局编录服务器重新分配到域控制器上的计划。因为结构主机在全局编录上不能正常运行，所以该计划还包括将此角色放在特殊的域控制器上。

- 目标

在本练习中，将会把结构主机角色传送到指定的域控制器上。建议将此域控制器和全局编录服务器放在同一个站点，但是不要将域控制器放在全局编录服务器上。这是因为结构主机将频繁地和全局编录服务器联系。

注意 学员将按域分组，成对完成本练习。

<table>
<tr><th>任 务</th><th>具 体 步 骤</th></tr>
<tr><td colspan="2">重点：在 infraserver（这里 infraserver 是结构主机的名称）和 otherserver（这里 otherserver 是此域中其他域控制器的名称）上完成下面的任务。</td></tr>
<tr><td>1. 验证结构主机角色的当前拥有者</td><td>a. 在“Active Directory 用户和计算机”的控制台树中，右击“Active Directory 用户和计算机”，然后单击“操作主机”
b. 在“操作主机”对话框中，单击“结构”选项卡
注意：当前角色拥有者是 infraserver。</td></tr>
<tr><td colspan="2">重点：只在 otherserver 上执行下面的任务。</td></tr>
<tr><td>2. 将结构主机从 infraserve 传送到 otherserver</td><td>a. 在“操作主机”对话框中，单击“更改”，然后单击“确定”，关闭确定传送消息
b. 单击“确定”，关闭指示操作主机角色已成功传送的消息，再次单击“确定”，关闭“操作主机”对话框，然后关闭“Active Directory 用户和计算机”</td></tr>
<tr><td colspan="2">重点：完成前面的任务之后，在 infraserver 上执行下面的任务。</td></tr>
<tr><td>3. 确定 infraserver 已经用结构主机角色传送的信息更新过了</td><td>a. 为刷新“操作主机”对话框中显示的信息，单击“取消”并关闭“Active Directory 用户和计算机”中的“操作主机”对话框
b. 在控制台树中，右击“Active Directory 用户和计算机”，然后单击“操作主机”
c. 在“操作主机”对话框中，单击“结构”选项卡</td></tr>
</table>

续表

任　　务	详 细 步 骤
3.（续）	注意：*otherserver* 现在是结构主机角色的拥有者。 d. 单击“取消”，关闭“操作主机”对话框，然后单击“Active Directory 用户和计算机”

练习 3　取代 PDC 仿真器角色

● 实验方案

Northwind Traders Help Desk 收到使用了 Windows NT 4.0 版本的用户不断增加的关于它们不能改变密码的抱怨。执行此任务的 PDC 仿真器的域控制器已经失效了。修复此失效域控制器硬件部件需要一周以上。因为此角色执行着关键的操作，Help Desk 决定从域控制器中取代该角色。这不是个困难的决策，因为域采用的是本机模式并且没有需要完全同步的备份域控制器（BDC,Backup Domain Controller）。

● 目标

在本练习中，通过关闭计算机模拟在域控制器上的硬件失效。再取代 PDC 仿真器并把此角色传送到另一个域控制器上。再修复模拟的硬件失效和把 PDC 仿真器角色传送给原来的域。

注意　学员将按域分组，成对完成本练习。

任　　务	具 体 步 骤
重点：只在 *PDCserver*（这里的 *PDCserver* 是 PDC 仿真器的名称）上执行下面的任务。	
1. 关闭 *PDCserver* 来模拟一个硬件的失效	a. 关闭所有的窗口 b. 单击“开始”，单击“关机”，单击“关机”，然后单击“确定”
重点：前面的任务完成之后在 *otherserver*（这里的 *otherserver* 是域中其他域控制器的名称）上执行下面的任务。	
2. 用“Active Directory 用户和计算机”验证 PDC 仿真器的当前角色拥有者	a. 从“管理工具”菜单打开“Active Directory 用户和计算机” b. 在控制台树中，右击“Active Directory 用户和计算机”，然后单击“操作主机” “操作主机”对话框可能会等一会儿出现，因为它要等待 RID 主机角色拥有者的响应。单击其他两个操作主机选项卡时也会有类似的延迟。 c. 在“操作主机”对话框中，单击“PDC”选项卡

续表

任 务	具体步骤

otherserver 能确定 PDC 仿真器角色拥有者是否离线？

____

____

____

任 务	具体步骤
3. 从 *PDCserver* 取代 PDC 仿真器角色，然后使用“Active Directory 用户和计算机”把它传送给 *otherserver*	a. 尽管有消息指示该角色不能传送，还是需要单击“更改”，然后单击“确定”关闭此确定消息 b. 单击“确定”并关闭警告消息“将 PDC 角色传送给可能触发完全同步的 NT4 BDC 机器” 注意：警告信息会出现因为当 BDC 同步时角色的传送可能使网络通信猛加。由于网络采用的是本机模式，可以忽略此警告信息，这意味着 BDC 同步可能发生。

失效的操作是什么？

____

____

____

任 务	具体步骤
3. （续）	c. 单击“确定”，关闭指示试图进行强制传送的消息。取代操作正在进行 d. 单击“确定”，关闭指示操作主机角色已被成功传送的消息 e. 单击“确定”，关闭“操作主机”对话框，然后关闭“Active Directory 用户和计算机”

重点：完成前面的任务后在 *PDCserver* 上执行下面任务。

任 务	具体步骤
4. 启动 *PDCserver*，以管理员的身份登录	启动 *PDCserver*，以管理员身份登录

otherserver 能够确定 PDC 仿真器角色拥有者是脱机的吗？

____

____

续表

任　务	具体步骤
5. 使用“Active Directory 站点和服务”实例化和 *otherserver* 的复制	a. 在“管理工具”菜单打开“Active Directory 站点和服务” b. 展开“Sites”，展开“Default-First-Site-Name”，然后再展开“Servers” c. 展开 *PDCserver*，然后单击“NTDS Settings” d. 右击从 *otherserver* 的连接，单击“现在复制”，然后单击“确定”并关闭“现在复制”消息 如果出现了一个指示 RPC 服务不可用的消息，等一会在重试。因为重启计算机后启动所有必要的服务需要一段时间。 e. 关闭“Active Directory 站点和服务”
6. 使用“Active Directory 用户和计算机”验证 *PDCserver* 已经用取代的 PDC 仿真器角色的信息更新过了	a. 在“管理工具”菜单打开“Active Directory 站点和服务” b. 右击“Active Directory 用户和计算机”，然后单击“操作主机” c. 在“操作主机”对话框中，单击“PDC”选项卡

PDCserver 怎么知道 *otherserver* 现在是 PDC 仿真器？

____

____

____

____

7. 将 PDC 仿真器从 *otherserver* 传送到 *PDCserver*	a. 在“操作主机”对话框中，单击“更改”将角色拥有者返回给原来的服务器 *PDCserver* b. 单击“确定”,关闭确定传送的消息，单击“确定”,关闭指示操作主机被成功地传送的消息，然后单击“确定”,关闭“操作主机”对话框 c. 关闭“Active Directory 用户和计算机”

练习 4　用 ntdsutil 传送操作主机角色

- 实验方案

一个 Northwind Traders 的顾问推荐了一种只使用命令行工具的远程管理策略。一个额外目标就是通过远程登录对话完成这些任务。

- 目标

在本练习中，可使用命令行工具 Ntdsutil.exe 来确定所有的当前角色拥有者以及传送 RID 主机。

注意 学员将按域分组，成对完成本练习。

任　务	具 体 步 骤
重点：在 *RIDserver*（这里 *RIDserver* 是 RID 服务器的名称）和 *otherserver*（这里 *otherserver* 是域中其他域控制器的名称）上完成下面的任务。	
1. 用 ntdsutil 工具决定当前操作主机	a. 打开一个命令提示窗口 b. 在命令提示符下，键入“ntdsutil”，然后按 Enter 键 c. 在“ntdsutil”提示符下，键入“? ”，然后按 Enter 键以显示此菜单的帮助信息 **注意** 也可以键入“? ”或“help”，然后按 Enter 键以显示此菜单的帮助信息。 d. 在“ntdsutil”提示符下，键入“domain management”，然后按 Enter 键以显示此菜单的帮助信息 **注意** 只需键入足以区分每个关键字的字符即可。例如：d m 可以代替 domain management。另外，关键字不区分大小写。 e. 在“domain management”提示符下，键入“connections”，然后按 Enter 键以显示此服务器连接提示符 f. 在“server connections”提示符下，键入“connect to server *servername*”（这里 *servername* 是计算机的名称），然后按 Enter 键 **注意** 如果想用本地登录用户的不同证书连接到服务器，使用“set creds %s %s %s”。更多的信息可以参照 View Help。 g. 在“server connections”提示符下，键入“info”，然后按 Enter 键以显示当前连接信息 h. 在“server connections”提示符下，键入“quit”，然后再按 Enter 键返回“domain management”提示符状态 i. 在“domain management”提示符下，键入“select operation target”，然后按 Enter 键显示“select operation target ”提示符 j. 在“select operation target”提示符下，键入“list roles for connected server”，然后按 Enter 键显示所有该服务知道的角色拥有者 k. 在“select operation target”提示符下，键入“quit”，然后按 Enter 键返回“domain management”提示符状态 l. 在“domain management”提示符下，键入“quit”，然后按 Enter 键返回“ntdsutil”提示符状态

续表

任　　务	具 体 步 骤
2．浏览“ntdsutil”工具中可以的维护选项	a．在“ntdsutil”提示符下，键入“roles”，然后按 Enter 键来显示“fsmo maintenance”提示符
	注意　fsmo（代表“灵活单主机操作”）是另一个操作主机以前的名字。
	b．在“fsmo maintenance”提示符下，键入“？”，然后按 Enter 键来显示“fsmo maintenance”选项
	注意　所有取代和传送操作是可用的。

重点：完成前面的任务后在 *otherserver* 上执行下面的任务。

任　　务	具 体 步 骤
3．使用“ntdsutil”将 RID 主机角色从 *RIDserver* 传送到 *otherserver* 上	a．在“fsmo maintenance”提示符下，键入“transfer RID master”，然后按 Enter 键
	b．单击“是”关闭确认传送的信息
	注意　在自动操作或远程登录的会话中可以禁止这些确认信息。这可以通过“ntdsutil”提示符下键入“popups off”来完成。
	c．在“fsmo maintenance”提示符下，键入“quit”，然后再按 Enter 键返回“ntdsutil”提示符状态

重点：完成前面的任务后在 *RIDserver* 和 *otherserver* 上执行下面的任务。

任　　务	具 体 步 骤
4．关闭“ntdsutil”工具和命令提示符窗口，然后注销	a．在“ntdsutil”提示符下，键入“quit”，然后按 Enter 键，退出该工具
	b．关闭命令提示符窗口，关闭所有其他打开的窗口，然后注销

12.5　最佳实践

考虑以下使用操作主机的最佳操作：

- 不要进行频繁角色传送。只有在对域的结构做了重大改变时才可以进行角色传送，例如：在降级域控制器角色拥有者时或者在添加一个对某些角色比当前的角色拥有者更合适的新域控制器时
- 应该在降级域控制器之前传送此域控制器拥有的操作主机角色。这可以确保在降级该域控制器前角色传送是成功的。同时还允许选择新的角色拥有者并且核实传送是成功的
- 当要把 PDC 仿真器主机角色分配给一个域控制器时，要考虑与密码改变相关的网络通信。这样做是因为用户账户密码的改变会导致其他的域控制器和基于 Windows 2000 以前版本的客户端计算机的频繁的网络通信。
- 周期性地回顾角色拥有者在网络中的最佳布置。角色拥有者的最佳布置可能会因为网络

的改变、使用模式或风险分析而改变。

- 将架构主机角色和域命名主机角色分配到同一个域控制器上。保护一个域控制器比保护两个域控制器容易，所以如果架构主机角色和域命名主机角色不在同一个域控制器上，则有必要把它们分配到一个域控制器上。同样，组织内的同一个组通常有同时拥有架构主机和域命名主机这两个角色的域控制器。
- 将全局编录服务器和结构主机放在同一站点。这减少了结构主机枚举外部引用时网络的通信量。

习题

1．某组织只包含一个域，该域有一个包含三个域控制器的站点：T1，T2，T3。T1 是树林里的第一台域控制器，同时也是全局编录服务器。这种情况下如何放置 FSMO（Flexible Single Master Operations）最为合理？

A．在 T1 上放置架构主机和域命名主机，在 T2 上放置 RID 主机、PDC 仿真器、基础结构主机和一个附加的域命名主机。将 T3 指定为备用操作主机服务器

B．在 T1 上放置架构主机和域命名主机，在 T2 上放置 RID 主机副本、PDC 仿真器和基础结构主机。在 T3 上放置 RID 主机、PDC 仿真器和基础结构主机

C．在 T1 上放置架构主机和域命名主机，在 T2 上放置 RID 主机、PDC 仿真器和基础结构主机。将 T3 指定为备用操作主机服务器

D．在 T1 上放置架构主机和域命名主机，在 T2 上放置 RID 主机、PDC 仿真器和基础结构主机。将 T3 指定为备用操作主机服器

2．哪个操作主机是在域范围内的？哪个操作主机是在目录林范围内的？

3．哪个操作使用 PDC 模拟器主机角色？

4．当拥有角色的域控制器遭受了不可修复的破坏时，有没有办法联机恢复一个操作主机角色？

5．在恢复 RID 主机、架构主机或域名主机失效问题时，应该遵循哪些原则？

6．为什么不应该取代架构主机角色？

7．归纳出给带有多个域控制器的域指派操作主机角色的一般原则。

第 13 章　维护 Active Directory 数据库

由于 Microsoft Windows 2000 Active Directory 的目录服务在支持事务处理的数据库中存储了该服务的信息，因此它能够在失败后维护数据的完整性。从硬件故障到整个系统失效都可能引起失败，例如火灾。Active Directory 数据库使用事务处理日志文件来恢复已损坏的数据信息。恢复了这些信息后，Active Directory 使用备份恢复来自域中的其他域控制器的数据。Active Directory 组件间的交互为 Active Directory 如何备份和检索数据提供了基础。

备份和恢复数据对维护 Active Directory 数据库来说是必要的。可以使用 Microsoft Windows 2000 Advanced Server 提供的图形用户界面（GUI, Graphical User Interface）和命令行工具来备份和恢复 Active Directory。

完成本章学习后，将能够：

- 了解维护 Active Directory 数据库的重要性
- 了解修改 Active Directory 中数据的过程
- 了解 Active Directory 中的垃圾收集过程
- 使用备份工具备份系统状态数据
- 通过恢复系统状态数据恢复 Active Directory
- 将 Active Directory 数据库移动到一个新的位置
- Active Directory 数据库的碎片整理
- 应用最佳操作维护 Active Directory 数据库

13.1　维护 Active Directory 数据库介绍

维护 Active Directory 数据库是一项很重要的管理任务，因而它需要定期计划，帮助恢复丢失或损坏的数据并修复 Active Directory 数据库。当域控制器由于硬件或软件方面的问题而不能正常工作时，用户将不能访问所需资源或登录到网络上。Windows 2000 Advanced Server 提供了下列任务，用于维护 Active Directory 数据库：

- 备份 Active Directory。可以使用 Microsoft Windows 2000 中的备份工具来备份 Active Directory 中的信息。Active Directory 中的信息是作为系统状态数据的一部分来备份的
- 恢复 Active Directory。当 Active Directory 被损坏或被删除，或者 Active Directory 中的对象被更改或删除时，也可以使用备份工具来恢复 Active Directory，因为它是系统状态数据的一部分
- 将 Active Directory 数据库移动到一个新的位置。当整理数据库碎片时，需要将数据库移动到新的位置。移动数据库并不删除原始数据库，所以当经过碎片整理后的数据库不

能正常工作或受损时还可以使用该原始数据库。同样，如果磁盘空间不足，可以添加另一个新硬盘驱动器并将数据库移动到新的硬盘驱动器上

- 整理数据库碎片。数据库的频繁更新会导致数据库空间的使用效率低下。整理数据库碎片可以重新排序数据，某些情况下还可以减小文件大小

13.2 修改 Active Directory 数据的过程

图 13-1 所示的为修改 Active Directory 中数据的步骤。

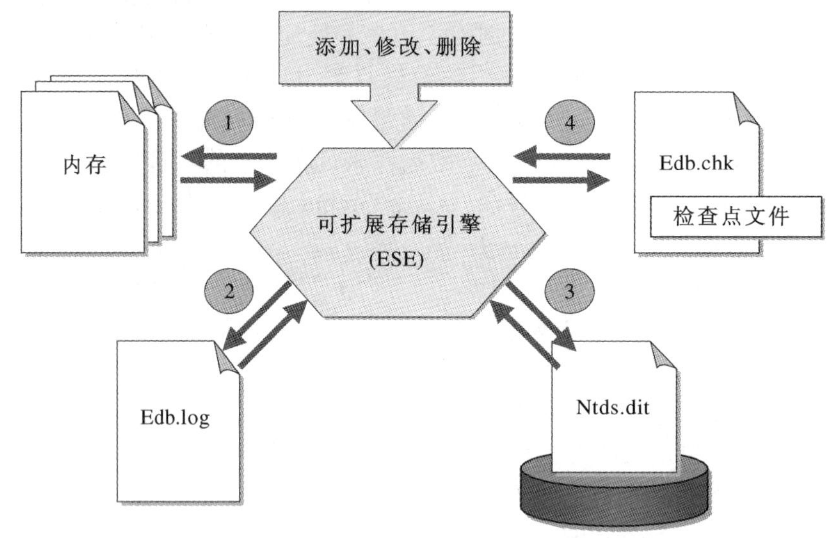

图 13-1 修改 Active Directory 中数据的步骤

每个对 Active Directory 添加、修改或者删除对象（或属性）的请求都被看做是单个事务处理（transaction）。事务处理是一系列修改的集合，例如插入、删除和更新。事务将这个集合中的所有操作看成一个原子单位。

Active Directory 有它自己的数据库引擎，称为可扩展存储引擎（ESE, Extensible Storage Engine），它存储了所有的 Active Directory 对象。ESE 使用事务处理和日志文件的原理来确保 Active Directory 数据库的完整性。

ESE 维护一个采用索引顺序访问方法（ISAM, Indexed Sequential Access Method）的表驱动的数据库，这个数据库支持事务处理以确保数据库操作的安全性。该数据库包含两个表：一个用于链接属性的链接表，例如 memberOf 属性和一个用于 Active Directory 其他信息的数据表，该表要比前面那个表大得多。

（1）Active Directory 中的文件

Active Directory 包含下列文件：

- Ntds.dit 文件。这个单独的文件是 Active Directory 数据库文件，它存储了域控制器中所

有的 Active Directory 对象。Ntds.dit 代表了 Windows NT 目录服务和目录信息树。默认位置是 *systemroot*\NTDS 文件夹。Active Directory 中每一个事务处理被记录在一个或多个与 Ntds.dit 文件相关联的事务处理日志文件中

- Edb*.log 文件。这是一个事务处理日志文件。默认的事务处理日志文件名是 Edb.log。每个事务日志文件的容量是 10 MB。当 Edb.log 文件满了的时候，它被重新命名为 Edb*nnnnn*.log，这里的 *nnnnn* 是一个从 1 开始每重新命名一次就加 1 的数
- Edb.chk。这是一个检查点文件，数据库引擎用它来跟踪那些还没有被写到 Active Directory 数据库文件中的数据。检查点文件是用来维护内存和磁盘数据库文件之间状态的指针。检查点文件指针指出了在日志文件中的起始点，一旦数据库发生故障，从该起始点开始的信息都需要恢复
- Res1.log 和 Res2.log 文件。这些是保留的事务处理日志文件。在驱动器或文件夹里，为事务处理日志文件保留的磁盘空间是 20 MB。如果所有其他的磁盘空间都在使用，那么保留的磁盘空间为事务处理日志文件提供了足够的空间来关闭系统

（2）数据库的修改步骤

当 Active Directory 中的数据被修改时，将会发生下列情况：

- ESE 将要修改的数据载入内存。通过在内存和磁盘之间交换数据块（也称为“页面”），ESE 把磁盘数据缓存到内存中。ESE 更新内存中的页面并将新的或者更新过的页面写回到磁盘上。这种更新使得 ESE 能够在内存中缓冲数据从而 ESE 不必经常从硬盘检索数据。结果，对内存进行多次修改而很少需要写入硬盘。这种缓存提高了性能。当用户发出请求时，ESE 开始将请求载入内存并对这些页面进行标记。接着，这些标记过的页面被写到磁盘上的信息存储数据库中
- ESE 保护在事务处理日志文件 Edb.log 中的事务处理，并在该日志文件里创建一条记录。当 ESE 到达事务处理日志文件的结尾时，它将 Edb.log 重新命名为 Edb*nnnnn*.log，并创建一个新的日志文件。不再需要的旧日志文件被自动删除
- ESE 将存储在内存中的更改写到磁盘上的数据库文件 Ntds.dit 中
- 更新检查点文件 Edb.chk，表明日志文件中的事务处理已经提交给数据库

13.3 垃圾收集处理

垃圾收集（Garbage collection）是这样的进程，当域控制器每连续运行 12 小时后，该进程就会运行，来删除域控制器中过期的或已逻辑删除的对象，并整理数据库碎片。垃圾收集用于释放 Active Directory 数据库中的空间。通过修改企业范围的 DS 配置对象（NTDS）中的 garbageCollPeriod 属性，可以改变垃圾收集的时间间隔。

对于一个 Company.com 域中名为\\Server1 的域控制器来说，此属性的路径将是：

CN=Directory Service，CN=Windows NT，CN=Services，CN=Configuration，DC=COMPANY，DC=COM

使用所选择的 Active Directory 编辑工具来设置 garbageCollPeriod 属性。支持的工具包括

ADSI 编辑（Adsiedit.msc）、Ldp.exe 和 ADSI 脚本。

垃圾收集用于执行以下任务：

- 评价和删除逻辑删除。逻辑删除标记是指明对象已被删除的标记。不是立即物理地删除一个指定对象，而是由数据库把该对象的大部分属性删除，并将它移动到已删除的对象文件夹，然后将该对象标记为已被逻辑删除。在对象被标记为开始删除到从数据库物理删除之间有一个延迟。这个延迟周期被称作逻辑删除生存时间（tombstone lifetime）。延迟的存在为发起删除的域控制器提供了时间，在这个时间间隔内发起删除的域控制器可以将删除内容复制到树林中其他的域控制器中。数据库在逻辑删除生存时间结束后删除已逻辑删除的对象。可以配置逻辑删除生存时间间隔或使用默认的 60 天的生存时间。当对象的逻辑删除生存时间终止时，对象就被删除。然后垃圾收集进程删除任何不必要的日志文件
- 整理数据库碎片。碎片整理进程重新安排数据怎样写入数据库，并在某些情况下，对数据库进行压缩。另外，在 Windows 2000 中有两种方法整理 Active Directory 数据库碎片，一种是使用作为垃圾收集进程一部分的联机碎片整理方法。这种方法惟一的优点是服务器运行此程序不需要脱机。然而，这种方法不会缩小 Active Directory 数据库文件（Ntds.dit）。另一种方法是使服务器脱机，然后使用 Ntdsutil.exe 整理数据库碎片。这种方法要求 DS 数据库以修复模式启动。这种方法的优点是可以调整数据库的大小，空闲的空间可以释放，大小可以由 Ntds.dit 文件反映出来。使用这种方法时，域控制器必须脱机。除非手动执行，否则垃圾收集进程总是使用联机碎片整理方式

注意 要配置垃圾收集时间间隔和逻辑删除生存时间，需要使用 ADSI 编辑工具连接到域控制器的配置容器上。在配置分区中，打开 Configuration/Services/Windows NT/Directory Service 属性。在“选择要查看的属性”对话框中，单击向下箭头并向下滚动到 garbageCollPeriod 属性和 tombstoneLifetime 属性，然后编辑这些属性值。默认值显示为 <not set>。

13.4 备份 Active Directory

Windows 2000 Advanced Server 中的备份有几项功能，使得备份 Active Directory 非常简单。也可以将备份 Active Directory 集成到常规备份过程中而无需中断网络或正在备份的域控制器的操作。

13.4.1 执行预备任务

执行预备任务是备份 Active Directory 的一个重要部分。一个任务是确保要备份的文件已经关闭。在备份数据之前给用户发送一个通知，通知用户关闭文件。正在使用系统的应用程序或者没有被通知到的用户（例如用户通过 Internet 登录）将会终止它们的会话。Windows 备份不能备份被应用程序锁定的文件。可以使用 E-mail 或者“发送控制台消息”对话框（在“计算机管理和服务”控制台和“共享文件夹”管理单元中可用）给用户发送管理信息。

如果使用可移动的媒体设备，则必须确保执行下面的预备任务：

- 备份设备连接到网络中的计算机并被开启。如果备份到磁带上，必须将磁带设备连接到运行 Windows 备份程序的计算机
- 该媒体设备列于 Windows 2000 的硬件兼容性列表（HCL, Hardware Compatibility List）中
- 将媒体加载到媒体设备中。例如：如果使用磁带设备，则应确保磁带已经加载到磁带设备中

13.4.2 系统状态数据

在备份 Active Directory 时，备份程序也自动备份所有的系统组件以及 Active Directory 所依赖的分布式服务。这些依赖数据就是所谓的系统状态数据（system state data）。

域控制器上的系统状态数据包括以下内容：

- Active Directory（仅限于域控制器上）
- SYSVOL 共享文件夹（仅限于域控制器上）。SYSVOL 文件夹是一个包含组策略模板和登录脚本的共享文件夹
- 注册表。注册表是一个存储计算机配置信息的数据库
- 系统启动文件（System startup files）。在 Windows 2000 Advanced Server 初始化的启动阶段需要这些系统启动文件
- 类注册数据库。类注册数据库是一个关于组件服务应用程序信息的数据库
- 证书服务数据库（The Certificate Services Database）（如果服务器是作为证书服务器运行的）。证书服务数据库包含 Windows 2000 Advanced Server 用来对用户进行身份验证的证书

13.4.3 备份系统状态数据

要备份系统状态数据，可以执行下列步骤：

1）在“开始”菜单上，指向“程序”，指向“附件”，再指向“系统工具”，然后单击“备份”。

2）单击“备份向导”图标来打开“备份向导”。

3）在本地计算机上备份系统状态数据可以使用下列三种办法的任何一种方法：

- 在“备份向导”中，在“要备份的内容”的页面上，单击“只备份系统状态数据”
- 在“备份向导”中，在“要备份的项目”的页面上，展开“我的电脑”，然后选中“系统状态”复选框
- 在“备份”对话框中，在“备份”选项卡上，展开“我的电脑”，然后选中“系统状态”复选框

可使用“备份”中的高级备份选项来设置或配置参数，例如验证数据、硬件压缩、媒体标签、是否希望将此备份工作附加到前面的工作中以及是否希望制定备份计划，这样可以在其他时间运行备份而不需要人参与。验证数据使备份能够检查从域控制器上备份的文件和复制到备份媒体上的文件之间是否存在差别。验证的结果写在事件日志里，并可以用事件查看器进行分析。

重点 对于完全的灾难恢复，需要备份所有的硬盘和系统状态数据。要执行这种备份,则可以运行“备份”，在“备份向导”里，在“要备份的内容”页面上，选择“备份整个系统”。

13.4.4 备份系统状态数据的原则

当备份系统状态数据时要遵循以下的原则：

- 必须具有备份文件和文件夹的权限。默认情况下，Administrators、Backup Operator 和 Server Operator 组的成员具有备份文件/文件夹的权限
- 系统状态数据并不包括 Active Directory,除非备份系统状态数据的服务器就是域控制器
- 可以自动备份系统状态数据,或者将系统状态数据备份作为常规备份过程的一部分备份
- 可以在域控制器联机的时候备份系统状态数据

重点 由于备份只支持 Active Directory 的本地备份，因此必须在企业的每个域控制器上执行备份来实现对 Active Directory 的完全备份。在不使用第三方工具，例如 VERITAS 的情况下，不能备份远程计算机上的 Active Directory。

13.5 恢复 Active Directory

Windows 2000 提供了在 Active Directory 数据库由于硬件或软件故障而导致数据库损坏或破坏时恢复该数据库的能力。在一个域控制器上有两种恢复已复制的数据方法。可以重装域控制器，然后让正常的复制进程使用副本数据重新填充新的域控制器，或者使用备份工具从备份媒体中恢复复制的数据而不需要重装操作系统或重新配置域控制器。从备份媒体中恢复 Active Directory 也有两种方法：非授权恢复方法（nonauthoritative）和强制性的恢复方法（authoritative）。

同备份过程相似，当选择恢复 Active Directory 的时候，可以只恢复已被备份的系统状态数据，它们包括注册表、COM+类注册数据库、系统启动文件、SYSVOL 目录、Active Directory 和证书服务数据库（如果服务器是一个证书服务器）。不可以选择将系统状态数据的个别组件恢复（例如：只恢复 Active Directory）。

当想要将一个最近删除的对象恢复到先前未删除的状态时，需要执行此对象的授权恢复。然而，在需要恢复由于硬件故障而被损坏的 Active Directory 情况下，只需要从最近的备份中执行非授权恢复。执行完非授权恢复后，Active Directory 副本自动开始传递来自其他域控制器的在发生备份后的所有更改。

13.5.1 非授权恢复

非授权恢复可以将 Active Directory 数据恢复到它备份前的状态。如果任何一个 Active Directory 对象在备份前被更新或删除了，那么当复制发生时，这些恢复数据将被更新到对象的当前状态。

在非授权恢复的过程中，域控制器上的分布式服务是从备份媒体上恢复的，然后通过常规复制更新恢复的数据。每个已恢复的目录分区都是用其复制伙伴来更新的。例如：当一个域控制器上的硬盘发生错误而要求更换主硬盘时，就得使用非授权恢复。格式化新磁盘，重新创建

一个和出错前一样的分区，在主分区中重新安装 Windows 2000 Advanced Server，恢复出错前计算机中所有的数据文件，然后再恢复分布式服务，包括整个 Active Directory。

备份程序只执行 Active Directory 的非授权恢复。当非授权恢复后的域控制器联机时，它就检测备份执行后还没有被更新的恢复数据。因此，当 Active Directory 被恢复以后 Windows 2000 将自动进行以下操作：

- 执行一致性检查并重新计算 Active Directory 数据库中的索引
- 使用来自复制伙伴的数据更新 Active Directory 和文件复制服务（FRS, File Replication Service）

13.5.2 执行非授权恢复

在替换不能工作的域控制器过程中或者修复被破坏的 Active Directory 数据库时，可以非强制性地恢复 Active Directory。

要恢复域控制器上的系统状态数据，则首先必须以一种称为“目录服务恢复模式”的特殊的安全模式启动计算机。这种模式允许恢复 SYSVOL 目录和 Active Directory 目录服务数据库，但是只可以恢复本地计算机上的系统状态数据，而不能恢复远程计算机的系统状态数据。

如果域控制器上的操作系统正常工作，但是 Active Directory 数据库被破坏了，那么必须重启计算机，选择“目录服务恢复模式”高级启动选项，然后用“备份”来恢复最近的系统状态数据。因为 Active Directory 是域控制器上的系统状态数据的一部分，所以必须恢复系统状态数据才能恢复 Active Directory。当 Active Directory 正在运行时，备份程序不能替换 Active Directory 文件。因此必须使用 Active Directory 的“目录服务恢复模式”的高级启动选项来启动操作系统。

重点 不能从超过逻辑删除生存时间（默认为 60 天）的系统数据备份中恢复 Active Directory。域控制器只跟踪此期间内的删除对象。

如果只有一个域控制器，那么在最后一次备份之后的任何更改都将丢失。如果有多个域控制器，且备份后的时间比逻辑删除的生存时间短，就可以恢复已有的备份并在域控制器之间进行复制使得 Active Directory 恢复到当前状态。

要非强制性地恢复 Active Directory，可以执行以下步骤：

1）重新启动域控制器，然后按 F8 键显示高级启动选项。

2）选择“目录服务恢复模式”启动，但这个选项不能自动启动 Active Directory。

3）使用管理员账户登录到 Windows 2000，该账户保存在域控制器上的本地用户账户数据库里。

4）使用“备份”来恢复最近的系统状态数据。

5）像通常一样重新启动域控制器。

在重启计算机后，Windows 2000 Advanced Server 执行一致性检查，初始化（再次索引）Active Directory 数据库，并更新 Active Directory 信息和来自计算机复制伙伴的 FRS 数据。如果有多个域控制器，在复制完成以后，域控制器的 Active Directory 数据库成为最新的 Active Directory。

警告　当恢复系统状态数据时，“备份”程序清除当前计算机上的系统状态数据，并用正在恢复的系统状态数据替换当前的系统状态数据。根据系统状态数据新旧程度，可能会丢失最近对计算机的配置所做的更改。为了把丢失配置更改的风险降到最小，最好定期备份数据。

重点　当以“目录服务恢复模式”重新启动计算机的时候，必须用一个有效的安全账户管理器（SAM, Security Accounts Manager）的账户名和密码，以管理员身份进行登录。不要用 Active Directory 管理员名和密码进行登录，因为 Active Directory 是脱机的，它不会对账户进行验证。当 Active Directory 脱机时，SAM 账户数据库用于控制对 Active Directory 的访问。在安装 Active Directory 的时候，需要指定 SAM 账户名和密码。

13.5.3　授权恢复

授权恢复是一种用于恢复有多个域控制器的域中的单个 Active Directory 对象的方法。使用授权恢复，可以把数据库中的特定信息标记为当前信息，这样可以防止复制时改写这些信息。当恢复容器对象时，OU 中的所有对象也被恢复。

授权恢复发生在非授权恢复执行之后。授权恢复指定整个目录、子树或单个对象，把它们识别为树林中副本域控制器的权威。Ntdsutil.exe 工具允许将对象标记为权威的 。这就允许对象以复制方式进行传递，从而更新整个树林中现有的那些对象的副本。授权恢复通常用来将 Active Directory 恢复到先前已知的某种状态，例如：在 Active Directory 对象被错误删除之前。

注意　不能将架构目录分区标记为权威，因此构架的更改不能使用授权恢复来撤消。

当把对象标记为权威的时，它在 Active Directory 中拥有最高的版本号（version number）。版本是一个从 1 开始的数字，每产生一次对 Active Directory 数据库的更新就增加 1。默认情况下，每个标记为权威对象的版本号，每天在备份发生时间到恢复发生时间的间隔内增长 100 000。逐渐增长的版本号能够确保该对象进行复制时，授权恢复值替换备份后对该对象所发生的任何更新。假定该对象从备份后并没有发生每天 100 000 次的更改。在复制期间，检查时间戳之前的版本号可以避免复制冲突。版本号以 64 位值存储。可以为新的版本号更改默认的增长数。

当两个域控制器拥有同一个对象不同的版本号时，高版本号的更改覆盖对象的另一个副本。通过指派对象最高版本号，确保备份后对象的更新不会在复制期间改写相应的权威值。删除和更改只对授权恢复的对象起作用。

注意　如果不使用授权恢复，恢复对象拥有的版本号是它被备份时的版本号。备份后对对象的任何更改，例如错误的删除，拥有更高的版本号。更改后的对象版本将覆盖恢复后的对象版本。如果只有一个域控制器，这种情况就不会发生。

13.5.4　执行授权恢复

Ntdsutil.exe 是一个可以将 Active Directory 对象标记为权威的工具。被标记为权威的对象将得到一个更高的版本号，这将防止其他域控制器上最近更改的数据在复制期间改写它的信息。

Ntdsutil 的子菜单使得使用 Ntdsutil 变得困难了。当输入“q”（退出）时，将回退到 Ntdsutil 中的下一个最高级的子菜单组。例如：如果在命令行输入“Ntdsutil”，然后按 Enter 键，将进入 Ntdsutil 的主菜单结构。如果在命令行输入“ROLES”，并按 Enter 键，将进入“FSMO Roles”子菜单。此时，如果键入“q”，并按 Enter 键，就会回到 Ntdsutil 的主菜单结构。要实现授权恢复，可以执行以下步骤：

1）启动域控制器，按 F8 键，然后在“高级启动选项”中单击“目录服务恢复模式”。选择这种模式的原因是在这个过程中无法运行 Active Directory。可以使用存储在域控制器的本地用户账户数据库的管理员账户进行登录。

2）将 Active Directory 恢复到它原来的位置。同时，当需要在 SYSVOL 上执行授权恢复的时候，可以将 Active Directory 恢复到另一个位置。使用“备份”程序恢复系统状态数据，但在恢复完成出现提示的时候不要重新启动计算机。

3）打开命令提示符窗口，运行 Ntdsutil.exe。

4）切换到“authoritative restore”提示符下。在“ntdsutil”提示符下，键入“authoritative restore”。

5）在“authoritative restore”提示符下，键入

restore subtree *distinguished_name_of_object*

其中，*distinguished_name_of_object* 是对象的可分辨名称或路径。例如：如果想恢复一个直接存在于 contoso.msft 域下的名为 Sales 的 OU，那么就键入

restore subtree OU=Sales,DC=contoso,DC=msft

有关可分辨用户名的详细信息，可以参阅“学生材料”CD 中的附录 C——“LDAP Names”。

注意　要强制地恢复整个目录，可以键入“restore database”，然后按 Enter 键。

输入“quit”，然后按 Enter 键。再输入“quit”，然后按 Enter 键，退出 ntdsutil。像往常一样重新启动域控制器。

当执行 Active Directory 数据库或包括组策略对象在内的部分 Active Directory 数据库的授权恢复时，必须执行一个包含 SYSVOL 文件夹的额外程序，以确保强制地恢复正确的元素。

在文件复制服务（FRS, File Replication Service）发布 SYSVOL 文件夹后，可以复制 SYSVOL 文件夹，并只将与恢复的组策略对象对应的组策略文件夹从其他位置复制到现有的位置。通过检查 SYSVOL\domain 文件夹的内容可以验证复制是否成功。

实验 A　备份和恢复 Active Directory

- 目标

进行本实验之前，必须进行如下准备：

- 执行 Active Directory 数据库的备份
- 执行 Active Directory 数据库的非授权恢复
- 执行 Active Directory 数据库的授权恢复

- 准备工作

实验之前，必须具有：

- 复制 Active Directory 的知识和经验
- 在 Active Directory 中创建对象的经验

重点 本实验没有反映真实环境。建议总是为任何管理员账户使用复杂密码，千万不要创建没有密码的账户。

重点 在教室以外的环境中，强烈建议使用必要的、最新的软件更新。因为这是教室环境，所以可以使用没有包括最新更新的软件。

- 实验方案

实验者正在验证 Northwind Traders 的 Active Directory 的灾难恢复过程。这些过程将备份域控制器上的系统状态数据进行归档，然后将其恢复。该公司最感兴趣的是意外删除的组织单位的安全恢复。

- 实验预估时间：30 分钟

练习 1 备份 Active Directory

- 实验方案

Northwind Traders 开发了灾难恢复过程。在整个公司实现备份过程之前，需要测试备份过程以确保它是合适的。

- 目标

在本练习中，将创建一个测试组织单位，在备份完计算机系统状态数据之后将删除此单元。

注意 在本次练习中，实验者将和同伴一起工作,并按照域分组。

任　务	具 体 步 骤
1．在 *domain*.nwtraders.msft（这里的 *domain* 就是分配给你的域名）里创建如下的 OU： • Backup_*servername*（这里的 *servername* 是计算机的主机名）	a．在域中以管理员身份和密码 password 登录 b．从“管理工具”菜单中打开“Active Directory 用户和计算机” c．在控制台树中，展开“*domain*.nwtraders.msft”（这里的 *domain* 是分配的域名），右击“*domain*.nwtraders.msft”，指向“新建”，然后单击“组织单位” d．在“新建对象—组织单位”对话框中的“名称”框中，键入“Backup_*servername*”（这里的 *servername* 是计算机名），然后单击“确定”

重点：在实验者与其同伴都完成任务 1 后，再开始任务 2。

续表

任　　务	具 体 步 骤
2．利用同伴的域控制器启动复制	a．从“管理工具”的菜单中打开“Active Directory 站点和服务” b．展开“sites”，展开“Default-First-Site-Name”，展开“Servers”，展开“*severname*”，然后单击“NTDS Settings” c．右击来自同伴服务器的连接对象，单击“立即复制副本”，然后单击“确定”关闭提示复制成功的信息框 d．在“Active Directory 用户和计算机”中，单击“*domain*.nwtraders.msft”并按 F5 键来刷新显示 e．验证组织单位 Backup_*servername* 和 Backup_*partneserve*（这里的 *partnerserve* 是同伴计算机的主机名）是否同时出现 f．注意：如果同伴的组织单位不出现，再次执行步骤 c 和 d g．关闭“AD 站点和服务”
3．使用详细的日志，开始把域控制器的系统状态数据备份到名为 C:\Backup.bkf 文件中	a．单击“开始”菜单，指向“程序”，指向“附件”，指向“系统工具”，然后单击“备份” b．在“备份—[无标题]”窗口上，“工具”菜单中，单击“选项” c．在“选项”对话框中，在“备份日志”选项卡上，单击“详细数据”启用详细日志，然后单击“确定” d．在“备份—[无标题]”窗口，单击“备份向导” e．在“欢迎使用 Windows 2000 备份及故障恢复工具”的页面里，单击“下一步”继续 f．在“要备份的内容”的页面上，单击“只备份系统状态数据”，然后单击“下一步” g．在“备份保存的位置”的页面上，在“备份媒体或文件名”的框里，键入“C:\Backup.bkf”，然后单击“下一步” h．在“完成备份向导”页面上，单击“完成” i．继续任务 4，允许备份处理在后台执行
4．当允许备份处理在后台执行时，确定执行恢复时域控制器的调用 ID	a．打开一个命令提示符窗口。 b．在命令提示符下，键入“repadmin/showreps *restoreserver*”（这里的 *restoreserver* 是小组里较低学员编号的计算机的主机名），然后按 Enter 键

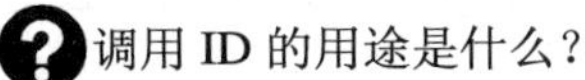
调用 ID 的用途是什么？

这个调用 ID 和 objectGUID 有什么不同？

____

____

____

续表

任　　务	具 体 步 骤
5. 当允许备份在后台完成时，就要确定 Backup_*restoreserver* 的版本号（这里的 *restoreserver* 是小组里较低学员编号的计算机的主机名）	a. 在命令提示符下。键入 repadmin /showmeta “ou=Backup_*restoreserver*, dc=*domain*,dc=nwtraders,dc=msft”，然后按 Enter 键

Backup_*restoreserver* 组织单位的名称属性的版本号是什么？

____

____

____

5. （续）	b. 关闭命令提示符窗口
6. 在备份处理完成后，查看报告，然后关闭备份程序	a. 在“备份”里，在“备份进度”对话框中，单击“报表” b. 查看备份日志，可以看到这些文件是域控制器系统状态的一部分，然后关闭日志文件 c. 在“备份进度”对话框里，单击“关闭”，然后关闭备份程序
7. 删除两个测试组织单位：Backup_*servername* 和 Backup_*partnerserver*(这里的 *partnerserver* 是同伴计算机的主机名）	a. 在“Active Directory 用户和计算机”中，单击“Backup_*servername*”，按 Delete 键，然后单击“确定”来关闭确认删除的消息 b. 单击“Backup_*partnerserver*”，按 Delete 键，然后单击“确定”来关闭确认删除的消息 c. 关闭“Active Directory 用户和计算机”

练习 2　恢复 Active Directory

● 实验方案

Northwind Traders 开发了灾难恢复过程。在整个公司里实现恢复过程（包括授权恢复）之前，要对它们进行测试。

● 目标

在本练习中，将在删除测试组织单位之前恢复最近的备份。对于这个测试组织单位来说，需要执行授权恢复。

注意　在本练习中仅使用小组中较低学员编号的域控制器。这个域控制器被当作恢复服务器。

任　　务	具 体 步 骤
重点：只在指定为恢复服务器的域控制器上完成这个练习。	
1．以目录服务恢复模式重新启动域控制器，然后以管理员身份登录	a．关闭所有打开的应用程序，重启域控制器 b．当“启动加载程序”菜单出现或“要排解疑难以及了解 Windows 2000 高级启动选项，请按 F8”信息出现在屏幕底下时按 F8 键 c．在“Windows 2000 高级选项”菜单中，单击“目录服务恢复模式”，然后按 Enter 键 d．以所在域的管理员身份登录，密码为 password，然后单击“确定”关闭表明 Windows 运行于安全模式的消息
2．从 C:\Backup.bkf 文件中恢复域控制器的系统状态	a．打开备份程序 b．在“备份—[无标题]”窗口中，在“欢迎”选项卡上，单击“恢复向导”来启动“恢复向导” c．在“欢迎使用恢复向导”页面上，单击“下一步”继续 d．在“恢复项目”页面上，展开“文件”，展开“媒体创建于”，选中“系统状态”复选框，然后单击“下一步” e．在“完成恢复向导”的页面里，单击“完成” f．在从“输入备份文件名”对话框里，在“从备份文件恢复”框里键入“C:\Backup.bkf”，然后单击“确定” g．在恢复过程完成后，单击“关闭”，单击“否”来关闭询问是否重启计算机的消息，然后关闭备份程序
3．在恢复过程完成后，将 Backup_*restoreserver* OU 标记为授权恢复	a．打开命令提示符窗口 b．在命令提示符下，键入“ntdsutil”，然后按下 Enter 键 c．在“ntdsutil”提示符下，键入“authoritative restore”，然后按 Enter 键 d．在“authoritative restore”提示符下，键入“？”，然后按 Enter 键 回顾可用选项。 e．在“authoritative restore”提示符下，键入 restore subtree “ou=Backup_*restoreserver*,dc=*domain*,dc=nwtraders,dc=msft”，按 Enter 键，然后单击“是”来关闭确认授权恢复的消息 f．在“authoritative restore”提示符下，键入“quit”，然后按 Enter 键，回到上一级菜单 g．在 ntdsutil 提示符下，键入“quit”，然后按 Enter 键，退出 ntdsutil

续表

任　　务	具 体 步 骤
4．重启域控制器并以管理员身份登录	a．关闭命令提示符窗口，然后重启计算机 b．以所在域的管理员身份登录，密码为 password

练习 3　验证 Active Directory 的恢复

● 实验方案

Northwind Traders 开发了灾难恢复过程。授权恢复和非授权恢复的验证过程在它们在整个公司里被实现之前要进行测试。

● 目标

在本练习中，将通过检查强制性和非强制性数据来验证恢复操作是否成功。

任　　务	具 体 步 骤
1．利用同伴的域控制器启动复制	a．打开“Active Directory 站点和服务”，展开“sites”，展开“Default-First-Site-Link-Name”，展开“servers”，展开“*servername*”，然后单击“NTDS settings” b．右击来自同伴服务器的连接对象，单击“现在复制”，然后单击“确定”来关闭指示复制开始的消息 注意：如果出现无法进行 RPC 服务的错误消息，就等一段时间后重复步骤 c。在启动计算机后，要运行所有必需的服务需要一定的时间。 c．关闭“AD 站点和服务” d．打开“Active Directory 用户和计算机”，单击“*domain*.nwtraders.msft”，然后按 F5 键来刷新显示

在用同伴的计算机复制后，哪一个 Backup_*servername* 组织单位仍然在 Active Directory 中？为什么？

____

____

____

____

1．（续）	e．关闭“Active Directory 用户和计算机”
2．为执行恢复的域控制器确定对调用 ID 所作的所有更改	在命令提示符下，输入“repadmin /showreps *restoreserver*”，然后按 Enter 键

续表

任　　务	具体步骤

❓ *restoreserver* 的调用 ID 和它被恢复以前的调用 ID 是否是同一个值？这个调用 ID 和 objectGUID 是不是不同？

3. 确定对 Backup_*restoreserver* 的版本号所做的所有更改，然后注销	a. 在命令提示符下，输入 repadmin /showmeta “ou=Backup_*restoreserver*，dc=*domain*,dc=nwtraders,dc=msft”，然后按 Enter 键

❓ Backup_*restoreserver* 组织单位的名称属性的版本号是什么？

3. （续）	b. 关闭命令提示符窗口，关闭所有其他打开的窗口，然后注销

13.6 移动 Active Directory 数据库

在“目录服务恢复模式”下使用 ntdsutil 命令行工具，把数据库从一个位置移动到另一个位置。ntdsutil 命令行工具将把数据库文件移动到一个新的位置，然后更新注册表键值，使 Active Directory 能够从新的位置重启。

为了移动 Active Directory 数据库，可以执行以下步骤：

1）作为预防措施备份 Active Directory。可以在联机时备份 Active Directory，在“备份向导”中，可以选择“备份整个系统”或“只备份系统状态数据”选项。

2）重新启动域控制器，按 F8 键显示“Windows 2000 高级选项”菜单，单击“目录服务恢复模式”，然后按 Enter 键。

3）使用为安全账号管理器中的本地管理员账号定义的管理员账户和密码进行登录。

4）在命令提示符下，输入“ntdsutil”，然后按 Enter 键。

5）输入 files，然后按 Enter 键。这将切换到“files”提示符，以便可以管理 Ntds.dit 数据库文件。

6）在建立了有足够磁盘空间存储数据库的位置后，输入下列命令，然后按 Enter 键：

move DB to <*drive*>:\<*directory*>

这里的<*drive*>:\<*directory*>是想放置数据库的位置的路径。

注意 必须指定目录路径。如果路径中包含空格，那么整个路径必须用双引号括起来，例如：“C:\New folder”。

名为 Ntds.dit 的数据库被移动到指定的位置。

7）输入“quit”，然后按 Enter 键。要返回到命令提示符，应该再次输入“quit”。

8）像通常那样重启域控制器。

注意 可以将事务处理日志文件移动到另一个位置。命令“Move logs to <*drive*>:\<*directory*>”把事务处理日志文件移动到由<*drive*>:\<*directory*>指定的新目录下，并更新注册表键值，使目录服务可以从新的位置重启。

13.7 整理 Active Directory 数据库碎片

经过一段时间，随着 Active Directory 数据库中记录的增加和删除，就产生了碎片。当记录成为碎片时，计算机必须每次都要搜索 Active Directory 数据库。打开 Active Directory 数据库来查找 Active Directory 数据库中的所有记录，这就会减慢响应速度。碎片降低了 Active Directory 数据库操作的整体性能。为了克服碎片问题，必须整理 Active Directory 数据库的碎片。碎片整理是将 Active Directory 数据库中记录重新写到连续扇区中以加快访问和检索速度的过程。当记录被更新时，这些记录被存储在 Active Directory 数据库中的最大连续空间中。

13.7.1 碎片整理

图 13-2 所示的为碎片整理。

碎片整理是把文件的各部分重写到硬盘的连续扇区上以加快访问和检索速度的过程。当更新文件时，计算机倾向于将这些更新存储在硬盘上的最大连续空间中，此空间往往在与文件其他部分不在同一扇区上。这样文件就会被分割成碎片，每当打开此文件时计算机必须搜索硬盘以查找文件的所有部分，这就会减慢响应速度。

碎片整理重新安排并压缩 Active Directory 数据库的数据存储区域。为了更新 Active Directory 数据库文件，就可以使用 ESE，它可以快速更新数据库。然而，它并不能最有效地使用数据库中的空间。因此，Active Directory 把数据库的各部分数据重写到硬盘上的连续扇区上，从而加快用户访问和检索数据的速度。例如：数据被写到 1～100 的页面上，然后不久，页面 12、55 和 87 上的数据被删除了，其占用的空间也被释放了。那么下一次写入数据时，它可能被写在 12、55 和 87 页面上，这会减慢响应速度。但是，如果整理了 Active Directory 数据库碎片，那么页面 12、55 和 87 会被分在同一组里，这样所有的数据都放置在 1～97 页，而 98～100 页面将空出来装新数据。

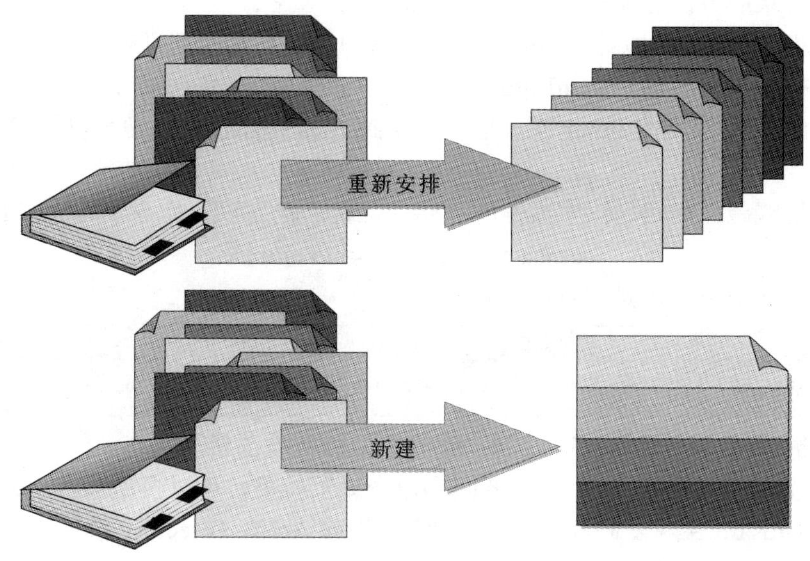

图 13-2 碎片整理

因此，为了有效使用分配给数据库的空间，对数据库进行碎片整理是必要的。当计算机作为域控制器时碎片整理可以联机进行；当计算机作为独立的服务器时碎片整理可以脱机进行。

（1）联机整理碎片

联机碎片整理能够有效地重新安排数据库中的页面。Active Directory 定期执行数据库的联机碎片整理，并将其作为垃圾收集过程的一部分，默认是每隔 12 小时进行一次。联机碎片整理不会减少数据库文件 Ntds.dit 的大小，只是优化数据库中数据存储以及为新对象优化目录空间。

（2）脱机碎片整理

脱机碎片整理重新安排数据库中的页面，并创建一个新的压缩版本的数据库文件。通过对原始数据库文件进行碎片整理，新的数据库文件可能比原始的数据库文件小得多。新的数据库文件存储在运行工具软件时选定的另一个目录里，而原始数据库文件保留在原位置。发生在原始数据库文件上的惟一更改是它首次被软恢复。软恢复在压缩前提交所有写到日志文件中的事务处理，以便使新的压缩文件与日志文件以及检查点文件保持一致。必须手动执行数据库的脱机碎片整理。

13.7.2 整理 Active Directory 数据库碎片

垃圾收集过程中自动执行联机碎片整理。脱机碎片整理必须手动执行，只有在想创建一个原始数据库文件的新的压缩版本时，才有必要运行脱机碎片整理。

要脱机整理 Active Directory 数据库碎片，可以执行以下步骤：

1）作为预防措施备份 Active Directory。

2）重启域控制器，然后按 F8 键显示“Windows 2000 高级选项”菜单。

3）选择“目录服务恢复模式”，然后按 Enter 键。

4）使用脱机 SAM 的本地管理员账户定义的管理员账户和密码进行登录。

5）在命令提示符下，输入“ntdsutil”，然后按 Enter 键。

6）输入“files”，然后按 Enter 键。这将切换到 files 提示符下以便可以管理 NTDS 数据库文件。

7）建立有足够磁盘空间供压缩数据库存储的位置。输入以下命令，然后按 Enter 键。

compact to<*drive*>:\<*directory*>

这里<*drive*>:\<*directory*>是位置的路径。

注意 必须指定目录路径。如果路径中包含空格,整个路径必须用双引号括起来,例如：“C:\New folder”。

在指定的路径下，一个新的名为 Ntds.dit 的数据库就被创建了。

8）输入“quit”，然后按 Enter 键。要回到命令提示符下，可以再次输入“quit”。

9）将新的 Ntds.dit 文件复制到步骤 6）指定的当前 Active Directory 数据库路径中，将原来的 Ntds.dit 文件覆盖掉。

10）像往常那样重启域控制器。

实验 B 维护 Active Directory 数据库

- 目标

  完成本实验后，将掌握以下内容：

  - 执行 Active Directory 数据库的脱机碎片整理
  - 执行 Active Directory 数据库的完整性检查和语义检查
  - 将 Active Directory 数据库移动到另一文件夹中
  - 重定向 Active Directory，使用位于不同文件夹中的数据库文件

- 准备工作

  在做这个实验之前，必须具有使用“Windows 2000 高级启动选项”的知识和经验。

- 实验预估时间：30 分钟

练习 执行脱机碎片整理

- 实验方案

最初，Northwind Traders 没有决定将哪个域控制器作为全局编录服务器。结果有太多域控制器被指定为全局编录服务器。Northwind Traders 一意识到这个问题，他们就建立了适当数目的全局编录服务器。因此，以前大量被当作全局编录服务器使用的域控制器现在重新作为域控制器使用。指定数据库维护计划，让域控制器脱机并执行脱机碎片整理和其他数据库维护检查。进行这些检查的主要原因是通过减少 Ntds.dit 数据库文件的大小来回收磁盘空间。域控制器的系统状态数据在进行此任务的准备工作中就已经作了备份了。

- 目标

在本练习中，将把域控制器上的数据库移动到另一个位置，然后执行脱机碎片整理。这将收回全局编录服务信息使用的所有磁盘空间。还将对碎片整理后的数据库执行数据库的完整性检查和数据库的语义分析。然后重新配置 Active Directory，在不删除原始文件的情况下使用整理后的数据库文件。在新数据库文件成功联机后，将删除旧的数据库文件。

任　务	具 体 步 骤
1. 在“目录服务恢复模式”下重启域控制器，然后以管理员的身份进行登录	a. 在所在域中以管理员身份和密码 password 登录 b. 重启域控制器 c. 当“要排解疑难以及了解 Windows2000 高级启动选项，请按 F8”出现在屏幕底部时，按 F8 键 d. 在“Windows 2000 高级选项”菜单中，单击“目录服务恢复模式”，然后按 Enter 键 e. 如果出现操作系统选择提示，就选择“Microsoft Windows 2000 Advanced Server”，然后按 Enter 键 f. 以密码为 password 的管理员身份登录，然后单击“确定”关闭提示 Windows 在安全模式下运行的提示信息
2. 通过使用 ntdsutil 工具来确定当前数据库文件的大小	a. 打开命令提示符窗口 b. 在命令提示符下，输入“ntdsutil”，然后按 Enter 键 c. 在“ntdsutil”提示符下，输入“files”，然后按 Enter 键，来改变“file maintenance”菜单 d. 在“file maintenance”提示符下，输入“info”，然后按 Enter 键，显示数据库文件的大小

? Ntds.dit 文件的大小是多少？数据库、备份目录、工作目录和 log dir 的位置在哪？

____

____

____

____

任　务	具 体 步 骤
3. 把数据库和日志文件移动到 C:\2154_original	a. 在“file maintenance”提示符下，输入“move db to c:\2154_original”然后按 Enter 键，将数据库文件移动到指定位置 b. 在“file maintenance”提示符下，输入“move logs to c:\2154_original”，然后按 Enter 键，将日志文件移动到指定位置 c. 在“file maintenance”提示符下，输入“info”，然后按 Enter 键，来检查路径是否被更新

续表

任 务	具 体 步 骤
4．执行数据库脱机碎片整理到 C:\Winnt\n=Ntds	在“file maintenance”提示符下，输入“compact to c:\winnt\ntds”，然后按 Enter 键，整理数据库碎片
5．重定向目录服务路径到： • 数据库：C:\Winnt\Ntds\Ntds.dit • 备份目录：C:\Winnt\Ntds\Dsadata.bak • 工作目录：C:\Winnt\Ntds\Dsadata.bak • log：dir-C:\Winnt\Ntds	a. 在“file maintenance”提示符下，输入“set path db c:\winnt\ntds\ntds.dit”，然后按 Enter 键 b．在“file maintenance”提示符下，输入“set path backup c:\winnt\ntds\dsadata.bak”，然后按 Enter 键 c．在“file maintenance”提示符下，输入“set path working dir c:\winnt\ntds”，然后按 Enter 键 d．在“file maintenance”提示符下，输入“set path logs c:\winnt\ntds”，然后按 Enter 键 e．在“file maintenance”提示符下，输入“info”，然后按 Enter 键，来检查路径设置是否正确

经过碎片整理的文件 Ntds.dit 的大小是多少？它是否比原始 Ntds.dit 文件小？

任 务	具 体 步 骤
6．对碎片整理后的数据库文件进行完整性检查和数据库语义分析。查看由数据库语义分析创建的总结日志	a．在“file maintenance”提示符下，输入“integrity”，然后按 Enter 键，运行数据库完整性检查。信息提示操作成功完成 b．在“file maintenance”提示符下，输入“quit”，然后按 Enter 键，回到 ntdsutil 命令提示符 c．在“ntdsutil”命令提示下，输入“semantic database analysis”，然后按 Enter 键，进入“semantic checker”提示符下 d．在“semantic checker”命令提示符下，输入“go”，然后按 Enter 键，运行数据库语义分析 信息将提示总结结果存储到文件中。注意在步骤 g 中将使用该文件名。 e．在“semantic checker”命令提示符下，输入“quit”，然后按 Enter 键，回到 ntdsutil 命令提示符

续表

任　务	具 体 步 骤
6. （续）	f. 在“ntdsutil”命令提示符下，输入“quit”，然后按 Enter 键，回到命令提示符下 g. 在命令提示符下，输入“notepad *dsdit_file*”（这里的 *dsdit_file* 是步骤 d 中提到的数据库语义分析创建的日志文件），然后按 Enter 键 h. 查看总结，关闭记事本，然后删除日志文件
7. 重启域控制器，并登录，检查 Active Directory 是否工作正常，删除原始数据库文件然后注销	a. 关闭打开的命令提示符窗口，然后重新启动计算机 b. 以密码为 password 的管理员的身份进行登录 c. 打开事件查看器，然后单击“dirctory service” d. 验证重启后没有当前错误发生，然后关闭事件查看器 e. 如果没有当前的 Active Directory 错误，就删除名为 C:\2154_original 的文件夹来释放原始数据库使用的磁盘空间 f. 关闭所有打开的窗口，然后注销

13.8　最佳实践

下面提供了实现 Active Directory 灾难恢复的最佳操作：

- 不应减小逻辑删除生存时间间隔。在恢复域控制器时，备份程序比较逻辑删除生存时间和备份时间，如果备份时间比逻辑删除生存时间早，将不恢复系统状态数据。恢复的域控制器不会感知那些逻辑删除标记的删除，这会导致域控制器间的不一致。因此，建议将逻辑删除生存期维持在比预期的复制延迟或备份间隔都要大（不管大多少）的数值上
- 把数据库和日志文件分开。将数据库和日志文件移动到两个相互独立的硬盘上，可以防止它们竞争操作系统的输入/输出（I/O）资源。同样，将数据库和日志文件移动到两个相互独立的硬盘上，可以使它们的 I/O 操作互不影响
- 经常备份域控制器的系统状态数据，这样就可以拥有最新的恢复数据。在安装新软件、更改配置或者向 Active Directory 添加新对象以后，至少每个星期备份一次系统状态数据。即使域中有多个域控制器可以复制 Active Directory，多个毁灭性灾难仍有可能发生
- 只要能恢复可用于其他任务的大量磁盘空间，就应该执行脱机碎片整理。例如：如果某个域控制器曾经是多个域树林的全局编录服务器但是后来被删除了，这时可以使用脱机碎片整理方法来释放大量的磁盘空间

习题

1. 垃圾收集过程的目的是什么？
2. 逻辑删除标记生存时间用途是什么以及它是如何影响恢复操作的？
3. 备份 Active Directory 时应注意些什么问题？

4．启动域中的一个域控制器时，可能会接收到错误消息，此消息表明由于 Active Directory 数据库被破坏而无法启动 Active Directory 。如何恢复 Active Directory 数据库并确保它是最近的数据库？

5．某些人不正确地删除了 Active Directory 中的 OU，应该怎么做？

6．计划整理 Active Directory 数据库。应该采取什么样预防措施来确保原始数据库不会被删除，以免在整理碎片过程中遇到问题？

7．执行什么类型的碎片整理来创建一个数据库文件的新的压缩版本？

8．权威性与非权威性恢复有什么区别？

9．实现 Active Directory 灾难性恢复的最佳操作有哪几点？

第 14 章　实现 Active Directory 架构

本章将提供应用此课程中学习的知识和技能来实现和管理 Active Directory 目录服务基础结构的机会。将根据虚拟公司的商业需要来实现 Active Directory。

完成本章学习后，将能够：

- 了解虚拟公司的基础结构
- 确定实现 Active Directory 基础结构的商业需要
- 了解怎样实现 Active Directory 基础结构
- 执行实现 Active Directory 基础结构所必需的任务

14.1　业务场景

图 14-1 所示的为业务场景。

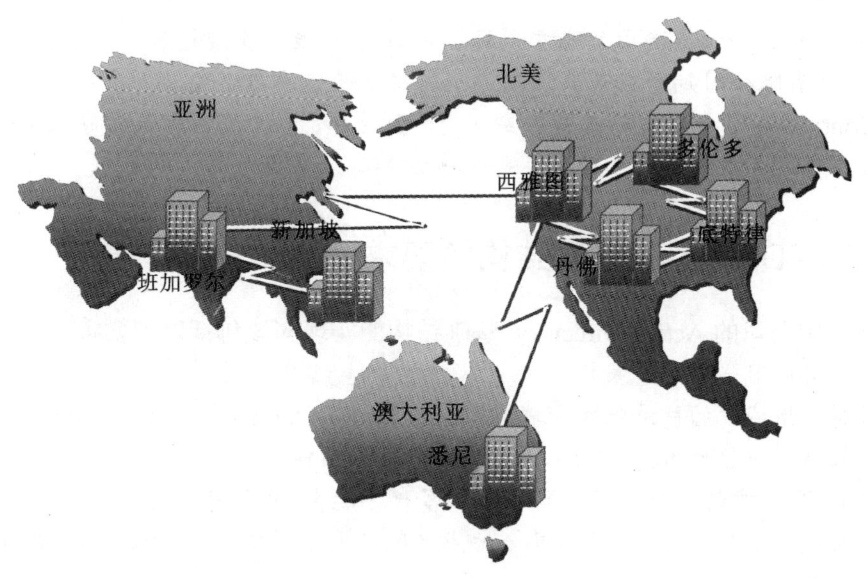

图 14-1　业务场景

在本章中，将使用一个名为 Contoso 有限公司的虚拟公司来演示怎样实现基于公司商业需求的 Active Directory 基础结构。Contoso 有限公司是一个拥有 50 000 名员工的跨国公司。

下面是 Contoso 有限公司在不同地区的商业规模说明：

- 北美地区有 25 000 名员工：
  - 其中 24 500 名员工分布在四个主要地点，其余员工分布在北美其他主要城市的十个分部中
  - 四个主要地点中有三个是独立的商业单位，它们是独立运作的。第四个主要地点是公司总部
  - 每个分部员工不超过 50 名。这些员工需要访问四个主要地点上的资源。但这些员工很少需要访问其他地点上的资源
  - T1 线路连接四个主要地点。其他所有分部通过 128 Kbps 的线路连接到最近的主要地点上
- 亚洲地区有 15 000 名员工：
  - 这些员工分布在两个地点：班加罗尔和新加坡。其中 8 000 名员工在班加罗尔，7 000 名员工在新加坡。这两个地点构成了一个单独的商业单位
  - 这些员工偶尔需要访问位于北美公司的资源，但是很少需要访问位于澳大利亚的资源
  - 班加罗尔和新加坡这两地点之间通过 T1 线路相互连接并连接到北美地区
- 澳大利亚地区有 10 000 名员工：
  - 所有员工都在同一个地方——悉尼
  - 员工偶尔需要访问位于北美公司的资源，但是很少需要访问位于亚洲地区的资源
  - 澳大利亚和北美这两个地方利用 128 Kbps 的线路连接起来
- Contoso 有限公司期望在未来三年时间内将增长速度减小到最小
- 在 Contoso 有限公司中有三个主要部门：会计部、人力资源部及信息服务部。每个部门被进一步划分成更小的子部门，每个地方都有来自各个部门的员工

14.2 Active Directory 基础结构的要求

Contoso 有限公司的 Active Directory 基础结构的实现应该包括以下要求：

- 整个公司使用一个单一架构
- 提供树林根域中的目录服务和域名系统（DNS，Domain Nanme System）容错能力
- 在安装 Active Directory 之前安装好 DNS 基础结构
- 保护 DNS 方案的安全，使得只有授权客户才能在 DNS 中注册
- 减少北美、亚洲和澳大利亚这几个地点之间的网络通信量，不同地点采用单独的安全组策略设置
- 设置打印机位置以便用户能够容易地找到临近的打印机
- 将跨越所有地点的组织单位（OU，Organizational Unit）的管理模型标准化
- 把 OU 的管理职责委派给合适的员工
- 根据工作要求创建合适类型的用户和组

- 要求每个地点都要维护员工的业绩回顾文件,该公司中所有的管理者都需要访问这些信息
- 实现组策略来管理用户桌面和部署应用程序

14.3　课堂讨论——如何实现 Active Directory 基础结构

根据 Contoso 有限公司的业务场景，将实现一个使用 Active Directory 和组策略满足该公司商业要求的解决方案。本节中，将要讨论如何实现 DNS、Active Directory 、站点和站点链接、打印机位置、跨域 OU 结构、用户和组以及组策略的计划。

14.3.1　安装和配置 DNS

图 14-2 所示的为安装和配置 DNS。

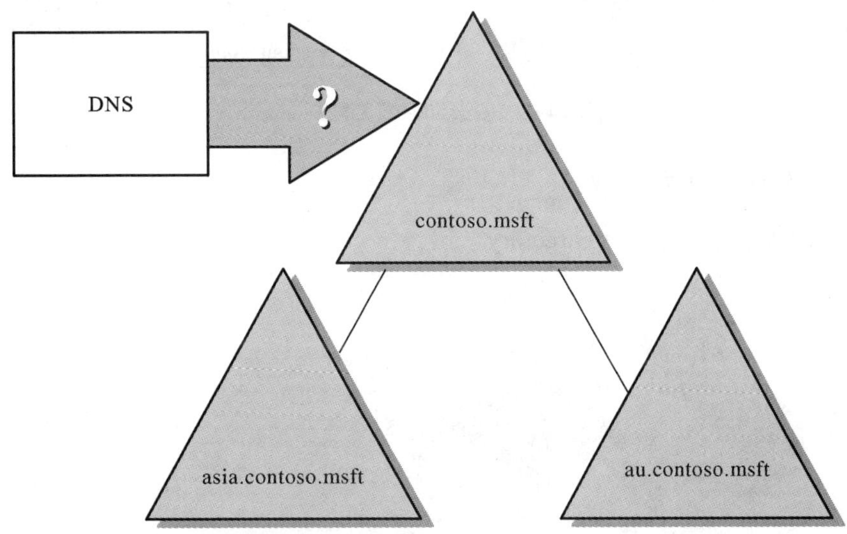

图 14-2　安装和配置 DNS（1）

Contoso 有限公司在安装 Active Directory 前安装 DNS 结构。DNS 将使得运行 Microsoft Windows 2000 的所有客户端计算机能够解析域和计算机名称、定义名称空间以及查找 Active Directory 物理组件的位置。该 DNS 域名就是“contoso.msft”。

1）怎样最小化北美、亚洲和澳大利亚地区之间的 DNS 名称解析的网络通信量？

在所有域上安装 DNS 服务器并委派授权，使得每个域变成一个独立的区域。同时，在树林根域的子域中创建辅助区域，如图 14-3 所示。

2）怎样确保 DNS 是安全的，使得只有授权的客户端才能在 DNS 中注册？

实现 Active Directory 集成区域，保护所有 DNS 服务器上的动态更新的安全。

3）怎样为 DNS 提供树林根域中的容错能力？

必须确保在树林根域中至少有两台 DNS 服务器。

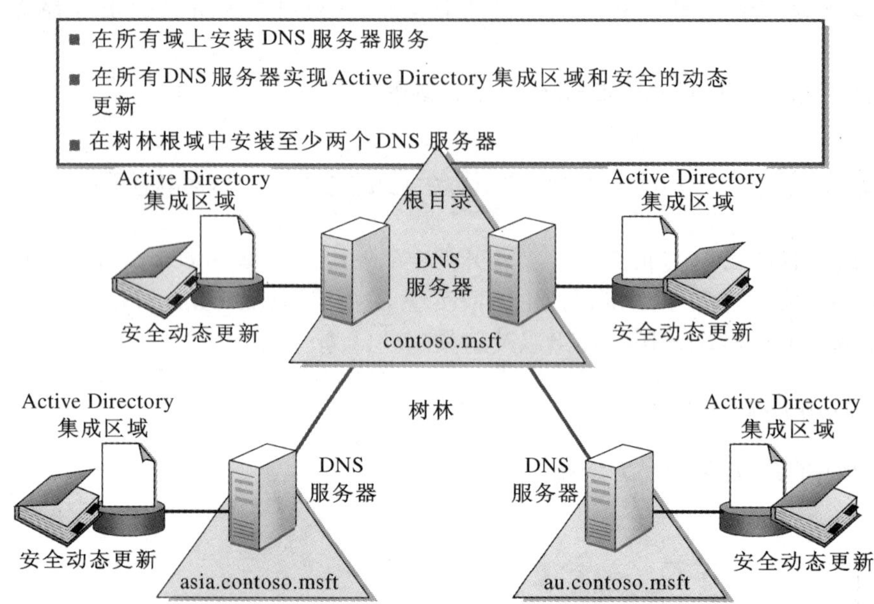

图 14-3　安装和配置 DNS（2）

14.3.2　安装 Active Directory

图 14-4 所示的为安装 Active Directory（1）。

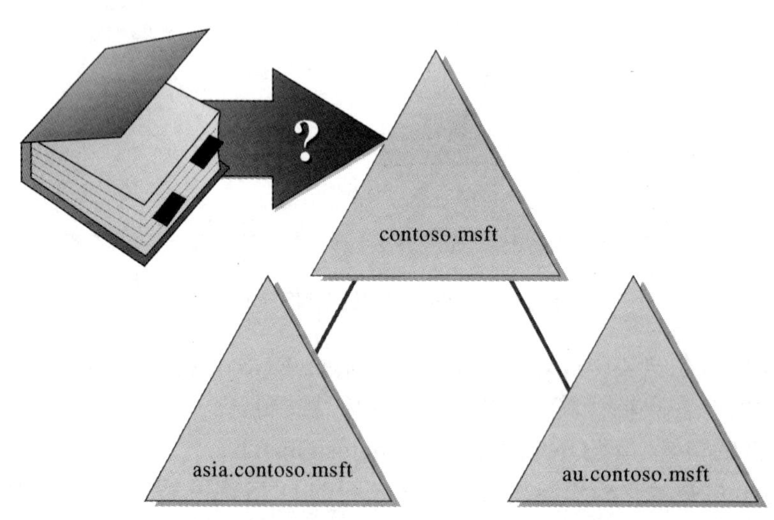

图 14-4　安装 Active Directory（1）

Contoso 有限公司想通过安装 Active Directory 分散行政管理并集中资源管理。亚洲和澳大利亚的域名分别是 asia.contoso.msft 和 au.contoso.msft。

1）怎样确保在整个 Contoso 有限公司网络中只有一个架构？

创建单个树林。

2）Contoso 有限公司想减少域之间的网络通信量。每个区域都要求有独立的安全组策略。怎样保证满足这些要求？

在每个地区中实现单独的域来减少复制通信量。为北美创建一个域（contoso.msft），该域的每个根域上有两个子域。一个域用于亚洲，另一个用于澳大利亚，如图 14-5 所示。

3）怎样确保在树林根域中的目录服务具有容错能力？

配置 Active Directory 的容错能力。在树林根域中应该至少有两个域控制器。

4）怎样确保所有的操作主机正确工作？

把树林根域中的结构主机传送到不是全局编录服务器的域控制器上。

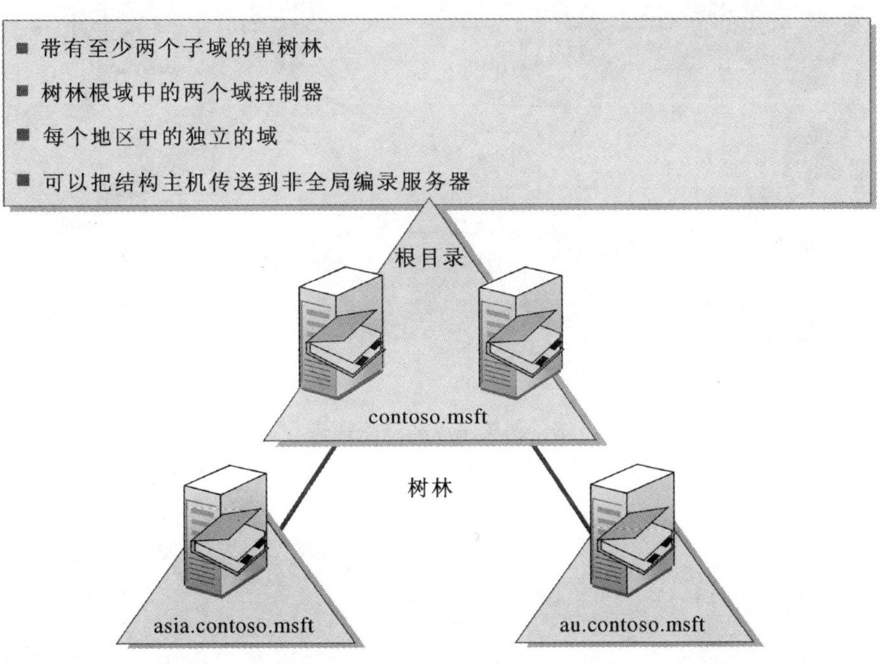

图 14-5　安装 Active Directory（2）

14.3.3　创建站点和站点间链接

图 14-6 所示的为创建站点和站点链接（1）。

北美地区有四个主要地点，分别是西雅图、多伦多、丹佛和底特律，还有另外十个分部。亚洲地区的员工主要分布在班加罗尔和新加坡这两个地点。澳大利亚的员工都在悉尼。

1）在 Contoso 有限公司的三个主要地区的主要地点中创建什么样的站点来减少复制通信量？

在北美创建四个站点，分别名为：西雅图、多伦多、丹佛和底特律。可将分部放置在最近站点所在的地点上。在亚洲创建两个站点，分别名为：班加罗尔和新加坡。在澳大利亚创建一个站点，名为悉尼，如图 14-7 所示。

2）Contoso 有限公司按地理位置分布使用许多广域网（WAN,Wide Area Network）链接将北美、亚洲和澳大利亚地区连接起来。这些广域网链接的带宽是有限的。Active Directory 必须清楚哪些连接是局域网（LAN,Local Area Network），哪些连接是广域网，从而来优化复制并尽可能减少跨广域网链接的网络使用。怎样确保这个要求？

创建 Internet 协议（IP，Internet Protocol）子网和站点对象，并把这些子网与站点相关联。

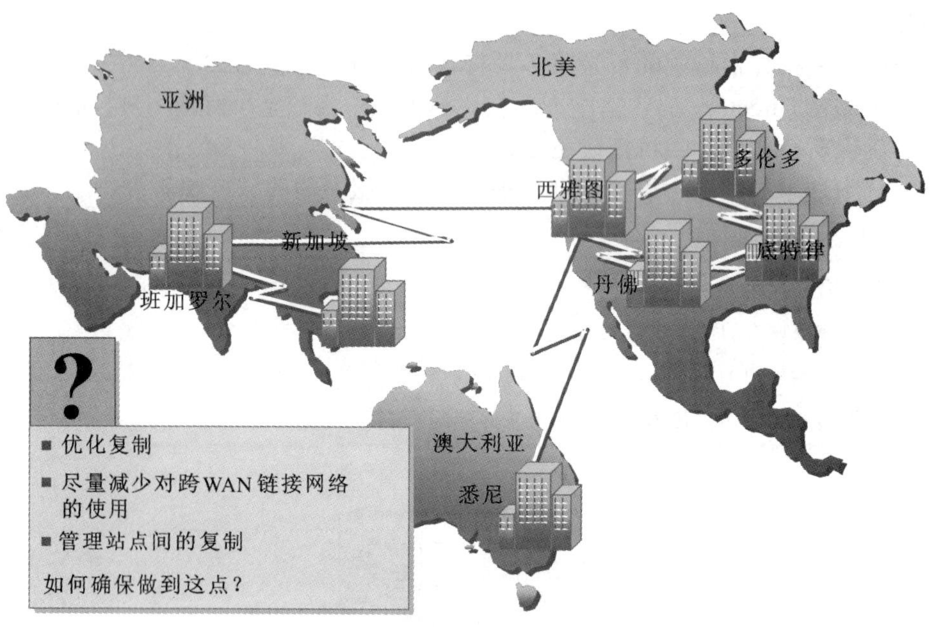

图 14-6 创建站点和站点链接（1）

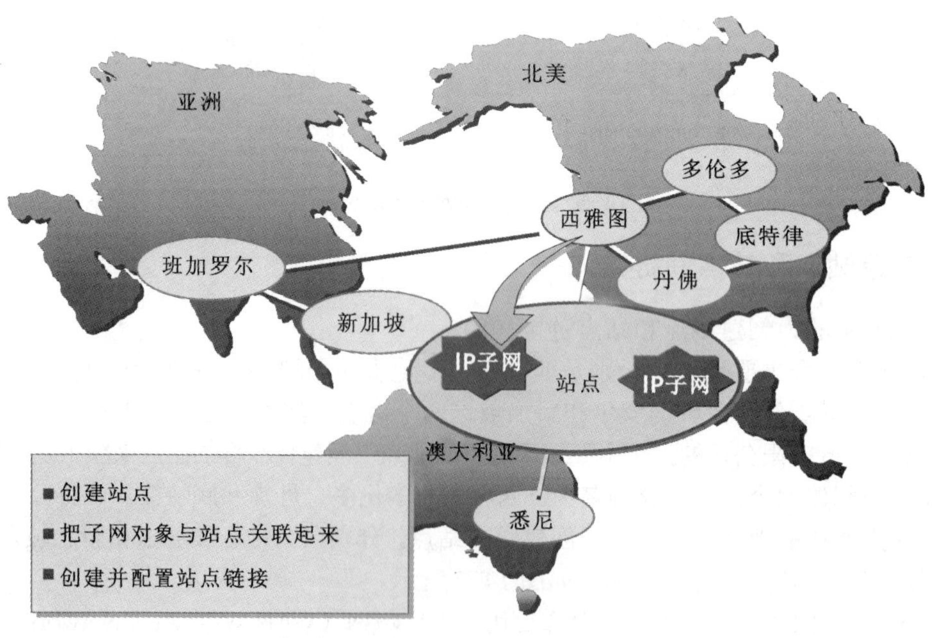

图 14-7 创建站点和站点链接（2）

3）Contoso 有限公司想制定站点间复制的时间表。时间表将依据网络通信量和开销来制定复制的最佳时间。怎样管理站点间的复制？

依据实验中给定的规范来创建和配置站点链接。

14.3.4 设置打印机定位

图 14-8 所示的为设置打印机位置（1）。

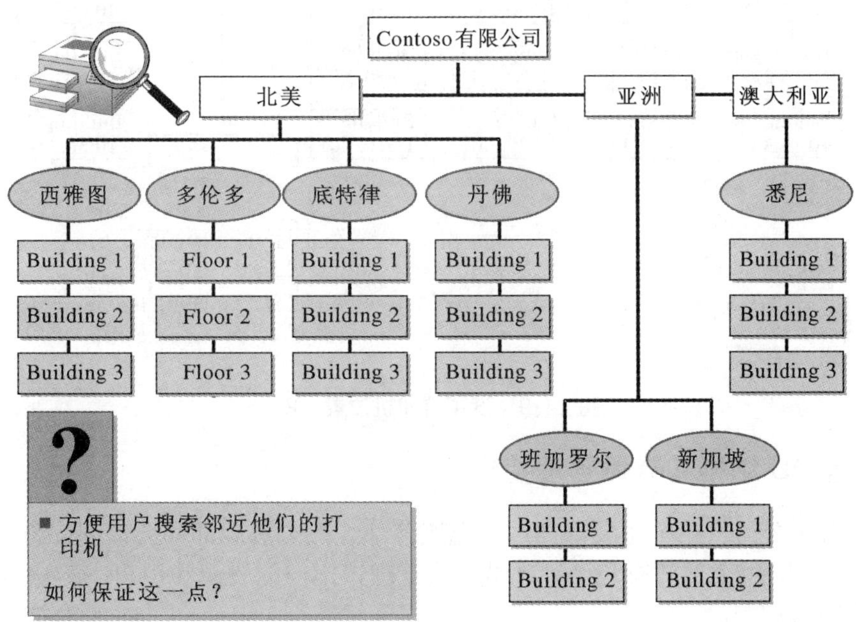

图 14-8 设置打印机位置（1）

Contoso 有限公司将把 Active Directory 网络配置成 7 个站点，每一个站点会与 IP 子网对象相对应。同时，提供 IP 寻址方案，并与 Contoso 有限公司网络地理的和物理的布局相对应。每个地点有多个办公大楼。该公司想使打印机的位置更便于员工查找并且使员工连接到的物理位置更接近他们的打印设备上。

1）Contoso 有限公司已经满足实现打印机位置的要求，并设计出了命名约定。配置打印机位置需要执行哪四个主要任务？

- 使用组策略启动打印机位置跟踪
- 在 Active Directory 中创建所需要的子网对象
- 为每个子网对象设置位置属性。使用打印机位置名称的命名约定作为该属性的值
- 为打印机设置位置属性。对于每个与 IP 子网相对应的物理位置上的打印机，必须在该打印机的属性中添加位置属性

2）要支持办公大楼中的打印机位置特性需要创建多少子网对象？

需要创建 19 个子网对象，每一个地点（楼或层）创建一个子网对象。

图 14-9 所示的为设置打印机位置（2）。

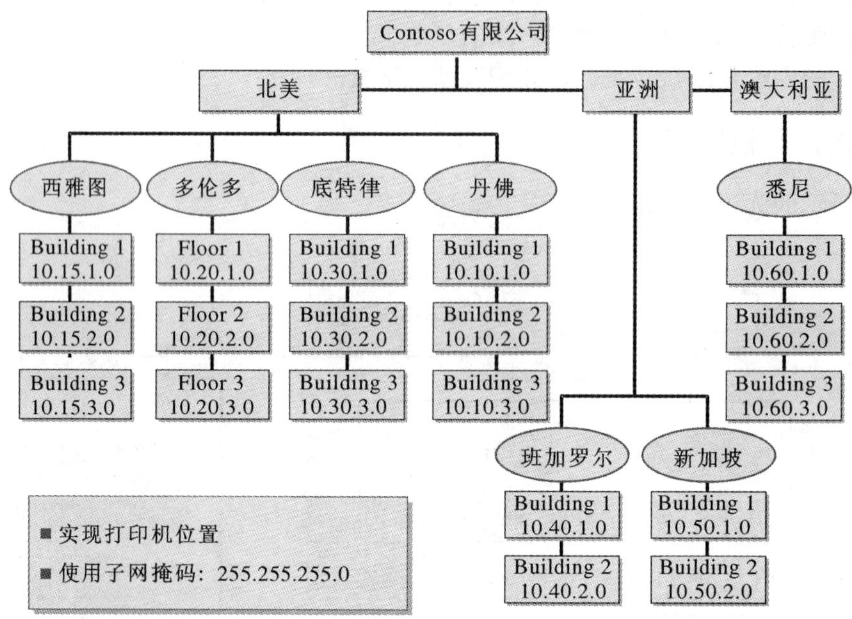

图 14-9 设置打印机位置（2）

14.3.5 创建 OU 结构和委派管理控制

Contoso 有限公司有三个主要部门：信息服务部、人力资源部和会计部。公司已确定了一个委派的管理模型，每个部门有一个管理员负责管理该部门的资源和用户。表 14-1 列出了三个主要部门下面附属部门的名称。

表 14-1

主要部门	附属部门
信息服务部	咨询台 　应用程序部 　操作系统部 　消息部 客户支持部
人力资源	福利部 薪水部 培训部 招聘部
会计部	账目支出部 账目收入部

1）Contoso 有限公司中的每个部门是一个独立的 OU。公司网络中怎样确保所有域中 OU 的管理模型是标准的？

在整个树林中为每个域创建一个公共的 OU 结构：

- 信息服务
- 咨询台
- 应用程序
- 操作系统
- 消息
- 客户支持
- 人力资源
- 福利
- 薪水
- 培训
- 招聘
- 会计
- 账目支出
- 账目收入

2）怎样确保每个部门有一个管理员负责管理该部门的资源和用户？

把三个最高级 OU 的管理控制委派给不同的管理员，如图 14-10 所示。

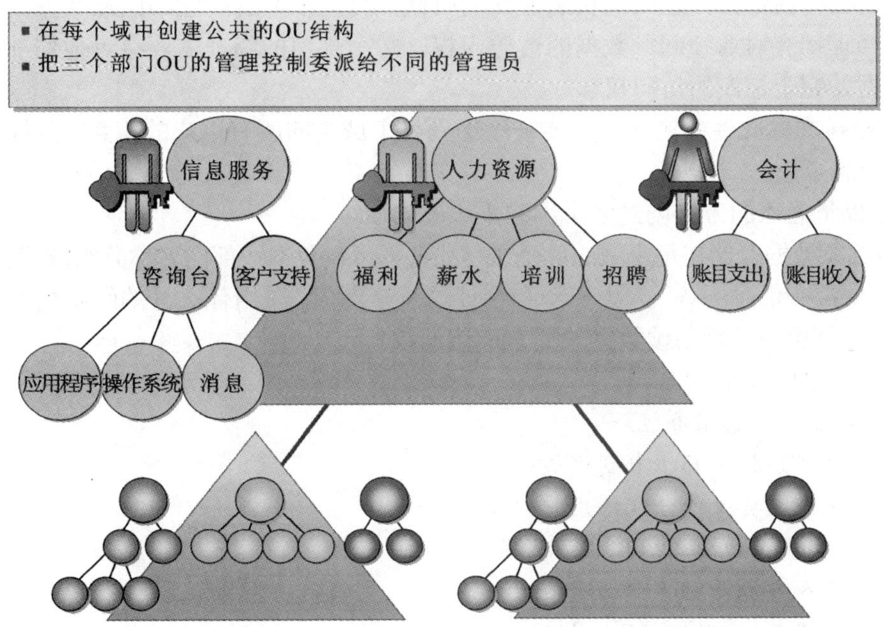

图 14-10 创建 OU 结构和委派管理控制

14.3.6 创建用户和组

图 14-11 所示的为创建用户和组（1）。

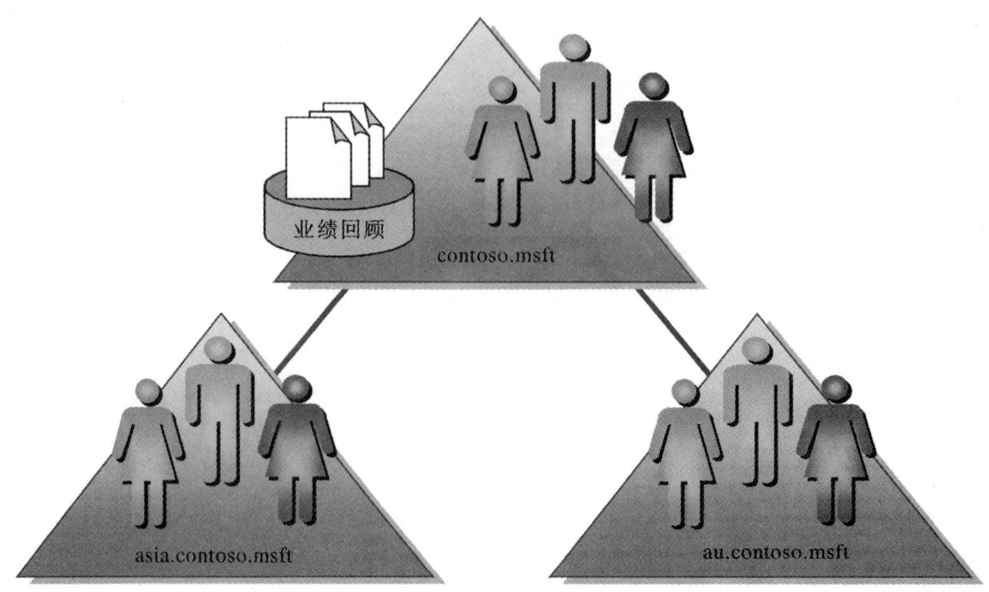

图 14-11 创建用户和组（1）

在 Contoso 有限公司中，每个部门的部门经理负责完成其直接下属的业绩回顾。其他的管理人员在考虑公司内部部门之间的员工流动的时候，可以参考这些业绩回顾数据。因此，要求所有的部门经理都有对业绩回顾数据的读访问权。每个部门的经理需要有对他们部门中员工的业绩回顾数据的完全控制的访问权。

1）Users.txt 文本文件中包含了将要被添加到各个域中的所有用户的信息。怎样确保以最小的代价创建多个用户？

通过批量导入的方式创建多个用户来填充 OU。

2）业绩回顾数据存储在每个域的单个文件服务器上。数据按部门名称分组放置在文件夹下。每个域都有信息服务、人力资源和会计这三个部门。采用什么样的组结构使得所有经理对整个公司的业绩回顾数据只拥有读访问权？

采用如下组结构：

- 全局组：信息服务经理
  - 在信息服务 OU 中创建该组
  - 把组成员身份分配给用户
- 全局组：人力资源经理
  - 在人力资源 OU 中创建该组
  - 把组成员身份分配给用户
- 全局组：会计经理
  - 在会计 OU 中创建该组

- 分配组成员身份给用户
- 全局组：*domain* 经理（这里的 *domain* 是所在的域名）
  - 在适当的 OU 中创建该组
  - 分配组成员身份给信息服务经理、人力资源经理和会计经理
- 通用组：所有经理
  - 只在树林根域适当的 OU 中创建该组
  - 分派组成员身份给所有的三个域经理（这里的域是树林中三个域的域名）
- 域本地组：业绩回顾数据
  - 在适当的 OU 中创建该组
  - 分配组成员身份给所有经理
  - 把业绩回顾文件夹的读权限分配给业绩回顾数据组

图 14-12 所示的为创建用户和组（2）。

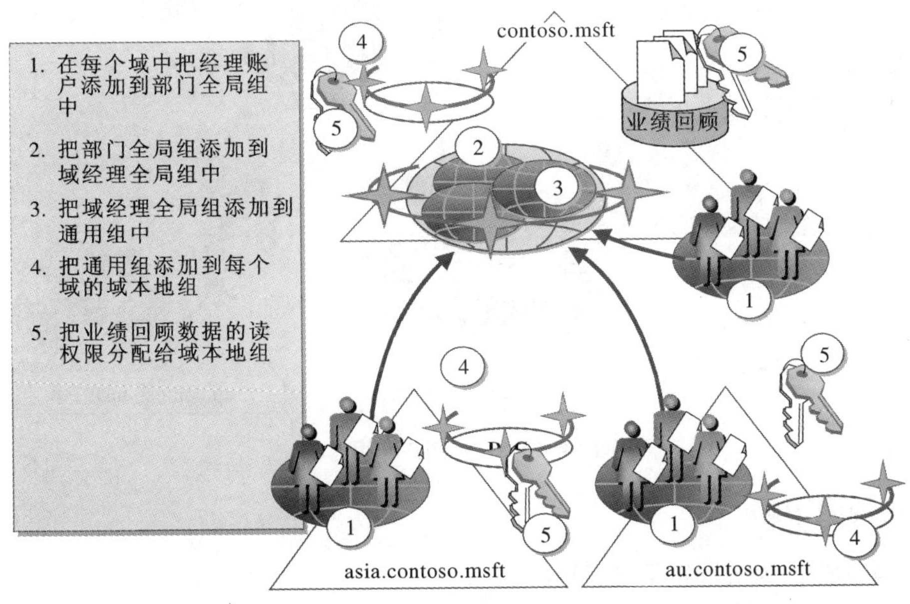

图 14-12 创建用户和组（2）

3）采用怎样的组结构使得部门经理对他们部门员工的业绩回顾数据拥有完全控制的访问权。

采用如下组织结构：

- 域本地组：信息服务业绩回顾数据
  - 在信息服务 OU 中创建该组
  - 分配组成员身份给信息服务经理
  - 把业绩回顾文件夹下的信息服务文件夹的完全控制权限分配给信息服务业绩回顾数据组
- 域本地组：人力资源业绩回顾数据
  - 在人力资源 OU 中创建该组

- 分配组成员身份给人力资源经理
- 把业绩回顾文件夹下的人力资源文件夹的完全控制权限分派给人力资源业绩回顾数据组

- 域本地组：会计业绩回顾数据
    - 在会计 OU 中创建该组
    - 分配组成员身份给会计经理
    - 把业绩回顾文件夹下的会计文件夹的完全控制访问权限分配给会计业绩回顾数据组，如图 14-13 所示。

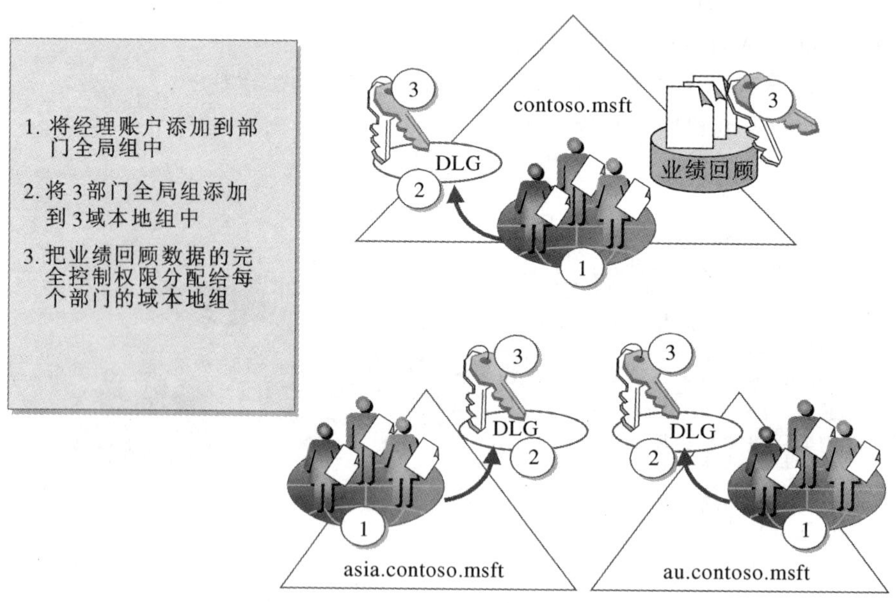

图 14-13 创建用户和组（3）

14.3.7 实现组策略

图 14-14 所示的为实现组策略（1）。

Contoso 有限公司要求使用管理模板设置来实现下列跨整个公司的组策略设置：

- 所有的计算机必须启用磁盘配额
- 所有计算机上必须实施磁盘配额限制
- 所有用户默认限额上限必须为 100 MB，警告等级必须为 75 MB
- 当某事件超出警告等级或配额限制时，应该把该事件记录下来
- 拒绝对 Windows 更新的访问
- 在任何域上的所有用户都不能运行 Freecell.exe、Winmine.exe、Pinball.exe 和 Sol.exe 应用程序
- 负责管理 OU 的用户必须只拥有访问下列 Microsoft 管理控制台（MMC，Microsoft Management Console）管理单元的权限：Active Directory 用户和计算机、组策略、Active Directory 工具的组策略选项卡、管理模板（用户）和管理模板（计算机）

Contoso 有限公司还要求通过实现下列跨整个公司的组策略设置来确保网络资源安全：

- 密码长度不少于 8 个字符
- 三次登录尝试的账户锁定阈值
- 账户锁定时间为 60 分钟
- 所有用户必须能够登录到本地所有的计算机上，包括域控制器
- 在“登录到 Windows”对话框中不要显示最后输入的用户名
- Group Policy Creator Owners 组中的成员身份必须限制为管理员账户和负责管理最高级 OU 的用户账户

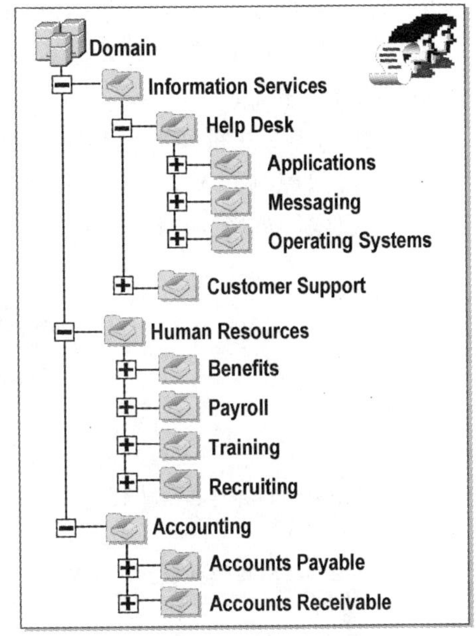

图 14-14 实现组策略（1）

根据给定的要求，创建组策略对象并实现 Active Directory 基础结构中的组策略。

1）除人力资源 OU 中的用户外，其余域中的用户都必须安装 Cosmo2。如何部署 Cosmo2 应用程序？

分配连接到域的组策略对象（GPO,Group Policy Object）中的 Cosmo 2，然后启用人力资源 OU 中的阻止继承，如图 14-15 所示。

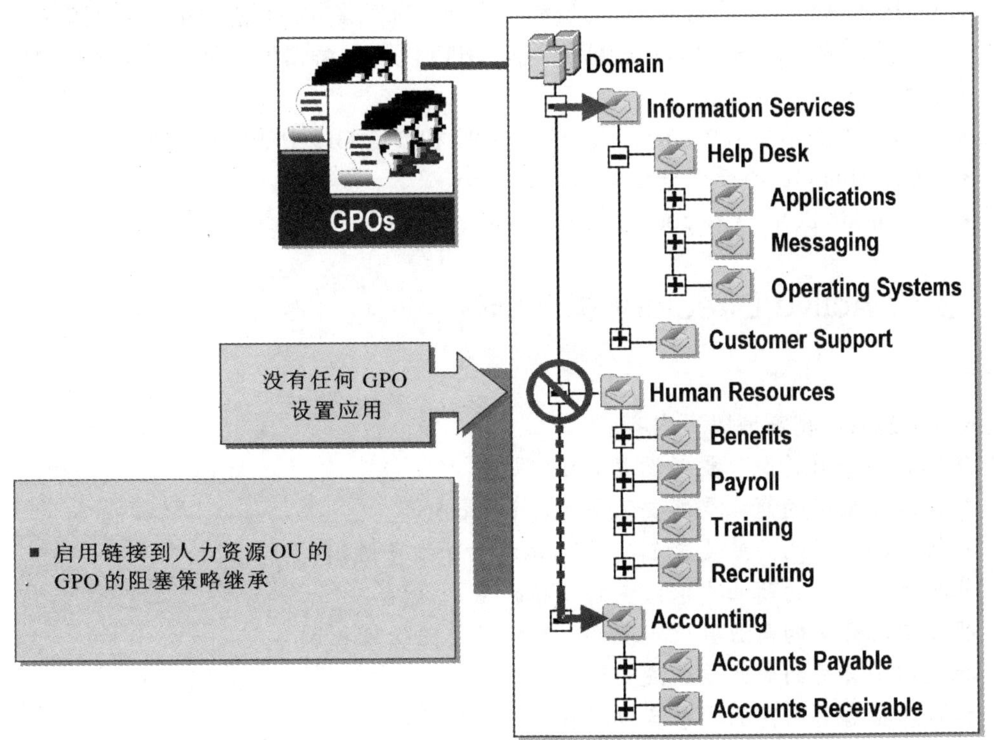

图 14-15 实现组策略（2）

2）除在消息部门中工作的 Contractors 以外，全体域中信息服务 OU 中的所有用户，在需要的时候都必须能够安装 Windows 2000 支持工具。如何部署 Windows 2000 支持工具应用程序呢？

创建 GPO 并将其链接到发布 Windows 2000 支持工具的信息服务 OU。修改 GPO 的自由访问控制列表（DACL），使消息 OU 中 Contractors 使用的用户账户没有应用组策略的权限，如图 14-16 所示。

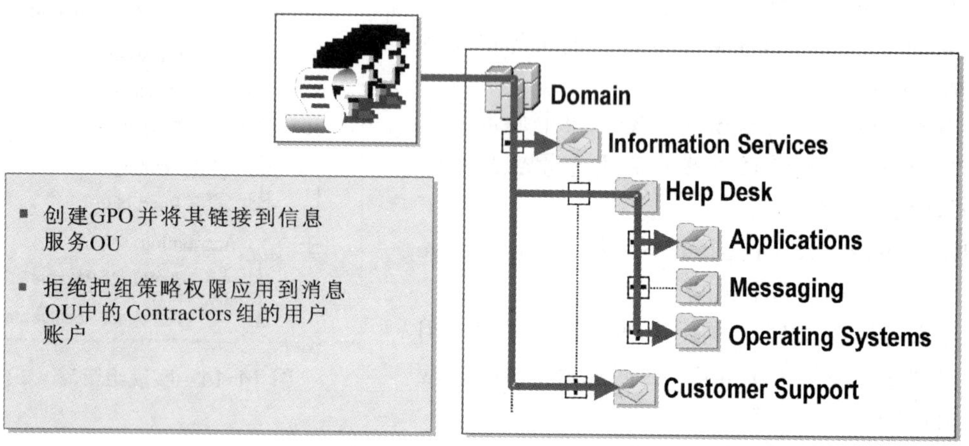

图 14-16 实现组策略（3）

3）负责最高级 OU（信息服务、人力资源和会计）的管理员必须能够链接组策略对象（GPO）和取消组策略对象的链接，能够创建新 GPO 以及只编辑他们创建的 GPO。如何委派管理控制呢？

对于每一个在信息服务 OU、人力资源 OU 和会计 OU 中的管理员来说：

- 为他们的 OU 委派管理组策略链接任务
- 为 Group Policy Creator Owners 安全组分配成员身份

实验 实现 Active Directory 基础结构

- 目标

完成本实验后，将掌握以下内容：

- 根据虚拟公司的商业要求设置 DNS 服务
- 根据虚拟公司的商业要求安装 Active Directory
- 根据虚拟公司的商业要求创建并配置站点和站点链接
- 根据虚拟公司的商业要求设置打印机位置
- 根据虚拟公司的商业要求实现 OU 结构并委派管理控制
- 根据虚拟公司的商业要求设置用户和组
- 根据虚拟公司的商业要求实现所有域上的组策略

- 准备工作

在进行本实验前，必须具备以下条件：

- 理解 Active Directory 的组件
- 理解 Active Directory 如何使用 DNS 服务
- 具有传送操作主机角色的知识与技能
- 具有使用 Active Directory 用户和计算机的知识与技能
- 具有创建并配置站点和站点连接的知识与技能
- 具有定义打印机位置名称和设置打印机位置的知识与技能
- 具有创建域用户账户和组的知识与技能
- 具有将数据批量导入 Active Directory 的知识与技能
- 理解 Active Directory 的权限
- 具有实现组策略的知识与技能

- 实验设置

要完成本实验，需要执行以下步骤：

1）以 nwtrders.msft 的管理员身份登录。

2）运行脚本 C:\Moc\Win2154a\Labfiles\Rmad.vbs。

3）当计算机重新启动时，以管理员身份登录。

计算机将完成任务，然后再次重新启动。

注意 此脚本将删除树林中除伦敦以外的所有服务器对象，使用应答文件运行 Dcpromo.exe，把域控制器降级为独立服务器，清除首选的 DNS 服务器，并清除主 DNS 后缀。

重点 本实验不反映真实环境。建议总是为管理员账户使用复杂密码，千万不要创建没有密码的账户。

重点 在教室以外的环境，强烈建议使用必要的、最新的软件更新。由于这是教室环境，因此可以使用不包括最近更新的软件。

- 实验预估时间：150 分钟

练习 1　计划实现 Active Directory 基础结构

- 实验方案

对于 Contoso 有限公司来说，在实现 Active Directory 基础结构之前，最好先计划并准备实现方案。本练习中的图表收集了课堂讨论过程中所发表的有关实现计划的信息，这将有助于为实现方案做准备工作。

注意 将分配给实验者一个组号。把组号和实验者定义的域名一起使用。例如：如果组号是 1，那么亚洲地点的域名就是 asia1.contoso1.msft。

- 目标

在本练习中，将完成 Contoso 有限公司所要求的域、DNS、站点和 OU 的实现计划工作表。

● DNS 域结构

在图 14-17 中，提供了 DNS 域名和 DNS 结构的反向搜索区域名。同时还为要配置成 DNS 服务器的四台计算机分别提供了 IP 地址和计算机名称。在实现 DNS 基础结构的时候将会用到这些信息。

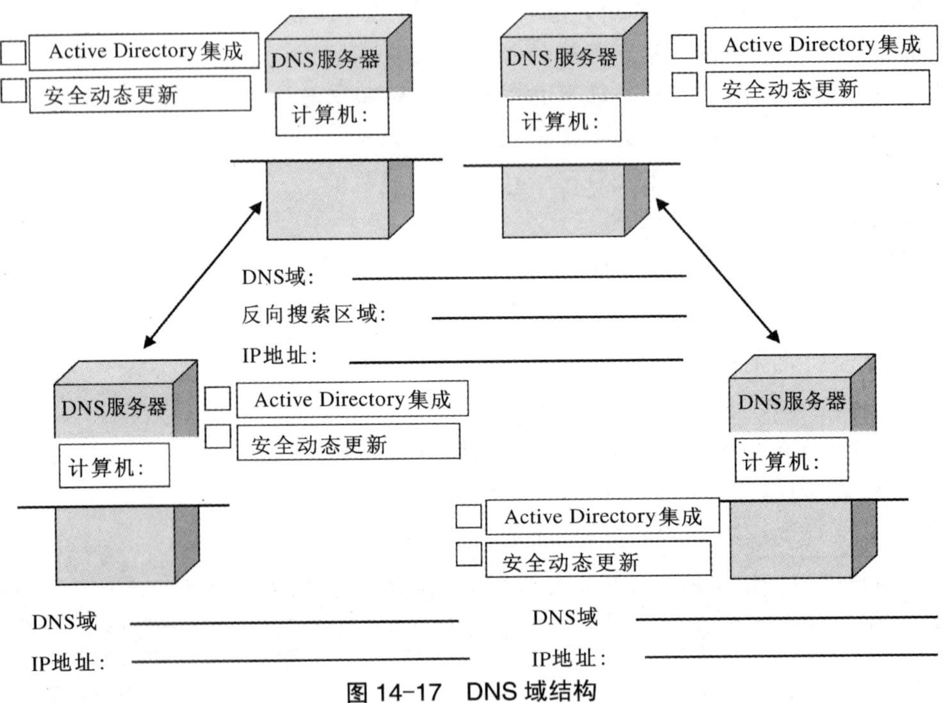

图 14-17 DNS 域结构

● Active Directory 域结构

在图 14-18 所示的工作表中，提供 Active Directory 域名。同时，还要识别将哪台计算机

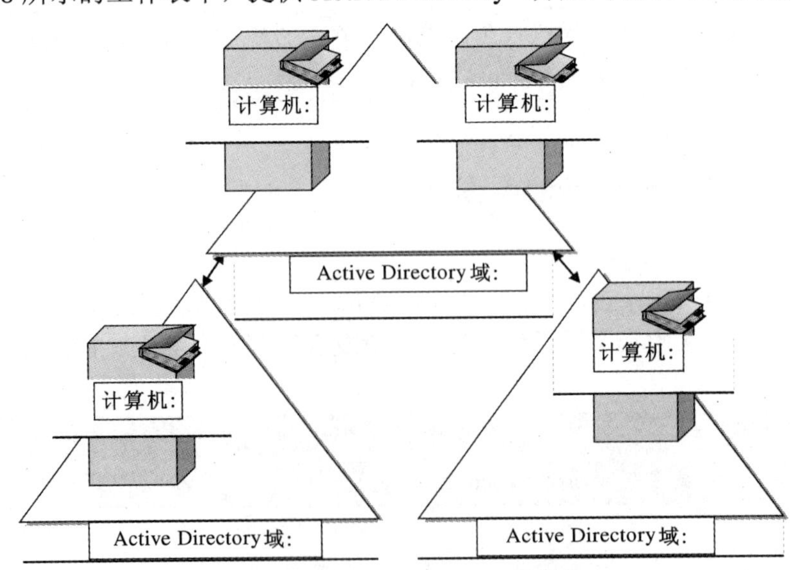

图 14-18 Active Directory 域结构

配置成树林根域的域控制器，将哪台计算机配置成树林根域的额外域控制器以及将哪台计算机配置成子域的域控制器。在实现 Active Directory 的时候需要使用这些信息。

- 站点结构

在图 14-19 所示的工作表中，为 Contoso 有限公司的每个站点和站点链接提供了一个名称。在配置站点和站点链接时将使用这些信息。

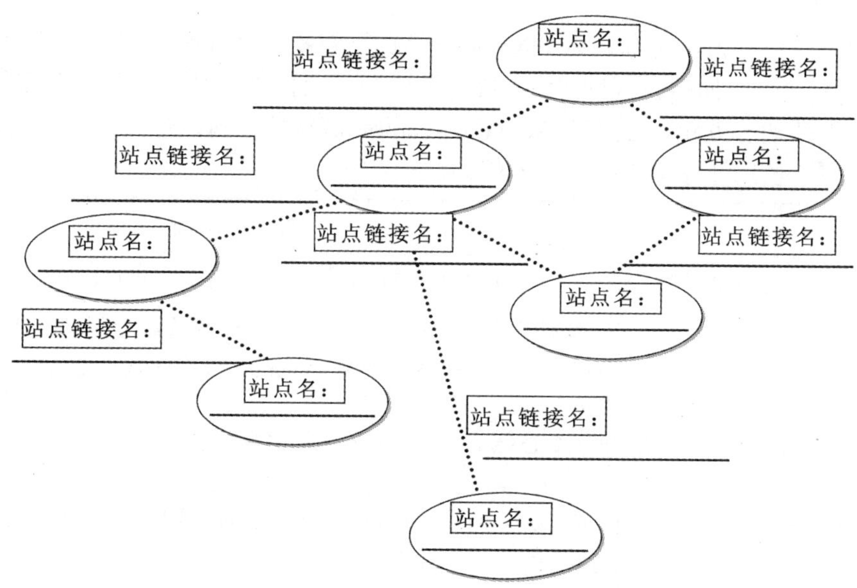

图 14-19　Active Directory 域结构

- 组织单位结构

在图 14-20 中，提供了 OU 结构名。在为每个域创建公共的 OU 结构的时候，将会使用这些信息。

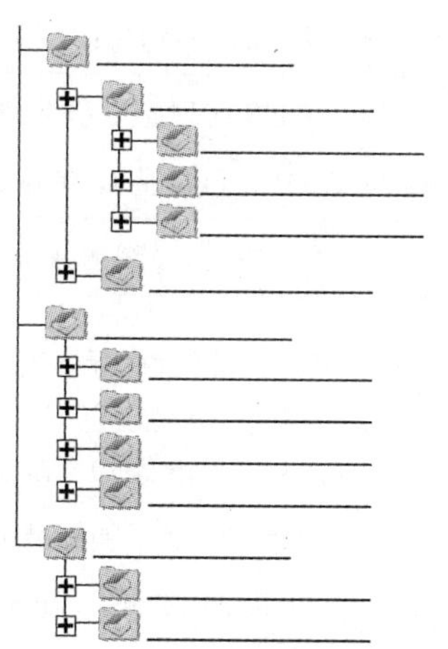

图 14-20　Active Directory 域结构

练习 2　安装和配置 DNS

● 实验方案

功能规范要求在安装 Active Directory 之前应当已经有正常工作的 DNS 基础结构。每个 Active Directory 域将维护各自的 DNS 信息。

● 目标

在本练习中，将会为每台标识为 DNS 服务器的计算机安装和配置 DNS。将为每个 Active Directory 域配置一个正向搜索区域，为树林配置一个反向搜索区域。还将配置所有的正向和反向搜索区域来支持动态更新。在创建 Active Directory 域结构之前，最佳操作是检验 DNS 是否正确安装和配置。使用计划工作表完成本练习。

任　务	具体步骤
1. 在每台计算机上安装并配置 DNS	a. 为计算机配置 DNS 后缀。当提示时，重启计算机 b. 启动“Windows 组件”向导，安装“网络服务”中的“域名系统（DNS）”子组件。从 Windows 2000 Advanced Sever CD 中复制所要的文件

重点：只在 contoso.msft 域的第一个 DNS 服务器上执行下列任务。

任　务	具体步骤
2. 创建正向和反向搜索区域	a. 为 contso*x*.msft 添加一个标准的、主要的正向搜索区域（这里 *x* 是分配的组号） b. 为教室网络 ID 添加标准的、主要的正向搜索区域 c. 为计算机使用 DNS，配置本地连接的 Internet 协议（TCP/IP）属性
3. 配置支持动态更新的 DNS	a. 为 contosox.msft 配置正向搜索区域来支持动态更新 b. 为子网配置支持动态更新的反向搜索区域 c. 用“ipconfig”命令重新注册计算机的 DNS 记录 d. 刷新 DNS，显示反向搜索区域中的指针资源记录
4. 使用“nslookup”测试 DNS	a. 确认 DNS 可以把主机名解析成 IP 地址 b. 确认 DNS 可以把 IP 地址解析成主机名
5. 为每个子域委派授权	对每个子域中的 DNS 服务器执行 contoso*x*.msft 中的委派

注意：只在 contoso.msft 域的第二个 DNS 服务器上执行下列任务。

任　务	具体步骤
6. 创建 contoso.msft 的辅助正向和反向搜索区域	a. 为 contoso*x*.msft 添加标准辅助正向搜索区域（这里是 *x* 分配的组号） b. 为教室网络 ID 添加标准辅助反向搜索区域 c. 为计算机使用 DNS，配置本地区域连接的 IP 属性（TCP/IP） d. 确认 DNS 可以将主机名解析成 IP 地址

续表

任　　务	具 体 步 骤
重点：只在子域的 DNS 服务器上执行下列任务。	
7．为所在的域创建主要的正向搜索区域	a．使用“服务器配置向导”为所在的域添加标准的、主要的正向搜索区域 b．为 DNS 配置计算机的本地连接属性
8．为所在的域创建辅助的反向搜索区域	从 contoso*x*.msft 中创建的区域为所在的域添加标准辅助反向搜索区域
9．配置更新的 DNS 来支持动态更新	a．为所在的域配置正向搜索区域来支持动态更新 b．使用“ipconfig”命令重新注册计算机的 DNS 记录
10．使用 nslookup 测试 DNS	a．确认 DNS 可以把主机名解析成 IP 地址 b．确认 DNS 可以把树林根域中的主机名解析成 IP 地址 如果解析树林根域中的主机名有问题，可以查找根目录提示来确认 contoso*x*.msft 域授权的 DNS 服务器是否列出。

练习 3　安装 Active Directory

- 实验方案

安装并正确配置了 DNS 基础结构之后，就可以为 Contoso 有限公司创建 Active Directory 域结构。

- 目标

在本练习中，将安装 Active Directory 来创建带有两个子域的单一树林。同时，还要把树林根域配置成具有容错能力，实现 Active Directory 集成区域，并把结构主机传送到非全局编录服务器。使用计划工作表完成本练习。

任　　务	具 体 步 骤
1．创建 Active Directory 域结构	使用 Active Directory 安装向导来创建： • 树林根域 • 两个子域
2．配置树林根域，使之具有容错能力	为树林根域创建额外域控制器
3．在每个域中实现 Active Directory 集成区域	a．把所有正向搜索区域转换成 Active Directory 集成区域 b．把主要的反向搜索区域转换成 Active Directory 集成区域 c．为 Active Directory 集成区域启用安全更新

续表

任　务	具体步骤
4. 在树林根域中，把结构主机传送给非全局编录服务器	a. 确定哪个域控制器保存结构主机角色，哪个域控制器是全局编录服务器
	b. 如果需要，把结构主机传送给不是全局编录服务器的域控制器

练习 4 创建站点和站点链接

- 实验方案

北美分区有四个主要地点：西雅图、底特律、多伦多和丹佛。

亚洲地区的员工均匀分布在两个地点：班加罗尔和新加坡。

澳大利亚地区的员工都在悉尼。

- 目标

在本练习中，将按表 14-2 中的信息创建并配置站点和站点链接。使用计划工作表完成本练习。

表 14-2

IP 站点链接	开　销	频　率	日程安排
Seattle – Toronto	100	90	Sun-Sat 7A.M.–1A.M. GMT
Seattle – Denver	100	120	Sun-Sat 12P.M.–1A.M. GMT
Seattle – Bangalore	200	90	Sun-Sat 12A.M.–1A.M. GMT
Seattle – Sydney	900	90	Sun-Sat 12A.M.–2A.M. GMT
Toronto – Detroit	100	180	Sun-Sat 4P.M.–1A.M. GMT
Detroit – Denver	100	200	Sun-Sat 3P.M.–1A.M. GMT
Bangalore – Singapore	100	60	任何时候

任　务	具体步骤
1. 为每个区域创建站点	使用“Active Directory 站点和服务”为每个区域创建站点
2. 创建并配置所有站点链接	a. 创建所有站点链接。关于站点链接名，可以参考计划工作表
	b. 使用表中的信息，为每个站点链接配置开销、频率和日程安排

练习 5 发布打印机和使用打印机位置

- 实验方案

为了更有效地使用打印机，将在 Active Directory 中发布每个地点上的打印机，并配置打印机位置特征以便员工查找，并且连接到物理位置更接近他们的打印设备上。

● 目标

在本练习中，将根据此场景创建子网对象、发布打印机和配置打印机位置特性。要创建打印机位置，使用表 14-3 中的子网信息。

表 14-3

站　点	位　置	子　网
Denver	US/Denver/Building 1	10.10.1.0/24
Denver	US/Denver/Building 2	10.10.2.0/24
Denver	US/Denver/Building 3	10.10.3.0/24
Seattle	US/Seattle/Building 1	10.15.1.0/24
Seattle	US/Seattle/Building 2	10.15.2.0/24
Seattle	US/Seattle/Building 3	10.15.3.0/24
Toronto	CA/Toronto/Floor 1	10.20.1.0/24
Toronto	CA/Toronto/Floor 2	10.20.2.0/24
Toronto	CA/Toronto/Floor 3	10.20.3.0/24
Detroit	US/Detroit/Building 1	10.30.1.0/24
Detroit	US/Detroit/Building 2	10.30.2.0/24
Detroit	US/Detroit/Building 3	10.30.3.0/24
Bangalore	India/Bangalore/Building 1	10.40.1.0/24
Bangalore	India/Bangalore/Building 2	10.40.2.0/24
Singapore	Singapore/Building 1	10.50.1.0/24
Singapore	Singapore/Building 2	10.50.2.0/24
Sydney	Australia/Building 1	10.60.1.0/24
Sydney	Australia/Building 2	10.60.2.0/24
Sydney	Australia/Building 3	10.60.3.0/24

任　务	具体步骤
1．为每个站点创建并配置子网对象	a．创建子网对象并把它们分配给适合的站点 b．为每个子网对象配置位置
2．启用打印机位置特征	使用组策略为每个域启用打印机位置
3．为每个位置创建并发布打印机	为每个位置创建并发布打印机，确保位置信息利用了来自子网对象的位置信息

练习 6 创建 OU 结构和委派管理控制

● 实验方案

在 Contoso 有限公司的所有域中都有一个公共的 OU 结构。该公司有三个主要的 OU：信息服务、人力资源和会计。公司已确定了一个委派的管理模型，每个 OU 有一个管理员负责管理该 OU 的资源和用户。

● 目标

在本练习中，将为整个树林中每一个域创建一个公共的 OU 结构，并把三个最高级 OU 的管理控制权委派给不同的管理员。使用计划工作表来完成这个练习。

注意 在每个域中执行以下的任务。

任　　务	具 体 步 骤
1．创建一个公共的 OU 结构	在每个域中创建 OU，使用同一个在计划练习过程中定义的名称

注意：在完成练习 7 中的任务 1 后执行下列任务。

任　　务	具 体 步 骤
2．委派管理控制	使用控制委派向导把在信息服务 OU、人力资源 OU 和会计 OU 中创建、删除和管理用户账户、组和打印机的 Active Directory 权限分配给 OU 中的任意一个用户

练习 7 创建用户和组

● 实验方案

Contoso 有限公司中每个部门的部门经理负责管理其直接下属的业绩回顾。其他的经理在考虑公司内部部门之间的员工流动的时候，可以参考这些业绩回顾数据。因此，要求所有的经理都要有对业绩回顾数据的读访问权。每个部门的经理需要有对他们部门中员工的业绩回顾数据的完全控制的访问权。

● 目标

在本练习中，将用公共的 OU 结构创建多个用户，并通过批量导入填充 OU。将创建适当的组，使得所有的经理对整个公司的业绩回顾数据只具有读访问权限。同时，将创建适当的组，使得部门经理对他们部门的员工的业绩回顾数据具有完全控制的访问权。

注意 在每个域中执行以下的任务。

任　　务	具 体 步 骤
1．创建多个用户账户	a．准备 Users.txt 文件，该文件与“csvde”批量导入工具一起使用 b．执行 Users.txt 的批量导入

续表

任　　务	具 体 步 骤
1．（续）	c．验证批量导入是否成功
2．在消息 OU 中创建名为“Contractors”的全局组	在消息 OU 中创建名为“Contractors”的全局组
3．为业绩回顾数据创建文件夹和文件	a．在每个域的一个服务器上创建并共享文件夹 C:\Performance Data b．在 Performance Data 文件夹下创建 Information Services、Human Resources 和 Accounting 子文件夹 c．在每一个子文件夹中创建一个空白文本文件
4．为会计部门的经理创建组，他们要求拥有对整个公司的业绩回顾数据的读访问权	a．在每一个部门 OU 中创建适当的全局组 b．在一个域经理全局组中添加部门全局组 c．将域经理全局组添加到通用组中 d．在每一个域中，将通用组添加到域本地组中 e．分配读权限给域本地组
5．为要求对他们部门中员工的业绩回顾数据拥有完全控制的访问权的经理创建组	a．创建适当的全局组并将他们添加到部门全局组中 b．将部门全局组添加到每一个域本地组中 c．分配完全控制访问权给部门的域本地组

练习 8　实现组策略

- 实验方案

Contoso 有限公司想将 Cosmo2 应用程序部署给除人力资源 OU 外的所有用户以及将 Windows 2000 支持工具部署给除 Contractors 组外的所有用户。他们还想要使用管理模板来实现公司范围内的组策略设置，并通过实现组范围内的组策略设置来保证网络资源的安全。

- 目标

在本练习中，将通过使用 DACL 应用阻止继承和筛选，使用管理模板实现组策略设置，通过实现组策略设置来保证网络资源安全，并为实现组策略委派管理控制。

任　　务	具 体 步 骤
1．部署 Cosmo 2 应用程序，以便除了人力资源 OU 中用户以外的所有用户都可以使用	将阻止继承应用到人力资源 OU 上
2．部署 Windows 2000 支持工具，以便除了消息 OU 中 Contractors 组成员以外的信息 OU 中的所有用户都可使用它	a．创建 GPO 并把它链接到发布 Windows 2000 支持工具的信息服务 OU 中 b．修改该 GPO 的 DACL，使得消息 OU 中的 Contractors 组的成员无法实现组策略权限

续表

任　务	具体步骤
3．实现公司范围内的组策略设置	a．创建新的、链接到适当 OU 中的 GPO b．按下列要求为新 GPO 编辑管理模板设置： ● 为所有计算机启用磁盘配额 ● 在所有计算机上强制磁盘配额限制 ● 为所有用户设置的缺省配额限制为 100 MB，警告等级为 75 MB ● 当超出警告等级或配额限制激发某事件时，应该把该事件记录下来 ● 拒绝对 Windows 更新的访问 ● 防止所有域中的用户运行 Freecell.exe、Winmine.exe、Pinball.exe 和 Sol.exe 应用程序 ● 启用负责管理 OU 的用户对 MMC 管理单元的访问：Active Directory 用户和计算机、组策略、Active Directory 工具的组策略选项卡、管理模板（用户）和管理模板（计算机） c．检验包含在管理模板 GPO 中的组策略设置是否已正常运行
4．确保网络资源的安全	a．按照要求创建新的 GPO，实现下列设置： ● 密码长度不得少于 8 位 ● 三次登录尝试的账户锁定阈值 ● 账户锁定时间为 60 分钟 ● 所有用户必须能够登录到本地所有的计算机上，包括域控制器 ● 在“登录到 Windows”对话框中不要显示最后输入的用户名 ● Group Policy Creator Owners 组中的成员身份必须限制为管理员账户和负责管理最高级 OU 的用户账户 b．检验对额外安全设置策略 GPO 的修改是否已正常运行

练习 9　验证实现

● 实验方案

既然已经为 Contoso 有限公司实现了 Active Directory 基础结构，那么需要对此实现进行验证。

● 目标

在本练习中，将验证：

- 能正确配置域并确保全局编录正常工作
- 最小密码长度设置准确
- 组结构定义正确，并能正确地访问适当位置的资源
- 打印机位置特性已启用，所有楼都被正确定义
- OU 委派和组策略已经被实现
- 在所有域控制器上的复制工作正常

任　　务	具 体 步 骤
1．验证域和全局编录是否工作正常	使用 Sandra Martinez 的用户主名称从另一个域上登录
2．验证经理是否具有他所在部门的业绩回顾数据的完全控制访问权，是否具有其他部门业绩回顾数据的读权限	a．在会计部门中测试数据的完全控制的访问权 b．在其他部门测试数据的读访问权
3．验证设置的密码长度最小是否是 8 个字符	尝试改变 Sandra Martinez 的密码，使之小于 8 个字符
4．验证打印机位置特性是否有效	在“查找打印机”的对话框中，点击“浏览”来验证所有楼的打印机位置是否都被显示出来
5．验证 OU 委派是否正确	a．验证委派了信息服务 OU 权限的用户是否可以为信息服务 OU 下创建用户账户 b．验证委派了信息服务 OU 权限的用户是否不能在人力资源 OU 下创建用户账户
6．验证组策略对象配置是否正确	a．以人力资源 OU 用户登录，验证不能获得 Cosmo2 应用程序但可以获得 Windows 2000 支持工具应用程序 b．在属于 Contractors 组成员的消息 OU 中创建用户账户。然后作为用户登录，确保不能获得 Windows 2000 支持工具应用程序但能够获得 Cosmo2 应用程序
7．验证在所有域控制器上的复制是否正常工作	a．检查目录服务事件日志 b．使用复制监视器验证在域控制器之间存在连接对象

词 汇 表

A	
Access control list	访问控制列表
Access Permission	授权访问
Account lockout	账户锁定
Active Directory integrated zone	Active Directory 集成区域
Allocate	分配
Alternative	替换选项
Analyze	分析
application	应用程序
application programming interface	应用程序编程接口
Apply	应用
Associate	关联
Asynchronous	异步
Attribute	属性
Audit	审核
Authentication	身份验证
authoritative restore	强制性还原
Available	可用

B	
Backup Domain Controllers	备份域控制器
Binary	二进制
Bitmap	位图
Block	阻止
boot disk	引导盘
boot files	引导文件
boot partition	引导分区
boot volume	引导卷
Built-in	内置式

C	
Cache	缓存
Certification Authorities	证书颁发机构
change notification	更改通知

Change Options	更改选项
Change Setting	更改设置
Check box	复选框
checkpoint	检查点
Child domain	子域
clear	清空
Client address	客户端地址
Client Authentication	客户端验证
Client computer name	客户计算机名
Client IP address	客户 IP 地址
Close	关闭
Command	命令
Common group	公用组
Computer account	计算机账户
Computer Management	计算机管理
Computer name	计算机名
Configuration information	配置信息
Configuration Settings	配置设置
Configure IP Parameters	配置 IP 参数
conflict	冲突
Connect automatically	自动连接
Connected	已连接
Consistency Check Status	一致性检查状态
Console	控制台
Control Access	控制访问
Control access through Remote Access Policy	通过远程访问策略控制访问
Control Service	控制服务
Controller	控制器
Controller Server Communications	控制器服务器通信
Creates a new Local User account	创建一个新的本地用户账户
Current	当前

D

data store	数据存储器
Default Access Permissions	默认访问权限
Default Authentication Level:	默认身份验证级别:
Default Configuration Permissions	默认配置权限
Delegating Administrative Control	委派管理控制
Delegation of Control Wizard	控制委派向导

Directory of Applications	应用程序目录
Directory replicator	目录复制程序
directory service	目录服务
discretionary access control lists	自由访问控制列表
Distinguished Name	可分辨的名称
Distributed File System	分布式文件系统
Distributed Link Tracking	分布式链接跟踪
Distribution	分布式
DNS Domain Name	DNS 域名
DNS Management	DNS 管理
DNS Manager	DNS 管理器
Domain Controller	域控制器
Domain Controller Security Policy	域控制器安全策略
Domain Controller Settings	域控制器设置
Domain name	域名
Domain name for client resolutions.	为客户解析的域名
Domain Name System (DNS)	域名系统（DNS)
Domain Policy	域策略
Domain Resolution	域解析
Domain Security Policy	域安全策略
Domain suffix	域后缀
Domains and Servers	域和服务器
Double Click	双击
Dynamic	动态
Dynamic Host Configuration Protocol	动态主机配置协议
Dynamic update protocol	动态更新协议

E

Entire Directory	整个目录
Entire Network	整个网络
Entire Subtree	整个子目录树
Error Log	错误日志
Error log file path	错误日志文件路径
Error Reading Directory	读文件出错
Event logging	事件日志
Event Viewer	事件查看器
Examining...	正在检查…
Exceptions	例外情况
Expand	展开

Extensible Storage Engine (ESE)	可扩展存储引擎（ESE）
Extensions	扩展
F	
File Replication Service	文件复制服务
Folder Redirection	文件夹重定向
forest	目录林
forward lookup query	正向搜索查询
full computer name	完整的计算机名称
Fully Qualified Domain Name	完全合格的域名称
G	
Garbage collection	垃圾收集
Global Catalog	全局编录
Group Membership	组成员
Group Policy Object(GPO)	组策略对象
H	
Hardware Compatibility List	硬件兼容性列表
hierarchical naming structure	分层命名结构
hierarchy	层次结构
I	
Identification Changes	标识更改
Incremental zone transfer	增量区域传送
Indexed Sequential Access Method (ISAM)	索引顺序访问方法（ISAM）
Inheritance-related flags	与继承相关的标志
Integrated Microsoft Management Console Administration Snap-in	集成的 Microsoft Management Console 系统管理单元
Integrated Zones	集成的区域
Internet Information Services	Internet 信息服务
Internet Protocol (IP)	Internet 协议（IP）
Intersite Messaging	站间消息传递
Intervals	间隔
Inventory	清单
IP Address Assignment Policy	IP 地址分配策略
IP Address Attribute Information	IP 地址属性信息
K	
Kerberos Key Distribution Center	Kerberos 密钥发行中心
Kerberos Policy	Kerberos 策略
L	
LDAP Namespace Object	LDAP Namespace 对象

Lightweight Directory Access Protocol	轻量级目录访问协议
Link Control Protocol (LCP) extensions	链接控制协议（LCP）扩展
Load balancing	负载平衡
Local Area Connection	本地连接
local area network	局域网
Local Security Authority	本地安全权限
Local Security Policy	本地安全策略
Local Security Policy Setting	本地安全策略设置
local server	本地服务器
Local Setting	本地设置
Log Settings	日志设置
loose convergence	松散收敛

M

Member Server	成员服务器
Membership	成员身份
Microsoft Management Console	Microsoft 管理控制台
Mixed mode	混合模式
Modifications	修改

N

Name Resolution	名称解析
namespace	名称空间
native mode	本机模式
Net Logon	网络登录
Network Identification	网络标识
Network mask	网络掩码
Network Name	网络名
Network Number	网络号
Network Protocol	网络协议

O

Object	对象
Object classes	对象类别
Object Packager	对象包装程序
Online	联机
Operation	操作
Organizational Unit	组织单位
originating update	原始更新

P

Port	端口

Position	位置
Prefix	前缀
Presentation	外观
Primary DNS suffix of this computer:	此计算机的主 DNS 后缀:
Primary Domain Controller	主域控制器
Primary IP address	主 IP 地址
primary zones	主要区域
Print Queue	打印队列
Profiles	配置文件
Published printer	发布的打印机

R

Reference	参照
Regional Settings	区域设置
relative distinguished name	相对辨别名称
Reliable Connection	可靠的连接
Remote address:	远程地址:
Remote Administration	远程管理
Remote Desktop Sharing	远程桌面共享
Remote Printers	远程打印机
Remote Procedure Call	远程过程调用
Remote Storage	远程存储
Replication latency	复制延迟
Replication within site	站内复制
Retrieve File	检索文件
reverse lookup query	反向搜索查询
reverse name resolution	反向名称解析
Root Certificate Store	根证书存储
Root Certificate: Subject matches Issuer	根证书：主题符合颁发者
Root Certification Authority	根证书颁发机构
Root domain	根域
Root Folder Name Restriction	根文件夹名称限制
Ticket Granting Service	票据授予服务
Ticket Granting Ticket	票据授予票据

S

schema	架构
Scope	作用域
secondary zone	辅助区域
Security Accounts Manager	安全账户管理器

security boundary	安全边界
Security Catalog	安全目录
Security Log	安全日志
Security management of Active Directory objects	Active Directory 对象的安全管理
Security Method	安全措施
Security Method Wizard	安全措施向导
Security Policies	安全策略
Security Settings	安全设置
Security Template	安全模板
Server	服务器
Server Address	服务器地址
Server IP address	服务器 IP 地址
Server Licensing	服务器授权
Server Manager	服务器管理器
Server name	服务器名字
Server Optimization	服务器优化
Server Properties	服务器属性
Server type	服务器类型
Service account	服务账户
Service Log	服务日志
Set Account Information	设置账户信息
Set Security	设置安全
Settings	设置
Share	共享
Share Name	共享名
Shared Directory	共享目录
Shared executable directory	共享可执行目录
Shared Folder	共享文件夹
Shared library directory	共享库目录
Shared Printers	共享打印机
Sharing	共享
Shortcut	快捷方式
Simple Mail Transfer Protocol	简单邮件传输协议
single master operations	单主机操作
single point of failure	单点故障
single sign-on	单一登录
Site Link	站点链接

Site Link Bridge	站点链接桥
Site Settings	站点设置
Sites Container	站点容器
Snap-in	管理单元
Software Deployment	软件部署
standard zone transfer	标准区域传送
Start Remote Access Service	启动远程访问服务
Start Service	启动服务
Static IP Address	静态 IP 地址
Static NetBIOS Name	静态 NetBIOS 名字
Static Route	静态路由
Subnet	子网
Subnet address	子网地址
Subnet mask	子网掩码
Subnet mask in use for the local numbered interface	为本地带号码的界面所使用的子网掩码
Subnets Container	子网容器
Subnetwork Settings	子网设置
subset of	子集
Subsystem	子系统
Success	成功
Suffix list...	后缀列表…
Symbolic Link	符号链接
Synchronization	同步
Synchronization Complete	同步已完成
Synchronization Items	同步项目
Synchronization Manager	同步管理器
Synchronization Progress	同步进度
Synchronization Settings	同步设置
Synchronous	同步
System	系统
System Account	系统账户
System Device	系统设备
System Event log	系统事件日志
System File	系统文件
System Log	系统日志
System log directory	系统日志目录
System Policy Editor	系统策略编辑器

System Property	系统属性
System Services	系统服务
System Setup Log	系统安装日志

T

TCP connections	TCP 链接
TCP/IP Address	TCP/IP 地址
TCP/IP DNS Server	TCP/IP 域名服务器
TCP/IP Domain Suffix	TCP/IP 域后缀
TCP/IP Protocol	TCP/IP 协议
TCP/IP Settings	TCP/IP 设置
The interactive user	交互式用户
The launching user	启动用户
the local computer	本地计算机
The local file system	本地文件系统
The logical device	逻辑设备
Time-to-Live	寿命期
total cost of ownership	总体拥有成本
Transmission Control Protocol/Internet Protocol	传输控制协议/Internet 协议
Tree	目录树
Troubleshooting	疑难解答
Trust List	信任列表
Trusted Domain	受信任域
Two-way	双向
Two-way, transitive trust	双向，可传递信任

U

universal naming convention	通用命名约定
Update directory services	更新目录服务
Update Links	更新链接
Update Media ID	更新媒体标识号
Update Mode	更新模式
Upgrade	升级
UPN Suffixes	UPN 后缀
urgent replication	紧急复制
User Account	用户账户
User Information	用户信息
User Interface Failure	用户界面失败
User Interface	用户界面
User Policies	用户策略

User Profile	用户配置文件

V

View Log File	查看日志文件
View mode	查看模式
Volume Name	卷名
Volume Serial Number	卷系列号

W

warning level	警告等级
wide area network	广域网
Windows Authentication	Windows 身份验证
Windows Components	Windows 组件
Windows Installer package	Windows 安装程序包
Windows Internet Naming Service	Windows Internet 命名服务
Windows time	Windows 时间